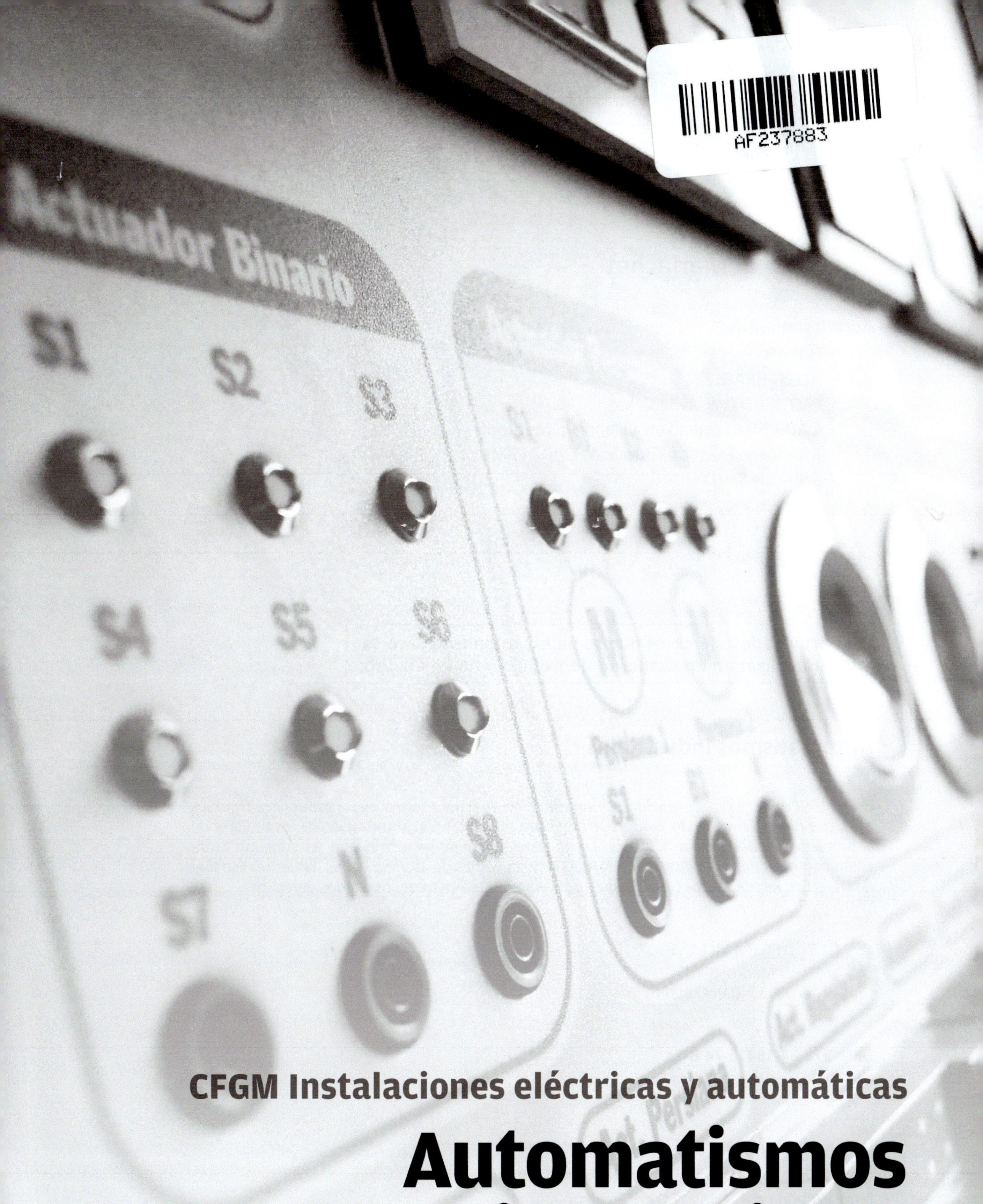

CFGM Instalaciones eléctricas y automáticas

Automatismos industriales

Altamar

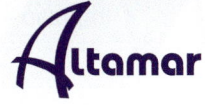

Revisión técnica:
Jordi El Mariachet

Agradecimientos:
HAGER
ALLEN-BRADLEY
PROFICAD (Václav Jedlička)
CADe_SIMU (Juan Luís Villanueva Montoto)
José María Delgado (Tutoriales CADe_SIMU)
Salesians Sarrià
Servicios Industriales, S.A.
Freixenet
IES Rambla Prim

Las actividades/ejercicios que se plantean en este libro se deben realizar en un cuaderno de trabajo y no en el libro.

Automatismos industriales

© 2017, ALTAMAR, S.A.
C/ Medes, 8-10
08023 (Barcelona)

ISBN: **978-84-16415-74-8**
Depósito legal: **B-4664 2017**

Diseño de cubierta: **Oriol Miró Genovart**
Diseño de interiores: **Oriol Miró Genovart**
Fotografía de cubierta: **Efren Zúñiga**
Ilustraciones: **Arte inicial, S.L. (Francesca Muñoz Serrano, Joaquín Romero Regueiro)**
Fotografías: **BigStock**, **iStockphoto**, **Fotolia**, **Hager** y **Fondo Altamar**
Maquetación: **Cristina Payà** (www.sbeditorialdesign.com)
Impreso en: **GRUPO DIGITAL 82**

Impreso en España – *Printed in Spain*

Presentación

Este libro corresponde al módulo profesional de **Automatismos industriales** del ciclo formativo de grado medio de **Instalaciones eléctricas y automáticas** de la familia de electricidad y electrónica.

Para tratar todos los contenidos que contempla el currículum, el libro se ha organizado en nueve unidades didácticas:

- La UNIDAD DIDÁCTICA 1 se dedica a la introducción de los conceptos básicos sobre los automatismos industriales.

- Las UNIDADES DIDÁCTICAS 2 y 3 se destinan al estudio de los cuadros eléctricos, tanto de su diseño y composición como de las operaciones de mecanizado que hacen posible su montaje.

- Las UNIDADES DIDÁCTICAS 4 y 5 están dedicadas al tratamiento de los automatismos cableados.

- Las UNIDADES DIDÁCTICAS 6 y 7 se dedican al estudio de los automatismos programables.

- La UNIDAD DIDÁCTICA 8 se destina a la automatización neumática y electroneumática. Se incorpora en este libro por formar parte del currículum en algunas comunidades autónomas.

- Finalmente, en la UNIDAD DIDÁCTICA 9 se tratan todos los aspectos relacionados con la detección, diagnóstico y reparación de averías.

Además, de forma transversal, en cada unidad didáctica se trabajan contenidos específicos organizados en dos apartados:

- **Representación normalizada**. Se trabajan contenidos relacionados con el dibujo técnico, la simbología normalizada, la interpretación de esquemas eléctricos o la aplicación de programas informáticos tanto para la elaboración de los esquemas de sistemas automatizados como para su simulación y programación.

- **¡Ahora practica!** Se plantean una serie de prácticas de taller en las que se lleva a cabo el diseño y montaje real o simulado de los automatismos trabajados en la unidad.

Con el objetivo de facilitar al alumnado la adquisición de los conocimientos y habilidades necesarias, este libro está dotado de recursos de **Realidad Aumentada**, de manera que, a través de sus dispositivos móviles (teléfonos móviles o tabletas) puedan acceder, en tiempo real, a información virtual adicional a la que ya disponen en el libro, en forma de videos, tutoriales, u otros recursos multimedia.

Esperamos que todos estos contenidos y recursos sean una herramienta útil que facilite la labor docente y, a la vez, que contribuyan al proceso de adquisición de las habilidades del alumnado establecidas por el currículum.

¡Este libro tiene mucho más de lo que parece!

Puedes acceder a recursos multimedia usando una aplicación de Realidad Aumentada.

¿Cómo puedo acceder a estos recursos?

1   Me descargo la aplicación *Altamar RA*

2   Accedo con mi usuario o...

Acceso	✕
Usuario	
Contraseña	
ENTRAR	

me registro si tengo un perfil o...

Registro	✕
Correo electrónico	
Contraseña	
REGISTRARME	

entro sin registro para poder informarme.

¿Y cómo activo mi libro?

3   Voy a la sección "libros" de la aplicación.

4   Selecciono el carrito del libro que quiero activar y sigo el proceso de compra en iTunes o Play Store (en función de mi dispositivo).

5   Cuando se active el libro aparecerán la cámara y el menú debajo de la cubierta.

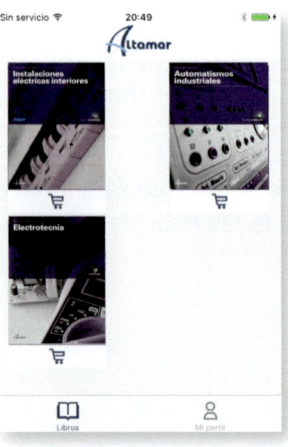 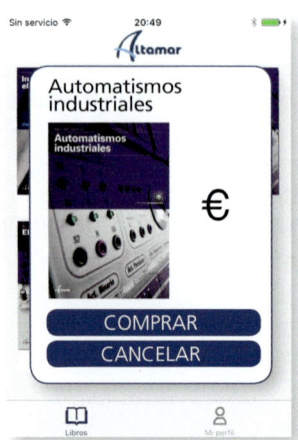 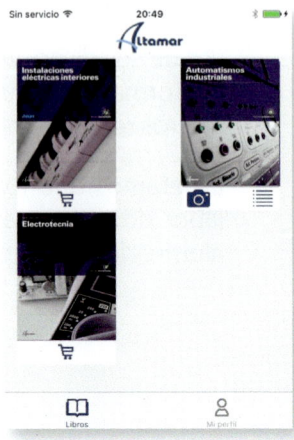

¿Qué tipos de recursos de Realidad Aumentada puedo encontrar en el libro?

Video o animación

Interactivo

¿Cómo utilizo la aplicación?

1 Localizo el icono identificativo en una imagen del libro.

2 Activo la cámara del libro que estoy utilizando.

3 Enfoco la zona con el teléfono móvil o tableta.

Automáticamente el dispositivo escanea la imagen y arranca el recurso.

¡Disfruta de la experiencia!

Índice

1 Instalaciones de automatismos industriales

Antes de empezar...

- Explica qué significa que un proceso industrial esté automatizado e indica algunas de sus ventajas.
- Cita los bloques funcionales en que puede dividirse un automatismo industrial.
- Explica en qué se diferencia un automatismo cableado de un automatismo programado.

1.1. ¿Qué son los automatismos industriales?

En los procesos de producción industrial se emplean sistemas que ejecutan tareas y controlan operaciones de manera automática sin operadores humanos o con la mínima intervención de estos. Ello es posible mediante el uso de *automatismos industriales*.

> Un **automatismo industrial** es el elemento o conjunto de elementos que, aplicados a una operación, una máquina o una planta, la hacen automática; es decir, permiten que pueda funcionar sin intervención humana.

En un proceso productivo automatizado, se emplean automatismos para el gobierno de la maquinaria, ya sea en la ejecución de tareas repetitivas o en el control de determinadas operaciones.

Así, mediante la automatización industrial, se diseñan procesos en los que la maquinaria y los equipos actúan automáticamente, respondiendo a las diferentes situaciones que se han definido previamente. En nuestra vida cotidiana usamos procesos automatizados continuamente: la regulación de los semáforos, el sistema de calefacción o el control de la iluminación de las calles son algunos ejemplos.

Las ventajas que aporta la automatización son indudables en todos los órdenes, pero hay que destacar especialmente:

- El aumento de la productividad de los procesos de fabricación.
- La liberación de tareas repetitivas y pesadas para los trabajadores y trabajadoras.
- La mejora de la seguridad.

La automatización suele combinar la aplicación de la tecnología eléctrica con la electrónica, neumática, hidráulica o mecánica.

¡*Tenlo* en cuenta!

Si bien la automatización tiene su origen en el sector industrial y es en ese entorno donde se presenta de un modo más evidente, hoy en día se pueden encontrar automatismos en todos los ámbitos de la actividad humana (agricultura y ganadería, servicios básicos, comunicaciones, domótica, comercio, transporte…).

¡*Tenlo* en cuenta!

En un sistema automatizado, el operario u operaria ha modificado su rol activo de ejecutor de operaciones por un rol más orientado a la supervisión y mantenimiento de dichas operaciones.

Operario en sistema automatizado.

Actividades

1. Pon un ejemplo de una instalación industrial automatizada. Explica las ventajas que aporta la automatización en el caso que has propuesto.

1.2. ¿Cómo son los automatismos?

Los automatismos están formados por una serie de componentes, interrelacionados mediante una determinada tecnología, formando uno o varios circuitos, con la finalidad de alimentar, controlar y activar una máquina o una operación.

1.2.1. Componentes del automatismo

Los automatismos industriales pueden ser de una gran complejidad, pero en esencia están constituidos por cinco bloques funcionales relacionados entre ellos:

- La **zona de mando** u **operador**. Está formada por el conjunto de elementos que posibilitan el intercambio de información entre las personas y el sistema automatizado. La intervención humana es necesaria para el arranque del sistema, la modificación de las condiciones de actuación, la monitorización del proceso o la parada del sistema a causa de una emergencia.

- Los **sensores y detectores**. Son los dispositivos de entrada al sistema. Su función es medir o detectar las variables objeto de control y enviar la correspondiente señal a un dispositivo controlador.

  Existen infinidad de tipos de sensores según la clase de variable que se quiere medir: tacómetros, sensores de temperatura, de proximidad, de nivel, etc.

- El **controlador**. Es el dispositivo o conjunto de dispositivos encargado de establecer el criterio de control. Parte de la señal proporcionada por el detector o sensor y, de acuerdo con las indicaciones predefinidas, determina la acción que envía para ser ejecutada por el actuador.

- Los **actuadores** o **receptores**. Son los dispositivos que ejecutan las órdenes del sistema. Son actuadores habituales los relés, los contactores, las electroválvulas, las válvulas motorizadas, los tiristores, etc.

- La **máquina o planta**. Es el elemento objeto del control automático, es decir, el que activa el actuador. Puede estar constituido por:
  - Un único aparato: motor eléctrico, bomba hidráulica, compresor de aire, máquina herramienta, etc.
  - Un conjunto de dispositivos dispuestos en planta con una finalidad concreta: un sistema de riego, una cinta transportadora, un sistema de climatización, etc.

Estos bloques estarán conectados por un sistema de transmisión, que distribuirá las señales y órdenes entre ellos, ya sea a través de cables eléctricos u otro tipo de tecnología.

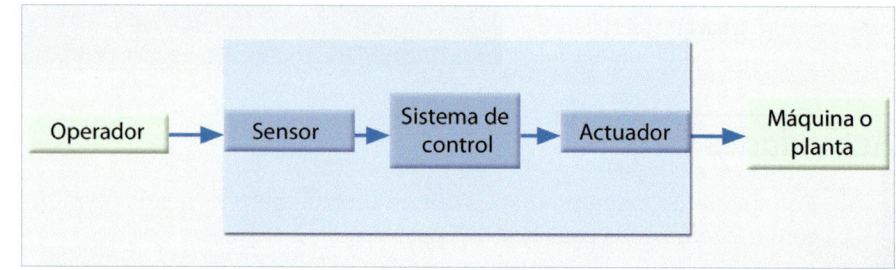

Fig. 1.1.
Componentes de un automatismo.

⠿ **1.2.2.** Tipos de automatización

Según la complejidad del automatismo, se trabaja con dos tipos de sistemas de automatización industrial:

- **Sistemas en lazo abierto**. La información que controla el proceso circula en una única dirección y la señal de salida se ejecuta sin realimentar el sistema de control.

  Un ejemplo es la regulación de los semáforos, que cambian de señal (roja, amarilla o verde) según el tiempo que se ha definido previamente, sin que otras variables (por ejemplo, un aumento del tránsito o un cambio en las condiciones meteorológicas) incidan en el sistema de control.

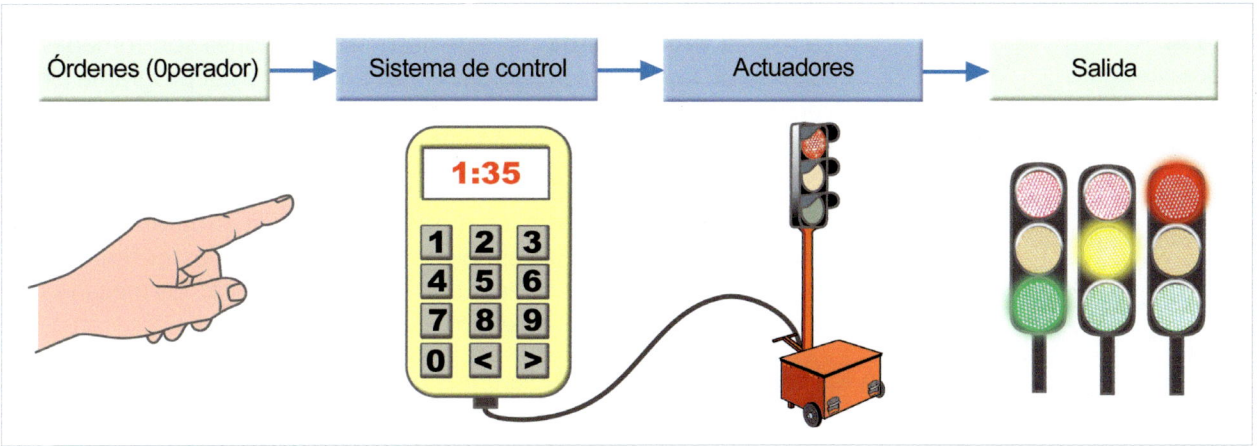

Fig. 1.2.
Esquema de los sistemas en lazo abierto y un ejemplo representativo (regulación de un semáforo).

- **Sistemas en lazo cerrado**. Son más *inteligentes*, pues existe una retroalimentación en la señal de salida que interviene en la regulación.

  Un ejemplo cotidiano es un sistema de calefacción, en el que se dispone de un sensor que mide permanentemente la temperatura registrada y la manda al sistema de control, que activa o desactiva el sistema según los criterios que se hayan definido.

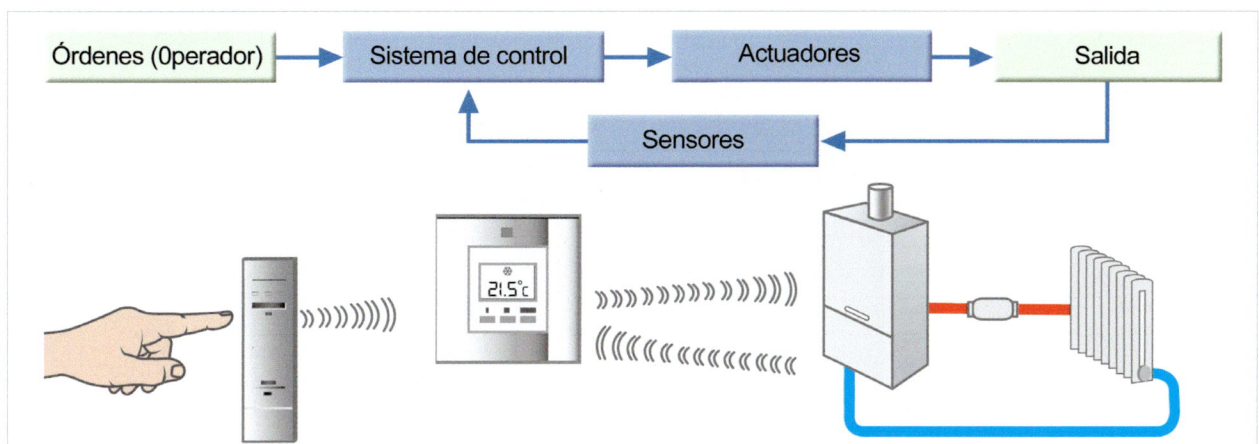

Fig. 1.3.
Esquema de los sistemas en lazo cerrado y un ejemplo representativo (regulación de la calefacción).

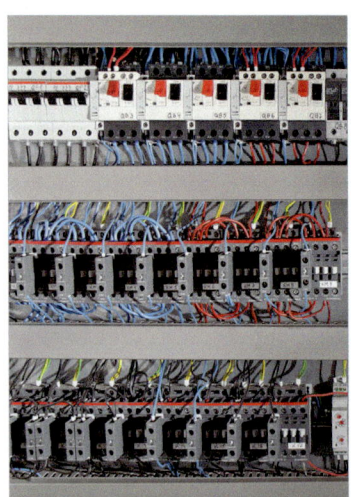

Fig. 1.4.
Lógica cableada.

Fig. 1.5.
Lógica programable.

Fig. 1.6.
Centro de transformación
propio para el suministro
eléctrico en industria grande.

1.2.3. Tecnologías de automatización

Los procesos de automatización pueden implantarse siguiendo dos tipos de tecnología:

- La **lógica cableada**. Las decisiones y las órdenes entre los distintos dispositivos se cursan a través de señales eléctricas o de otro tipo, vehiculadas mediante cables u otros conductos (por ejemplo neumáticos).

  Los sistemas de control que se utilizarán son contactores, relés, temporizadores, válvulas neumáticas u otros dispositivos eléctricos o electromecánicos con características similares.

  Cualquier cambio en la función de esta clase de instalación exigirá la modificación del cableado y la conexión de los dispositivos adecuada a la nueva función.

- La **lógica programada**. En este caso, las decisiones son tomadas en función de las órdenes recibidas en las entradas y del programa almacenado en su memoria. Esta tecnología emplea los autómatas programables o PLC, o bien ordenadores con el *software* adecuado para realizar estas funciones.

  En estos sistemas, cualquier modificación de la programación será mucho más rápida, pues simplemente se variarán las órdenes en el *software* del sistema, sin tener que volver a modificar los mecanismos ni realizar de nuevo el cableado.

A lo largo de este libro estudiaremos tanto los automatismos basados en la lógica cableada como en la programada.

1.2.4. El suministro eléctrico

El suministro eléctrico, según el tamaño y las características de la industria, puede realizarse mediante dos modalidades:

- Si es una industria pequeña, a través del centro de transformación de la compañía.

- En industrias medianas o grandes, en las que la demanda de potencia es más elevada, a través de uno o varios transformadores propios.

En ambos casos, la distribución se realizará a partir del cuadro general de baja tensión (situado al inicio de la instalación) o de varios cuadros o armarios secundarios (emplazados más cerca de los circuitos a los que protegen y gobiernan).

En estos cuadros se aloja toda la aparamenta eléctrica, es decir, los distintos dispositivos de protección, maniobra y gestión del sistema automático. (Doc. 1.1)

En instalaciones industriales suelen utilizarse líneas trifásicas, porque alimentan con mayor eficiencia las máquinas y motores.

Documento 1.1

La aparamenta eléctrica

La aparamenta eléctrica incluye todos los equipos y dispositivos de una instalación que cumplen alguna de estas funciones:

- **Seccionamiento**. Dispositivos cuya finalidad es aislar eléctricamente una instalación de su red de alimentación, según determinados criterios de seguridad.

- **Conmutación**. Tienen como función abrir o cerrar la alimentación de los circuitos. Suelen ser de activación manual. Se trata de dispositivos como interruptores, contactores, pulsadores, etc.

- **Protección**. Su función es desactivar los circuitos que, a causa de determinadas anomalías, han visto alterado su funcionamiento correcto y que podrían poner en riesgo la seguridad de las personas o de la propia instalación. Son dispositivos de protección: fusibles, interruptores diferenciales, interruptores magnetotérmicos, etc.

- **Control y medida**. Se encargan de la medición y procesamiento de las variables que intervienen en el proceso.

⠿ 1.2.5. **Circuitos en un automatismo**

Para aumentar la eficiencia en su funcionamiento y representación, en los automatismos industriales se separan dos circuitos:

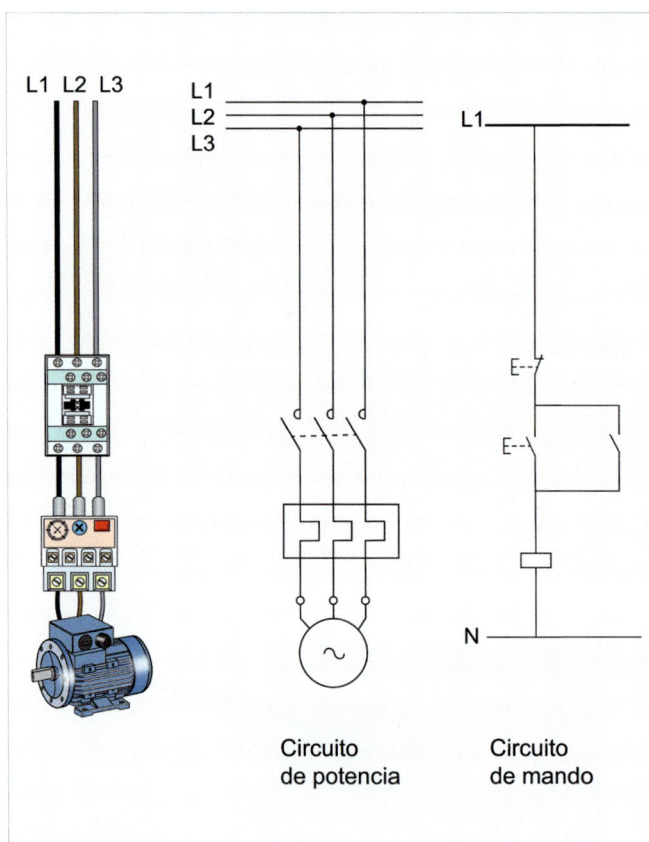

Fig. 1.7.
Representación real de un circuito para el arranque de un motor y los esquemas equivalentes de potencia y mando.

- El **circuito principal o de potencia**. Es el encargado de transmitir la potencia a los receptores o elementos accionados: máquinas, motores, etc. Este circuito está alimentado por un sistema trifásico alterno que proporcionará niveles de tensión elevada, suficientes para el arranque y funcionamiento de las máquinas conectadas. Los conductores que se empleen deberán soportar la intensidad de corriente prevista.

- El **circuito secundario o de mando**. Será el encargado de activar, desactivar o regular el circuito de potencia a través de distintos dispositivos de mando y control (sensores, detectores, pulsadores, temporizadores, mandos, etc.). Estos elementos no precisan de potencias tan elevadas, por lo que las prestaciones que se les exigen son inferiores. Así, se pueden aplicar tensiones continuas o alternas de baja potencia.

Los dos circuitos se interrelacionan a través de los dispositivos comunes a ambos. La separación del sistema en estos dos circuitos aporta beneficios importantes, pues favorece:

- El ahorro, debido a la optimización de los elementos y el cableado utilizados, que son los adecuados a las características y exigencias de cada circuito.

- La simplificación en la representación de estos circuitos, puesto que en lugar de un solo esquema complejo se suele trabajar con dos esquemas más sencillos (uno para cada tipo de circuito).

Además de los circuitos operativos del sistema, hay que considerar la existencia de los dispositivos de protección que cualquier instalación eléctrica debe incorporar para la protección de los elementos de la instalación y las personas.

Actividades

2. Selecciona un automatismo, por ejemplo, un sistema de aire acondicionado, y describe la función que realizan los distintos bloques funcionales.

3. Indica las principales diferencias entre un sistema de lazo abierto y un sistema de lazo cerrado. Pon un ejemplo de cada uno.

4. Explica las diferencias entre sistemas con tecnología cableada y sistemas con tecnología programada.

5. Señala las funciones del circuito de potencia y del circuito de maniobra de un automatismo, así como los requerimientos de alimentación de cada uno. ¿Por qué es necesaria esta separación?

6. Explica qué es la aparamenta eléctrica de un sistema automático e indica dónde se aloja.

1.3. El diseño de un automatismo eléctrico

La realización de cualquier automatismo eléctrico pasa por el estudio de diferentes aspectos, que se puede concretar en las siguientes fases:

- **FASE 1. Diseño y funcionalidad del automatismo**. Es un análisis meticuloso de las funciones que debe llevar a cabo el automatismo. Se establecen la lógica combinacional, la lógica secuencial y los diagramas de estados si procede. La solución técnica, lógica programable o lógica cableada, influirá en esta fase de diseño.

- **FASE 2. Selección y dimensionado de los dispositivos**. Consiste en elegir los dispositivos apropiados para realizar el automatismo y determinar sus características, tales como:

  - La potencia eléctrica y las tensiones e intensidades de trabajo.
  - Las categorías normalizadas de los dispositivos según se trabaje en corriente contínua (CC) o corriente alterna (CA).
  - El dimensionado de los conductores empleados según su finalidad.
  - Las características de las señales usadas en la interconexión de los diferentes módulos.
  - Los elementos de seguridad y mantenimiento.

- **FASE 3. Confección del esquema eléctrico**. Supone la representación de todos los componentes seleccionados perfectamente conectados y referenciados.

- **FASE 4. Mecanización del cuadro o armario eléctrico**. Se trata de preparar el cuadro eléctrico antes de proceder a su instalación y a la ubicación en su interior de los elementos que componen el automatismo.

- **FASE 5. Montaje del automatismo**. Siguiendo las indicaciones del esquema eléctrico se ubican los dispositivos en el lugar que les corresponde y se procede a su conexión.

- **FASE 6. Ensayo y prueba**. Una vez realizada la instalación del automatismo, se efectuará su ensayo y prueba. Cada parte se probará de forma aislada y en las condiciones de trabajo más realistas, antes de interactuar simultáneamente con el resto.

  Esta fase debe servir, además, para corregir las posibles anomalías o ejecutar los ajustes pertinentes antes de la entrada en servicio del automatismo.

- **FASE 7. Puesta en servicio**. Si la fase de prueba ha sido satisfactoria, se procederá a su puesta en servicio.

¡*Tenlo* en cuenta!

Del acierto en abordar la primera fase dependerán, en buena medida, la utilidad y la eficacia del automatismo.

Actividades

7. Indica qué efectos puede tener en el funcionamiento del automatismo una mala decisión o acción en cada una de las fases de su diseño. Puedes elaborar una tabla como esta en tu cuaderno:

Fase	Consecuencias de una inadecuada decisión o acción
1	
...	

Representación normalizada ● ● ● ●

El dibujo técnico es un sistema de representación de planos, secciones, alzados, plantas, esquemas, croquis, diagramas, etc. utilizados para proporcionar información útil en la interpretación, análisis o diseño tanto de objetos mecánicos concretos como de máquinas, procesos e instalaciones.

La aplicación del dibujo técnico en los automatismos industriales resulta fundamental para diseñar el proyecto y realizar su montaje, y también para llevar a cabo el mantenimiento y la reparación de la instalación. Los sistemas de representación se pueden elaborar de dos maneras: *manualmente* o empleando *programas informáticos*.

1. Dibujo manual. Útiles

Los diferentes útiles o instrumentos que se usan en el dibujo técnico manual se pueden agrupar en:

- **Instrumentos de trazado**, como el lápiz, el portaminas, el juego de escuadras, el rotulador de tinta o el compás.

- **Instrumentos de medida**, como la regla o el transportador de ángulos.

- **Soporte**, principalmente el papel, pero también el lienzo o el acetato.

- **Complementos**, como la goma de borrar o el sacapuntas.

Instrumentos de trazado

- El **lápiz**. En su uso el elemento diferenciador es el tipo de mina. Las minas se identifican con letras (H o B) y números.
  - La letra H (*hard*) indica que una mina es dura y la B (*black*), que es blanda. Las minas que llevan las dos letras, HB, tienen una dureza intermedia.
  - Los números (1, 2, 3, 4...) acompañan a la letra e indican el grado de dureza dentro de su categoría.

- El **portaminas**. Es un lápiz automático que contiene minas de recambio en su interior y que por medio de un mecanismo, habitualmente de pulsación, permite el avance de las mismas. Según el calibre de las minas pueden ser de 0,2, 0,3, 0,5, 0,7 o 0,9 mm, y en cuanto a la dureza, se clasifican con los mismos criterios que los lápices.

¡*Tenlo* en cuenta!

Las minas duras dibujan líneas delgadas y claras, mientras que las minas blandas dibujan líneas gruesas y oscuras. Por eso tendrá que elegirse la mina adecuada según el tipo de dibujo.

6B		Muy blandos
5B		
4B		
3B		
2B		
B		Blandos
HB		
F		
H		Duros
2H		
3H		
4H		
5H		
6H		

Representación normalizada ● ● ● ● ●

- ◉ Los **rotuladores de tinta** o **estilógrafos**. Sirven para trazar las líneas definitivas encima del lápiz. Hay de diferentes calibres, y se seleccionan según el tipo de trazo. Los más utilizados son los siguientes:
  - ● 0,8. Para realizar las líneas gruesas.
  - ● 0,4. Para dibujar los números, letras…
  - ● 0,2. Para trazar las líneas auxiliares, ejes de simetría, etc.

- ◉ La **escuadra** y el **cartabón**. Son instrumentos en forma de triángulo que, utilizados conjuntamente (juego de escuadras), permiten el trazo de líneas paralelas y perpendiculares, en los ángulos resultantes de la combinación de 30°, 45°, 60° y 90°.

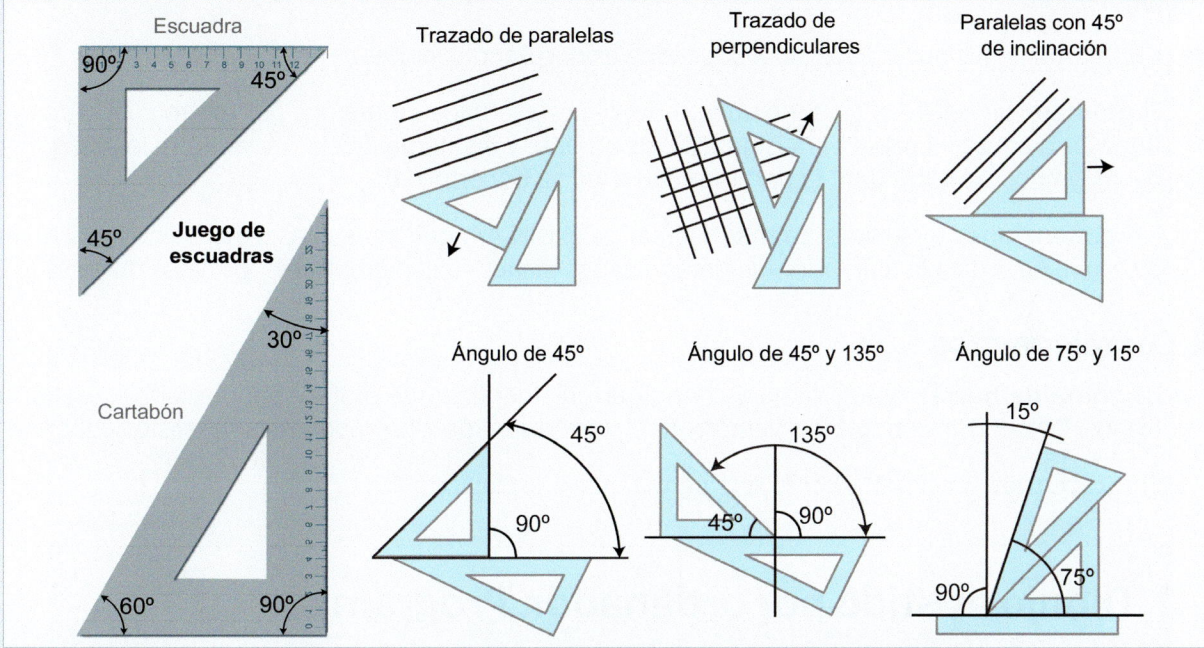

Fig. 1.8. Trazado de paralelas, perpendiculares y ángulos con el juego de escuadras.

- ◉ El **compás**. Es el útil necesario para trazar arcos o circunferencias, transportar medidas, calcular puntos de referencia, etc.

⠿ Instrumentos de medida

- ◉ La **regla**. Se usa para tomar medidas y trazar líneas rectas. Posee un lado biselado que contiene la escala graduada en milímetros.

- ◉ El **escalímetro**. Es una regla graduada de forma prismática que contiene distintas escalas, lo que permite convertir las longitudes de un plano en una escala determinada en longitudes reales.

- ◉ El **transportador de ángulos**. Es un instrumento de plástico transparente en forma de media circunferencia con una escala graduada que permite tomar medidas de ángulos y trazarlos.

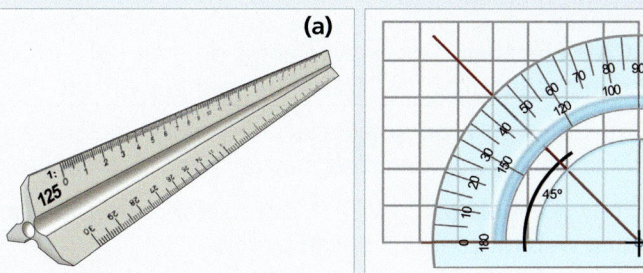

Fig. 1.9.
(a) Escalímetro y
(b) transportador de ángulos.

Representación normalizada • ● ● ●

∷ El soporte. El papel

El papel es el soporte físico más usual para la realización de planos y esquemas. Existen varios tipos de papel que se adaptan a las diferentes necesidades del dibujo. Algunos de los más utilizados son:

- Papel **de dibujo**. Es el papel opaco y fuerte de color blanco. Puede ser de acabado rugoso, para dibujos a lápiz, o de acabado liso, para dibujos a tinta.

- Papel **vegetal**. Es de aspecto transparente y muy resistente. Permite calcar planos, esquemas, etc.

- Papel **milimetrado**. Tiene impresa una cuadrícula de 1 mm de lado. Se utiliza para las representaciones a escala.

En dibujo técnico hay dos aspectos del papel que es necesario considerar:

- El **gramaje**. Se refiere al grosor o cuerpo del papel y se mide en gramos por metro cuadrado (g/m^2). A mayor gramaje, el papel es más grueso, absorbente y resistente. Suele oscilar entre los 60 g/m^2 (papel muy fino) y los 300 g/m^2 (a partir de 200 g/m^2 ya es cartulina).

- Las **dimensiones** o medidas. La más habitual es el DIN A4, que tiene unas dimensiones de 219 mm × 297 mm, pero para la realización de determinados planos suelen emplearse formatos mayores.

∷ Complementos

- La **goma de borrar**. Se utiliza para corregir errores del trazo de grafito. Son preferibles las de color blanco. Deben usarse borrando siempre en el mismo sentido y hay que retirar los restos del borrado.

- El **sacapuntas**. Es el instrumento que permite afilar los lápices.

∷ 2. Dibujo asistido por ordenador. Programas

La representación de dibujos puede realizarse sobre un papel o sobre pantalla utilizando programas de dibujo asistido por ordenador.

Un **programa de dibujo asistido por ordenador** es una aplicación informática con todas las herramientas necesarias para la elaboración de dibujos.

Actualmente disponemos de una gran variedad de programas de este tipo, que nos ayudan a diseñar planos, esquemas, circuitos, etc., de manera relativamente sencilla. Con el tiempo, las aplicaciones han ido especializándose. Así, además de programas genéricos de dibujo, han ido apareciendo programas de CAD eléctrico e incluso programas de simulación de automatismos.

- **Programas de diseño gráfico**. Son programas de dibujo técnico por ordenador de una gran precisión, que requieren un buen dominio para su manejo. Son útiles, por ejemplo, para dibujar objetos, piezas y planos.

  El más popular es AutoCAD de Autodesk, aunque la nómina es muy amplia, tanto de programas comerciales como de programario libre.

- **Programas de CAD eléctrico**. Son herramientas de gran utilidad para nuestro trabajo, que permiten desde dibujar esquemas sencillos hasta diseñar cuadros y circuitos de instalaciones complejas.

  Algunos fabricantes ofrecen programas asociados al uso de sus componentes e integran funciones adicionales, como la elaboración de presupuestos. Es el caso del programa Hagercad de Hager.

  Otro programa muy accesible es ProfiCAD, cuya versión no profesional puede descargarse gratuitamente en su página web (https://es.proficad.com/).

Representación normalizada ● ● ● ●

○ **Programas de edición y simulación de esquemas de automatismos**. Un programa accesible y muy sencillo de utilizar es CADe_SIMU, en el que, una vez dibujado el esquema, se puede activar la simulación del circuito, para comprobar que la lógica del circuito funcione. Este programa ha sido creado por Juan Luis Villanueva Montoto y se puede descargar de manera gratuita desde la web del autor.

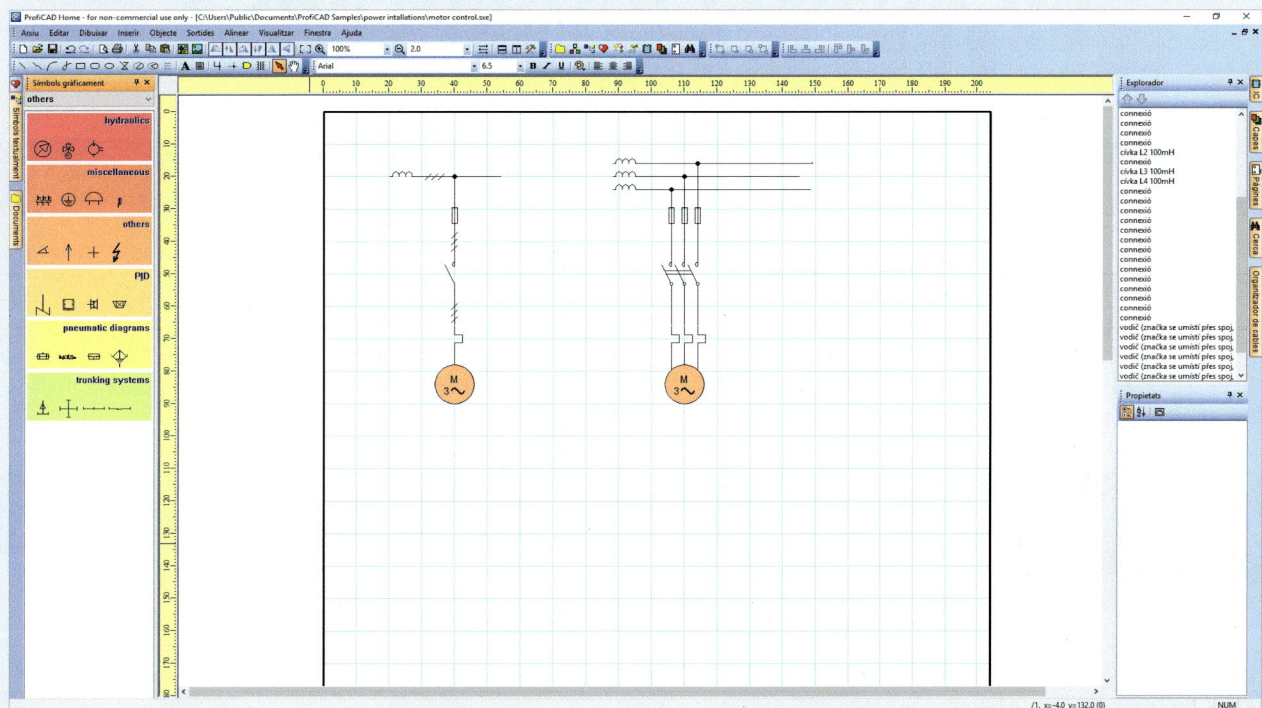

Fig. 1.10. Programa de CAD eléctrico: ProfiCAD.

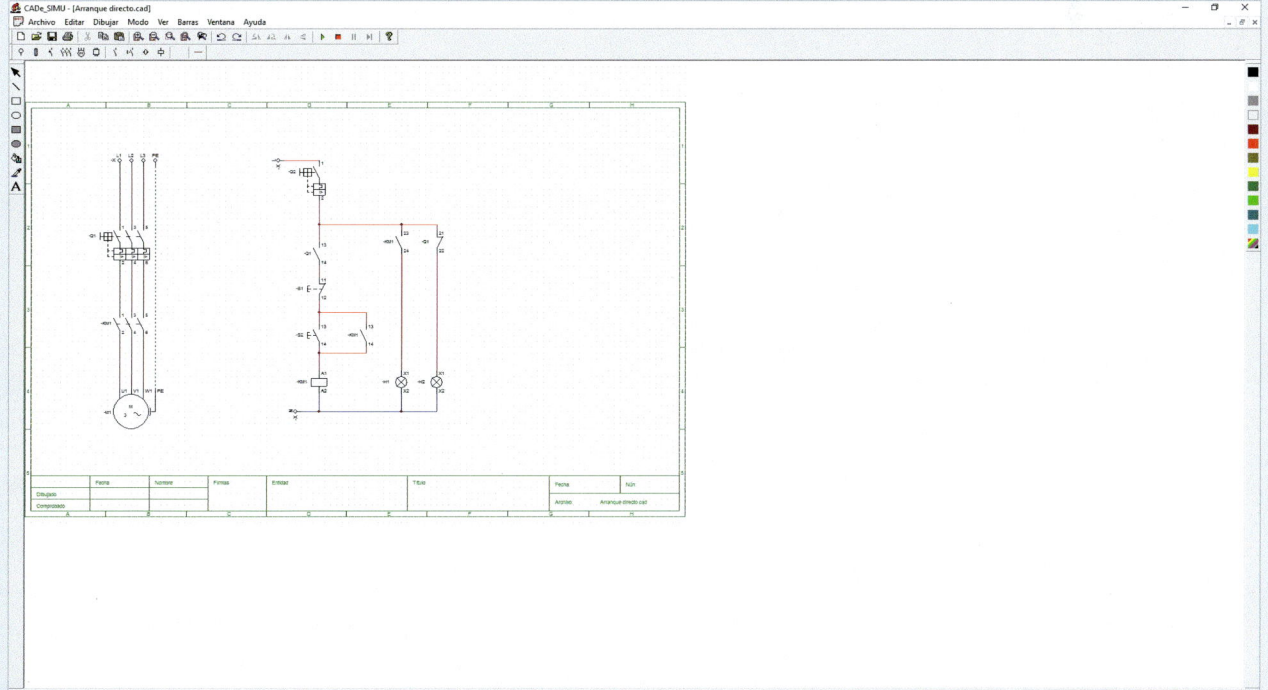

Fig. 1.11. Programa de edición y simulación de esquemas de automatismos: CADe_SIMU.

Cuadros eléctricos para instalaciones eléctricas industriales

Antes de empezar…

- Indica cuál es la función de un cuadro eléctrico.
- Explica cómo es la estructura del cuadro eléctrico del video. Señala algunos aspectos sobre su distribución y organización.

2.1. ¿Qué son los cuadros eléctricos?

Los equipos y dispositivos eléctricos de un sistema de automatización no se disponen al azar ni de forma arbitraria, sino que se colocan de manera ordenada en armarios o cajas de protección seguras, denominadas *cuadros eléctricos.*

> Un **cuadro eléctrico** es la envolvente utilizada para alojar y fijar los diferentes elementos constitutivos o aparamenta de un circuito eléctrico.

Así, en el interior del cuadro se montan los equipos y materiales bajo tensión: dispositivos de mando y control, protección, medida, señalización, regulación, etc.

Físicamente, el cuadro eléctrico suele ser un armario o una caja de protección, y sus características en cuanto a material de construcción, forma, tamaño y tipo dependerán de varios factores. Los más determinantes son:

- El número, volumen o peso de los dispositivos eléctricos que aloja.

- El nivel de protección ante la penetración de agentes sólidos o líquidos externos, así como de estanqueidad frente a la humedad.

- El grado de protección mecánica que presenta frente a impactos externos.

- La protección que ofrece respecto de anomalías en el funcionamiento de la instalación (sobreintensidades, fallos a tierra, sobretensiones, etc.).

- El aislamiento eléctrico y accesibilidad que presenta al ser manipulado.

- El lugar de emplazamiento y el ambiente del local.

En esta unidad veremos que, además de los dispositivos eléctricos, utilizaremos los siguientes tipos de elementos para el montaje del cuadro:

- Elementos estructurales.

- Elementos para el cableado.

- Elementos para la conexión.

- Elementos para el acondicionamiento interior.

Fig. 2.1.
Elementos estructurales (a), para el cableado (b), para la conexión (c) y para el acondicionamiento interior (d) de un cuadro eléctrico.

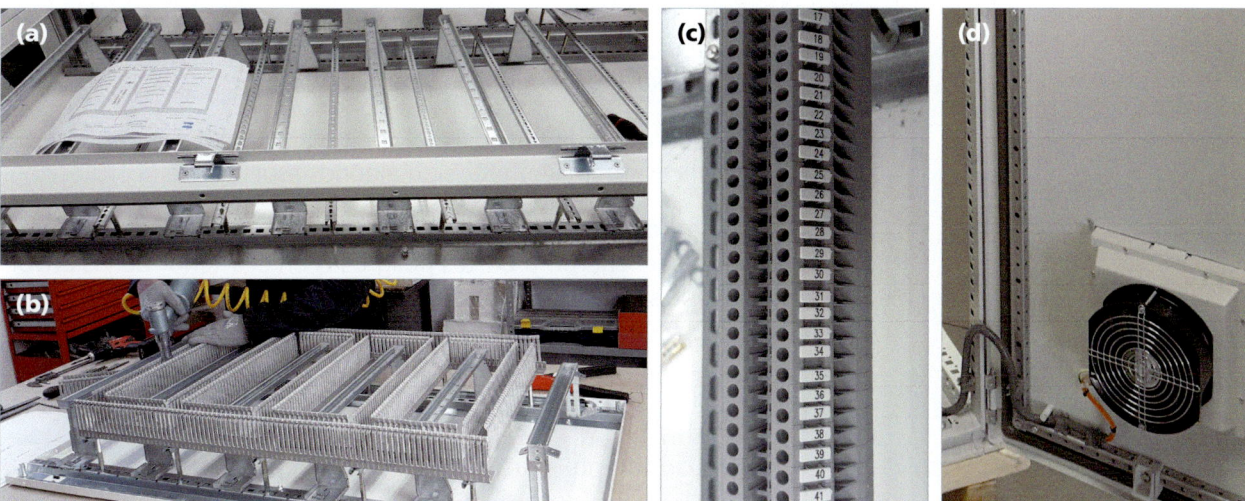

2.1.1. La protección del cuadro

La normativa de seguridad en cualquier instalación eléctrica exige que las envolventes de los distintos materiales eléctricos garanticen una doble protección:

- Contra el acceso a las partes peligrosas, la penetración de cuerpos sólidos extraños y la penetración de agua. Este nivel de exigencia se identifica con el código *IP*.

- Contra los posibles impactos mecánicos externos. Se indica con el código *IK*.

El código IP

> El **código IP** define la protección de un cuadro contra el acceso de personas o cuerpos sólidos a las partes peligrosas y contra la penetración de partículas y agua. (Norma UNE 20324)

Este código está formado por dos números de una cifra cada uno, situados inmediatamente después de las letras IP e independientes el uno del otro:

- La **primera cifra**. Indica la protección de las personas contra el acceso a partes peligrosas, limitando o impidiendo la penetración de una parte del cuerpo o de un objeto asido por la persona. También se refiere a la protección ante la penetración de objetos sólidos extraños.

  Esta cifra adquiere valores dentro del rango de 0 a 6 y, a medida que aumenta, indica que el tamaño del cuerpo sólido que la envolvente deja pasar es menor.

- La **segunda cifra**. Señala la protección contra los efectos perjudiciales debidos a la penetración de agua. Esta cifra está en el rango de 0 a 8 y, a medida que aumenta, indica una mayor estanqueidad de la envolvente.

Ambas cifras se conocen como *cifras características*.

Por ejemplo, una protección IP 55 en un cuadro significa, tal como apreciamos en la Tabla 2.1, que protege contra la penetración de polvo y contra los chorros de agua.

La tabla también muestra que algunas cifras características pueden sustituirse por símbolos. Así, IP 5X, IP 6X, IP X1, IP X3, IP X4, IP X5, IP X7 e IP X8 tienen también representación simbólica.

De manera opcional, pueden añadirse al código IP una o dos letras, que sirven para especificar con mayor precisión algunos aspectos de la protección:

- Una **letra adicional**. Sirve para precisar la accesibilidad de determinadas partes del cuerpo a partes peligrosas en el interior de las envolventes. Puede ser una de las cuatro letras que se corresponden con las cifras 1, 2, 3 y 4 de la primera cifra característica:
  - **A**. Protección frente al acceso con el dorso de la mano.
  - **B**. Protección frente al acceso con los dedos.
  - **C**. Protección frente al acceso con herramientas.
  - **D**. Protección frente al acceso con varillas metálicas.

Tabla 2.1. Descripción de los grados de protección del código IP				
Valor	**Primera cifra**	**Símbolo**	**Segunda cifra**	**Símbolo**
0	No protegida		No protegida	
1	Contra el ingreso de cuerpos sólidos de más de 50 mm (dorso de la mano)		Contra caídas verticales de gotas de agua	🌢
2	Contra el ingreso de cuerpos sólidos de más de 12 mm (dedos)		Contra las caídas de agua con inclinación máxima de 15°	
3	Contra el ingreso de cuerpos sólidos de más de 2,5 mm (herramienta)		Contra el agua en forma de lluvia	
4	Contra el ingreso de cuerpos sólidos de más de 1 mm (alambre)		Contra las proyecciones de agua	
5	Contra la penetración de polvo		Contra los chorros de agua	
6	Totalmente estanco frente al polvo		Contra fuertes chorros de agua o contra la mar gruesa	
7			Contra la inmersión durante un tiempo limitado	
8			Contra la inmersión prolongada	m = profundidad máxima

○ Una **letra suplementaria** que aporta más información. Pueden ser:

- **H**. Equipo a alta tensión.
- **M**. Penetración durante ensayo de agua con partes móviles en movimiento.
- **S**. Penetración durante ensayo de agua con partes móviles detenidas.
- **W**. Intemperie o en condiciones atmosféricas especificadas.

¡*Tenlo* en cuenta!

En ocasiones podrás encontrarte con códigos IP en los que alguna de las cifras sea una X. Esto significa que la envolvente no ha sido ensayada en ese aspecto o que no es necesaria para una aplicación en particular. Por ejemplo, IP 3X indica que la envolvente proporciona una protección contra la penetración de cuerpos sólidos de más de 2,5 mm, pero que no ha sido ensayada en lo referente a la protección contra la penetración del agua.

Ejemplo 2.1

¿Qué grado de protección presenta una envolvente identificada con la referencia IP X5CS?

Solución

Esta envolvente protegerá contra los chorros de agua (5 como segunda cifra). No nos indica nada respecto al acceso de los cuerpos sólidos (letra X), pero sí especifica que protege a las personas de un posible accidente por contacto de una herramienta con las partes en tensión (letra adicional C). Además, indica que se ha mantenido inmóvil durante las pruebas de ensayo con agua (letra S).

El código IK

El **código IK** define el grado de protección de las envolventes frente a impactos mecánicos. (Norma UNE-EN 50102)

Este código se designa mediante un número comprendido entre 00 y 10 y siempre se representa con dos cifras. Cuanto mayor es el número, mayor es la protección de la envolvente frente al impacto mecánico. Los grados de protección IK se establecen por la energía del impacto (en julios) y la equivalencia en peso (kg) y altura (mm) de caída de la pieza de golpeo sobre la envolvente.

Tabla 2.2. Descripción de los grados de protección del código IK											
IK	**00**	**01**	**02**	**03**	**04**	**05**	**06**	**07**	**08**	**09**	**10**
Energía de impacto (J)	Sin protección	0,15	0,2	0,35	0,5	0,7	1	2	5	10	20
Masa (kg)	-	0,2	0,2	0,2	0,2	0,2	0,5	0,5	1,7	5	5
Altura (mm)	-	70	100	175	250	350	200	400	295	200	400

Ejemplo 2.2

¿Qué grado de protección presenta una envolvente identificada con la referencia IP 65DS-IK 07?

Solución

- **IP 65DS**. Tendrá el máximo grado de protección contra el acceso de cuerpos sólidos al ser totalmente estanca al polvo **(6)**, y dispondrá de un alto nivel de protección frente a la penetración de líquidos, pues protege el interior de la envolvente contra chorros de agua **(5)**. La letra **D** indica que protege a las personas contra el acceso a partes peligrosas con alambres o cintas de grosor superior a 1 mm. La **S** significa que frente al ensayo con agua con partes móviles detenidas, no hay penetración.

- **IK 07**. Ofrece una buena protección frente a impactos mecánicos, pues es capaz de aguantar energías de impacto de 2 J (caídas de masas de 0,5 kg desde 40 cm de altura).

2.1.2. Clasificación de los cuadros eléctricos

Las envolventes se pueden clasificar de varias formas según si atendemos a su *diseño externo* o *aspecto*, a la *tipología de su construcción*, a las *condiciones de la instalación*, a su *funcionalidad* o a su *sistema de montaje*.

Según su diseño externo

Dependiendo de su aspecto, la envolvente utilizada para construir un cuadro eléctrico recibe habitualmente el nombre de *armario*, *pupitre* o *caja*.

- **Armarios**. Son envolventes de protección pensadas para alojar un gran número de elementos eléctricos, cableados de cierta complejidad y equipos pesados o voluminosos. Suelen ser de materiales metálicos y, por lo general, disponen de una puerta con llave.

Fig. 2.2.
Armario.

Fig. 2.3.
Pupitre de maniobras.

Fig. 2.4.
Caja de abonado.

- **Pupitres**. Son armarios que se disponen en forma de plano inclinado o mesa de acceso frontal, lo cual facilita la manipulación de los aparatos que alojan. Suelen incorporar los dispositivos de mando y visualización de los automatismos que el personal encargado del proceso de producción acciona frecuentemente.

- **Cajas de abonado o cubrebornes**. Son envolventes de menor tamaño que los armarios. Generalmente se instalan colgadas o empotradas en la pared y alojan un número mínimo de elementos eléctricos (interruptores, protecciones de equipos domésticos, pequeñas máquinas, etc.). Suelen estar fabricadas con materiales plásticos (poliéster, PVC, etc.).

Según la tipología de construcción

De acuerdo con la tipología de su construcción, la norma IEC 61439-1 distingue entre cuadros de *tipo abierto* y de *tipo cerrado*.

- **Cuadros cerrados**. Están rodeados por paneles protectores por todos sus lados con el fin de proporcionar un grado de protección contra el contacto directo no inferior a IPXXB. Todo cuadro destinado a la instalación en entornos comunes deberá ser del tipo cerrado.

- **Cuadros abiertos**. Son cuadros, con o sin cubierta frontal, en los que los componentes con tensión del equipo eléctrico son accesibles. Estos cuadros solamente se pueden instalar en lugares con acceso restringido a personal cualificado.

Según las condiciones de instalación

Según las condiciones de instalación, los cuadros pueden clasificarse:

- En cuadros de **interior** o de **exterior**, dependiendo de su emplazamiento. Se diseñarán considerando las condiciones de humedad relativa, temperatura ambiente y altitud del lugar donde se emplazarán.

- En cuadros **fijos** o **móviles**, si están diseñados para ser fijados en el lugar de utilización o para poderlos trasladar de un lugar a otro.

Según su funcionalidad en la instalación

Atendiendo a su funcionalidad, las envolventes pueden ser:

- **Cuadros de distribución**. Desde ellos se distribuyen los diferentes circuitos y se gobierna y protege una instalación fija y su suministro de energía. Cuando el número de circuitos es muy elevado (por ejemplo, en instalaciones industriales), de los cuadros generales se derivan cuadros secundarios (gobiernan y protegen secciones o parte de la instalación) y cuadros terminales (gobiernan y protegen una parte concreta de la instalación).

- **Cuadros de automatismos eléctricos**. Son los cuadros que alojan los elementos de maniobra y protección de motores o máquinas eléctricas. Pueden ser cuadros de control de motores, de sistemas automatizados, de medición, etc.

- **Cuadros provisionales de obra**. Normalmente son cuadros móviles o transportables para atender a las necesidades de potencia que se requieren en una obra.

⠿ Según su sistema de montaje

Atendiendo a su montaje, los cuadros eléctricos se clasifican en:

- **Cuadros fabricados**. Están constituidos por un único módulo, que funciona como una sola unidad y no admite el acoplamiento de nuevos módulos. El fabricante original realiza la verificación asociada, de conformidad con la norma IEC 61439-1.

  Se instalan cuando no están previstas ampliaciones o cambios en la instalación.

- **Cuadros montados**. Son cuadros que tienen que ensamblarse a partir de una amplia gama de componentes mecánicos y eléctricos (armarios, barras, unidades funcionales, etc.) siguiendo las instrucciones del fabricante original. El fabricante del conjunto o del cuadro (así lo define la norma) asume la responsabilidad del ensamble del sistema.

Fig. 2.5.
Responsabilidades del fabricante original y del fabricante del cuadro.

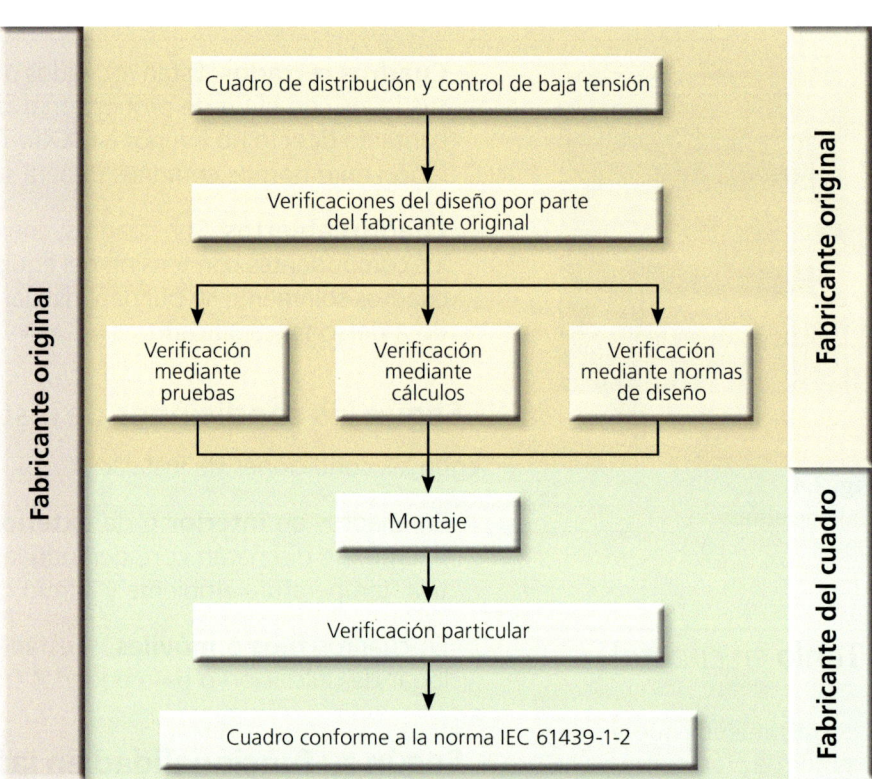

Actividades

1. ¿Qué aspectos deberán considerarse para la elección de un cuadro eléctrico?

2. ¿Qué grado de protección presenta un armario catalogado de IP 54-IK 06? ¿Y una caja de IP X6BW - IK 08?

3. ¿Qué grado de protección presenta una envolvente con esta simbología?

4. Busca información sobre el grado de protección que debería tener una envolvente, con cinco interruptores para alumbrado, ubicada: a) en un jardín; b) en un parking.

   Describe sus características más importantes en ambos casos.

5. Elabora un esquema con la clasificación de los cuadros eléctricos según los distintos criterios considerados.

6. Describe el cuadro eléctrico de tu vivienda, atendiendo a los diferentes criterios de clasificación estudiados.

2.2. Elementos estructurales

La estructura de un cuadro eléctrico está formada por un *chasis*, que contiene los diferentes *elementos para la fijación* de los equipos y dispositivos que tiene que alojar.

2.2.1. El chasis

En envolventes pequeñas, la estructura está formada por un único chasis, metálico o de plástico, acondicionado para sujetar los elementos de fijación.

En armarios o cuadros de mayores dimensiones, el chasis se monta ensamblando varias piezas, construyendo un *armazón*, que se cierra con unos *paneles* y una puerta o sistema de *cerramiento*.

El armazón metálico

El armazón es el esqueleto del cuadro, que le da la forma y la consistencia suficiente para sujetar el peso de los elementos que aloja. Además, asegura la conexión equipotencial de toda la envolvente que se conectará a la red de difusión a tierra.

Se construye, generalmente, con largueros metálicos unidos mediante tornillería. En cajas o armarios fijados a la pared, se utilizarán los soportes específicos de sujeción adecuados al peso que debe soportar. Los armarios apoyados en el suelo se montarán sobre un soporte o zócalo.

Los paneles

Los paneles constituyen el revestimiento exterior del armazón (laterales, frontal, trasero, superior e inferior) que oculta la estructura del cuadro.

Los paneles pueden estar fabricados con materiales metálicos o plásticos y proporcionan el grado de protección IP e IK que requiere la envolvente.

Fig. 2.6.
Chasis.

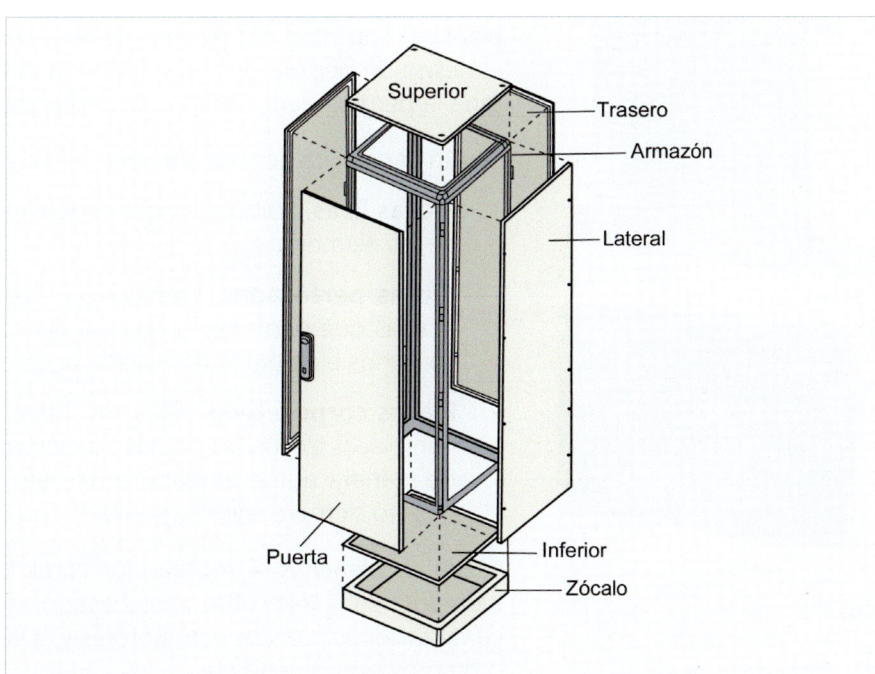

Fig. 2.7.
Armario despiezado, con armazón, paneles y puerta.

En cuanto a su montaje y fijación al armazón, diferenciamos entre:

- **Paneles fijos**. El montaje se realiza mediante tornillería que los sujeta al armazón, por lo que se requieren herramientas.

- **Paneles abatibles o móviles**. Se fijan al armazón mediante bisagras y anclajes. Este sistema permite abatir o retirar los paneles de forma sencilla para practicar en el interior operaciones de mantenimiento o reparación de averías.

Los cuadros emplazados en el exterior pueden disponer de un tejado que evite la entrada de agua, reforzando así el grado de protección IP.

Los cierres

La parte frontal suele montarse con una **puerta** con el sistema de cierre elegido para impedir el acceso al personal no autorizado. Existen diferentes tipos de cierres, siendo los más habituales los de llave, que pueden tener varias formas.

Cuando la restricción al acceso al interior del cuadro es máxima, se emplean unas señales selladas, denominadas precintos.

2.2.2. Los elementos de fijación

En el interior de la estructura del cuadro se colocan los elementos de fijación sobre los que se apoya la aparamenta. Estos elementos constan de la *plancha de montaje*, sobre la que se colocan los *carriles de fijación*.

Las planchas de montaje

> Las **planchas de montaje** son las placas que sirven de base para fijar los distintos elementos constitutivos del cuadro eléctrico. Pueden ser conductoras o aislantes.

Fig. 2.8.
Diferentes tipos de planchas de montaje.

Se ubican en el interior del cuadro atornillándolas a este en orificios de rosca ciega dispuestos en el fondo de la envolvente. De esta manera, las planchas soportan el mecanizado requerido para fijar los dispositivos, sin el riesgo de perforar las paredes de la envolvente, situación que comportaría la pérdida de los grados de protección IP e IK.

Según el nivel de acondicionamiento, se puede diferenciar entre:

- **Placas lisas**. Son placas que requieren de mecanizado para la fijación de los elementos.

- **Placas perforadas**. La placa ya viene con unas perforaciones practicadas que permiten la fijación de los elementos en cualquier punto con unos elementos de fijación accesorios (tipo tuerca-tornillo).

- **Placas corporativas**. Algunos fabricantes de envolventes proporcionan placas exclusivas para la fijación de elementos de la propia marca, de manera que el trabajo resulte fácil y cómodo. El inconveniente es que no siempre son compatibles con dispositivos de otras marcas.

Sobre las planchas se montan los carriles de fijación, aunque estos también pueden fijarse sobre unos bastidores. También se pueden montar las canalizaciones para los conductores y, a veces, elementos de climatización o de provisión de energía.

¡*Tenlo* en cuenta!

Algunos dispositivos de mayor peso, como la aparamenta en caja moldeada, requieren ser fijados mediante soportes preparados específicamente por la empresa fabricante.

Fig. 2.10.
Diferentes tipos de carriles de fijación DIN.

:: Los carriles de fijación

El carril de fijación o perfil es una pletina que se sujeta mediante tornillos, remaches u otros elementos de fijación a la plancha o al bastidor. Sirve para el soporte y fijación de dispositivos eléctricos.

Existen diferentes tipos de carriles, según su forma, pero uno de los más utilizados es el denominado carril DIN. Es una pletina normalizada que, mediante dos aletas laterales dispuestas a lo largo, permite asegurar fácilmente el anclaje de los elementos al ejercer una pequeña presión sobre la pestaña que estos incorporan. (DOC. 2.1)

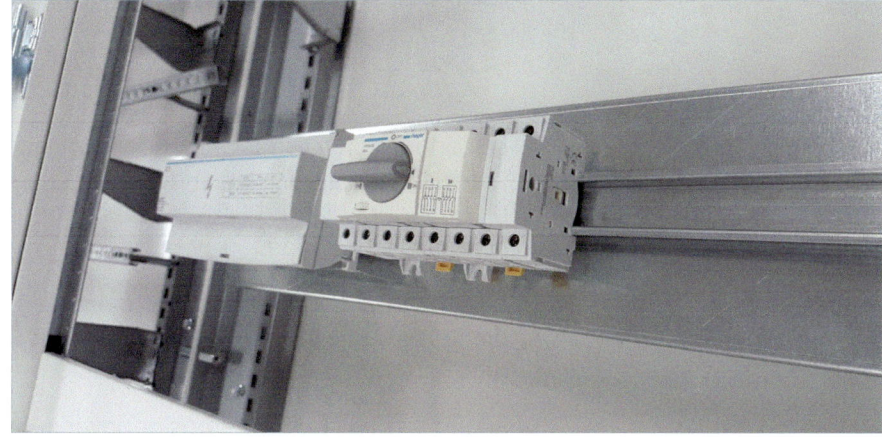

Fig. 2.9. Anclaje de elementos mediante un carril de fijación.

Documento 2.1

Perfiles DIN

En el mercado existe una gran variedad de formas y medidas de carriles de fijación DIN. Sus dimensiones las recoge la normativa:

- DIN EN 50035 NS/P: Carril de 32 mm de anchura, 15 mm de altura y 1,5 o 2 m de longitud.
- DIN EN 50022 NS3515/P: Carril de 35 mm de anchura, 15 mm de altura y 2 m de longitud.
- DIN EN 50022 NS35/P: Carril de 35 mm de anchura, 7,5 mm de altura y 1 o 2 m de longitud.
- DIN EN 50045 NSMB: Carril de 15 mm de anchura, 5,5 mm de altura y 1,25 m de longitud.

Actividades

7. Realiza un dibujo a mano alzada de un cuadro eléctrico (o busca una imagen en Internet) en el que se puedan identificar: el armazón, los paneles, la plancha de montaje, los bastidores y los carriles.

8. ¿Qué diferencia hay entre paneles fijos y paneles abatibles?

9. Explica las ventajas e inconvenientes de las planchas de montaje lisas, perforadas y corporativas.

10. Describe cómo son los carriles DIN e indica por qué su utilización como soportes de fijación está tan extendida. Señala diferentes dispositivos que se puedan montar sobre un carril DIN.

11. Busca en catálogos de fabricantes de cuadros eléctricos distintos sistemas de fijación de los dispositivos dentro del cuadro. Describe alguno de ellos.

2.3. Elementos para el cableado

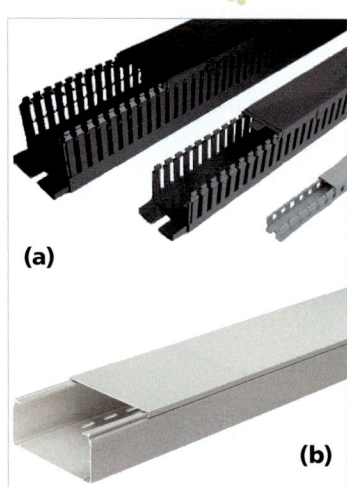

(a)

(b)

Fig. 2.11.
Canaletas de paredes ranuradas (a) y paredes lisas (b).

La operación de cableado tiene como finalidad conectar entre ellos los diferentes elementos de un cuadro eléctrico. El número de cables que se encuentran dentro del cuadro puede ser muy elevado, por lo que deberán estar perfectamente organizados y repartidos.

Para cumplir con esta finalidad los cables pueden circular por el interior de *elementos de canalización* o mantenerse unidos en bloques mediante *elementos de sujeción*. Además, como veremos más adelante, los cables deberán estar debidamente identificados.

2.3.1. Elementos de canalización

La conducción y ramificación del cableado interno de un cuadro eléctrico la podemos realizar ayudándonos de la denominada **canaleta**. Se trata de una moldura alargada cuadrangular, generalmente de PVC, formada por una base y una tapa.

La base se asegura al bastidor del cuadro o a los carriles de fijación mediante clips, grapas, remaches o tornillos. La tapa cierra fácilmente el conjunto una vez dispuestos los conductores que discurren en su interior.

Según su utilidad, podremos priorizar el uso de canaletas con paredes fijas o ranuradas:

- Colocaremos **canaleta ranurada** cuando a lo largo del cableado debamos realizar (o preveamos realizar en un futuro) ramificaciones o derivaciones.

- La **canaleta lisa** la utilizaremos cuando debamos salvar distancias de cableado en las que no se produzcan entradas o salidas de conductores a la canal.

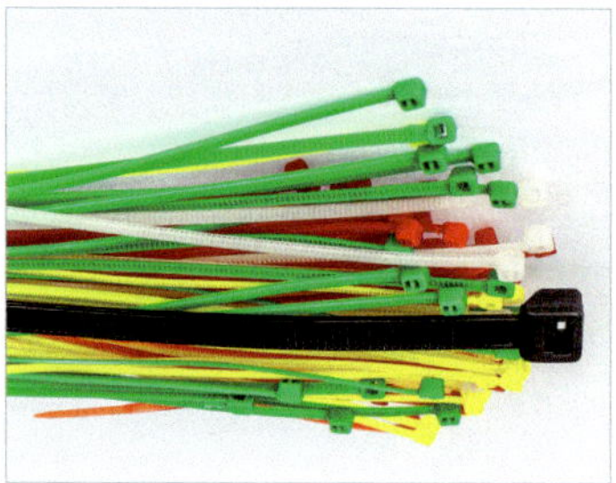

2.3.2. Elementos de sujeción

Si los cables no están canalizados, deberán agruparse en bloque para que permanezcan unidos siguiendo el trayecto que les corresponde. Para realizar esta función dispondremos de *bridas*, *brazaletes* o *espirales*.

Bridas

Las bridas son cintas de nailon, poliamida o plástico, lisas por una cara y dentadas por la otra, que permiten cerrarse sobre sí mismas abrazando los cables que discurren por su interior.

También las podremos utilizar para realizar agrupaciones de conductores afines a la salida de las canaletas, en el interior de cajas, o en lugares donde se requiera una cierta flexibilidad del cableado.

Fig. 2.12.
Bridas.

Brazaletes

Son piezas de plástico que se acoplan directamente al perfil DIN y permiten el cableado al aire de conductores por el interior del cuadro. Generalmente se utilizan para canalizar conductores de gran sección, pues permiten disipar la temperatura con mayor eficacia que en el interior de las canaletas.

Fig. 2.13.
Brazalete.

Fig. 2.14. Espirales.

Espirales

Son cintas tubulares de plástico que permiten colocar y ordenar los cables en el interior del cuadro cuando el conjunto de estos no adquiere un gran tamaño.

Suelen emplearse en el cableado de los dispositivos situados en las puertas de los cuadros de automatismos, ya que permiten su movimiento al tiempo que proporcionan sujeción a los cables.

2.3.3. Otros accesorios

Existen otros accesorios adicionales necesarios para completar las tareas de cableado y garantizar la estanqueidad del cuadro, como son las *prensaestopas*, los *pasacables*, los *tapones* y las *juntas*.

Fig. 2.15. Prensaestopas.

Prensaestopas

Son elementos de latón, plástico o nailon cuya función es la fijación de los tubos de entrada al cuadro. Se colocan en los orificios que se han practicado en el panel del cuadro, para cerrarlos completamente y garantizar la estanqueidad y el grado de protección de la envolvente.

Generalmente disponen de una rosca que les permite ser sujetados al panel mediante una arandela y una tuerca. En su interior incorporan una junta de goma, en forma de arandela, que garantiza el cierre al comprimirse por la acción de una tuerca exterior de ajuste.

Fig. 2.16. Pasacables.

Pasacables

Algunos fabricantes, para adaptar fácilmente la entrada y salida de tubos o canaletas al exterior del cuadro, disponen de pasacables. Consisten en planchas que se acoplan a la parte superior, inferior o lateral de la pared del cuadro. Estas planchas suelen ser extraíbles para facilitar su mecanizado.

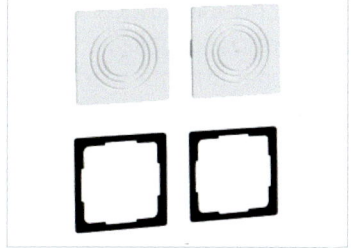

Fig. 2.17. Tapones y juntas.

Tapones y juntas

Los tapones y juntas son elementos auxiliares de goma sintética que permiten asegurar la estanqueidad y el grado de protección del cuadro, al tapar los huecos o agujeros libres después de haber instalado los diferentes cables y tubos.

¡*Tenlo* en cuenta!

En cuadros en los que la entrada es a través de canaletas o bandejas, para su fijación el fabricante proporciona unas piezas terminales que permiten mantener el grado de IP. Suelen ir fijadas con tornillos o remaches.

Actividades

12. Explica cuál es la utilidad de las canaletas en un cuadro eléctrico y cuándo se priorizará el uso de canaletas con paredes lisas o ranuradas.

13. Señala las diferencias entre bridas, brazaletes y espirales en cuanto a su utilidad como elementos de sujeción.

14. Indica para qué se emplean los prensaestopas, los pasacables y los tapones y juntas.

2.4. Elementos para la conexión

En el interior del cuadro deben disponerse los elementos necesarios para realizar las conexiones eléctricas entre los dispositivos alojados en él y los que se encuentran en el exterior. Estos elementos son el *embarrado* y el *regletero*.

2.4.1. Embarrado

El **embarrado** consiste en unas barras o pletinas de cobre o aluminio, de sección rectangular, encargadas de suministrar la energía eléctrica al cuadro eléctrico.

La dimensión de las barras dependerá de la potencia que suministren: cuanto mayor sea la potencia que requiera una instalación, mayor será la dimensión de las barras.

El número de barras que constituyen el embarrado depende del sistema de alimentación. Así, un sistema de alimentación trifásico con neutro, que es el más habitual, dispondrá de cuatro barras: tres para las fases y una para el neutro. Las barras de fase dispondrán de perforaciones para facilitar la conexión mediante tornillos de los bornes de los conductores o de otros elementos.

Además, se debe contar una barra para el conductor de protección, cuya sección se determina también acorde con las secciones de fases y neutro. En el embarrado de protección irán conectados los conductores de protección de la instalación.

La disposición de las barras

Las barras de los embarrados suelen ser macizas y desnudas, y suelen ocupar posiciones fijas en tramos rectos (verticales u horizontales) a lo largo del cuadro.

En determinados tipos de embarrados donde no es posible colocar barras rectas o se necesita atacar los bornes de un aparato, se utilizan barras flexibles. En este caso, están recubiertas con material aislante y admiten el plegado y desplegado, por lo que pueden ser reutilizadas en caso de modificaciones del cuadro.

La disposición de las barras dependerá de la forma del cuadro y del espacio del que se disponga.

Lo más usual es ubicarlas horizontalmente en la parte superior o inferior del cuadro, pero también pueden disponerse verticalmente en el lateral o en el fondo del cuadro o, incluso, en ángulo (disposición vertical-horizontal).

Identificación

Las barras del embarrado, ya sean macizas o de tipo flexible, deben estar identificadas en los puntos de conexión y en sus extremos.

El sistema de identificación es el mismo que se utiliza en los cables, L1, L2 y L3 para las fases, y N para el neutro. La pletina de conexión de la masa se indica con el símbolo de toma de tierra y el conductor de protección con PE.

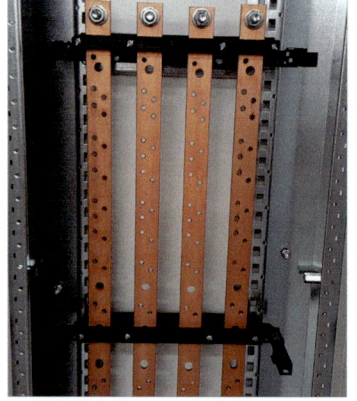

Fig. 2.18. Embarrado.

---

*¡**Tenlo** en cuenta!*

Es importante que las celdas del embarrado estén separadas por aisladores, para evitar posibles riesgos de contactos indirectos cuando se realizan trabajos con tensión.

2.4.2. El regletero

Para conectar los elementos del cuadro (contactores, relés, elementos de protección, etc.) con los elementos que están fuera de él o en partes móviles del mismo, se utilizan los bornes de conexión, y para facilitar esta función suelen disponerse en un *regletero*.

> El **regletero** es el elemento del cuadro en el que se encuentran los bornes y las regletas de conexión.

Los **bornes de conexión** son los elementos que nos permiten realizar los empalmes de conductores de forma segura. Se presentan agrupados formando **regletas de conexión** fácilmente identificables.

Los bornes se alojan en el interior de una carcasa plástica formando bloques o módulos, separados entre ellos por unos tabiques aislantes. Los regleteros se montan en carriles normalizados con pestañas tipo clip y suelen fijarse con unos topes atornillados en sus extremos para evitar su desplazamiento lateral.

Fig. 2.19.
Identificadores de cables.

Identificación de los hilos conductores

Igual que los bornes, los cables de una instalación industrial deben estar marcados en el esquema eléctrico y esta marca debe fijarse físicamente al conductor en lugar visible y cerca de los terminales de conexión.

Los elementos que se emplean habitualmente son:

- **Anillos de plástico, brazaletes o etiquetas termorretráctiles**, de diferentes colores y diámetros. Se fijan en los extremos de los conductores y así permiten su marcado e identificación.

- **Bridas de identificación**. Son de plástico, con una parte de la banda más ancha para hacer la anotación de la identificación con rotulador. Se utilizan para la identificación de mangueras de cables.

Si deseamos distinguir entre grupos de circuitos (de control, de alimentación y de maniobra), podemos utilizar caracteres alfanuméricos. Como se desprende de la Tabla 2.3, en los circuitos de alimentación se reservan las siglas L para las fases de alimentación, N para los neutros, y PE para los conductores de tierra o protección.

¡Tenlo en cuenta!

Ante cualquier operación de reforma, modificación o ampliación posterior que requiera el cuadro, el marcado de bornes y cableado facilitará la intervención del personal técnico.

Fig. 2.20.
Identificadores de bornes.

Identificación de los bornes

Cuando cableamos un cuadro eléctrico es conveniente que los bornes de conexión conformen como mínimo dos grupos: uno para los circuitos de potencia (fuerza y alimentación) y otro para los circuitos de control. El marcado se realizará con etiquetas adhesivas o encajadas o con rotulador indeleble.

La identificación de estos bornes, como veremos en la PRÁCTICA 2.2, al final de esta unidad, permite configurar un regletero. Para el grupo de los circuitos de potencia, los bornes de las regletas se marcan con los códigos específicos que recogemos en la Tabla 2.3, tanto si se trata de entradas como de salidas.

Tabla 2.3. Códigos utilizados para el marcado de bornes en regletas de maniobra o potencia			
Códigos de entrada	**Función de los bornes**	**Códigos de salida**	**Función de los bornes**
L1-L2-L3-N-PE	Alimentación tetrapolar: 3 fases, neutro (N) y tierra (PE).	U-V-W-PE o K-L-M-PE	Salidas a motores trifásicos con posible conexión de tierra (PE).
L1-L2-L3-PE	Alimentación tripolar: 3 fases y tierra (PE).	U-V-PE o K-L-PE	Salidas a motores monofásicos con posible conexión de tierra.
L-N-PE	Alimentación monofásica simple: fase, neutro (N) y tierra (PE).	A-B-C…, etc.	Salidas a resistencias.

Actividades

15. Explica qué son los embarrados y cómo se disponen en un cuadro eléctrico.

16. Indica las diferencias entre los conceptos de regletero, borne de conexión y regleta de conexión, señalando la relación entre ellos.

17. Cita algunas de las ventajas que nos proporciona la identificación de elementos en un cuadro eléctrico.

2.5. Elementos para el acondicionamiento interior

Las condiciones ambientales desfavorables, tanto las procedentes del exterior (climáticas) como las que se generan por el funcionamiento de los dispositivos que el cuadro aloja, pueden causar problemas en el funcionamiento de la instalación o un deterioro de los elementos.

Por tanto, en el diseño de un cuadro eléctrico deberemos contemplar las posibles adversidades ambientales que puedan darse (condensación, formación de hielo, sobrecalentamiento, etc.) y adoptar las soluciones de climatización que mejor las resuelvan.

En función de la pasividad o actividad de los elementos de acondicionamiento climático podemos diferenciar entre:

- **Sistemas de climatización natural**. Son sistemas simples de recirculación por convección de la masa de aire del interior del cuadro. Normalmente se trata de aberturas mediante ventanas, rejillas o techos o tapas de ventilación que favorecen la circulación y renovación del aire de manera natural.

- **Sistemas de climatización forzada**. Son sistemas más sofisticados que permiten mantener de forma automática la temperatura y la humedad en el interior del armario en torno a un valor de consigna previamente establecido, mediante ventiladores, filtros, resistencias calefactoras, etc.

La disposición de los sistemas de ventilación forzada en el interior de los cuadros dependerá del método utilizado en la recirculación de aire.

En algunas ocasiones se precisa insuflar aire al armario para crear una sobrepresión interna que evite la entrada de polvo.

¡*Tenlo* en cuenta!

Siempre será necesario mantener en perfecto estado de funcionamiento el sistema de climatización de un cuadro eléctrico. Dependiendo del sistema elegido, deberemos realizar unas operaciones periódicas de mantenimiento y verificación.

En el caso de sistemas de ventilación, se centrarán, sobre todo, en la limpieza de filtros. En los sistemas destinados al acondicionamiento del clima en el interior del cuadro, consistirán en la comprobación de compresores, termostatos y resistencias de caldeo.

En otros casos, lo recomendable es evacuar el calor del interior del cuadro forzando la salida de un cierto caudal de aire. Cuando la temperatura exterior es muy baja también se puede elevar la temperatura del cuadro para evitar la condensación.

Fig. 2.21.
a) Armario con climatización natural. b) Armario con climatización forzada.

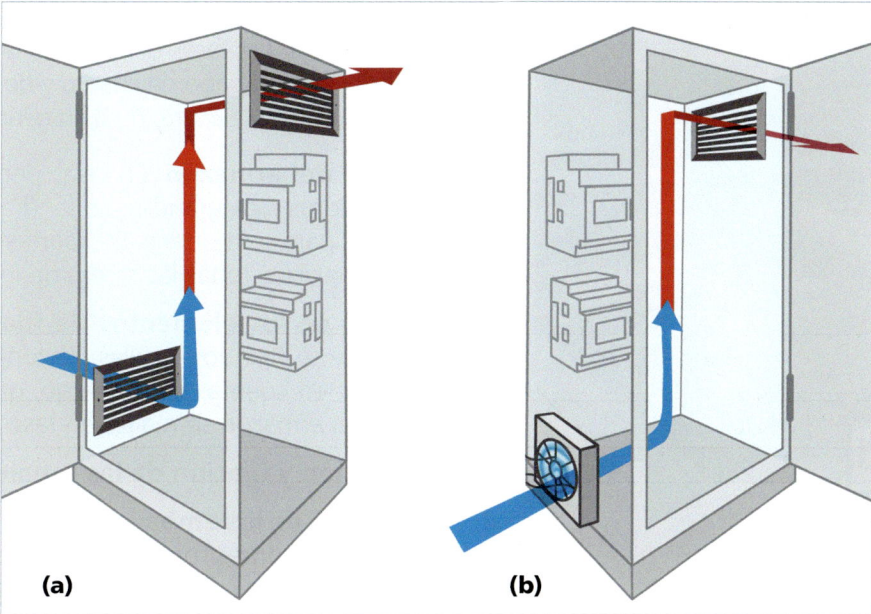

(a)　　　　　　　**(b)**

Documento 2.2

Compatibilidad electromagnética

Un aspecto importante que cabe destacar cuando montamos un cuadro eléctrico es la compatibilidad electromagnética (EMC en sus siglas en inglés) admitida por los equipos que instalamos.

Entendemos por *compatibilidad electromagnética* la capacidad de cualquier aparato, equipo o sistema para funcionar de forma satisfactoria en un entorno electromagnético y, a la vez, no provocar perturbaciones electromagnéticas sobre cualquier otro equipo de ese entorno.

Por consiguiente, la compatibilidad electromagnética debe ocuparse de dos problemas distintos:

* **Emisividad electromagnética**. El aparato, equipo o sistema no debe ser fuente de interferencias que afecten a otros equipos de su entorno.

* **Susceptibilidad electromagnética**. En un entorno hostil de radiaciones electromagnéticas, el aparato debe ser capaz de operar adecuadamente.

Desde hace algunos años todos los aparatos eléctricos y electrónicos que se comercializan en la Unión Europea deben estar homologados y cumplir los requisitos de emisividad y susceptibilidad electromagnéticas que la normativa exige. Un aparato que verifique estos requisitos será identificado con las siglas CE.

Las técnicas de apantallado frente a emisión o absorción de radiaciones electromagnéticas son muy variadas y pueden ir desde sistemas sencillos basados en la jaula de Faraday hasta sistemas complejos basados en la electrónica. Por ejemplo, en instalaciones en las que se quiera aumentar el grado de compatibilidad electromagnética de ciertos equipos o aparatos, estos se pueden blindar con envolventes de chapa de acero y se pueden instalar sobre bandejas o bastidores en el interior de los cuadros eléctricos.

Actividades

18. Indica las diferencias entre un sistema de climatización natural y uno de climatización forzada.

19. Busca en catálogos de fabricantes de cuadros eléctricos información sobre dos sistemas de aire acondicionado empleados para aclimatar la temperatura en el interior de un armario eléctrico. Describe sus características e indica la conveniencia de emplear un sistema u otro.

2.6. Fases del montaje

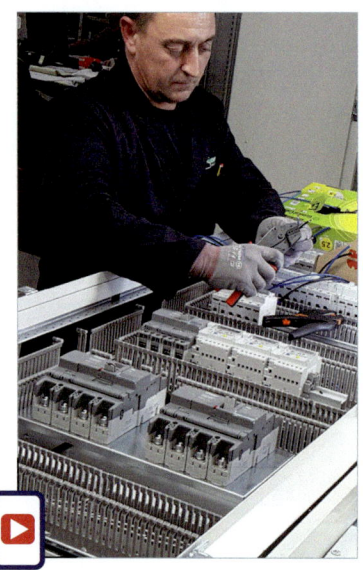

Fig. 2.22.
Montaje del cuadro eléctrico.

El montaje se realizará partiendo de la interpretación del esquema de instalación. Además, deberá disponerse de los planos de despiece, de los elementos y accesorios que en él figuran y, como no, de las herramientas necesarias para realizar el montaje. Las fases del proceso de montaje de un cuadro eléctrico pueden variar según el tipo de cuadro y de acuerdo con la metodología que siga la persona que lo ejecute, pero en general suelen ser las siguientes:

1. **Montaje del armazón**. En cajas pequeñas ya viene dado; en armarios y cuadros más grandes, se tendrá que proceder al ensamblaje de las piezas para su montaje. De momento no hay que colocar los paneles, para facilitar todas las tareas de instalación.

2. **Sujeción de los elementos de fijación**. Se prepara la plancha de montaje y se fijan los carriles. El conjunto se sujeta al armazón. Hay que tener en cuenta, sin embargo, que en ocasiones la fijación de la plancha al armazón se realiza en fases posteriores.

3. **Disposición y fijación de las canaletas** con los trayectos definidos.

4. **Instalación de los embarrados**. Se sujetarán firmemente al armazón mediante aisladores roscados y tornillería. Según el caso, los embarrados para potencias intermedias se pueden montar sobre elementos de fijación debidamente aislados que a su vez se hallen sujetos en un carril DIN.

5. **Colocación de la aparamenta** en los carriles de fijación, de acuerdo con la disposición prevista en la documentación.

6. **Realización del cableado**, llevando a cabo todas las conexiones necesarias entre los diferentes elementos del cuadro, utilizando los terminales y el sistema de conexión requerido.

7. **Marcaje de los conductores y los bornes de conexión** para facilitar su identificación. También se tienen que considerar las conexiones a las barras flexibles o fijas mencionadas en fases anteriores.

8. **Montaje de los paneles** (superior, inferior, posterior y laterales). Hay que practicar en ellos los orificios para la entrada y salida de cables, ya sea mediante tubos o canaletas, y deben cerrarse con cierres estancos empleando los accesorios necesarios (prensaestopas, pasacables, etc.).

9. Colocación de la puerta y del **sistema de cierre**.

10. **Anclaje de la envolvente**. Ya sea antes o después de las operaciones citadas, se debe realizar el anclaje del conjunto al soporte donde deba permanecer fijado, lo cual puede requerir algunas operaciones de mecanizado.

En ocasiones será necesario mecanizar algunas partes rígidas de la envolvente; por ejemplo, para dar paso a las canalizaciones que entran o salen del cuadro, para la colocación de sistemas de climatización, etc. Estas operaciones se deben realizar teniendo en cuenta que la envolvente no puede perder los grados de protección IP e IK solicitados por las condiciones de la instalación.

¡Tenlo en cuenta!

En los cuadros móviles, montados sobre un soporte que permita el desplazamiento, las canalizaciones de conductores externos al cuadro deben dimensionarse de manera que permitan la flexibilidad suficiente para mantener su integridad dentro del recorrido del cuadro móvil.

Actividades

20. Indica, para cada una de las fases de montaje, los diferentes elementos (estructurales, de cableado, de conexión o de climatización) que son necesarios.

2.7. Configuración de cuadros

Si conocemos los requisitos del cuadro y los elementos que tiene que contener, estamos en condiciones de tomar las decisiones respecto a su *dimensionamiento* y a la *disposición* de los elementos en el cuadro, considerando, si son necesarias, diferentes *comparticiones*. Finalmente sólo quedará el *montaje*.

2.7.1. El dimensionado

> Se entiende por **dimensionado** la determinación de la forma y la superficie del cuadro eléctrico.

Para decidir el dimensionado se deberá conocer el número de dispositivos que tiene que alojar el cuadro y la superficie que estos ocupan con una disposición. Básicamente disponemos de dos alternativas:

- Si el diseño del cuadro lo hemos realizado con un programa suministrado por el propio fabricante, normalmente el mismo programa detalla las dimensiones del cuadro y la distribución de los elementos.

- Si realizamos el dimensionado manualmente, tendremos que calcular el área necesaria y elegir la forma del cuadro (cuadrada o rectangular) y, según estas necesidades, seleccionar el cuadro normalizado más próximo.

El proceso consiste en primer lugar en elaborar una relación precisa de los elementos del cuadro (incluyendo carriles, canaletas, etc.). Posteriormente se dibujan estos elementos a escala y se distribuyen sobre una placa de montaje ficticia, dejando los espacios necesarios para la separación de los dispositivos y la realización de las conexiones.

Con este cálculo se podrá seleccionar la tabla base que mejor se adapte a nuestros requerimientos.

2.7.2. Disposición de los elementos

Hemos insistido en que la manera de disponer los elementos en el cuadro también es importante, pues mejora la eficiencia de la instalación y facilita la localización de los mismos. Una disposición lógica agiliza las tareas de revisión y mantenimiento del cuadro, así como la reparación de posibles averías.

Algunos consejos para optimizar este proceso son los siguientes:

- Los dispositivos que requieran de una mayor manipulación se situarán en las zonas más accesibles del cuadro.

- Las unidades funcionales (de mando, de potencia, de protección, etc.), es preferible disponerlas de manera separada.

- Los dispositivos de mayor peso es preferible situarlos en la zona inferior.

- Los dispositivos de mayor intensidad nominal se colocarán en espacios de mayor ventilación o refrigeración.

- Se debe procurar que los circuitos por los que circulen valores de intensidades más altas sean lo más cortos posible.

- El regletero debe situarse cerca de la salida de los conductores.

¡Tenlo en cuenta!

Si disponemos de todos los dispositivos, una forma sencilla de calcular el área y organizar la disposición de los elementos es colocarlos físicamente (sin necesidad de dibujarlos) sobre la placa ficticia. Así, además del dimensionamiento, habremos ensayado su disposición.

Fig. 2.23.
Disposición estándar de elementos en un cuadro sencillo.

2.7.3. **Compartimentación de cuadros**

En cuadros de mayores dimensiones será recomendable establecer diferentes compartimentaciones.

> La **compartimentación** es el tipo de separación interna o subdivisión prevista en el interior del cuadro.

Esta separación está relacionada con el aislamiento eléctrico y la accesibilidad que el cuadro presenta al ser manipulado. Las funciones que cumple son las siguientes:

- Garantizar la protección contra los contactos directos (al menos IP XXB), en caso de acceso a una parte del cuadro sin tensión, respecto al resto del cuadro en tensión.

- Reducir la probabilidad de formación de un arco eléctrico y su propagación.

- Impedir el paso de cuerpos sólidos de una parte a otra del cuadro (grado de protección mínimo IP 2X).

La compartimentación se realiza básicamente mediante:

- **Barreras**. Elementos que protegen a la persona operadora del cuadro de los contactos directos y de los defectos del arco de los aparatos de interrupción en la dirección habitual de acceso.

- **Tabiques metálicos o aislantes**. Elementos de separación entre dos celdas.

Los elementos que consideraremos para la compartimentación en el cuadro son el embarrado, las unidades funcionales y los terminales de conexión.

La norma IEC 61439-2 establece cuatro formas típicas de compartimentación, tal como se recoge en la Tabla 2.4.

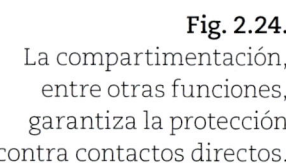

Fig. 2.24.
La compartimentación, entre otras funciones, garantiza la protección contra contactos directos.

Tabla 2.4. Formas de compartimentación de cuadros		
FORMA 1. Sin segregación interna.		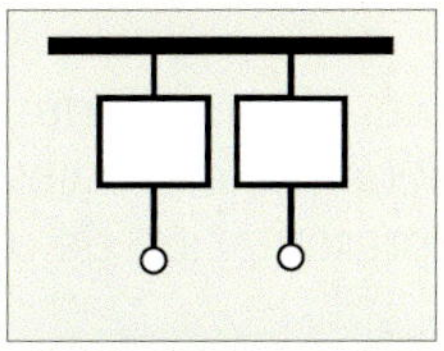
FORMA 2. Segregación del embarrado de distribución de las unidades funcionales.	**FORMA 2.a.** Terminales sin separar del embarrado	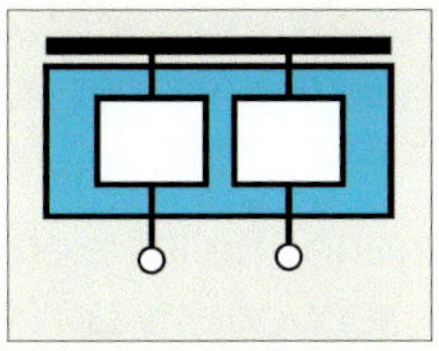
	FORMA 2.b. Terminales separados del embarrado	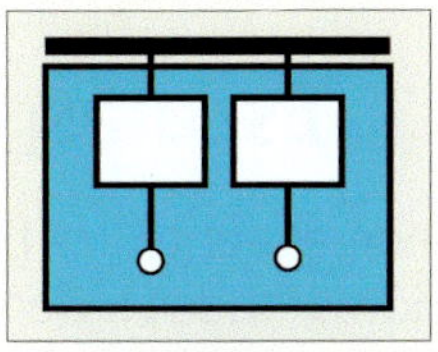
FORMA 3. Segregación del embarrado de las unidades funcionales. Separación entre las unidades funcionales.	**FORMA 3.a.** Terminales sin separar del embarrado	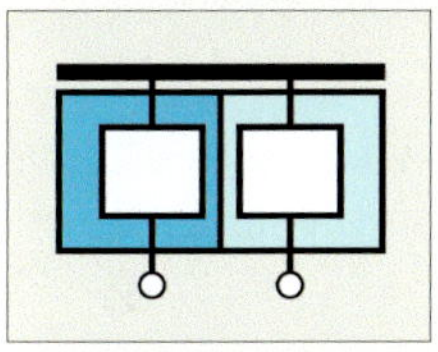
	FORMA 3.b. Terminales separados del embarrado	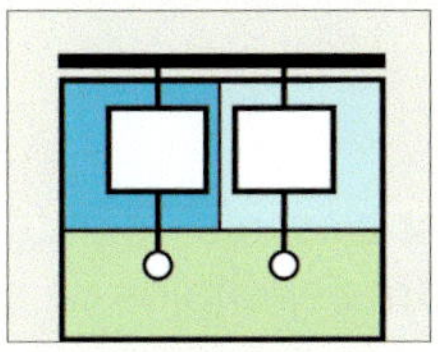
FORMA 4. Segregación del embarrado de las unidades funcionales. Separación entre las unidades funcionales. Separación entre los terminales.	**FORMA 4.a.** Terminales y sus unidades funcionales asociadas en el mismo compartimento.	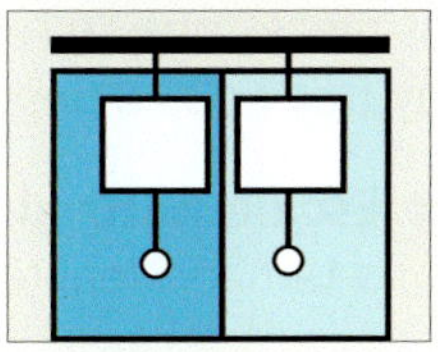
	FORMA 4.b. Terminales y sus unidades funcionales asociadas en distinto compartimento.	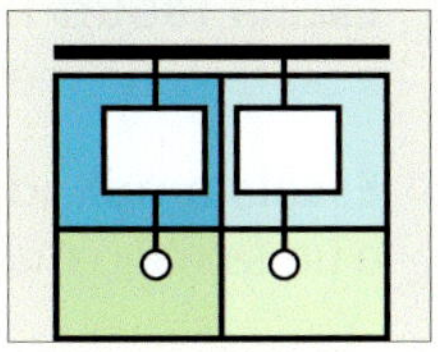

Actividades

21. Explica cómo realizar el dimensionado de un cuadro y planificar la disposición de los elementos que contiene.

22. Señala por qué es necesaria la compartimentación interna de los cuadros eléctricos.

23. Explica las configuraciones siguientes de compartimentación de un cuadro eléctrico y dibuja cada esquema marcando los diferentes componentes con leyendas:

a) FORMA 2.b

b) FORMA 3.a

c) FORMA 4.b

d) FORMA 1

Representación normalizada ● ● ● ●

En el entorno industrial, la lectura e interpretación de la información representada (piezas, instalaciones, esquemas eléctricos, etc.) debe ser precisa y no debe dar lugar a ningún tipo de equivocación. Por eso la representación de objetos e instalaciones sigue unas normas aceptadas internacionalmente.

> El **dibujo técnico está normalizado**, lo que significa que está sometido a unas reglas preestablecidas, necesarias para unificar los criterios de interpretación sin ambigüedades.

Algunos de los elementos que implica el dibujo normalizado son la *escala*, los *sistemas de representación*, las *secciones y cortes* y la *acotación*.

1. Escalas

Generalmente, las figuras y piezas que se representan no se dibujan a tamaño natural, porque son demasiado grandes o demasiado pequeñas. Sin embargo, es imprescindible conservar las medidas y las proporciones, es decir, el dibujo debe estar a escala.

> La **escala** es la relación matemática que existe entre las dimensiones reales de una pieza u objeto y las representadas en el dibujo.

Las escalas se escriben en forma de fracción a:b (esto se denomina notación de una escala), donde:

Proporción o escala = Dimensiones reales / Medidas en el dibujo

Por ejemplo, la escala 1:500 significa que **1 cm** del plano equivale a **500 cm** (es decir, **5 m**) en la realidad. Otros ejemplos de escalas son 1:1 (escala real o natural), 1:10, 1:50, 5:1, 50:1, etc.

Las piezas que se representan pueden dibujarse con sus medidas reales, aumentadas o reducidas. Por eso hay tres tipos de escalas:

- **Escala natural**, si la pieza se representa a tamaño real (escala 1:1).

- **Escala reducida**, si la pieza se representa a un tamaño menor que el real (escala 1:X).

- **Escala ampliada**, si la pieza se representa a un tamaño mayor que el real (escala X:1).

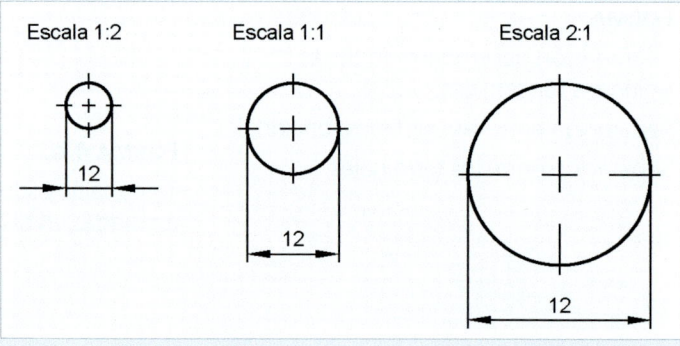

Fig. 2.25. Representación mediante diferentes tipos de escalas.

ACTIVIDADES

1. Indica qué tipo de escala utilizarías para la representación de los objetos siguientes. Señala una posible notación de la escala.

    a) Una mesa

    b) Un cuadro eléctrico

    c) Un interruptor diferencial

    d) Un tornillo

    e) Unos alicates

    f) Un automóvil

    g) Un fusible cilíndrico

    h) Una taladradora

    i) Una broca

2. Dibuja el plano del aula taller a escala. Indica la notación de la escala.

3. Dibuja a escala un pulsador de paro de emergencias. Indica la notación de la escala.

Representación normalizada ● ● ● ●

2. Sistemas de representación

Las piezas y los objetos reales, por el hecho de formar parte del espacio, tienen tres dimensiones (anchura, altura y profundidad), pero necesitamos representarlos sobre una hoja de papel, que solo tiene dos (anchura y altura). Los sistemas más utilizados para realizar dicha representación son la *perspectiva* y las *vistas*.

La perspectiva

La perspectiva nos permite obtener una representación muy aproximada a la realidad. Para llevarla a cabo se utilizan tres ejes o líneas de referencia, que representan las tres dimensiones del objeto en el espacio, sobre las que se proyecta dicho objeto.

Según sean los ángulos que forman los tres ejes, se establecen las diferentes perspectivas. Las más utilizadas son la perspectiva isométrica y la perspectiva caballera.

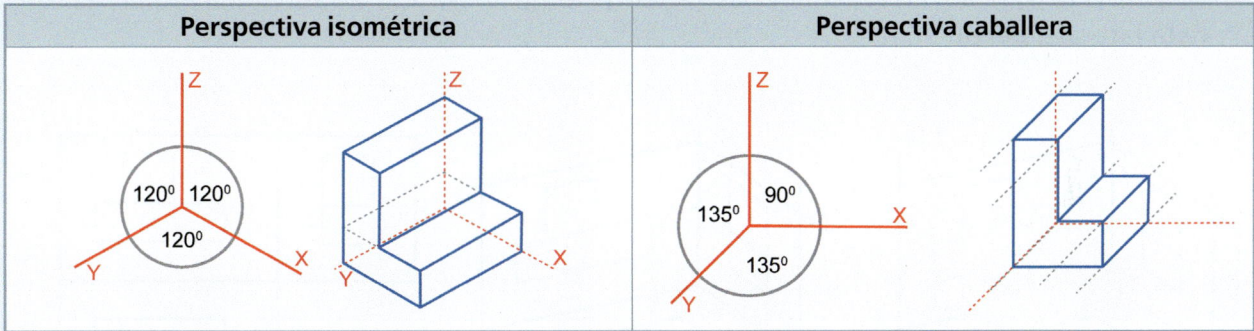

Perspectiva isométrica	Perspectiva caballera

Las vistas o sistema de proyecciones

Las vistas o sistema de proyecciones ortogonales se basan en representar las proyecciones o vistas del objeto sobre sus planos de proyección. Para eso imaginemos que la pieza que se va a representar se encuentra en el interior de un cubo o caja de referencia. Las vistas se obtienen proyectando el objeto sobre los seis planos que forman cada una de las caras del cubo.

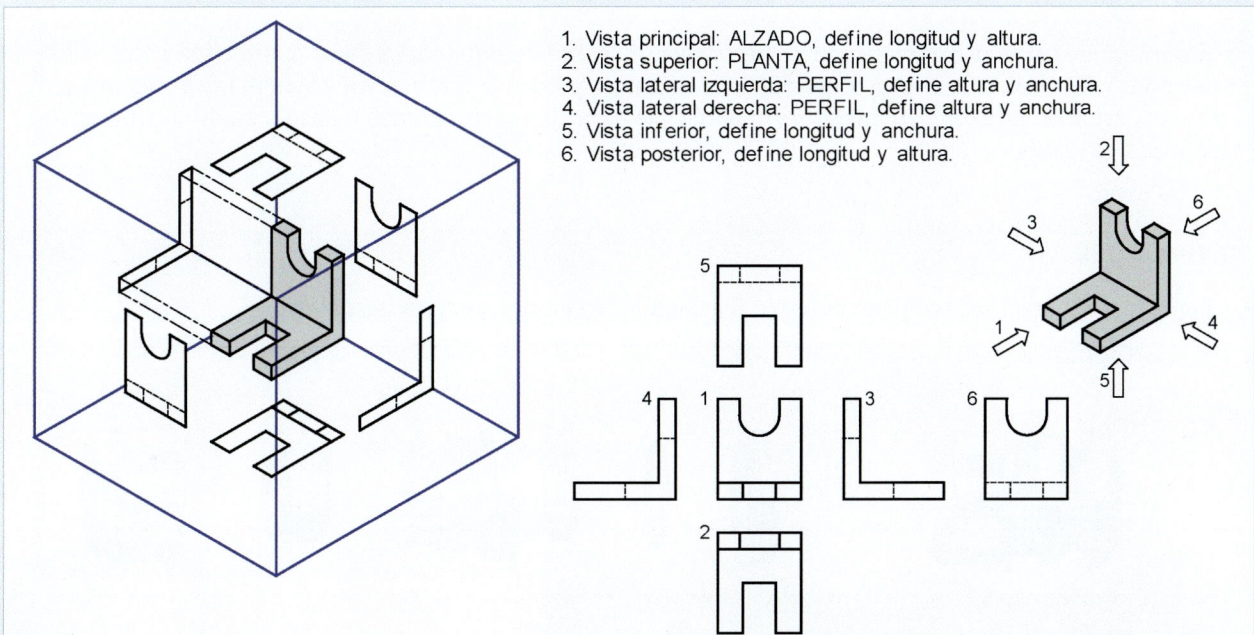

1. Vista principal: ALZADO, define longitud y altura.
2. Vista superior: PLANTA, define longitud y anchura.
3. Vista lateral izquierda: PERFIL, define altura y anchura.
4. Vista lateral derecha: PERFIL, define altura y anchura.
5. Vista inferior, define longitud y anchura.
6. Vista posterior, define longitud y altura.

Fig. 2.26. Proyección de un objeto sobre los seis planos y representación del sistema de las vistas.

Representación normalizada ● ● ● ●

Los nombres de cada una de las vistas dependen de la elección de la vista principal, que denominaremos *alzado*.

- Vista principal: *alzado*.
- Vista superior: *planta*.
- Vista lateral izquierda: *perfil izquierdo*.
- Vista lateral derecha: *perfil derecho*.
- Vista inferior.
- Vista posterior.

Normalmente no se dibujan las seis vistas, puesto que con tres es suficiente. Una estrategia para representar o interpretar una pieza de tres vistas es la siguiente:

- Mirando la pieza desde arriba, obtenemos sobre el plano horizontal **la planta.**
- Mirando la pieza de frente, obtenemos sobre el plano vertical **el alzado** o **la elevación**.
- Mirando la pieza desde un lado obtenemos sobre el plano de perfil la vista correspondiente, llamada **vista lateral** o **perfil**.

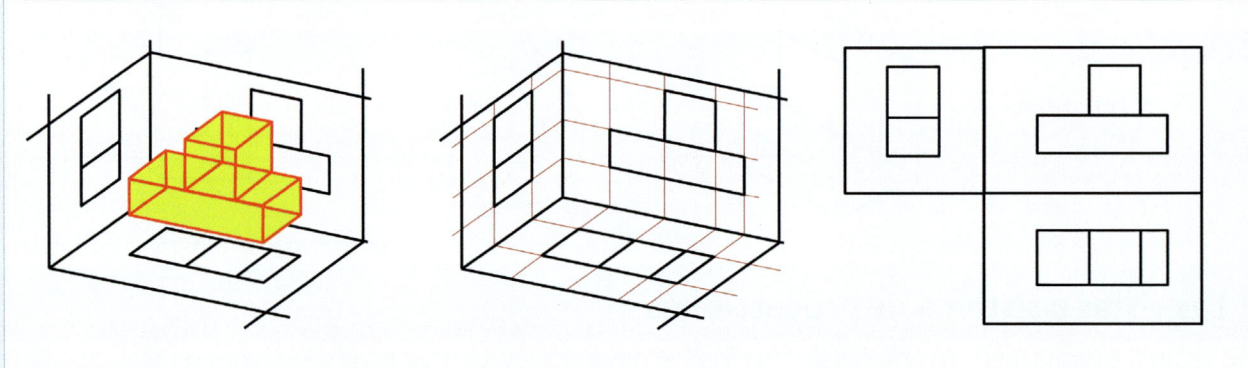

Fig. 2.27. Proyección de un objeto sobre tres planos: alzado, planta y perfil.

¡*Tenlo* en cuenta!

El número de caras utilizadas en la representación del objeto dependerá de su complejidad. En ocasiones podrá ser necesaria la proyección de las seis caras, pero si la pieza es muy sencilla es suficiente con la proyección de una o dos vistas sobre el plano. De todas maneras, lo más habitual en dibujo industrial son las tres vistas.

ACTIVIDADES

4. Representa tu teléfono móvil en perspectiva caballera y en perspectiva isométrica.

5. Dibuja las tres vistas de las piezas siguientes:

6. Dibuja las seis vistas de una lavadora.

Representación normalizada • ● ● ● •

3. Secciones y cortes

En muchas ocasiones, en dibujo industrial deberán representarse partes de la pieza que no se ven a simple vista. Para facilitar la interpretación de estas piezas se utilizan las *secciones* o *cortes*.

> Una **sección** o **corte** es la visión imaginaria de una pieza, cortada por uno o varios planos.

Las secciones se pueden clasificar, atendiendo al tipo de corte (ver Figura 2.28), en:

- **Corte total**: se representa toda la parte interior de la pieza.
- **Semicorte o cuarto**: se elimina una cuarta parte de la pieza. Se emplea especialmente para piezas de revolución.
- **Corte parcial**: se utiliza cuando existen partes interiores en una zona de la pieza y no es necesario representarla totalmente en corte.

Las aristas de las partes que quedan seccionadas se delimitan con línea gruesa y las superficies que han sido cortadas se rayan con un interlineado que indica que es una parte cortada. Para limitar el corte parcial, se dibuja una línea a mano alzada, de trazo fino, llamada *línea de rotura*.

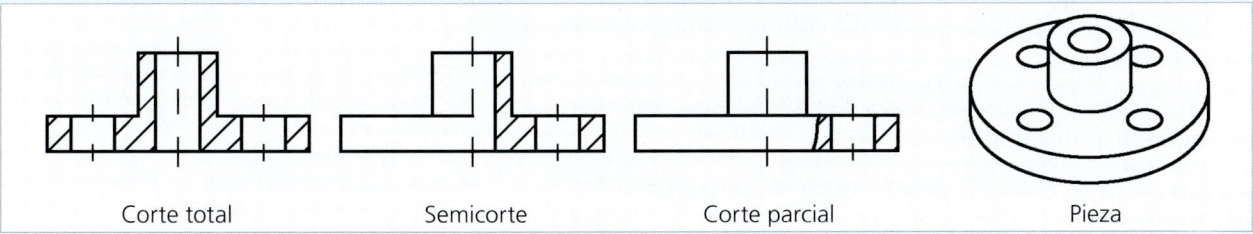

| Corte total | Semicorte | Corte parcial | Pieza |

Fig. 2.28. Secciones y cortes de una pieza.

ACTIVIDADES

7. Selecciona una de las piezas de la actividad anterior y realiza un corte, un semicorte y un corte parcial de la sección de dicha pieza.

---

4. La acotación

Es evidente que para representar fielmente un objeto es necesario incorporar las medidas en el dibujo.

> La **acotación** consiste en la aplicación de unas reglas normalizadas para indicar las medidas de un dibujo.

Además de las cifras, la acotación incluye una serie de líneas, flechas y símbolos para una interpretación completa. La normativa también especifica la colocación de cada elemento.

Los elementos utilizados en la acotación son los siguientes:

- **Líneas de cota**. Sirven para indicar las medidas de las piezas. Se disponen perpendicularmente a las aristas del cuerpo o paralelamente a la dimensión que se debe indicar. Ambos extremos se señalan mediante flechas.
- **Líneas auxiliares de cota**. Son líneas que parten perpendiculares –excepcionalmente, pueden situarse a 60°– de las aristas o contornos de una pieza, para limitar la medida objeto de la acotación.

Representación normalizada ● ● ● ●

● **Cifras de cota**. Se colocan encima de la línea de cota. Con el dibujo en posición normal, deben leerse desde abajo las cotas horizontales y desde la derecha las cotas verticales.

● **Signos**. Para simplificar las acotaciones, se emplean los denominados signos de acotación. En la Figura 2.29 se indican los más habituales.

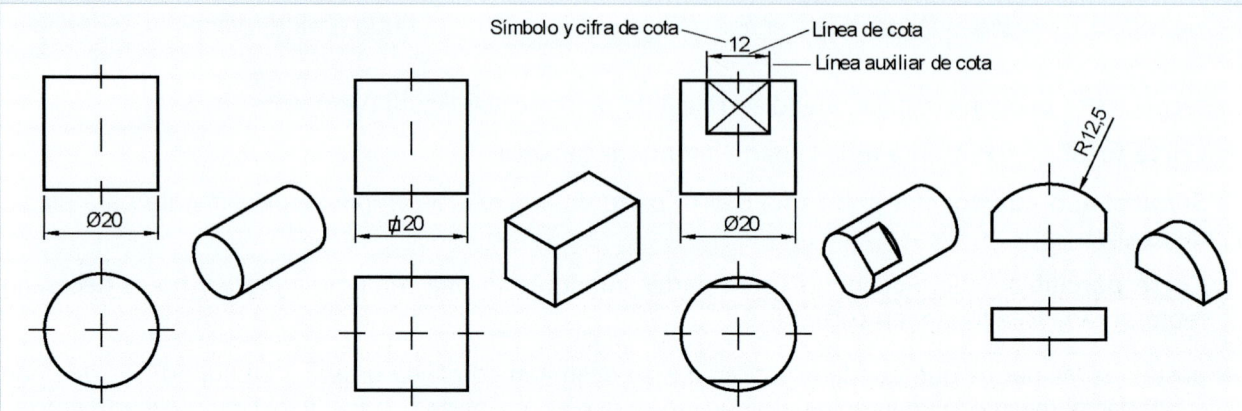

Fig. 2.29. Diferentes tipos de acotación.

También debemos tener en cuenta algunas reglas básicas en acotación:

● En dibujos técnicos de piezas, las medidas se expresan siempre en milímetros.

● Las cotas se escriben de una manera clara y perfectamente visible.

● Deben dibujarse flechas de cota que limiten el alcance de las medidas.

● No se pueden omitir medidas, pero tampoco deben repetirse innecesariamente.

● Las cotas tienen que repartirse por las diferentes vistas de las caras de la pieza teniendo en cuenta la claridad del dibujo, evitando amontonar cotas en una sola vista.

● Preferentemente, deben ubicarse las cotas en el exterior de las piezas.

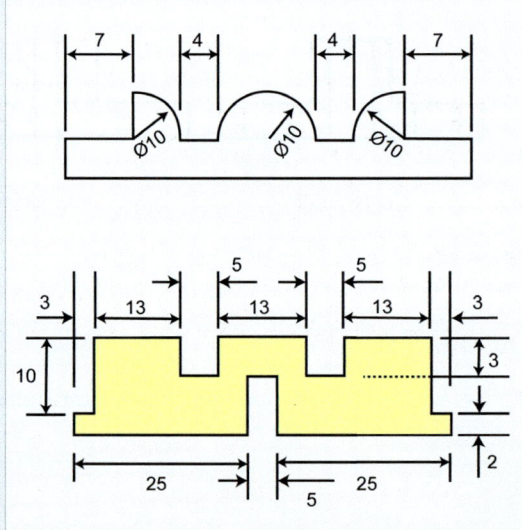

Fig. 2.30. Ejemplos de acotación.

¡Tenlo en cuenta!

La acotación se debe llevar a cabo tanto en dibujos hechos a escala como en dibujos a tamaño real.

ACTIVIDADES

8. En la ACTIVIDAD 3 has dibujado un interruptor de emergencias. Añade sus medidas siguiendo los elementos de la acotación.

9. En la ACTIVIDAD 4 has representado tu móvil en perspectiva. Añade la acotación con las medidas reales.

10. Dibuja un croquis de una herramienta de taller con las acotaciones pertinentes.

¡Ahora practica! • ● ● ● •

La conexión de los dispositivos que aloja el cuadro con los aparatos que gobiernan es una tarea compleja que veremos con detalle en las UNIDADES DIDÁCTICAS 4 y 5 al realizar los montajes de circuitos con automatismos.

Sin embargo, para realizar estas conexiones de manera correcta, organizada y segura deberemos dominar varios procesos y adquirir una serie de hábitos:

- **Preparar los terminales de conexión** de los cables para que la conexión sea segura.
- **Realizar el cableado** conectando los diferentes dispositivos.
- **Marcar los cables y los bornes** para facilitar su identificación.

Documento 2.3

Sistemas de conexión rápida

Son sistemas que permiten la conexión rápida de los dispositivos y bornes en los cuadros eléctricos, por simple presión y sin herramientas, con lo cual se ahorra tiempo de montaje y mantenimiento.

- **Peines**. Son piezas alargadas con capacidad para conectar a la vez diferentes elementos de protección, como interruptores automáticos o magnetotérmicos. Están formados por unas pletinas de cobre desnudo separadas entre sí que puentean las fases comunes en un grupo de aparatos.

- **Bornes de inserción rápida**. Tienen un aspecto similar a los bornes de los regleteros, pero la fijación del cable, ya sea rígido o flexible, se realiza por enchufe directo, sin tornillos. Además de la reducción del tiempo de cableado, sus dimensiones son menores y esto permite ahorrar espacio en el interior del cuadro, y también puede traducirse en armarios de distribución más pequeños.

- **Peines para bornes de carril**. Permiten el puenteado de bornes de carril. Pese a sus reducidas dimensiones, pueden soportar intensidades iguales a la intensidad nominal del borne.

Peines

¡Ahora practica! • ● ● ● •

Práctica 2.1. **Preparación de los terminales de conexión**

Los terminales de conexión son los puntos de conexión con los conductores externos asociados al cuadro. Físicamente, son unas piezas que se grapan a los extremos de los conductores para evitar su deshilachado y facilitar su embornado.

Existen una gran variedad de tipos, tamaños y formas de terminales en función de las características mecánicas de la conexión. Los más usados son los siguientes:

- ◉ **Punteados**. Son los más habituales para bornes y regletas de carriles DIN.
- ◉ Abiertos (**tipo horquilla**) y cerrados (**tipo arandela**) para fijación directa con tornillos.
- ◉ **Tipo Faston**, para efectuar la conexión por presión.

La acción de fijar mecánicamente los terminales a los extremos desnudos de los conductores se denomina *crimpar*.

El procedimiento de crimpaje consiste en introducir el conductor desnudo dentro del tubo del terminal de conexión y, con una herramienta específica, la crimpadora o tenaza de crimpar, apretar con fuerza, de modo que quede el conjunto de cable y terminal perfectamente unido.

La unión resultante no es desmontable, y si se quiere quitar, se tendrá que cortar el cable.

Materiales

- Herramienta para cortar y pelar cables (alicates, tijeras o navaja de electricista)
- Crimpadora
- Cables de varias secciones.
- Terminales de conexión de diferentes tipos: punteras, horquilla, de ojal, faston, etc.

ACTIVIDADES

Practica el crimpado de cables y terminales de conexión:

- Pruébalo con cables de diferente sección y, en cada caso, elige la sección adecuada del terminal.
- Realiza el crimpado de dos o más cables en el mismo terminal. ¿Consideras que la unión es segura?
- Intenta desunir la unión crimpada. ¿Puedes hacerlo?

¡Ahora practica! ● ● ● ● ●

Práctica 2.2. **Marcaje de bornes y conductores**

Dada la cantidad y la complejidad de cables y bornes que confluyen en el cuadro, será necesario identificarlos y marcarlos todos. Ello nos obliga, ya de buen principio, a confeccionar el esquema eléctrico con las referencias precisas para identificar los elementos que incluye, especialmente cables y bornes.

⠿ **Identificación de los hilos conductores**

Los hilos conductores de los esquemas se pueden identificar de dos maneras:

1. Mediante un mismo número aquellos que son equipotenciales, es decir, que se encuentran a la misma tensión en el esquema.

2. Mediante un número para cada cable, de manera que en una misma conexión confluyan diferentes números de cable a pesar de estar al mismo potencial.

En este ejemplo vamos a seguir el primer método de identificación.

---

*¡**Tenlo** en cuenta!*

Si bien en unidades posteriores profundizaremos en la interpretación de esquemas eléctricos, aquí nos limitaremos a dar la información necesaria para proceder al marcaje.

Los esquemas eléctricos siguientes corresponden a un automatismo de arranque de un motor trifásico. Vemos que se representan por separado el circuito de potencia (a la izquierda) y el circuito de mando y control (a la derecha). Observamos que todos los dispositivos y conductores están perfectamente identificados con cifras y letras. Con esta información podremos confeccionar el *esquema del regletero*.

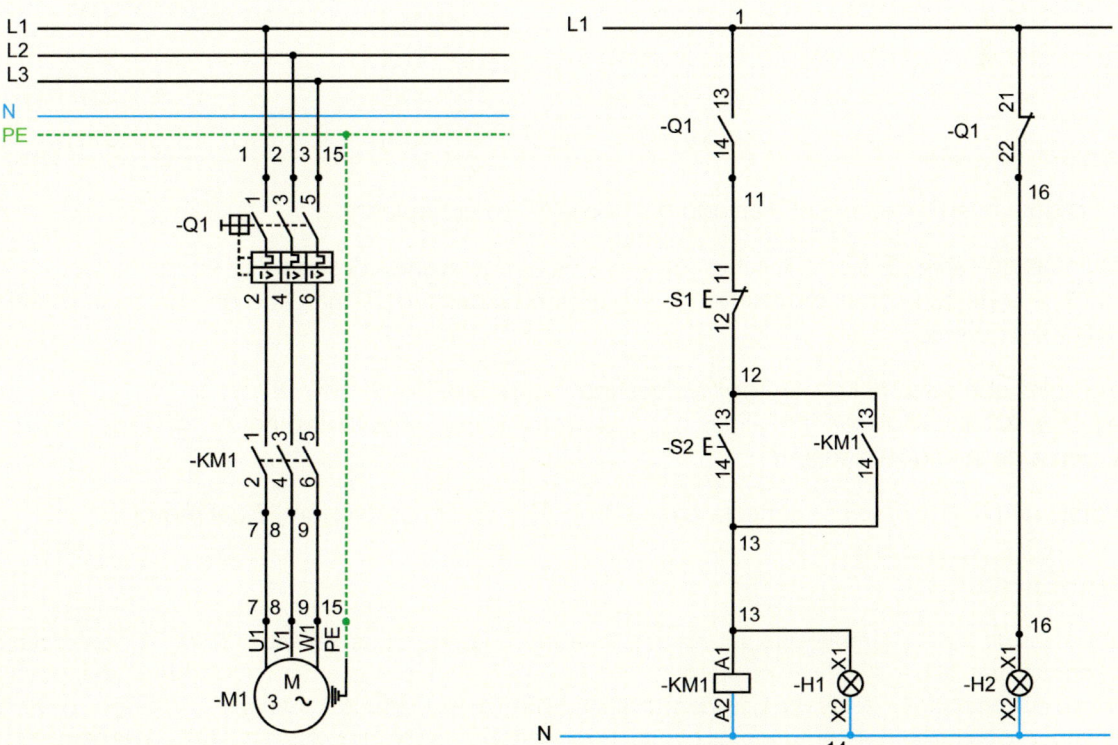

Esquemas de potencia y mando para el arranque de un motor trifásico.

¡Ahora practica!

⠿ Esquema del regletero

El **esquema del regletero** es un sistema que sirve para organizar todos los elementos de un cuadro que estén conectados a cada uno de sus bornes.

En primer lugar agruparemos los cables según pertenezcan al circuito de alimentación y potencia o al circuito de control o maniobra. El primer esquema lo identificamos como **X1** y el segundo como **X2**. Atendiendo a la numeración de los conductores podemos elaborar un esquema de regletero como sigue:

Regletero X1			
N.º de hilo	**Destino 1** (Dentro envolvente)	**Número de Borne**	**Destino 2** (Fuera envolvente)
1	Q1:1	X1.1	L1
2	Q1:3	X1.2	L2
3	Q1:5	X1.3	L3
7	KM1:2	X1.4	M1:U1
8	KM1:4	X1.5	M1:V1
9	KM1:6	X1.6	M1:W1
15	PE	X1.8	M1:PE

Regletero X2			
N.º de hilo	**Destino 1** (Dentro envolvente)	**Número de Borne**	**Destino 2** (Fuera envolvente)
1	Q1:13, Q1:21	X2.1	L1
11	S1:11	X2.2	Q1:14
12	KM1:13, S2:13	X2.3	S1:12
13	KM1:14, KM1:A1, H1:X1	X2.4	S2:14
14	KM1:A2, H1:X2, H2:X2	X2.5	N
16	H2:X1	X2.6	Q1:22

El significado e interpretación del marcado del borne X1 es el siguiente:

- ◉ Las líneas de cable L1, L2 y L3 vienen de fuera de la envolvente (destino 2) y en los bornes X1.1, X1.2 y X1.3 se conectan con el dispositivo de protección Q (destino 1) (marcado en rojo en el esquema de la página siguiente).

- ◉ Los cables que salen del contactor KM (destino 1), numerados como 7, 8 y 9, se conectan en los bornes X1.4, X.1.5 y X1.6 con las salidas hacia el motor U1, V1 y W1 (destino 2) (marcado en azul en el esquema de la página siguiente).

- ◉ El cable de protección 15 se conecta en el borne X1.8 con la protección PE del motor.

¡*Tenlo* en cuenta!

En cuadros de mayor complejidad, los esquemas ocupan varias hojas. En estos casos, la numeración de los conductores debería indicar primero en qué hoja de los planos se encuentra el hilo conductor. Por ejemplo, el conductor 1 del plano 1 se identificaría como 1.1; el conductor 1 del plano 2, como 2.1, y así sucesivamente hasta completar todos los conductores de todos los planos. Estos cuadros más complejos no serán objeto de estudio en esta unidad.

¡Ahora practica!

En este esquema podemos ver la relación entre el esquema del regletero X1, el esquema eléctrico de potencia y el montaje del automatismo:

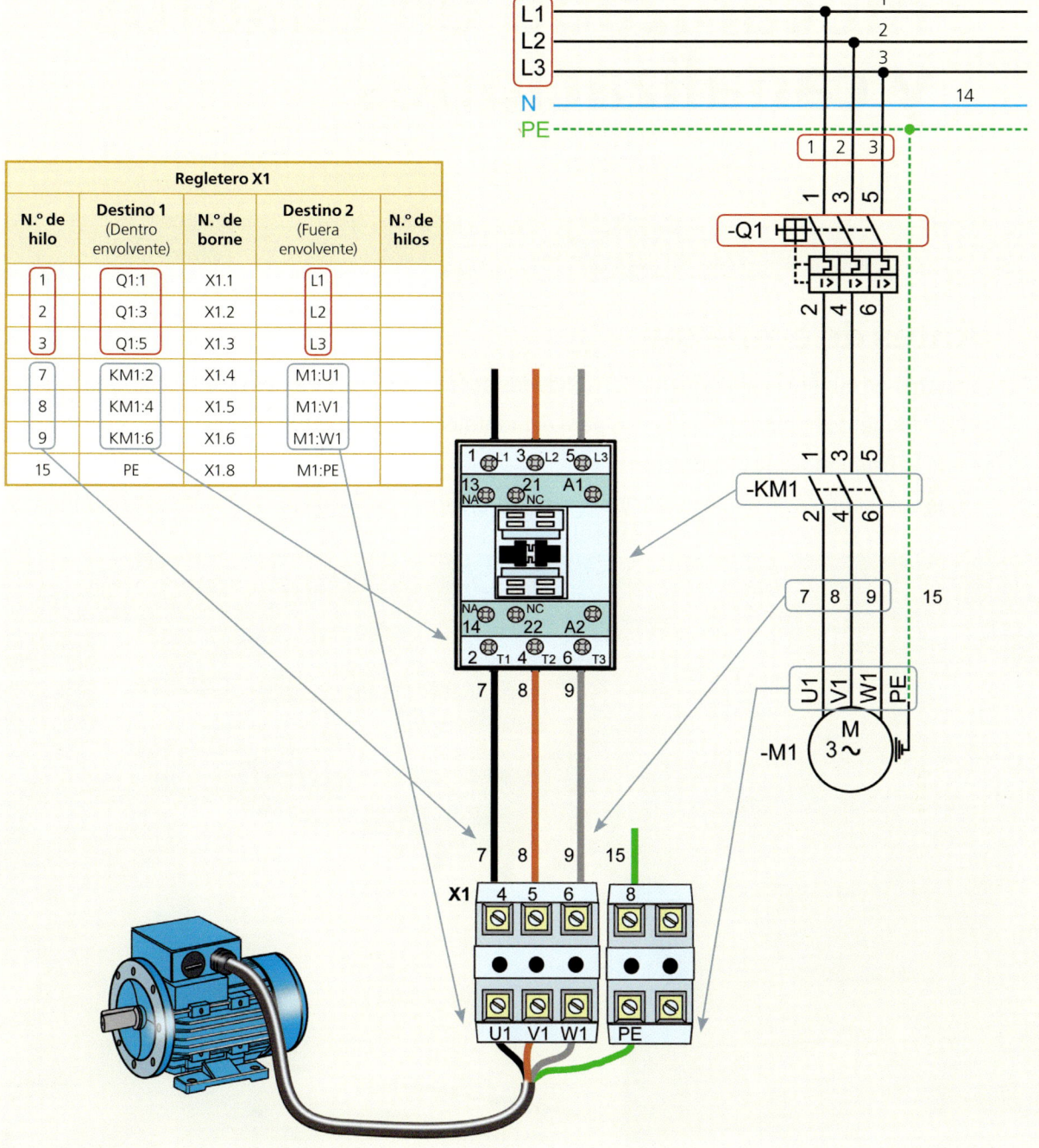

Regletero X1				
N.º de hilo	Destino 1 (Dentro envolvente)	N.º de borne	Destino 2 (Fuera envolvente)	N.º de hilos
1	Q1:1	X1.1	L1	
2	Q1:3	X1.2	L2	
3	Q1:5	X1.3	L3	
7	KM1:2	X1.4	M1:U1	
8	KM1:4	X1.5	M1:V1	
9	KM1:6	X1.6	M1:W1	
15	PE	X1.8	M1:PE	

ACTIVIDADES

Realiza un esquema como el expuesto para X1, relacionando el regletero X2 con el esquema eléctrico de mando. Haz una interpretación de su signicado teniendo en cuenta que los contactos 13-14 y 21-22 de Q1 hacen referencia a contactos auxiliares del elemento de protección. Estos conmutarán ante un disparo, térmico o magnético del disyuntor, provocando que H2 se encienda.

Operaciones de mecanizado en cuadros y canalizaciones

Antes de empezar…

Sin tener en cuenta la aparamenta (en unidades posteriores hablaremos de ella), haz una relación de

- Los elementos y piezas necesarios para el montaje de este cuadro.
- Las herramientas que se utilizan.
- Las operaciones de mecanizado (cortar, taladrar, etc.) que se llevan a cabo en este montaje.

3.1. ¿Qué son las operaciones de mecanizado?

Las **operaciones de mecanizado** son todos aquellos procesos mecánicos destinados a transformar ciertos materiales en una pieza funcional, es decir, que sea útil.

En el montaje de cuadros eléctricos se requieren operaciones de este tipo, tales como medir, marcar, trazar, cortar, taladrar, punzonar, trepar, desbarbar, curvar, atornillar, ensamblar, etc.

Por ejemplo, con el mecanizado del cuadro eléctrico podremos obtener: las aperturas de entrada y salida de cables al cuadro, las fijaciones en el fondo del cuadro para el montaje de la aparamenta, los orificios para instalar los diferentes elementos, etc. Igualmente, hacen falta operaciones para el angulado o curvado de canaletas, perfiles o bandejas portacables que conducen el cableado a lo largo de la instalación. Para sistematizar esta gran diversidad de operaciones, plantearemos la siguiente clasificación:

- Operaciones previas al mecanizado o auxiliares:
  - Operaciones de medida.
  - Operaciones de marcaje y trazado.
  - Operaciones de sujeción.

- Operaciones propiamente de mecanizado:
  - Operaciones de corte.
  - Operaciones de taladrado.
  - Operaciones de punzado.
  - Operaciones de desbastado y limado.
  - Operaciones de doblado y curvado.
  - Operaciones de roscado.

- Realización de uniones:
  - Uniones desmontables: roscadas.
  - Uniones fijas: rebladas, soldadas o pegadas.

Las técnicas, los procesos y las herramientas de mecanizado que se utilicen dependerán del tipo de material que haya que mecanizar (por ejemplo, es muy diferente taladrar una chapa de acero que una placa de plástico). Así pues, antes de ver las diferentes operaciones será necesario exponer algunas generalidades sobre los *materiales para mecanizado*.

Tampoco podemos olvidar que las operaciones de mecanizado tienen que realizarse cumpliendo estrictamente las *medidas de seguridad* para evitar daños como cortes, golpes, pinchazos, caídas y otros riesgos. En la parte final de la unidad profundizaremos en esta cuestión.

¡*Tenlo en cuenta!*

Actualmente existen en el mercado cajas y armarios muy variados que por su diseño, kits de equipamiento y accesorios permiten simplificar y facilitar las operaciones de mecanizado del cuadro.

Actividades

1. Indica diez operaciones de mecanizado que pueden llevarse a cabo durante el emplazamiento, el montaje y la conexión de un cuadro eléctrico.

3.2. Materiales para mecanizado

Los materiales empleados en la construcción de cuadros eléctricos y canalizaciones de instalaciones para automatismos son diversos y de distinta naturaleza. Sin embargo, en general, se pueden clasificar en dos grandes grupos: *materiales metálicos* y *materiales aislantes*.

3.2.1. Materiales metálicos

Están constituidos por elementos metálicos o aleaciones entre ellos. De todos los metales, el más utilizado es el hierro. Tanto es así que solemos clasificar los metales en dos grandes grupos: *metales férricos* y *metales no férricos*, en función de si el hierro es o no es el principal elemento.

- Los **metales férricos**. El hierro, sometido a tratamientos especiales, adquiere unas excelentes y variadas propiedades mecánicas y una baja corrosión que no posee en su estado nativo. Estos compuestos son fundamentalmente:

  - Los **aceros**. Son aleaciones férricas que contienen cantidades pequeñas de carbono y otros materiales (manganeso, fósforo, azufre, silicio, cromo, vanadio, etc.) que nos proporcionan una amplia gama de aceros. El acero en sus diversas formas presenta dos ventajas respecto al hierro: alta resistencia mecánica y baja corrosión.

  - Las **fundiciones**. Son aleaciones férricas con un porcentaje de carbono superior al 1,76 % e inferior al 6,67 %. Entre sus propiedades destacan la elevada resistencia al desgaste, a la abrasión y a la corrosión, pero también la débil resistencia al impacto.

- Los **metales no férricos**. Son el cobre, el aluminio, el estaño, el plomo, el zinc, el cromo, el níquel, el tungsteno o wolframio y aleaciones como el latón, el bronce o el carburo de wolframio. Son, en general, resistentes a la oxidación y a la corrosión atmosférica. Además, son recomendables para muchas aplicaciones, porque se caracterizan por su facilidad de moldeo y mecanizado, la elevada resistencia mecánica de algunas aleaciones, su gran conductividad térmica y eléctrica o incluso un bello acabado.

  El **aluminio**, debido a su ligereza y resistencia a la corrosión, es un elemento muy empleado para la fabricación de cajas, carcasas, armarios, contenedores, etc., de aparatos e instalaciones eléctricas, automáticas y electrónicas.

3.2.2. Materiales aislantes

Los materiales aislantes más usados para la construcción de cuadros eléctricos y canalizaciones pertenecen al grupo de los polímeros plásticos.

Los plásticos son polímeros derivados del petróleo a los que se añaden determinadas sustancias (aditivos) que les confieren propiedades características y los hacen más útiles para determinados usos. Se dividen en tres grandes grupos:

- **Termoplásticos**. Funden fácilmente a temperaturas relativamente bajas (entre 100 °C y 130 °C) y, cuando desciende la temperatura, vuelven a solidificarse y endurecerse. Esta característica permite que sean conformados, es decir, que puedan moldearse para darles la forma deseada.

Fig. 3.1.
El aluminio es uno de los elementos más utilizados en la fabricación de cajas, carcasas, armarios o contenedores de instalaciones eléctricas.

Son los plásticos más utilizados comercialmente. Son termoplásticos, entre otros, el policloruro de vinilo (PVC), el poliestireno (PS) y el polietileno (PET), que encontramos frecuentemente en el aislamiento de los conductores y en otros elementos que componen los sistemas automáticos.

- **Termoestables**. Estos plásticos no pueden ser conformados una vez fabricados, ya que la adición de calor produce cambios irreversibles en sus propiedades fisicoquímicas, por lo cual no se funden al calentarlos nuevamente. Una vez concluido el proceso de fraguado, solo pueden mecanizarse (cortar, hacer orificios, unir a otras piezas, etc.).

  Algunos de los plásticos termoestables más conocidos son las melaminas, la baquelita, las siliconas, etc. Proporcionan rigidez mecánica y aislamiento eléctrico a la vez, y se emplean típicamente para canalizaciones de conductores y soportes aislantes de elementos de cuadros eléctricos.

- **Elastómeros**. Más conocidos como cauchos, tienen un aspecto de goma. Se caracterizan por su gran capacidad elástica, la cual les permite adaptarse a contornos irregulares. Ofrecen aislamiento eléctrico, pero también higrométrico y estanqueidad frente a líquidos, garantizando ciertos grados de protección frente al agua.

¡*Tenlo* en cuenta!

En la industria eléctrica, el consumo de plástico es enorme, ya que se fabrican conductores con aislamiento plástico capaces de soportar grandes tensiones y malas condiciones ambientales. Por estas razones, también se emplean para fabricar cajas y carcasas para la protección de aparatos de mando, y en la construcción de cuadros y automatismos eléctricos, tubos aislantes, soportes para mecanismos, carcasas para motores y un larguísimo etcétera.

Actividades

2. ¿En qué se diferencian los metales férricos de los no férricos? Identifica las propiedades más destacables para su utilización en la construcción de cuadros eléctricos.

3. Indica la diferencia entre plásticos termoplásticos, termoestables y elastómeros, haciendo incidencia en las propiedades relacionadas con su uso en la construcción de cuadros y canalizaciones.

4. Explica el significado de las siguientes propiedades de los materiales. Indica un material que sirva de ejemplo para explicar cada propiedad:
   a) Resistencia mecánica.
   b) Resistencia a la corrosión.
   c) Tenacidad.
   d) Elasticidad.
   e) Conductividad eléctrica.
   f) Conductividad térmica.

3.3. Operaciones previas para el mecanizado o auxiliares

Antes de proceder al mecanizado de una pieza hay que llevar a cabo una serie de operaciones. Atendiendo a las especificaciones de los planos de ubicación de componentes y de mecanización, estas operaciones son necesarias para situar adecuadamente los distintos elementos y dispositivos. Concretamente nos referimos a:

- Operaciones de medida.
- Operaciones de marcaje y trazado.
- Operaciones de sujeción.

3.3.1. Operaciones de medida

> Las **operaciones de medida** consisten en la toma de medidas utilizando las herramientas y dispositivos fabricados para esta función.

Las mediciones que se llevan a cabo en el mecanizado de cuadros eléctricos son en su mayoría de magnitudes lineales (longitudes, espesores, etc.). Por eso, las herramientas que utilizaremos son *metros y reglas graduadas*, el *pie de rey* y el *micrómetro*.

Metros y reglas graduadas

Disponemos de diferentes instrumentos según la longitud que miden y la precisión de la medida. Los más usuales son:

- El **metro**. Es una cinta o varilla graduada. El más utilizado en el entorno eléctrico es el metro arrollable, que se fabrica hasta una longitud de 5 m.

- La **cinta métrica**. De más longitud que el metro arrollable, generalmente de 20 m o 50 m, suele estar compuesta por fibras textiles reforzadas o plástico.

- El **medidor láser**. Es un dispositivo electrónico que sirve para medir distancias largas entre dos puntos con una gran precisión. Por su comodidad y sus mayores prestaciones tiende a sustituir las tareas de la cinta métrica.

- Las **escuadras**. Las denominadas escuadras lisas son instrumentos que tienen un ángulo fijo (90° o diferente) entre dos superficies planas. También existen de otros tipos, como las escuadras de solapa, las falsas escuadras (o transportadores de ángulos) y la escuadra universal (también conocida como *goniómetro*).

- El **nivel**. Es una herramienta auxiliar que sirve para establecer, con exactitud, la horizontalidad o verticalidad en un montaje. Consiste en un pequeño tubo transparente fijado sobre un soporte; el tubo está lleno de líquido, pero queda una burbuja de aire en su interior que es la que señaliza el nivel cuando se encuentra en una posición simétrica.

Fig. 3.2.
Escuadra.

Fig. 3.3.
Nivel.

⠿ El pie de rey

El pie de rey es un instrumento de medida de magnitudes lineales de pequeño tamaño (longitudes, profundidades, espesores o diámetros), con una alta precisión.

Fig. 3.4.
Pie de rey.

Consta básicamente de dos partes:

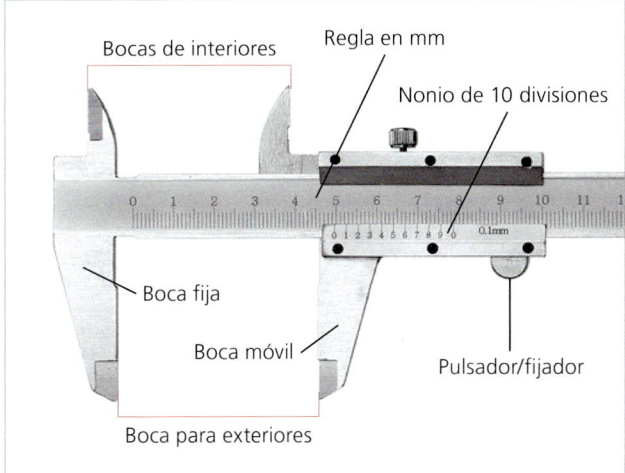

- Una **regla fija**, graduada en sus bordes en milímetros y pulgadas, y doblada en un extremo en forma de escuadra, de modo que constituye una **boca fija**.

- Una parte que se desliza por frotamiento suave sobre la primera –que por este motivo recibe el nombre de cursor o **corredera**–. En uno de sus bordes lleva una regla auxiliar, denominada **nonio**, que se desplaza solidariamente con la corredera. El nonio generalmente está dividido en 10 unidades, aunque, para aumentar la precisión, existen también de 20 y 50 divisiones.

  En su extremo, la corredera también se dobla en escuadra, formando una **boca móvil**.

La configuración del pie de rey permite la toma de diferentes tipos de medidas:

- Con las **bocas de exteriores** se miden espesores y diámetros exteriores.

- Con las **bocas de interiores** se miden diámetros interiores.

- Con la **varilla** se miden profundidades.

El desplazamiento de la corredera se logra presionando sobre un pulsador, que lleva unido de forma solidaria.

Para obtener el valor de una medida se procederá de la siguiente manera:

Fig. 3.5.
Toma de medidas
con el pie de rey.

- Leeremos en la regla fija la distancia que va entre su cero y el cero del nonio, y este valor será el número entero.

- Para leer los decimales, tendremos que buscar el número de la escala del nonio cuya posición coincida justamente con una división de la regla.

- El resultado de la medida se expresa con una incertidumbre igual a una división del nonio.

Ejemplo 3.1

Determina la lectura del pie de rey de las figuras adjuntas:

Solución

(a) 12,80±0,05 mm.

(b) 35,20±0,05 mm

⠿ El micrómetro

El micrómetro o tornillo micrométrico es un instrumento que se emplea para medir con mucha precisión longitudes o espesores muy pequeños (del orden de las micras, que son milésimas de milímetro).

Este instrumento consta de dos partes:

- Un **cuerpo principal** en forma de herradura, que lleva una tuerca graduada en sentido longitudinal. La graduación consta de divisiones largas (1 mm) y cortas (0,5 mm).

- Un **tornillo micrométrico** graduado en centésimas de milímetro, con un mango que se ajusta en la tuerca y que representa un tambor con 50 divisiones. El valor de cada vuelta de tornillo es de 0,50 mm.

Cerrado el micrómetro, los ceros de la tuerca y del tambor coinciden. Por cada vuelta del tambor, el tornillo micrométrico avanza 0,5 mm.

Para utilizar el micrómetro, se coloca entre las dos bocas o puntas la pieza cuya longitud o espesor desea medirse, de modo que se cierran las puntas hasta que la pieza queda ajustada, pero sin forzar.

La lectura se obtiene al añadir a las divisiones de la parte fija las centésimas indicadas en el tambor. Cuando la vuelta no es completa (menos de 0,5 mm), la medida se aprecia observando las divisiones del tambor.

Fig. 3.6.
Toma de medida
con el micrómetro.

Ejemplo 3.2

Realizamos la lectura del micrómetro de la figura.

Solución

Se observa que en la escala longitudinal marca 9,50 mm y algo más. Ese algo más lo concretamos a partir de la escala circular del tornillo que, como se puede ver, es de 0,33 mm.

La lectura, por lo tanto, será de
9,50 mm + 0,33 mm = 9,83 mm.

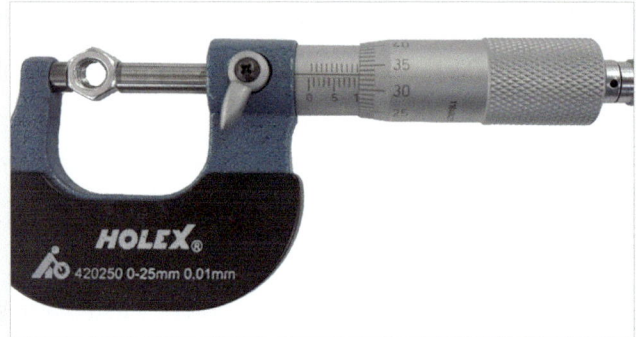

Documento 3.1

La medición y los errores

Al efectuar mediciones, es inevitable cometer errores. A nivel general, los podemos clasificar en dos tipos: *errores accidentales* y *errores sistemáticos*.

- **Errores aleatorios o accidentales**. Se cometen por la forma de tomar la medida y pueden ser, principalmente, de paralaje y de apreciación. Ambos se producen en instrumentos analógicos que tienen agujas indicadoras.

  - **Error de paralaje**. Se comete en instrumentos de aguja cuando, al observar la aguja indicadora del aparato, la visual no es perpendicular a la escala y se lee un valor mayor o menor que el real.

  - **Error de apreciación**. Depende de la dificultad con la que se aprecia la lectura cada vez que la aguja indicadora se detiene entre dos divisiones de la escala.

- **Errores sistemáticos**. Se cometen, al realizar una medición, como consecuencia de las cualidades intrínsecas de los instrumentos utilizados para la medida y del método empleado. Solo pueden ser corregidos empleando aparatos más precisos o modificando las condiciones o los métodos de medida.

⁝ 3.3.2. Operaciones de trazado y marcaje

> Las **operaciones de trazar y marcar** consisten en señalar el contorno, las líneas, las ranuras o los puntos que hay que realizar sobre la superficie de una pieza.

Las herramientas y los útiles más empleados para el trazado y el marcaje son:

- La **punta de señalar o trazar**. Es una varilla de acero terminada en punta cónica templada y muy afilada. Permite hacer las marcas en el mecanizado de las chapas. Debe conservarse afilada y no emplearse para otros usos.

- El **granete**. Es un cilindro de acero terminado en punta, pero menos afilada que la punta de señalar. Su otro extremo, más robusto, está preparado para ser golpeado. Se emplea para señalar o marcar puntos de apoyo o guía, para el compás o la punta de la broca.

- El **compás de trazar**. Se utiliza para el trazado de arcos de círculo, la determinación de perpendicularidades, el transporte de distancias y el marcaje de divisiones equidistantes.

- El **gramil**. Es una herramienta que sirve para realizar trazos paralelos a una superficie.

- El **rotulador indeleble** o el **lápiz**. Se usan habitualmente para marcar. Las marcas sobrantes se pueden eliminar después del mecanizado con alcohol o con una goma.

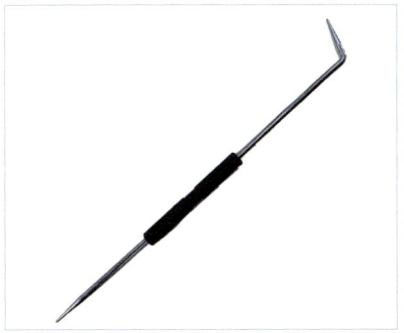

Fig. 3.7. Punta de señalar o trazar.

Fig. 3.8. Granete.

Fig. 3.9. Compás de trazar.

Fig.3.10. Operaciones de trazado y marcado.

Fig. 3.11.
Tornillo de banco.

Fig. 3.12.
Sargentos.

3.3.3. Operaciones de sujeción

Las **operaciones de sujeción** sirven para mantener un material en una posición determinada para que se pueda trabajar con él con otras herramientas.

Así pues, una vez el material esté sujeto y no se mueva, podremos cortarlo, limarlo, agujerearlo, etc., con las herramientas correspondientes y con la máxima precisión.

Las principales herramientas de sujeción son:

- El **tornillo de banco**. Es una herramienta de sujeción acoplada al banco de trabajo. Está formado por dos bocas o mordazas, una fija y otra desplazable a través de un eje roscado, que se acciona mediante el giro de una manivela.

  Los distintos tornillos se caracterizan por la medida de las mordazas, la forma de las guías, la longitud de las bocas y el tipo de base (fija o móvil).

- Los **sargentos o gatos**. Están formados por dos brazos, uno fijo en un extremo y el otro móvil, que se desliza sobre una guía. Este último lleva aparejado un tornillo que se acciona al girar el mango al que va unido y es el que ejerce la presión sobre la pieza.

- Los **alicates**. Son herramientas muy versátiles que, además de sujetar, sirven para doblar piezas y cables, cortar hilos, etc. Están formados por un mango antideslizante y una mandíbula.

  Los hay de varios tipos, que se adecuan a diferentes necesidades del trabajo: alicates universales, alicates cortaalambres, alicates de punta redonda, alicates de puntas planas, alicates de puntas dobladas, etc. Pueden disponer de aislamiento eléctrico en el mango si se requiere.

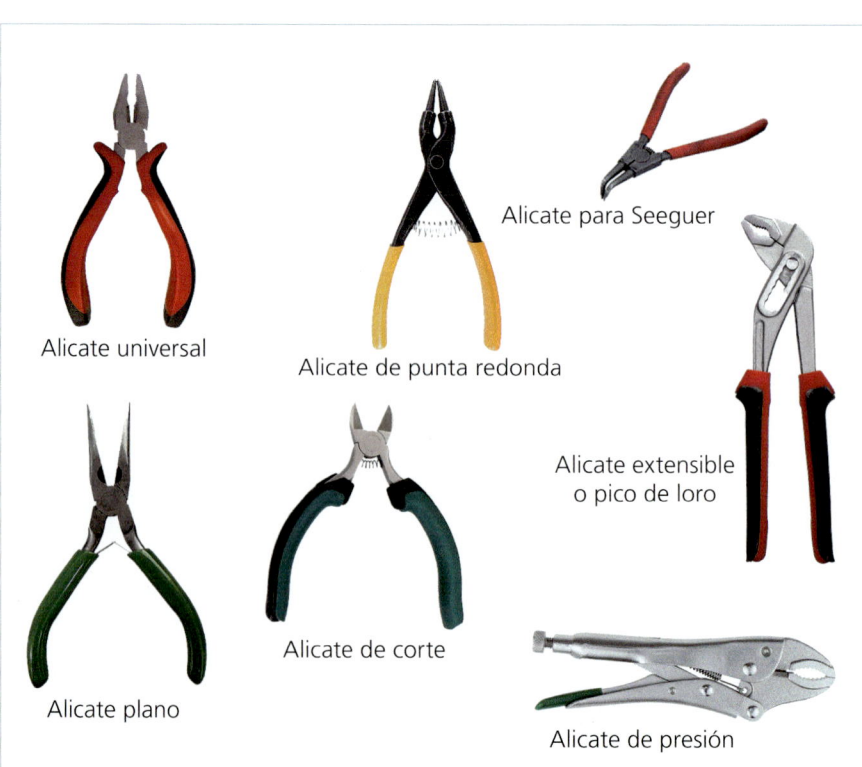

Fig. 3.13.
Diferentes tipos de alicates.

Actividades

5. Toma las medidas siguientes, utilizando el instrumento más adecuado.

   a) El grosor de una cartulina.

   b) La longitud de un tornillo.

   c) El diámetro de una moneda.

   d) Las dimensiones de un local.

   e) Las dimensiones de un cuadro eléctrico.

   f) La profundidad de una tapa de rotulador.

   g) La superficie de un libro.

   h) El grosor de una arandela.

   i) El diámetro interior de un tubo eléctrico.

   j) La altura de una habitación.

6. Determina la lectura que se indica en las imágenes siguientes:

a)

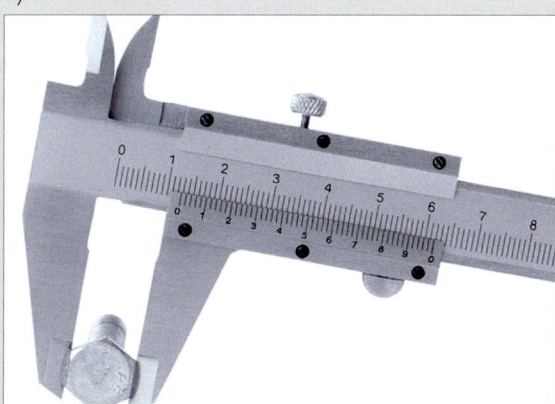

c)

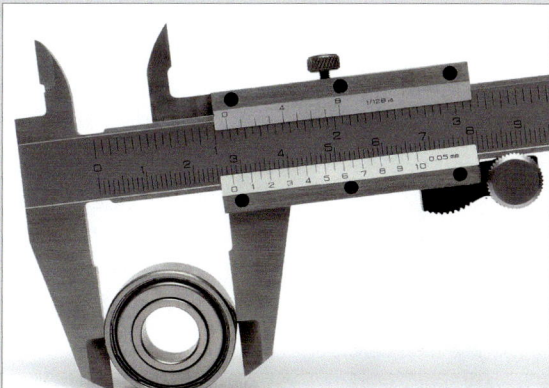

b)

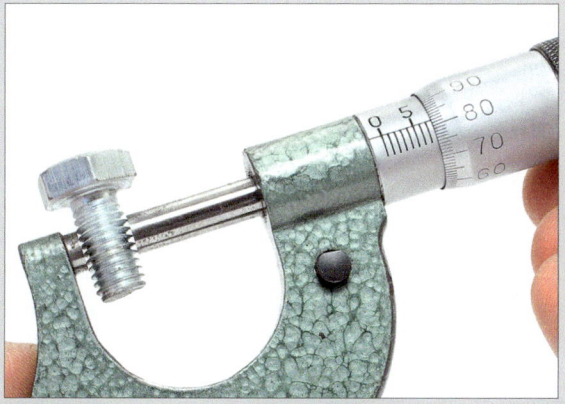

d)

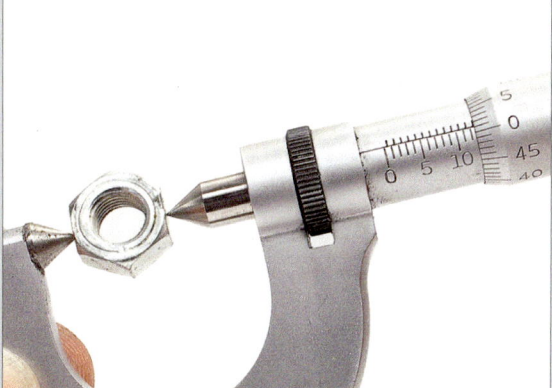

7. Indica todas las operaciones necesarias para realizar:

   a) El trazado de un área rectangular en una plancha.

   b) El marcado de un punto en cada uno de los vértices.

   c) El trazado de un círculo en uno de los vértices.

   d) El trazado, en el vértice opuesto, de un círculo cuyo radio sea el diámetro del círculo trazado en el apartado anterior.

   e) El punteado de inicios de taladro equidistantes en la base del rectángulo.

8. ¿Qué es un tornillo de banco y para qué se utiliza?

9. Busca información sobre cinco tipos de alicates, indicando la especificidad de su aplicación.

3.4. Operaciones de mecanizado

El mecanizado de cuadros, accesorios y canalizaciones comprende una serie de operaciones que podemos llevar a cabo una vez tengamos las piezas debidamente preparadas y las herramientas dispuestas para su utilización. Estas operaciones podemos clasificarlas en:

- Operaciones de corte.
- Operaciones de taladrado.
- Operaciones de punzado.
- Operaciones de desbastado y limado.
- Operaciones de doblado y curvado.
- Operaciones de roscado.

3.4.1. Operaciones de corte

Las **operaciones de corte** son las que se realizan para dividir un material en dos o más trozos

Estas operaciones se efectúan, según la herramienta que se emplee, mediante *cizallado* o *aserrado*.

Cizallado

El **cizallado** incluye las operaciones que cortan el material sin desprender virutas.

El cizallado se realiza con máquinas de corte *manual* o accionadas con *motores*. Las más usuales son:

- Las **tijeras de sobremesa**. Se emplean para el corte de chapas de espesor inferior a 2 mm.
- La **cizalla de pie**. Es una herramienta de corte de chapa manual que se acciona mediante una palanca de pie.
- La **cizalla-guillotina** y las **cizallas mecánicas**. Son herramientas de cizallado que incorporan un motor para la realización de su acción.

Fig. 3.14.
Tijeras de cortar chapa.

Fig. 3.15.
Operación de cizallado.

:: Aserrado

> El **aserrado** es el corte de un material con desprendimiento de viruta.

Tiene la ventaja sobre el cizallado de que se puede aplicar a espesores mucho mayores. Si la operación se realiza manualmente utilizaremos la *sierra de arco*, pero en mecanización industrial es habitual utilizar *sierras eléctricas*.

La sierra de arco

Fig. 3.16.
Sierra de arco.

Consiste en una estructura metálica en forma de arco con mango, a la que se le incorpora la hoja de corte. El arco sujeta y tensa la hoja y permite manejar la sierra y ejercer la fuerza necesaria para realizar el corte.

Para un buen manejo, antes de usarla deberemos comprobar:

- Que el tipo de hoja sea el adecuado al material a cortar. (Doc. 3.2)
- Que la tensión de la hoja sea la necesaria.
- Que los dientes estén en buen estado y estén orientados hacia delante.

La hoja de la sierra tiene que formar un ángulo entre 20° y 30° con la superficie de la pieza. El corte debe iniciarse con un movimiento hacia atrás.

Sierras eléctricas

Podemos usar una máquina diferente según el tipo de corte:

- La **sierra mecánica**. Es una máquina fija que se usa especialmente para el aserrado de piezas de mayor grosor.
- La **sierra de calar**. Es una máquina portátil, muy útil para realizar fácilmente cortes sinuosos con gran precisión

Las sierras eléctricas son fáciles de manejar, pero peligrosas si no se usan adecuadamente y con el equipo de protección individual pertinente.

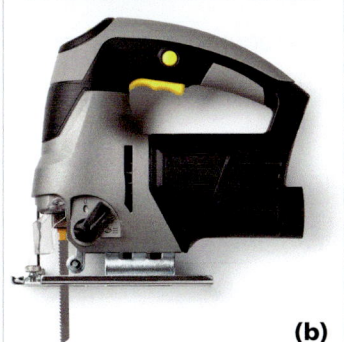

(a)

(b)

Fig. 3.17.
Sierras eléctricas: (a) sierra mecánica, (b) sierra de calar.

Fig. 3.18.
Operaciones de aserrado.

Documento 3.2

Las hojas de la sierra

Existen diferentes tipos de hojas con características específicas para el corte de las distintas clases de materiales. Para el montaje de cuadros eléctricos se utilizan principalmente:

- **Hojas para corte de metal**. Se caracterizan en general por tener dientes pequeños y ser resistentes a la torsión y al sobrecalentamiento. En cuanto a su composición pueden ser:
  - De acero rápido HSS (*high speed steel*).
  - De composición bimetálica de HSS y HCS (*high carbon steel*), más resistentes.
  - De carburo de tungsteno, utilizadas para el corte de metales duros.
- **Hojas para corte de plásticos**. Tienen los dientes de mayor tamaño, y pueden ser de varias clases según el tipo de plástico: PVC, metacrilato, etc.

Si no utilizas la hoja adecuada al material, el esfuerzo del corte no será eficiente, el resultado será deficiente y, además, se podrá dañar la hoja.

¡Tenlo en cuenta!

Para elegir la broca adecuada, tendremos en cuenta el material que vamos a taladrar. En el mecanizado de cuadros eléctricos las brocas más utilizadas son las brocas para metales, pues permiten tanto el taladrado de la chapa como el de materiales plásticos.

Fig. 3.19. Juego de brocas.

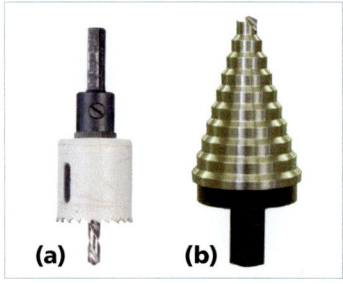

(a) **(b)**

Fig. 3.20. Broca corona (a) y broca escalonada (b).

3.4.2. Operaciones de taladrado

Las **operaciones de taladrado** tienen como finalidad la realización de agujeros por corte de virutas sobre un determinado material.

El taladrado se realiza con *brocas*, que se manejan acopladas a una *taladradora*.

Las brocas

La herramienta con la que se realizan los taladros es la *broca*. Consiste en una barra de acero templado con una hélice a lo largo de su superficie, afilada de tal manera por un extremo de la hélice que, al girar, penetra en el cuerpo que hay que taladrar, de modo que va cortando pequeñas porciones (virutas). Las principales características que se consideran en las brocas son:

- La **longitud** total y la longitud de corte (desde donde empiezan las aristas).
- El **diámetro**. Se corresponderá con la medida del agujero que realicemos.
- El **ángulo de corte** de la punta, que es la zona de trabajo. Los más habituales son 118°, 135° y 180°.
- El **tipo de punta**: helicoidal (las más utilizadas), de pala, de pezón, avellanadora, etc.
- El **material**: acero rápido (HSS), cromo, vanadio, carburo de titanio, etc.

Además, hay que considerar otros tipos de brocas para aplicaciones específicas:

- **Broca corona**. Se utiliza para realizar orificios de un diámetro importante. Consiste en una corona dentada fijada a un vástago central que es una broca convencional, la cual permitirá guiar y centrar la posición del orificio.
- **Broca escalonada**. Es una broca de forma cónica que resulta útil para realizar orificios de diferentes diámetros sin tener que cambiar de broca, aunque requiere especial atención para no sobrepasar el diámetro del taladro que se pretende realizar.

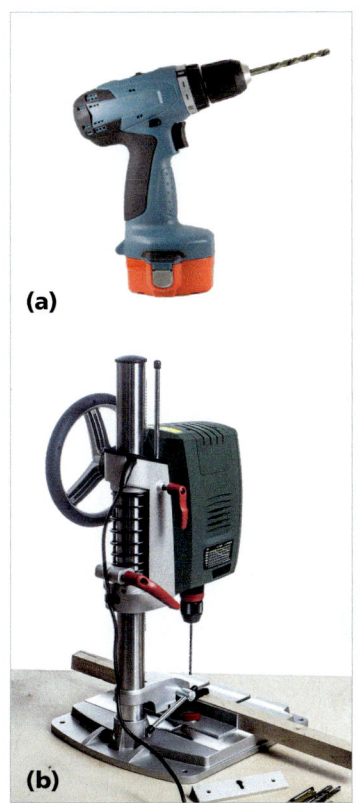

(a)

(b)

Fig. 3.21.
Taladradora portátil (a)
y taladradora fija (b).

:: La taladradora

Para realizar la operación de taladrado, hay que dar a la broca dos movimientos:

- Un movimiento principal de rotación, para obtener la velocidad de corte adecuada.

- Un movimiento de avance o penetración, en la dirección de su eje.

Estos dos movimientos los obtenemos por medio de una máquina herramienta eléctrica llamada taladradora. Según su versatilidad, podemos diferenciar entre dos tipos de taladradoras.

- **Taladradoras fijas**. Están constituidas por un soporte redondo, en el cual se apoya el brazo, capaz de deslizarse verticalmente y girar sobre él. Las más potentes se denominan de columna, por ser este elemento el que les da soporte, pero también son muy utilizadas las de sobremesa.

- **Taladradoras portátiles**. Son mucho más versátiles y manejables. Pueden funcionar conectadas a la red eléctrica o mediante batería incorporada. La desventaja de estas últimas es su menor potencia.

Las brocas suelen sujetarse a las taladradoras por medio de un cabezal con pinzas denominado *portabrocas*:

- Al colocar la broca, debe quedar bien fijada y centrada, de modo que no oscile ni resbale o patine durante el taladrado.

- El portabrocas debe estar siempre limpio, para evitar que, por una posible acumulación de suciedad o virutas la broca, quede mal posicionada. Jamás deberá golpearse ni forzarse el portabrocas.

Antes de proceder al taladrado, habrá que seleccionar el tipo de broca más adecuado. Una vez escogida, en el proceso de taladrado será importante elegir la velocidad de giro conveniente, y refrigerar la broca si fuera necesario.

Fig. 3.22.
Operaciones de taladrado.

¡*Tenlo* en cuenta!

Para realizar orificios de un tamaño importante en chapas de poco espesor (del orden de pocos milímetros), se puede actuar perforando primero la chapa con una broca de hélice normal de un diámetro reducido y luego empleando otra broca del mismo tipo, pero con un diámetro mayor. También puede usarse una broca escalonada para aumentar paulatinamente el tamaño del orificio hasta llegar al valor deseado.

3.4.3. Operaciones de punzonado

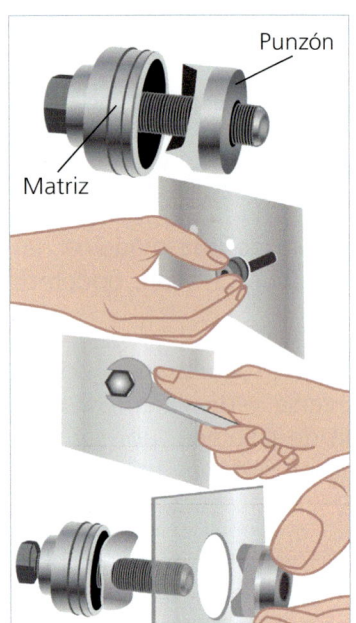

Fig. 3.23.
Punzonado manual.

Las operaciones de **punzonado** consisten en agujerear o seccionar una pieza metálica plana, con una forma predeterminada (circular, cuadrada, rectangular, etc.), mediante una herramienta especial de presión.

Esta herramienta es un tornillo de presión o prensa hidráulica, formado básicamente por dos elementos:

- Un **punzón**, el elemento que ejerce la presión.

- Una **matriz**, el molde o hueco en el que se aloja el punzón para dar forma a la pieza seccionada.

El mecanismo punzón-matriz aporta una gran precisión en el punzonado, aunque en el resultado también influirán el material y espesor de la chapa que se mecaniza.

Según sea manual o industrial, el punzonado puede llevarse a cabo con dos tipos de herramienta:

- El **sacabocados**. Es una herramienta en la que la presión se realiza manualmente. Se usa para agujerear materiales de poco espesor.

- La **punzonadora hidráulica**. Es una máquina en la que la acción del punzón la ejecuta un pistón hidráulico. Se utiliza en la producción industrial.

3.4.4. Operaciones de desbastado y limado

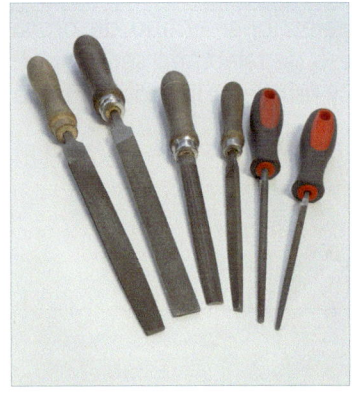

Fig. 3.24.
Diferentes tipos de limas.

Las **operaciones de desbastado y limado** consisten en rebajar o pulir la superficie de una pieza, arrancándole pequeños trozos o erosionándola, mediante el empleo de la herramienta adecuada.

Estas operaciones se efectúan manualmente con *limas* o *papel de lija*, aunque también pueden llevarse a cabo con una *máquina herramienta* fija o portátil. Se llevan a cabo por frotación, deslizando suave y acompasadamente la herramienta sobre la superficie que hay que rebajar.

El papel de lija

Consiste en pequeños trozos de material abrasivo, sujeto a un soporte de cartón. Según el tamaño del grano, el lijado será más basto o más fino. Su utilidad es sobre todo de pulido y eliminación de rebabas o elementos adheridos.

La lima

Existe una gran variedad de limas para realizar distintos trabajos. Se diferencian básicamente por tres características:

- La **rugosidad de su superficie (picado)**. Cuando se desea limar materiales muy duros (como el hierro o el acero) deben emplearse limas de picado fino, y para materiales blandos (como el cobre, el aluminio, etc.) hay que usar limas de picado basto. Para el plomo y la madera, se emplean limas especiales, llamadas *escofinas*.

Fig. 3.25.
Operación de limado.

- La **longitud del cuerpo**. Los tamaños de las limas normalmente se expresan en pulgadas, oscilando las más habituales entre las 3 y las 14 pulgadas (7,6 a 35,6 cm).

- La **forma** o **sección transversal** de su cuerpo. Según la forma, pueden ser planas, de media caña, triangulares, cuadradas o redondas. Las distintas formas de la lima permiten obtener el resultado que se necesita en cada caso.

En el limado se pueden distinguir tres operaciones básicas:

- El **desbastado**. Se realiza empleando una lima de picado basto, que arranca material en grandes limaduras. Este limado deja rayas profundas en la superficie de la pieza.

- El **afinado o aplanado**. Se realiza primero con las limas de picado entrefino y, después, con limas finas, dejando la superficie de la pieza libre de huellas apreciables a simple vista.

- El **pulido** o **acabado de las piezas**. Se logra con una lima fina. Se efectúa ejerciendo poca presión sobre la lima y prestando especial atención en que esta se mantenga sin limaduras adheridas al picado, ya que, de lo contrario, dichas limaduras podrían rayar la superficie que se tiene que pulir.

Máquinas

Disponemos de máquinas herramientas de desbaste que actúan por rotación, acopladas a una taladradora portátil o a una máquina. Estas máquinas pueden ser una esmeriladora o una fresadora.

- La **esmeriladora** o amoladora. Es una máquina herramienta de mecanizado por abrasión que utiliza la muela o un disco como herramienta acoplada a la máquina. Las que funcionan con disco también pueden emplearse con la función de corte.

- La **fresadora**. Le da el nombre la pieza que realiza el desbaste, la fresa. El fresado, además de permitir el desbaste y pulido, es mucho más versátil, pues también sirve para cortar, agujerear, perforar, contornear, ranurar, achaflanar, etc. Según la función que tienen que realizar y el material que deben mecanizar, las fresas se comercializan con diferentes formas y tamaños, pero al trabajar por rotación, su sección suele ser circular cilíndrica o cónica.

3.4.5. Operaciones de doblado y curvado

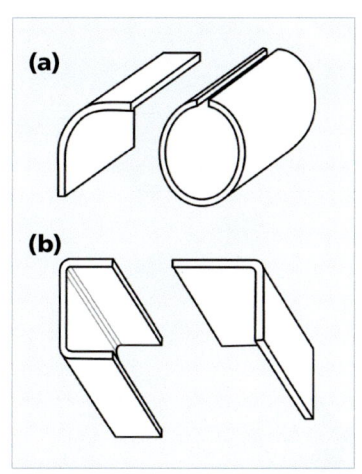

Fig. 3.26.
Planchas curvadas (a) y planchas dobladas (b).

Las **operaciones de doblado y curvado** tienen como finalidad dar una determinada forma o geometría, distinta de la original, a una chapa, un perfil, un tubo o una pieza.

Si bien son operaciones similares, la diferencia se encuentra en el tipo de doblez al que se somete:

- El **curvado**. Consiste en dar forma curva a un material, normalmente en forma de cilindro o cono. El resultado de la doblez son formas suaves sin cambio de dirección bruscos.

- El **plegado**. Se trata de una doblez en ángulo, dando una conformación en líneas rectas en diferentes planos.

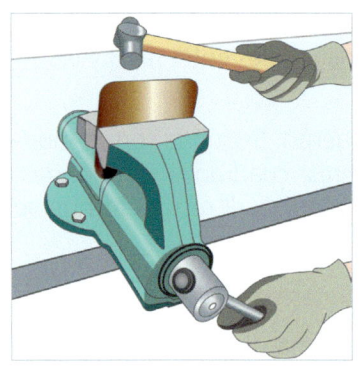

Fig. 3.27.
Procedimiento de
doblado de una chapa.

El doblado y el curvado pueden realizarse manualmente y en frío si los materiales son de poco espesor. Para efectuar estas operaciones podemos emplear, además de las herramientas de sujeción, herramientas de percusión, como el martillo o la maza.

Para el doblado o el curvado de chapas o perfiles gruesos o de materiales muy duros, se necesitarán herramientas específicas, como máquinas de prensado o dobladoras de tubos.

La operación, en estos casos, exigirá técnicas específicas que, en muchos casos, requerirán de un calentamiento previo del material para poder llevar a cabo el trabajo con mayor facilidad.

3.4.6. Operaciones de roscado

Las **operaciones de roscado** tienen como finalidad la obtención de roscas, tornillos y espárragos (roscado externo) y de tuercas (roscado interno).

Se pueden realizar manualmente con el *macho de roscar* o la *terraja* o con una *máquina herramienta*.

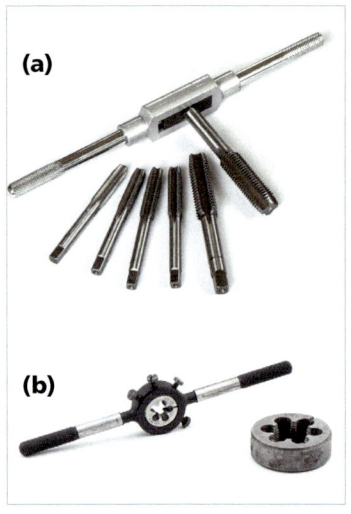

Fig. 3.28.
Juego de machos de
roscar (a) y terraja (b).

- El **macho de roscar**. Es una herramienta para dotar de rosca interior a un taladro de forma manual. Consiste en un conjunto de tres piezas que se roscan sucesivamente, un macho después de otro, por el orificio a roscar hasta alcanzar las dimensiones deseadas. El macho de roscar se aplica con la ayuda de un volvedor.

- La **terraja**. Es una herramienta utilizada para realizar la rosca exterior (rosca macho) de una pieza. Su funcionamiento es similar al del macho de roscar.

- La **máquina herramienta** más habitual para el roscado es el torno, con accesorios para la realización de roscas (roscadora), pero también pueden usarse taladros o fresadoras acoplando la pieza correspondiente de corte para el roscado.

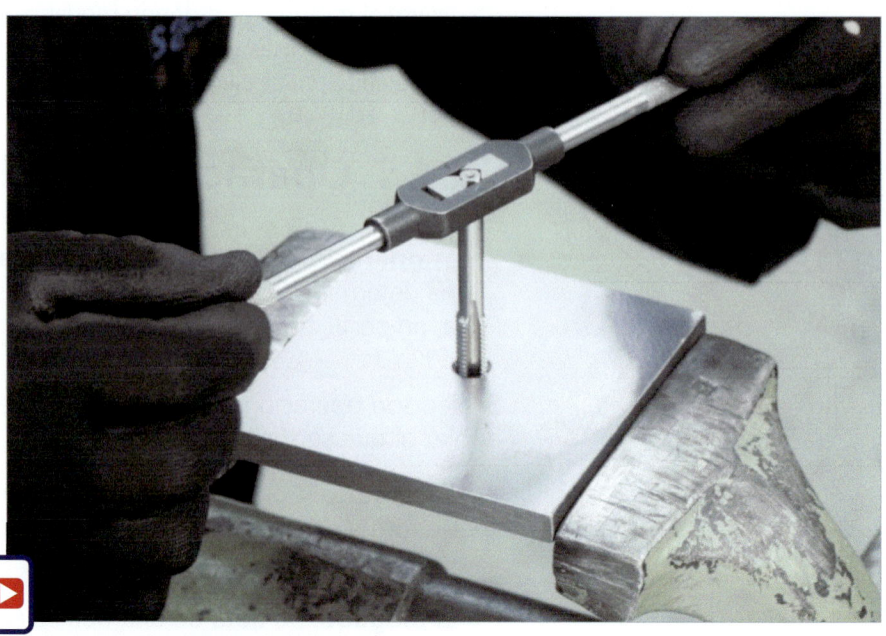

Fig. 3.29. Operaciones de roscado.

Actividades

10. Explica las diferencias entre el corte por cizallado y el corte por aserrado. En qué situaciones se recomienda el uso de cada técnica.

11. Explica la técnica de aserrado manual con una sierra de arco.

12. Amplía tu información sobre el funcionamiento de una máquina de calar y una roedora.

13. Indica las ventajas e inconvenientes de las taladradoras fijas y de las móviles.

14. Señala las características que debe reunir un juego de brocas para el taladrado de metales.

15. Imagínate que debes realizar un agujero de 8 milímetros de diámetro en una plancha de hierro de 10 centímetros de grosor. Indica:

    a) El tipo de taladradora y de broca que necesitarías.

    b) Si te haría falta alguna pieza de sujeción.

    c) El proceso de realización de la operación.

16. ¿En qué consisten las operaciones de punzonado? Explica los procedimientos de punzonado, tanto manual como con máquina herramienta.

17. Busca información sobre los distintos tipos de limas que existen para trabajar con el hierro y clasifícalas según: la forma de la lima, el tamaño y las características del picado. Especifica para qué trabajos está recomendada cada una.

18. Explica la diferencia entre las operaciones de curvado y de plegado. Describe brevemente el procedimiento que se sigue en cada caso.

19. ¿Es el mismo utensilio un macho de roscar que una terraja? Justifica tu respuesta.

20. Explica cómo realizar un roscado interior manualmente y también con una máquina herramienta.

21. Los términos siguientes se refieren a diferentes tipos de operaciones de mecanizado hechos con máquinas torno o fresadora. Indica en qué consisten:

    a) Cilindrado.

    b) Refrentado.

    c) Ranurado.

    d) Mandrilado.

22. Corta una chapa de 1,5 o 2 mm de grosor con las dimensiones marcadas en el croquis y ejecuta el mecanizado de los elementos señalados:

    a) Realiza tres agujeros de 26 mm de diámetro para colocar unos pulsadores.

    b) Efectúa dos agujeros cuadrados de 60 × 60 mm.

    Ten en cuenta las siguientes consideraciones:

    • Lleva a cabo todos los procesos de medida, trazado y marcaje.

    • Haz los orificios empleando las herramientas más adecuadas.

    • Ejecuta todas las operaciones siguiendo las medidas de seguridad y protección expuestas al final de esta unidad.

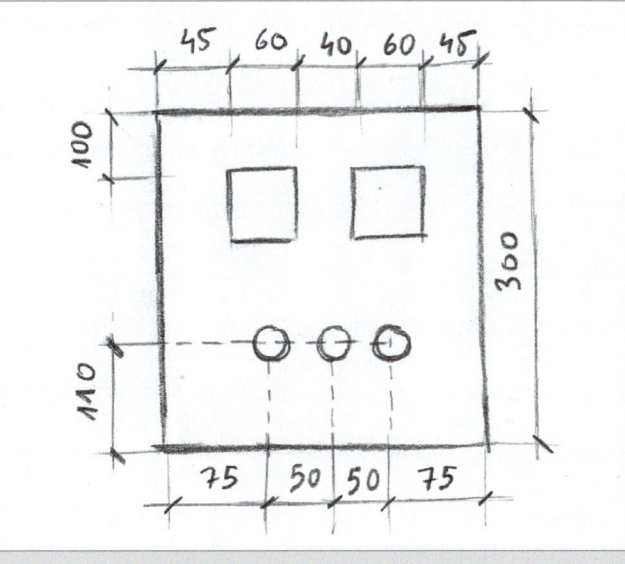

3.5. Uniones

La unión de diferentes piezas o elementos para formar un conjunto es otro grupo de operaciones necesarias en el proceso de mecanizado. Las uniones se pueden dividir en dos grandes grupos: las *desmontables* y las *fijas*.

- Las **uniones desmontables**. Son aquellas que se pueden montar y desmontar varias veces sin modificar el tipo de unión y sin que sus piezas resulten dañadas. Las *uniones roscadas* son las más utilizadas en mecanización de cuadros eléctricos.

- Las **uniones fijas**. Son aquellas que una vez realizadas no se pueden desmontar sin riesgo de romper las piezas que componen el conjunto. Las más habituales son las *rebladas*, las *soldadas* y las *pegadas*.

3.5.1. Uniones roscadas

Se prioriza la utilización de las uniones roscadas cuando se prevé la posibilidad de que las piezas unidad tengan que desmontarse por cualquier circunstancia. Es lo que sucede con muchas operaciones con cuadros eléctricos, los cuales pueden cambiarse de emplazamiento, sufrir ampliaciones etc.

Las uniones roscadas se llevan a cabo mediante tornillería. En el montaje de cuadros eléctricos la tornillería más empleada es la siguiente:

- La combinación de tornillo, arandela y tuerca. El tornillo y la tuerca deben tener las mismas características dimensionales y geométricas. Para asegurarlo, ambos elementos deberán estar normalizados.

- Los tornillos rosca chapa. Se trata de tornillos de paso ancho y rosca cortante, que queda bien unida a la chapa al realizar la rosca en el momento del atornillado.

Algunos aspectos que hay que tener en cuenta en la selección de los tornillos son el diámetro, la longitud y la forma de la cabeza, que puede ser cilíndrica, redonda, hexagonal, achaflanada, etc.

Las herramientas más habituales para las operaciones de atornillado y destornillado son los *destornilladores* y las *llaves*.

Los destornilladores

El destornillador es una herramienta que sirve para introducir y apretar o extraer y aflojar tornillos. Está formado por:

- Un mango de material aislante (generalmente de plástico) con estrías para facilitar su agarre.

- Un vástago o caña sujeta al mango y que finaliza con la punta.

- La punta o boca, que tendrá la forma apropiada al tipo de tornillo que haya que apretar o aflojar y que puede ser: plana, *Phillips* o estrella, *Posidriv* o de 6 ranuras, *Allen* o hexagonal, *Torx*, etc.

El tamaño del destornillador debe ser apropiado al tamaño y al tipo del tornillo que hay que apretar o aflojar. Para facilitar y agilizar la tarea de atornillado y destornillado cada vez son más habituales los **taladros eléctricos** a los que se acoplan puntas destornilladoras.

¡Tenlo en cuenta!

Para permitir la estandarización universal de tornillos y tuercas, independientemente de su fabricante, las roscas se normalizan según varios sistemas internacionales. En la actualidad, los sistemas más empleados son:

- El sistema de roscado ISO métrico (adoptado en España por UNE).
- El sistema Whitworth (BSW).

¡Tenlo en cuenta!

Para evitar accidentes y el deterioro prematuro de la herramienta por un mal uso, hay que emplear destornilladores en buen estado (tanto del mango como de la puntera) y del tamaño y la forma adecuados al tornillo sobre el que se actúa. Por supuesto, no hay que utilizar nunca el destornillador para operaciones para las que no está indicado, empleándolo como punzón, palanca o cincel.

Fig. 3.30.
Juego de destornilladores.

:: Las llaves

Las llaves son herramientas de acero o acero al cromo-vanadio (material muy resistente) que sirven para apretar y aflojar tuercas y tornillos. Existe una gran variedad de llaves, pero las más utilizadas en el montaje de cuadros son las siguientes:

- **Llave inglesa o ajustable**. Llave extensible y muy empleada, cuya cabeza se ajusta a la medida de la tuerca o tornillo mediante un tornillo sin fin.

- **Llaves fijas planas**. Pueden ser de una o dos bocas. Sirven para tornillos y tuercas de cabeza hexagonal o cuadrada.

- **Llaves de estrella**. Empleadas solo cuando es posible un pequeño desplazamiento de la llave.

- **Llaves de tubo**. Son llaves fijas para tuercas hexagonales. Se usan en lugares inaccesibles para otras llaves.

- **Llaves Allen**. Sirven para tornillos con cabeza hexagonal interior.

- **Destornillador-llave**. Es un destornillador especial con la boca hexagonal y hueca que permite colocar tuercas y tornillos con este tipo de cabeza.

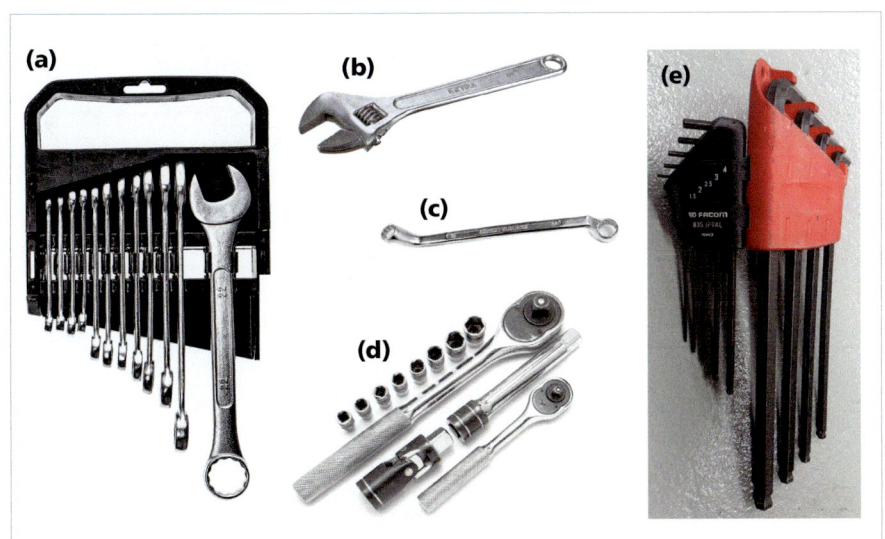

Fig. 3.31.
Llaves fijas de diferentes tamaños: llaves fijas planas (a); llave inglesa (b); llave acodada de estrella (c); llaves de tubo (d); llaves Allen (e).

3.5.2. Uniones roblonadas

El **roblonado** o **remachado** es un procedimiento de ensamblaje por el cual se realiza una unión fija de dos o más piezas mediante roblones, más conocidos como *remaches*.

Los remaches están compuestos de un cuerpo cilíndrico, llamado vástago o espiga, y de una cabeza. Son generalmente de metales blandos como acero dulce, cobre, aluminio o algunas de sus aleaciones, para facilitar su deformación. El procedimiento de remachado depende del tipo de remache que se aplique:

- **Remaches de golpe**. Solo se precisa del remache y un martillo:
  - Se introduce el cuerpo del remache en los agujeros de las piezas que se tienen que unir.
  - Se apoya la cabeza del remache sobre un soporte y luego se martillea la parte sobrante de modo que quede una nueva cabeza que garantice la unión.

  Para diámetros superiores a los 10 mm, esta operación suele realizarse en caliente.

- **Remaches ciegos**. Hace falta una remachadora, una herramienta manual o hidráulica que permite fijar los remaches de forma muy sencilla.
  - Se introduce la cabeza del remache en los agujeros de las chapas que deben unirse.
  - Con la remachadora se extrae la espiga de la cabeza, de modo que la cabeza del remache se deforma y se hace más ancha y corta, consolidando la unión.

Fig. 3.32.
Remachadora manual y remaches ciegos.

¡*Tenlo* en cuenta!

Los remaches se pueden aplicar sobre materiales resistentes al martilleado (tenaces), que no se rompan al golpearlos.

Fig. 3.33.
Procedimiento de roblonado.

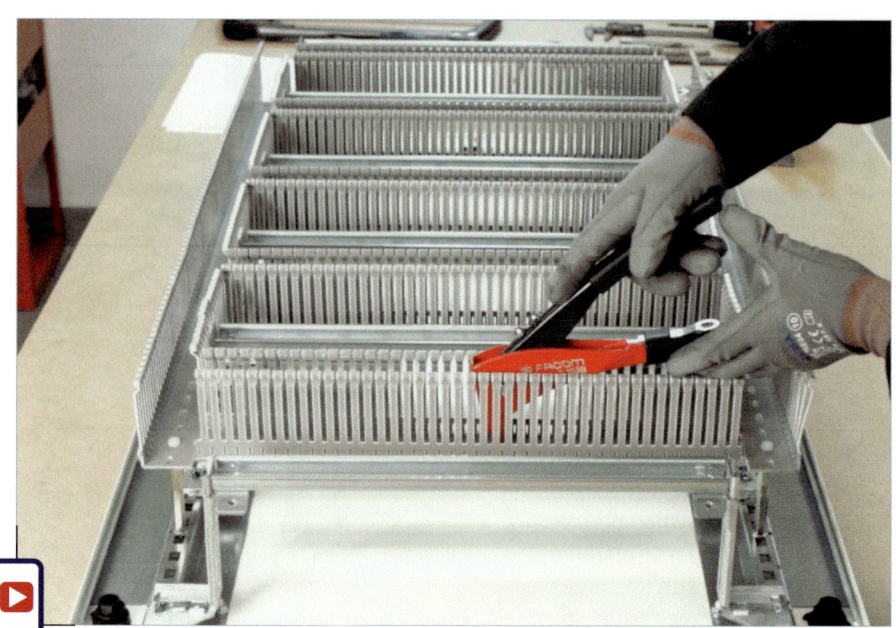

3.5.3. Uniones soldadas

El **soldado** o la **soldadura** es la unión física de dos o más piezas metálicas para formar una sola pieza por medio de la aplicación de calor. Generalmente, se incorpora algún metal que, fusionado con las piezas, da resistencia mecánica a la unión.

Existen diferentes tipos de soldadura, pero los más importantes son la *soldadura blanda*, la *soldadura por arco* y la *soldadura oxiacetilénica*.

Soldadura blanda

Es muy utilizada para soldar hilos, cables y componentes eléctricos, pero también se emplea en la unión de chapas, piezas de latón, hojalata, cobre o bronce y en soldadura de tubos, por ejemplo en instalaciones de fontanería y gas.

Se basa en el aprovechamiento del calor junto con la aportación de otro material de fácil fusión, normalmente estaño, plomo o aleaciones de ambos metales. Este tipo de soldadura se emplea generalmente para soldar piezas a temperaturas inferiores a los 200 °C.

Las herramientas típicas para fundir el estaño o el plomo son la *lámpara* (normalmente de butano) y el *soldador eléctrico*.

Fig. 3.34.
Soldador eléctrico.

- **Lámpara de butano**. Está formada por una pequeña bombona de gas y un mechero. El mechero lleva incorporada una llave de paso para regular la salida del gas. Para encenderla, se aplica una llama en la boca del mechero y se abre lentamente la llave hasta que el gas se inflame.

- **Soldador eléctrico**. Se basa en una resistencia eléctrica alojada en una pieza tubular refractaria con una punta de cobre insertada en su extremo y un mango aislante en el otro. La punta del soldador se calienta al conectar el soldador a la red eléctrica, hasta alcanzar la temperatura necesaria para la fusión del metal de aportación.

Soldadura por arco

Se basa en la generación de un chorro de plasma a alta temperatura fruto de una descarga en forma de arco eléctrico. El gas ionizado que conforma el plasma transmite el calor necesario para fundir el material base (las piezas) y el electrodo (la varilla), formándose un cordón de soldadura, que es la unión entre las piezas.

El material que se aporta en forma de varillas metálicas recubiertas suele ser de composición parecida a los metales que hay que unir.

Para lograr la ionización del gas, se eleva la tensión de la red mediante un transformador. A su salida se conectan dos cables flexibles:

Fig. 3.35.
Equipo para la soldadura por arco.

- Un cable se une, gracias a una pinza con mango aislante, con las piezas metálicas que hay que soldar.

- El otro se une a otra pinza, a la cual se fija un electrodo o varilla con revestimiento especial.

A partir de una distancia entre el electrodo y las piezas, se forma el arco eléctrico, que engendra el calor suficiente para fundir el material de las piezas y de la varilla en el punto de unión, soldándose las piezas.

Soldadura autógena u oxiacetilénica

Emplea como fuente de calor la llama de un soplete alimentado por una mezcla de oxígeno con un combustible, generalmente acetileno, que se quema con él.

El oxígeno y el acetileno se suministran independientemente en bombonas o botellas, equipadas con válvulas de abertura y manómetros indicadores de presión.

3.5.4. Uniones pegadas

Las **uniones pegadas** consisten en la unión resistente de piezas mediante un adhesivo.

Un adhesivo es una sustancia que al aplicarse a unas superficies se adhiere a ellas y las mantiene unidas. La evolución de la técnica ha mejorado el comportamiento de los adhesivos logrando que puedan soportar cargas de una gran magnitud, por lo que cada vez son más empleados en cualquier tipo de trabajo.

Disponemos de una amplia gama de adhesivos: de contacto, termoestables, termofusibles, de resinas, etc. En ocasiones, para actuar, el adhesivo requiere que se mezclen dos sustancias: el adhesivo propiamente dicho (que pega) y el catalizador (que lo endurece). La mezcla debe llevarse a cabo cuidadosamente, respetando las dosis y los procedimientos indicados por los fabricantes, para que el efecto sea el deseado.

El proceso de pegado dependerá del tipo de adhesivo y de las superficies que se tengan que unir, pero en general se siguen estos pasos:

1. Elección del tipo de adhesivo.

2. Preparación de las superficies (limpiarlas, darles la forma adecuada, etc.).

3. Preparación del adhesivo (adhesivo-catalizador) y aplicación.

4. Curado. Respetar el tiempo de fijación, en las condiciones indicadas por el fabricante (inmovilización, temperatura, etc.)

Actividades

23. Qué significa que la tornillería debe estar normalizada. Razona los perjuicios que conllevaría que no lo estuviera.

24. Explica la diferencia entre el roscado con tornillo y tuerca y el realizado con tornillos rosca chapa.

25. Haz un listado exhaustivo de la tornillería habitual en trabajos de mecanizado para electricistas: tipos de tornillo, tuercas, arandelas, etc.

26. Señala las diferencias entre los procesos de roblonado con remaches de golpe y con remaches ciegos.

27. Explica el principio de funcionamiento de los diferentes tipos de soldadura que has estudiado en este apartado. Amplía un poco tu información e indica algunas aplicaciones de cada uno de ellos.

28. Busca en Internet cinco tipos de adhesivos y describe sus propiedades y su modo de aplicación.

29. Practica en el taller los diferentes tipos de uniones de piezas.

3.6. La seguridad en las operaciones de mecanizado

Con la finalidad de prevenir, reducir y eliminar los riesgos derivados del trabajo, es necesario adquirir unos hábitos laborales saludables destinados a proteger la seguridad y la salud.

Para integrar estos comportamientos hay que conocer los principales factores de riesgo y las consecuencias que pueden tener.

3.6.1. Causas de los accidentes

La práctica totalidad de los accidentes en el uso de estas herramientas manuales tiene su origen en tres factores:

Fig. 3.36.
Para evitar accidentes, es importante hacer siempre un uso adecuado de las herramientas y tener especial cuidado en su mantenimiento.

- **Utilización inadecuada de la herramienta**. Se usa para una función para la cual no fue diseñada o bien, aunque corresponde la función, la herramienta no tiene las dimensiones adecuadas a la tarea. Podríamos encontrar una gran variedad de ejemplos de uso inadecuado:
  - Empleo de destornilladores o limas para hacer palanca o como cincel.
  - Utilización de destornilladores con la punta no adecuada o bien de tamaño no adecuado a la tarea.
  - Uso de destornilladores sin aislamiento en trabajos eléctricos.
  - Utilización de llaves fijas o alicates para golpear, en lugar de un martillo.
  - Empleo de llaves fijas de dimensiones no acordes con el esfuerzo, y de tubos sobre llaves para incrementar el par.
  - Golpeo con el mango de la herramienta, por ejemplo, de un martillo.
  - Utilización de cinceles demasiado largos o demasiado cortos, o bien con un temple no adecuado al material sobre el que se trabaja.
  - Uso de cinceles para hacer palanca o como destornilladores.
  - Elección de una hoja de sierra no adecuada al material que se debe cortar, por el material o por el tipo de dientes.

- **Herramienta en mal estado o mal mantenida**. Por ejemplo:
  - Destornilladores con la punta en mal estado, mellada o sin filo o bien con mango rajado.
  - Martillos u otras herramientas con el mango flojo, rajado, desportillado o con astillas.
  - Cinceles con rebabas o con filos mellados, o bien faltos de afilado.
  - Alicates o tenazas con las puntas degastadas, holguras en el eje, filos de la boca mellados o deformados, cuadriculados o con estrías desgastadas (en alicates de agarre).
  - Llaves fijas con las mordazas desgastadas, deformadas o melladas, husillo con exceso de holgura o desgastado.
  - Limas sin mango, con mango rajado o sin la correcta sujeción a la lima, dientes muy gastados o embotados, o bien engrasados.

○ **Desconocimiento de la técnica de trabajo**. Por ejemplo:

- En el uso de martillos: asir el mango demasiado cerca de la maza, golpear con exceso de violencia o sobre una pieza o herramienta templada no preparada para ello.

- En el uso de destornilladores: atornillar o desatornillar oblicuamente, sostener la pieza sobre la que se trabaja con la mano o utilizar una llave para aumentar el esfuerzo.

- En el uso de alicates y tenazas: sujetar de forma incorrecta la pieza, golpear sobre las mordazas con un martillo para cortar, apretar poco o en exceso.

- En el uso de llaves fijas: utilizar tubos prolongadores para aumentar el par, usar la llave al revés, empujar en lugar de tirar.

- En el uso de limas: sostener la pieza sobre la que se trabaja con la mano, limpiarla golpeando con otros objetos.

- En el uso de sierras: rozar con objetos metálicos si las hojas son para madera, utilizar demasiada fuerza, no sujetar adecuadamente la pieza y no utilizar un ángulo de aserrado adecuado.

- En el uso del cincel y el buril: golpear de forma oblicua sobre él, utilizarlo en distancias cortas, hacia las personas.

Cuando se emplean máquinas herramientas, a estos tres factores hay que añadirles los propios de la peligrosidad de cada una. Algunos de los más habituales son los siguientes: (DOC. 3.3)

○ Proyección de fragmentos, que pueden provocar lesiones oculares y quemaduras (partículas incandescentes), entre otras.

○ Golpes, erosiones y cortes, sobre todo en extremidades superiores.

○ Quemaduras; por ejemplo, en el uso de soldadores.

○ Ruidos y vibraciones.

○ Generación de polvo.

○ Sobreesfuerzos, que pueden ocasionar lesiones musculares y óseas.

Además, las máquinas herramientas portátiles, como son casi todas eléctricas, presentarán riesgos de tipo eléctrico, como los contactos directos e indirectos.

Documento 3.3

Ejemplos de factores de riesgo en el uso de máquinas herramientas

Máquina herramienta	Utilización inadecuada	Mal estado	Desconocimiento de la técnica
Taladradora	Elegir una broca de obra cuando queremos perforar una chapa de acero.	Utilizar el taladro con el cable en mal estado, lo cual puede causar una pérdida de aislamiento.	Desconocer la configuración adecuada de la máquina para el material que se pretende taladrar.
Sierra de calar	Elegir una hoja que no corresponde al tipo de material o al grosor de la pieza.	Usar la sierra sin resguardo de protección o que este esté roto.	No mantener vertical la herramienta e imprimir un esfuerzo excesivo en el sentido de corte.

3.6.2. Medidas para evitar riesgos

Las medidas necesarias para reducir o suprimir riesgos se pueden deducir al analizar el origen de los accidentes y se pueden resumir en las siguientes:

- Se debe usar la herramienta o máquina adecuada al trabajo.

- Se tiene que realizar siempre una inspección visual para comprobar el estado de mantenimiento de la máquina o herramienta.

- Hay que emplear la herramienta o máquina según las instrucciones o procedimientos de trabajo establecidos.

- En ningún caso se debe eliminar ni inutilizar ningún sistema de protección que incorpore la máquina: por ejemplo, quitar la protección de una amoladora, manipular interruptores de las máquinas, utilizar fijaciones no proporcionadas por el fabricante para máquinas portátiles, etc.

Cuando el diseño de la herramienta o máquina herramienta, los sistemas de protección colectiva y los procedimientos y métodos de trabajo no sean suficientes para eliminar los riesgos, los trabajadores deberán disponer de los equipos de protección individual que sean necesarios.

3.6.3. Los equipos de protección individual

> Un **equipo de protección individual (EPI)** es cualquier equipo, accesorio o complemento que debe llevar o sujetar el trabajador o trabajadora para que le proteja de uno o varios riesgos que puedan amenazar su seguridad en el trabajo.

Los EPI deben responder a las condiciones existentes en el lugar de trabajo, ser adecuados a los riesgos que deben proteger y adaptarse a la parte del cuerpo de la persona, mediante los ajustes pertinentes.

Los equipos de protección individuales más habituales en trabajos de mecanización en instalaciones electrotécnicas e industriales son los siguientes: (DOC. 3.4)

- **Casco de seguridad** (CATEGORÍA II). Se empleará siempre que exista, en relación con el trabajo, riesgo de impactos en la cabeza, ya sea porque caigan materiales u objetos sobre el operario o bien porque él mismo se caiga. En estos casos, su uso es obligatorio.

- **Gafas o pantallas faciales** (CATEGORÍA II). Se utilizarán cuando exista el riesgo de choque o impacto con partículas o cuerpos sólidos, proyección o salpicadura de líquidos, productos cáusticos o metales fundidos, polvo y humos, sustancias gaseosas irritantes, y radiaciones o deslumbramientos.

- **Guantes, manoplas y manguitos** (CATEGORÍA II). Se usarán en la manipulación de materiales y herramientas, para reducir el riesgo de los golpes, erosiones, cortes, etc., y también para protegerse de los efectos corrosivos de productos químicos.

- **Zapatos y botas de seguridad** (CATEGORÍA II). Ya sea con plantilla o con puntera reforzada, protegen de golpes, cortes y pinchazos en los pies. El calzado de seguridad debe adecuarse al medio de trabajo existente (por ejemplo, puede requerirse que sea aislante, conductor, que no debe dejar penetrar el agua, etc.).

¡Tenlo en cuenta!

Los EPI deben ser el último recurso en la eliminación de los riesgos y siempre deben utilizarse como medida de protección complementaria a las anteriores.

¡Tenlo en cuenta!

En los lugares de trabajo en los que sea obligatorio el uso de EPI existirán las señales correspondientes para indicarlo.

Señales que indican la obligación de utilizar EPI.

Fig. 3.37.
Casco, pantalla facial, gafas, botas y guantes.

Estos EPI pueden pasar a ser de Categoría III si incorporan propiedades que protegen de los riesgos eléctricos. (Doc. 3.5)

Documento 3.4

Categorías de EPI en función del riesgo del que protegen

- **EPI de categoría I o de riesgo mínimo**. Son aquellos cuya eficacia la puede juzgar directamente la persona usuaria, así como percibir sin peligro para su integridad los efectos de los riesgos cuando estos son graduales. Son EPI de esta categoría los que protegen al usuario de:
  - Agresiones mecánicas de efectos superficiales.
  - Productos de mantenimiento poco agresivos o nocivos que provoquen efectos fácilmente reversibles (guantes, etc.).
  - Riesgos derivados de la manipulación de piezas calientes con temperaturas de exposición inferiores a los 50° C (guantes, delantales de uso profesional, etc.).
  - Agentes atmosféricos no excepcionales ni extremos (gorros, ropas de temporada, botas, etc.).
  - Pequeños golpes y vibraciones que no afecten a las partes vitales del cuerpo y que no puedan provocar lesiones irreversibles (cascos ligeros, guantes, calzado ligero, etc.).
  - La radiación solar (gafas de sol).

- **EPI de categoría II o de riesgo medio o grave**. Son aquellos que no pertenecen a la categoría I ni a la III, que a continuación se detalla.

- **EPI de categoría III o de riesgo alto, muy grave o de muerte**. Son aquellos que deben proteger de accidentes muy graves con posibles consecuencias de muerte o de lesiones importantes y que no se pueden descubrir a tiempo. Los son, por ejemplo:
  - Mascarillas con filtros.
  - Equipos de protección respiratoria, completamente aislantes de la atmósfera.
  - Equipos de protección temporal limitada contra las agresiones de tipo químico o contra radiaciones ionizantes.
  - Equipos de intervención en ambientes cálidos, equiparables a una temperatura ambiente igual o superior a los 100 °C.
  - Equipos de intervención en ambientes fríos, equiparables a una temperatura ambiente igual o inferior a −50 °C.
  - Equipos destinados a la protección de las caídas desde altura.
  - Equipos destinados a proteger contra los riesgos eléctricos.

Documento 3.5

Equipos de protección individual para riesgos eléctricos

Los equipos de protección individual para riesgos eléctricos deben ser llevados o sujetados por el trabajador y deben estar diseñados con el objetivo principal de protegerle de los riesgos que se pueda encontrar en la realización de su trabajo, especialmente los relacionados con contactos eléctricos

Todos los EPI para trabajos con equipos en tensión (cascos, pantallas, vestuario, zapatos y guantes) deben ser aislantes, estar marcados con un pictograma de doble triángulo y tienen que reunir unos requisitos de seguridad que establecen las normas.

Símbolo para trabajo con tensión

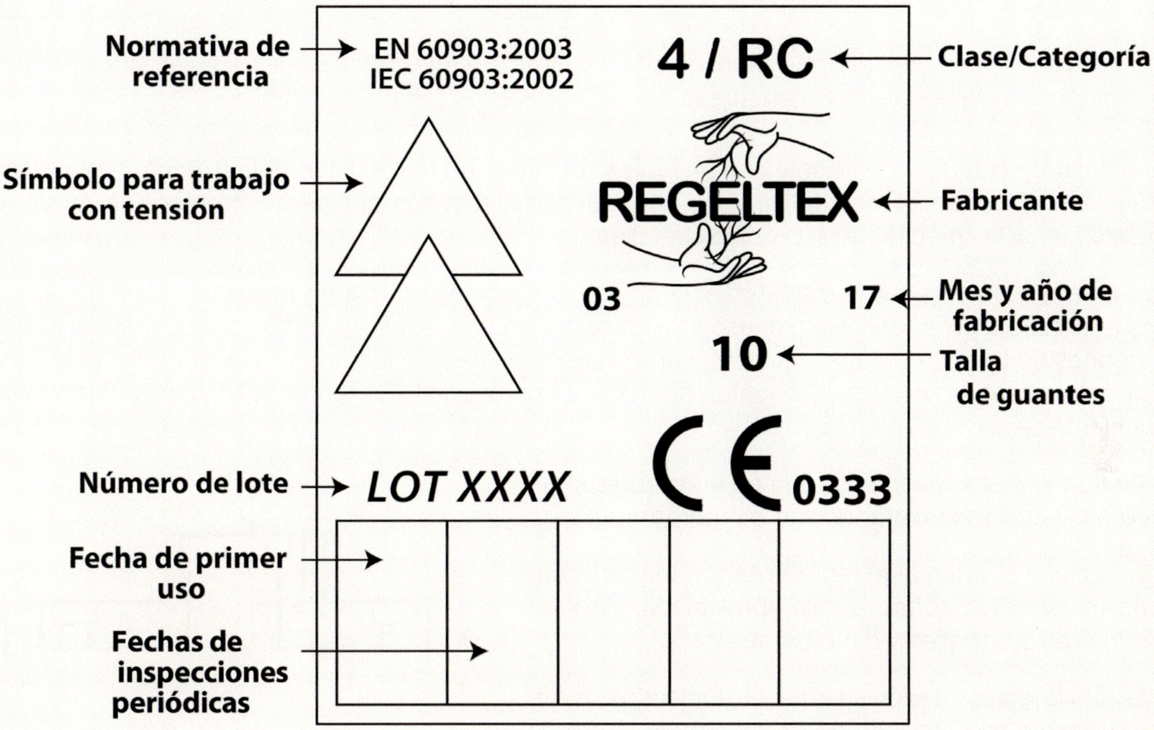

Ejemplo del marcado de un guante aislante.

Actividades

30. Elabora una la tabla como la siguiente indicando, para cada máquina o herramienta estudiada, posibles riesgos en su utilización, así como las medidas y los EPI más adecuados para protegerse de ellos.

Herramienta/máquina	Riesgos	Medidas preventivas	EPI

Representación normalizada ● ● ● ●

En el taller de montaje, el trabajo suele efectuarse a partir de la interpretación de esquemas, croquis y planos desarrollados por personal especializado. En ellos se representan con sus formas y dimensiones las piezas u objetos que hay que mecanizar o montar.

Atendiendo a la precisión y formalidad de la representación, diferenciaremos dos tipos de dibujos: los croquis y los planos.

¡*Tenlo* en cuenta!

> Recuerda que el dibujo técnico está sometido a una serie de reglas preestablecidas para unificar los criterios de interpretación y evitar ambigüedades, y que este conjunto de reglas lo conocemos con el nombre de *normalización*.

1. Elaboración de croquis

> Un **croquis** es un dibujo informal, aproximado y realizado a mano alzada, de un objeto, una pieza, una superficie o cualquier otra realidad que se quiere representar.

Para dibujar un croquis es suficiente con un lápiz y un papel: no hacen falta regla, compás, escuadras, etc. La función del croquis es orientativa y explica a grandes rasgos lo que se quiere representar, sin incluir necesariamente las medidas exactas ni los detalles.

A pesar de que no persigue la exactitud, cuanto más preciso sea un croquis mejor representará la realidad a la que se refiere y más útil será. Por eso es recomendable que respete, aunque sea de manera aproximada, algunos de los recursos más técnicos, como la escala, la acotación, la perspectiva o las vistas, etc. En demasiadas ocasiones el croquis se realiza de manera improvisada. Sin embargo, para ejecutarlo mejor, es conveniente seguir unas pautas:

1. Analiza la pieza o elemento que quieres representar, para ver cuál es la mejor opción de representación.

2. Selecciona el sistema de representación más adecuado (perspectiva, vistas, escala aproximada, etc.) según sean sus formas y dimensiones.

3. Realiza la representación en el papel, poniendo el máximo esmero en el trazado de las líneas y en el uso de las normas del dibujo técnico (trazo más grueso para las paredes o contornos exteriores, ejes con trazos y puntos, líneas discontinuas en trazos ocultos, etc.).

4. Mediante acotación coloca las medidas.

5. Valora el grado de similitud con la realidad representada y en qué medida cumple su cometido.

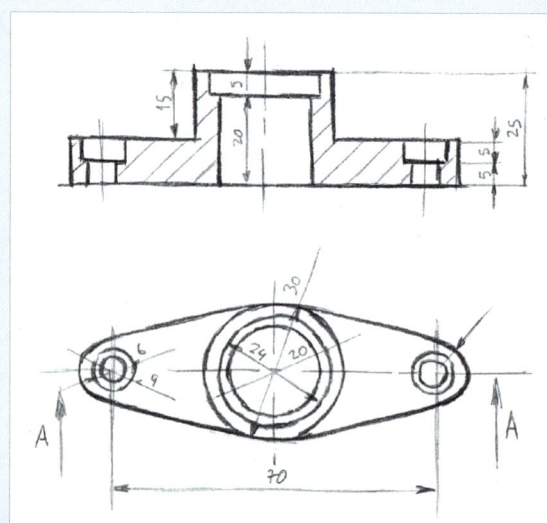

Los croquis no exigen ninguna particularidad especial en cuanto al tipo de papel empleado, por lo que suelen usarse papeles de gramaje medio (entre 80 y 100 g/m^2).

ACTIVIDADES

1. Selecciona una pieza y elabora un croquis de ella. Sigue las pautas indicadas para su representación.

Representación normalizada • ● ● ● •

2. Elaboración de planos

> Un **plano** es una representación gráfica de gran precisión, exactitud y proporción de un objeto, pieza, superficie, montaje o instalación.

Los planos son necesarios en la presentación de cualquier documentación formal, ya sean proyectos, memorias, etc. Los planos se dibujan con lápices o portaminas y se repasan con rotuladores de tinta. Actualmente, es más habitual la realización de planos con programas de CAD (del inglés *computer-aided design*).

El formato de los planos

Para la elaboración de planos, especialmente si son los definitivos, debe emplearse papel de gramaje alto (entre 100 y 200 g/m^2).

Las dimensiones de los planos están normalizadas de acuerdo a la norma UNE 1026. Según esta norma, los formatos más utilizados son los derivados de la designación A, y son:

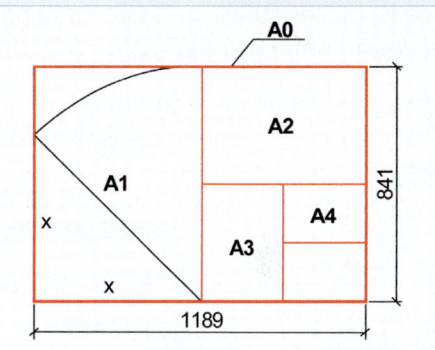

- **A0.** 841 mm × 1189 mm.
- **A1.** 594 mm × 841 mm.
- **A2.** 420 mm × 594 mm.
- **A3.** 297 mm × 420 mm.
- **A4.** 210 mm × 297 mm.

Como se puede observar, todo formato se obtiene de doblar el inmediatamente mayor por la mitad, por lo que sean cuales sean las dimensiones, la relación entre los lados guarda la misma proporción.

Márgenes y cajetín

El área de trabajo de un plano no comprende la totalidad del papel, sino que es necesario reservar unos márgenes establecidos por la Norma UNE 1-206-83.

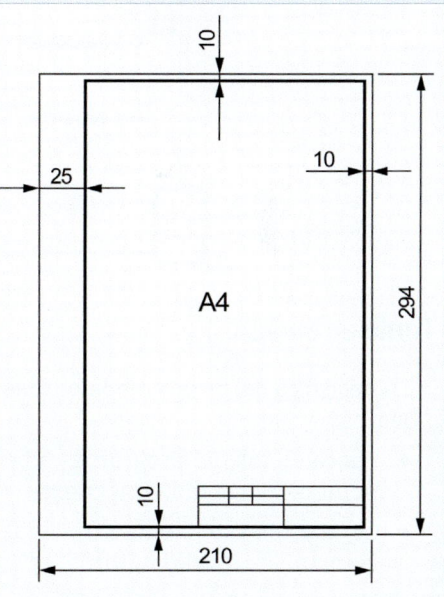

Además, debe reservarse un espacio en la parte inferior derecha para el **cajetín**, que es un recuadro en el que se incluyen los datos del plano. La colocación y las dimensiones del cajetín están normalizadas. La información del cajetín deberá incorporar todas las indicaciones necesarias: título, escala, número de plano, proyecto al que pertenece, autor, etc.

Uso de líneas en la elaboración de planos

El grosor de las líneas es otro elemento importante para una correcta elaboración e interpretación de los planos. El contorno de una pieza se realizará con líneas más gruesas, y los elementos secundarios, auxiliares, ocultos, acotaciones, etc., con líneas más finas, discontinuas, etc.

ACTIVIDADES

2. La pieza que has croquizado en la actividad anterior, dibújala de nuevo, pero ahora en un plano.

3. Dibuja la misma pieza utilizando un programa de dibujo asistido por ordenador.

Representación normalizada ● ● ● ●

3. Diseño de cuadros eléctricos con un programa informático

Al igual que las piezas, las instalaciones eléctricas y los cuadros también requieren de una representación normalizada.

El primer paso en la realización de una instalación eléctrica consiste en analizar las necesidades de la instalación (superficie, estancias, número de líneas, máquinas conectadas, necesidad de potencia, etc.). A partir de esta información se procederá al diseño del cuadro eléctrico que lo va a gobernar: tamaño del cuadro, dispositivos de protección, dispositivos de mando, etc.

Normalmente a medida que se va realizando el análisis se va elaborando un croquis a mano (esquema de líneas, protecciones de cada máquina, etc.), así, cuando se disponga de toda la información se procederá al diseño definitivo del cuadro usando un programa de ordenador.

Existen infinidad de programas, en muchos casos las propias empresas fabricantes de material eléctrico los proporcionan a sus empresas usuarias. Es el caso del programa Hagercad Project, que es el que proponemos utilizar.

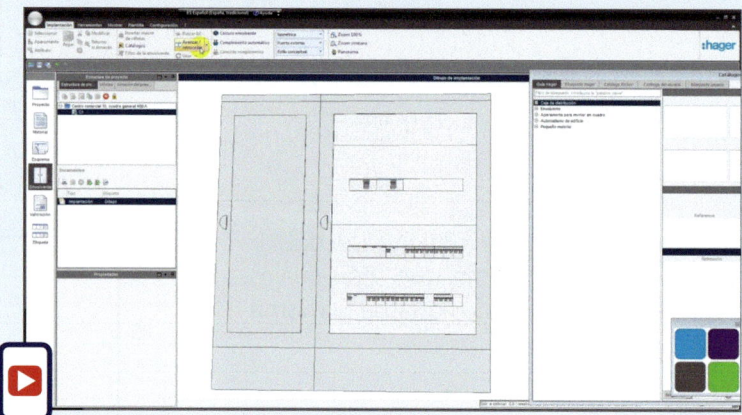

¡*Tenlo* en cuenta!

La descarga del programa la podrás realizar desde la página oficial de Hager: https://www.hager.es/softwares

- Busca el link del programa y clica sobre el. Se activará la descarga de un archivo comprimido con el nombre: Hagercad.Project.exe.
- Clica sobre este elemento y sigue las indicaciones que irán apareciendo en pantalla hasta completar la instalación del programa.
- Una vez finalizado y después de aceptar los términos del contrato de licencia, deberás seguir los pasos que se indican en la ventana de instalación.

En estas condiciones dispondrás de Hagercad Project para un periodo de 30 días, pero podrás validar el programa de forma definitiva, para lo cual necesitarás un código de activación que Hager te proporcionará.

Lo obtendrás clicando en «Activación» e introduciendo el nombre de tu escuela o instituto.

ACTIVIDADES

4. Descárgate, instala y activa el programa Hagercad Project. Navega por el programa.

5. Crea un documento nuevo y, siguiendo las opciones que te da el programa, diseña un cuadro eléctrico sencillo.

¡Ahora practica! • ● ● ● •

Práctica 3.1. Montaje de un cuadro eléctrico

Una vez completadas las Unidades didácticas 2 y 3 estáis en condiciones de realizar el montaje completo de un cuadro eléctrico.

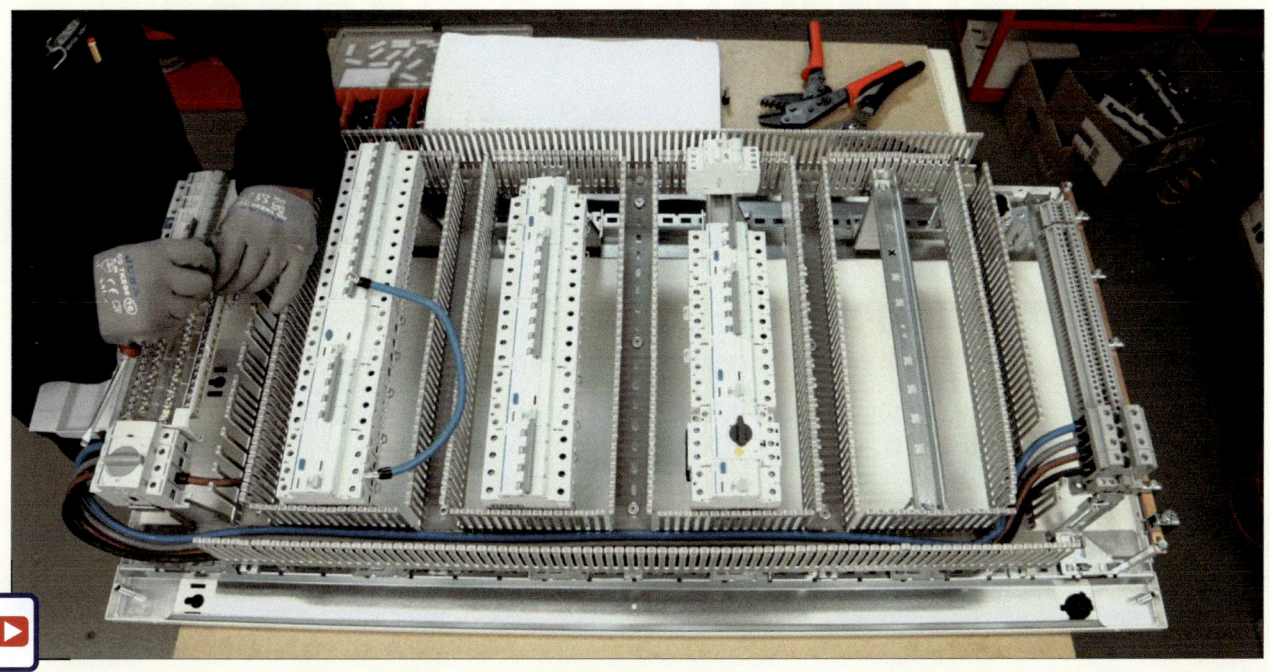

ACTIVIDADES

En esta práctica realizaréis el montaje de vuestro cuadro eléctrico. Cada cuadro requiere sus procesos específicos de trabajo, pero en general, tened en cuenta las siguientes orientaciones:

- Interpretad el plano. La interpretación del plano condicionará todo el proceso de trabajo.
- Aseguraros de que disponéis de todos los elementos y las piezas que necesitaréis para realizar el montaje (lista de despiece).
- Preparad todos los útiles, herramientas y accesorios necesarios.
- Estableced el orden en la ejecución de las tareas:
  1. Montaje del armazón.
  2. Sujeción de los elementos de fijación.
  3. Disposición y fijación de las canaletas.
  4. Instalación de los embarrados.
  5. Colocación de la aparamenta.
  6. Realización del cableado.
  7. Marcaje de los conductores y los bornes de conexión.
  8. Montaje de los paneles.
  9. Colocación de la puerta y del sistema de cierre.

Recordad que las operaciones de mecanizado forman parte del proceso de montaje y dependerán del tipo de cuadro. En cualquier caso, lo que es importante es respetar todos los requisitos de seguridad en la realización de estas operaciones.

4 *Unidad didáctica*

Dispositivos básicos de los automatismos industriales cableados

Antes de empezar...

- Explica cómo funciona un sistema automático diseñado con una lógica cableada.
- Indica diferentes elementos que intervienen en un circuito de este tipo, así como la función que cumple cada uno.

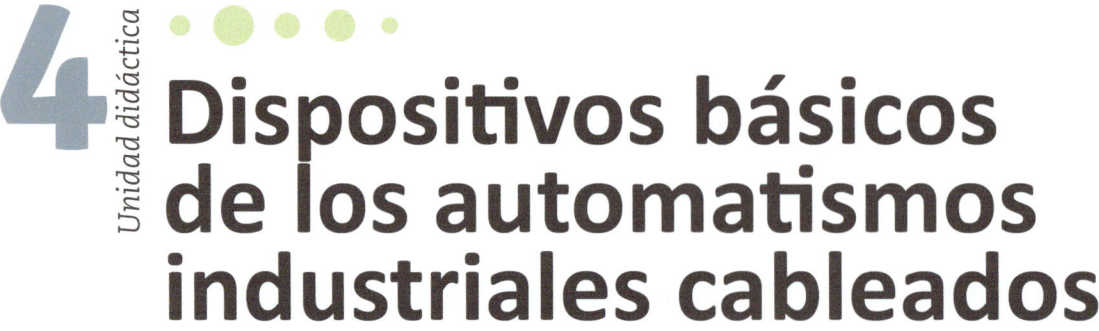

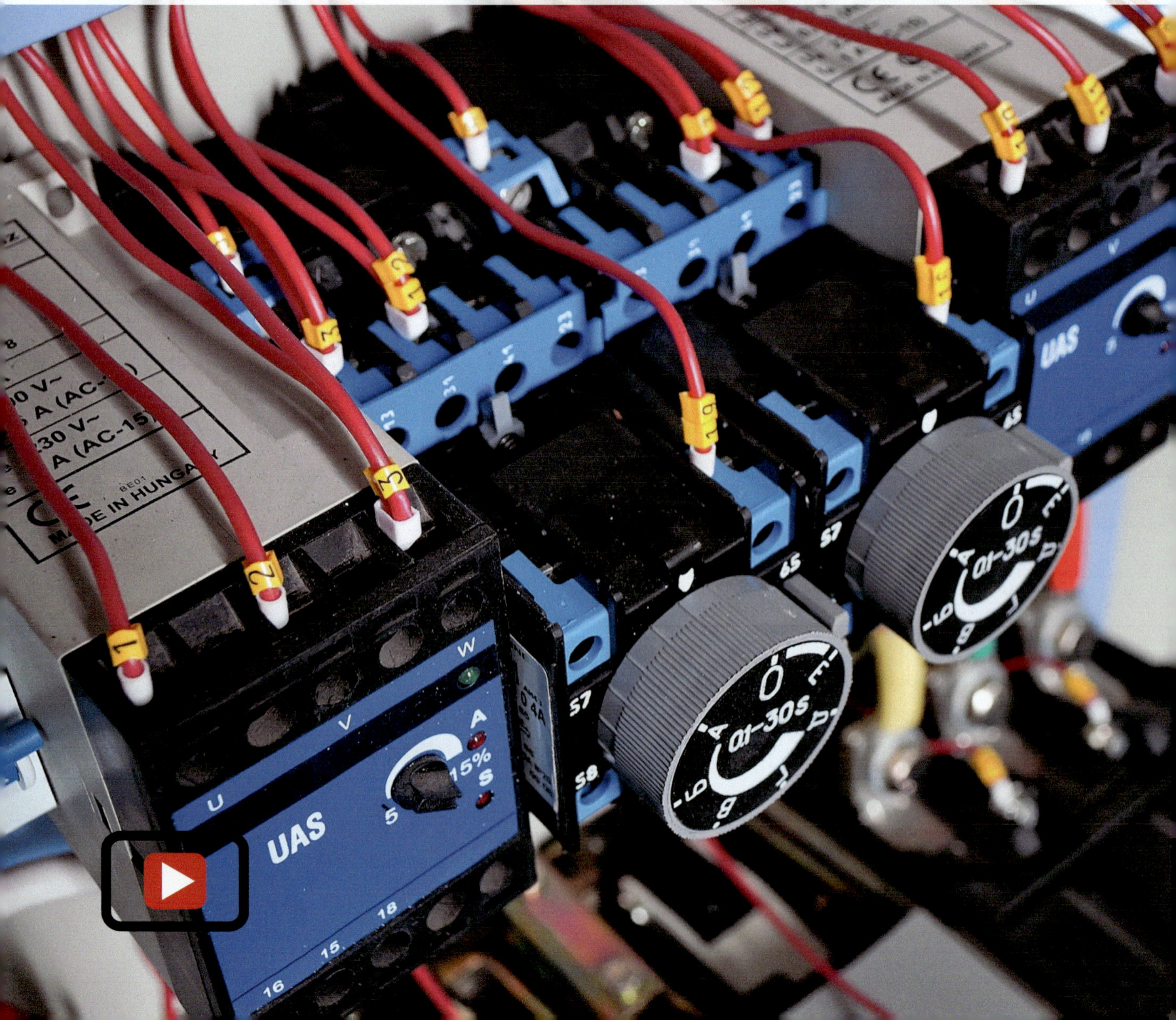

4.1. Los automatismos cableados

Hemos visto que los automatismos permiten el mando, regulación y control de una máquina o planta, sin intervención humana. Cuando las órdenes de estas actuaciones se transmiten a través de cables, hablamos de *automatismos cableados*.

> Los **automatismos cableados** conectan los diferentes elementos que forman un sistema automático por medio de cables.

Un automatismo cableado eléctrico está formado por un conjunto de dispositivos que permiten la conexión, desconexión o regulación de la energía eléctrica procedente de la red hacia los receptores o actuadores (motores eléctricos, lámparas, baterías de condensadores, etc.). Como un sistema cableado se compone, al menos, de un circuito de mando y de un circuito de potencia, los dispositivos que suelen integrarlo, según la función que cumplen en el circuito correspondiente, se pueden agrupar en:

- Elementos de mando y regulación.
- Actuadores.
- Elementos de señalización.
- Elementos de protección.

Por supuesto, también hay que tener en cuenta los cables, que son los conductores por donde circularán la información y las órdenes del sistema.

¡*Tenlo* en cuenta!

Aunque los elementos de mando y potencia pueden coexistir físicamente en el mismo recinto (por ejemplo, en un armario eléctrico), la normativa exige que sean representados en esquemas diferentes.

Fig. 4.1.
Elementos de protección de un automatismo cableado.

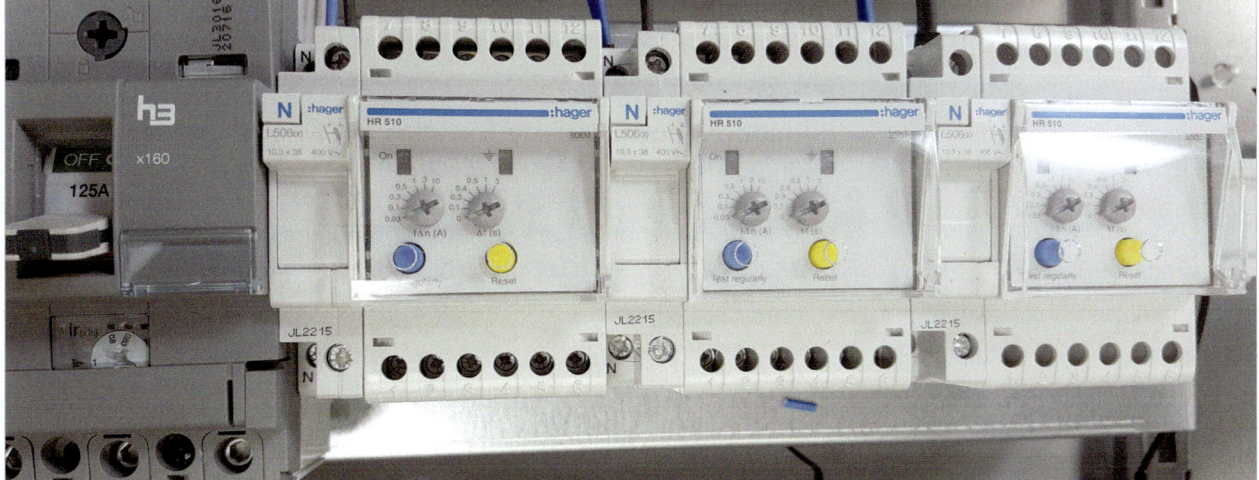

Actividades

1. ¿Qué circuitos forman un automatismo eléctrico cableado?

2. ¿Qué categorías de dispositivos suelen integrar un dispositivo cableado?

4.2. Elementos de mando y regulación

Los elementos de mando de un circuito son los dispositivos encargados de ordenar la ejecución de operaciones diversas de las máquinas o receptores que gobiernan, por ejemplo: las maniobras de motores eléctricos.

Existe una gran variedad de dispositivos de mando. Según su accionamiento y la función que ejercen, se pueden dividir en tres grupos de elementos: *de mando manuales*, *de mando automáticos* y *reguladores y controladores*.

4.2.1. Elementos de mando manuales

¡Tenlo *en cuenta!*

Recuerda que la letra identificadora de los elementos de mando manuales para la conexión de circuitos de control es la letra **–S**.

> Los **elementos de mando manuales** son aquellos que precisan de la acción de una persona para conectar, desconectar o, en general, gobernar el circuito.

Los más importantes son los *pulsadores*, los *interruptores*, los *conmutadores* y los *selectores*.

Todos estos elementos pueden montarse sobre el cuadro o pupitre de mando, pero también pueden alojarse en cajas de plástico o metálicas, fijas o móviles, que pueden contener varios elementos.

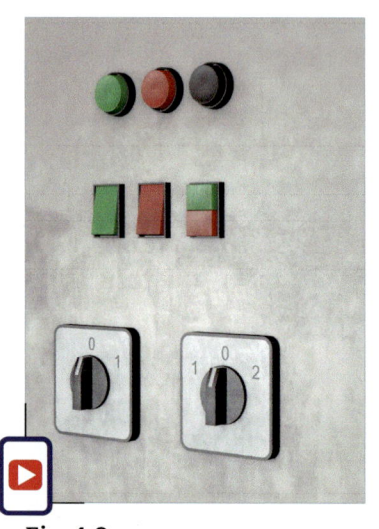

Fig. 4.2.
Los elementos de mando manual precisan de la intervención humana.

Pulsadores

Los pulsadores son elementos tipo botón que conectan y desconectan instalaciones y máquinas eléctricas mediante una simple pulsación sobre los mismos. Los pulsadores solo están en posición de trabajo cuando son accionados, pues vuelven a su posición inicial (mediante un muelle o resorte interno) al dejar de accionarlos. Según su efecto, hay diferentes tipos de pulsadores:

- **Pulsadores normalmente abiertos (NA)**. En reposo, los contactos están abiertos (sin conexión eléctrica) y cuando se acciona el pulsador se cierra el circuito y pasa la corriente. Se utilizan generalmente para la puesta en marcha o el arranque de máquinas e instalaciones eléctricas. Por eso también se llaman *pulsadores de marcha*. Suelen ser de color verde.

- **Pulsadores normalmente cerrados (NC)**. En reposo, los contactos están cerrados (con conexión eléctrica). Al pulsarlos se provoca la desconexión de sus terminales y se interrumpe el paso de la corriente. Se utilizan generalmente para el paro de máquinas e instalaciones (*pulsadores de paro*). Suelen ser de color rojo. (DOC. 4.1)

Elemento	Pulsador NA	Pulsador NC	Pulsador de doble cámara NA-NC
Símbolo	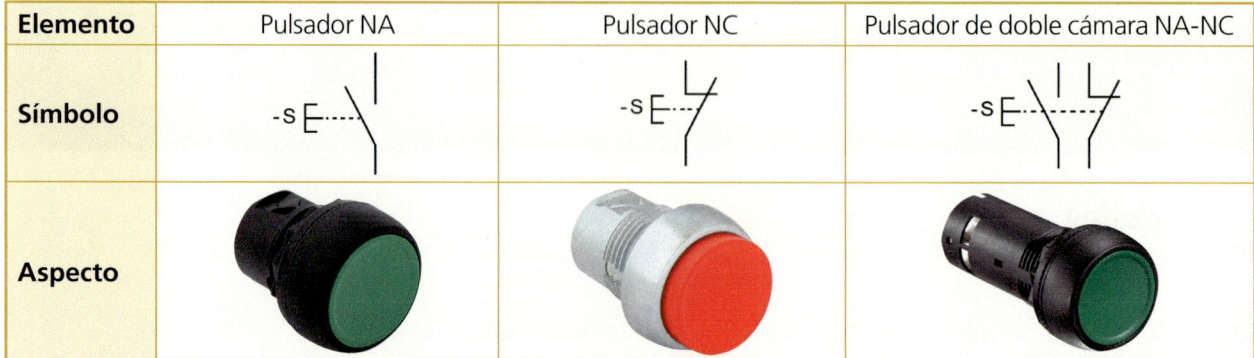		
Aspecto			

- **Pulsador de doble cámara (NA-NC)**. La función de paro y marcha se alterna con la presión del pulsador, es decir, la puesta en marcha (cierre) de un circuito supone la interrupción (abertura) del otro.

Documento 4.1

Pulsador de paro de emergencia

Un tipo de pulsador muy utilizado en la industria es el llamado **pulsador de paro de emergencia**, denominado comúnmente *seta*, debido a su aspecto externo. La cabeza de estos pulsadores es bastante más ancha que en los normales y de color rojo, sobre fondo amarillo. Permite la parada inmediata de la instalación eléctrica cuando ocurre un accidente.

Este tipo de pulsador lleva un dispositivo interno de enclavamiento, de manera que, una vez pulsado, no se puede reanudar el funcionamiento de la instalación hasta que se desenclave, por ejemplo, mediante un giro de la cabeza o una llave auxiliar.

⠿ Interruptores

Los interruptores son elementos que, al ser accionados, conectan o desconectan instalaciones y máquinas eléctricas. A diferencia de los pulsadores, al ser accionados, se mantienen en la posición seleccionada hasta que se actúa de nuevo sobre ellos. El accionamiento se efectúa mediante el posicionado de una palanca, pedal, manilla rotativa u otro sistema.

Al igual que los pulsadores, existen diferentes tipos de interruptores: normalmente abiertos (NA), normalmente cerrados (NC) y de doble cámara (NA-NA, NA-NC, NC-NC).

Elemento	Interruptor de un solo contacto (NA)	Interruptor rotativo de un solo contacto (NA)	Interruptor de llave de contacto (NC)	Interruptor rotativo de doble cámara NA-NC
Símbolo	-s ⊢⌄\	-s ⌐⌄\	-s ♀⊢⌐····⌐	-s ⌐⌄\······⌐

¡Tenlo en cuenta!

Actualmente, los fabricantes de elementos de mando utilizan elementos modulares en los que una misma cámara de contactos puede admitir diferentes tipos de cabezales de accionamiento manual (pulsador, tirador, interruptor de giro, de llave, etc.) según sean las necesidades del sistema de mando.

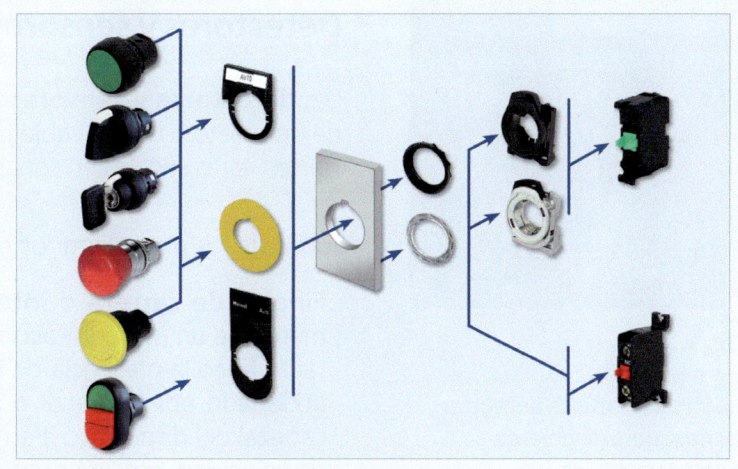

Elemento	Selector rotativo de dos circuitos y tres posiciones
Símbolo	
Aspecto	

◌ Conmutadores

Los conmutadores se utilizan para interrumpir un circuito y conectar otro. Para esto, disponen de un borne común y de dos o más posiciones para la redirección de la señal. Pueden ser:

- **Conmutador de dos posiciones**. Permite la conexión de uno u otro circuito. Según como esté situado el accionamiento, la señal se redirigirá a uno u otro, manteniéndose siempre uno en conexión y el otro interrumpido.

- **Conmutador de tres o más posiciones**. A partir del borne común permite conmutar dos o más circuitos y un estado de paro.

Elemento	Símbolo	Aspecto
Conmutador de dos circuitos y dos posiciones		
Conmutador rotativo de dos circuitos y tres posiciones		

◌ Selectores

Los selectores son similares a los interruptores y conmutadores en cuanto a funcionamiento mecánico. Se utilizan para abrir o cerrar contactos según la posición deseada. Suelen accionarse con una palanca o llave giratoria (que puede ser extraíble).

4.2.2. Elementos de mando automáticos

> Los **elementos de mando automáticos** permiten la conexión, desconexión y mando en general de instalaciones eléctricas sin intervención directa de una persona.

Los dispositivos que cumplen esta función son los *detectores* y los *sensores*. Podemos encontrar en el mercado una gran variedad de detectores y sensores, pero según su funcionamiento se clasifican en *electromecánicos* o *electrónicos*.

◌ Detectores y sensores electromecánicos

> Los **detectores y sensores electromecánicos** detectan la presencia de un objeto o una variable por contacto físico, presión o similar y convierten estas señales en señales eléctricas.

Algunos de los más utilizados en los automatismos industriales son:

- **Finales de carrera** o **interruptores de posición**. Se trata básicamente de un pulsador accionado mecánicamente al detectar por contacto físico la presencia de los objetos o piezas móviles. El pulsador es accionado por la fuerza o presión que la pieza móvil ejerce sobre el cabezal del dispositivo. Permiten la puesta en marcha, parada, cambio de velocidad, etc., de máquinas diversas.

Fig. 4.3.
Los sensores electromecánicos detectan la presencia de objetos u otras variables.

- **Detectores de presión o presostatos**. Se utilizan para detectar las alteraciones de la presión en un depósito, una tubería, etc., por encima o por debajo de un cierto nivel de referencia. Se incluyen en sistemas de control de presión para circuitos hidráulicos y neumáticos.

- **Detectores de nivel de líquidos**. Detectan si el nivel de líquidos en depósitos, piscinas, etc., está por debajo de un nivel de referencia mínimo o por encima de un nivel de referencia máximo. Se utilizan, por ejemplo, en el mando automático de estaciones de bombeo, para comprobar la altura máxima y mínima del líquido cuyo nivel se pretende controlar.

- **Detectores de temperatura o termostatos**. Son dispositivos que miden la temperatura de un recinto, depósito, etc., para detectar si excede un cierto valor, denominado *umbral*. Generalmente, se emplean en sistemas de control que permiten realizar la regulación o control de la temperatura.

¡*Tenlo* en cuenta!

Los sensores y detectores en general se identifican con la letra **–B**. Estos elementos incorporan convertidores (convierten señales digitales en analógicas y viceversa) o transductores (convierten magnitudes no eléctricas en eléctricas).

Sin embargo, aquellos en los que la variable (pieza, agua, etc.) ejerce un contacto con el elemento de mando se identifican con la letra **–S**, pues el accionamiento actúa como si fuese un pulsador.

Elemento	Símbolo	Aspecto
Final de carrera con doble cámara de contactos NA y NC	-S	
Presostato	-B $\boxed{P}$	
Detector de nivel de líquidos	-S	
Detector de temperatura	-B $\boxed{\vartheta}$	

Detectores y sensores *estáticos* o *electrónicos*

Los **detectores y sensores *estáticos*** son elementos electrónicos que generan una señal de salida ante la presencia del elemento a detectar, sin necesidad de que exista contacto físico con este elemento.

Existe una gran variedad de elementos detectores y sensores para un gran número de magnitudes físicas, pero los más utilizados en automatismos industriales son los *detectores de presencia* o *proximidad*. Estos sensores tienen como finalidad determinar la existencia o no de un objeto en un intervalo de distancia especificado.

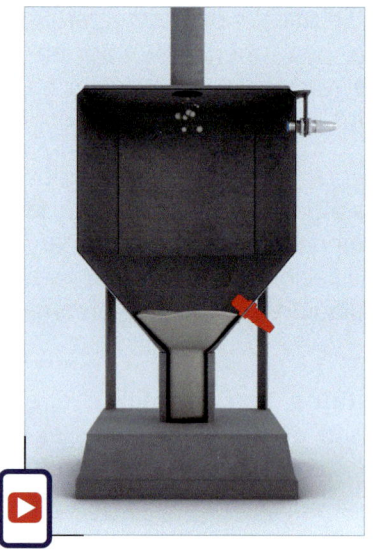

Fig. 4.4.
Los sensores estáticos detectan la presencia de objetos sin contacto físico.

En función de la tecnología empleada, los sensores pueden clasificarse en:

- **Inductivos**. Sus principales aplicaciones son la detección de metales y también la discriminación de metales. Para ello se crea un campo electromagnético cuya intensidad varía en presencia de un objeto. Esta variación es máxima cuando se trata de objetos metálicos. Asimismo, se pueden ajustar para discriminar el tipo de metal.

- **Capacitivos**. Se emplean generalmente para detectar cualquier tipo de material en las proximidades del sensor. Ello se consigue midiendo las variaciones en un campo eléctrico creado exprofeso, cada vez que un objeto se acerca a él.

- **Magnéticos**. Se aplican principalmente para medir velocidad de ejes o en la sincronización de mecanismos. Se basan en la conexión o desconexión de circuitos eléctricos mediante la detección mecánica o electrónica de la presencia de un campo magnético.

- **Fotoeléctricos**. Son elementos que permiten detectar la existencia o la ausencia de luz en un recinto. También se usan para detectar la presencia o el movimiento de objetos o personas al cortar un haz luminoso. Son muy habituales en sistemas de seguridad y alarmas, apertura y cierre automáticos de puertas de garajes, comercios, etc. En la industria se emplean para la detección de objetos a distancias mucho mayores que las que permiten los sensores capacitivos o inductivos.

- **Ultrasónicos**. Utilizan las propiedades físicas del sonido y permiten detectar cualquier tipo de objeto y medir distancias con mucha exactitud. Consisten en un sistema piezoeléctrico que genera pulsos ultrasónicos que rebotan. El rebote de la señal es aprovechado para determinar la presencia de objetos y calcular la distancia a la que se encuentran.

Elemento	Símbolo	Aspecto
Detector inductivo		
Detector capacitivo		
Detector magnético		
Detector fotoeléctrico		
Detector de ultrasonidos		

4.2.3. **Reguladores o controladores**

Regulador
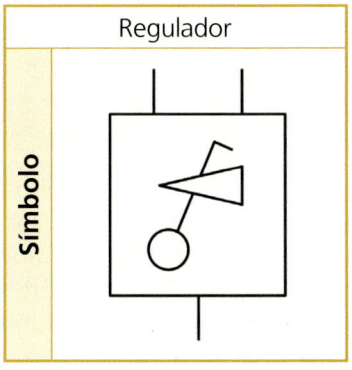

Símbolo

Los **reguladores** o **controladores** son elementos que permiten que la variable que se desea controlar (velocidad de una máquina eléctrica, posición del eje de un motor, temperatura de un recinto, etc.) permanezca siempre entre ciertos valores admisibles preestablecidos, sin intervención directa de un operador humano.

Por tanto, un regulador sustituye en muchísimas ocasiones a una persona en tareas complejas de control y regulación de instalaciones industriales y domésticas. Según como ejercen su función los reguladores, podemos clasificarlos de la manera siguiente:

- **Controladores de temperatura**. Son dispositivos que detectan la temperatura de un sistema y generan consignas para aumentarla o disminuirla, según lo preestablecido, mediante actuadores.

- **Controladores PID** (proporcional integral derivativo). Es un dispositivo de control por realimentación que permite mantener una variable a un determinado valor de referencia. Es un mecanismo muy utilizado en sistemas de control industrial.

- **Controladores de velocidad de máquinas eléctricas**. Como su nombre indica, permiten el control de la velocidad de giro y la posición de los ejes para motores eléctricos, tanto de CC como de CA.

- **Controladores secuenciales**. Son mecanismos que controlan las secuencias de acciones que componen un proceso industrial. Pueden utilizarse dispositivos como contactores, relés o temporizadores, pero son especialmente empleados con autómatas programables.

Fig. 4.5.
Proceso controlado por un sistema de lazo cerrado.

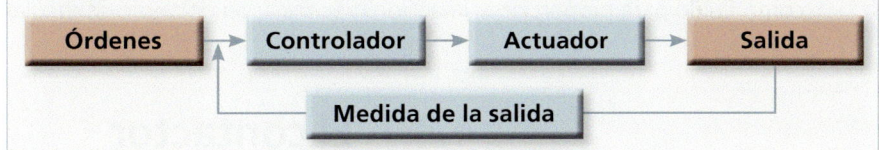

Actividades

3. Explica las principales diferencias entre pulsadores, interruptores y conmutadores.

4. Busca en páginas web de empresas fabricantes o distribuidoras de materiales eléctricos, diferentes referencias de interruptores y pulsadores industriales.

5. Explica en qué consiste un pulsador de doble cámara e indica una aplicación industrial para la que pueda utilizarse.

6. Indica las características de un pulsador de paro de emergencia.

7. Explica para qué sirve un selector. Pon un ejemplo.

8. Busca en catálogos de empresas fabricantes o distribuidoras tres modelos de finales de carrera. Indica las partes de las que se componen y el tipo de contacto que incorporan.

9. Enumera los distintos tipos de detectores de proximidad e indica las diferencias entre ellos.

10. Describe diferentes dispositivos fotoeléctricos, así como sus aplicaciones en la industria.

11. Indica algunas aplicaciones de los reguladores o controladores en los procesos industriales.

4.3. Actuadores

Los **actuadores** son los dispositivos que ejecutan el trabajo según las órdenes del sistema de control.

Los sistemas de control de procesos industriales corresponden a circuitos eléctricos o electrónicos de baja potencia que no pueden proporcionar los niveles elevados de energía que necesitan las máquinas y los motores para su funcionamiento. En automatismos eléctricos cableados, los actuadores más habituales son los *contactores*, aunque también cumplen esta función los *relés de mando* y los *relés temporizadores*. (DOC. 4.2)

Documento *4.2*

Otros actuadores

Existen otros actuadores, muchos de los cuales trataremos con detalle en unidades posteriores:

- **Solenoides o electroimanes**. Son dispositivos basados en una bobina que, mediante la generación de un campo magnético, permiten transformar energía eléctrica en energía mecánica. Se utilizan para efectuar pequeños movimientos o desplazamientos, giros de piezas, etc. (por ejemplo, en porteros electrónicos para la abertura automática de puertas).

- **Electroválvulas**. Una electroválvula es un elemento que incorpora un conjunto de un electroimán y una válvula mecánica. Dicho conjunto, que se acciona mediante un controlador eléctrico o electrónico, permite o impide el paso de un fluido o un árido. Son muy utilizadas en la automatización industrial, por ejemplo, en la industria química para control de procesos en los que intervienen líquidos o gases, en jardinería para control de riego, etc. En automatismos electroneumáticos y electrohidráulicos, actúan como los relés contactores en los sistemas eléctricos.

- **Actuadores electrohidráulicos**. Ofrecen en su salida acciones mecánicas (fuerza, par, posición, velocidad, etc.) a partir de una consigna eléctrica. Emplean un fluido (aceite o agua, generalmente) para proporcionar la acción de control, obteniendo fuerzas y pares de fuerza de gran potencia.

- **Actuadores electroneumáticos**. Parecidos a los actuadores electrohidráulicos, utilizan el aire a presión como fluido para proporcionar la acción mecánica. Su gobierno es mediante consignas eléctricas.

4.3.1. El contactor

Un **contactor** es un dispositivo electromagnético o electromecánico utilizado para el control de cargas de elevada potencia.

Normalmente, en el ámbito industrial el receptor más habitual de la corriente de alimentación que controla un contactor es un motor eléctrico, pero también puede ser empleado para el control de circuitos de resistencias, de iluminación, etc.

Estructura del contactor

Está formado por un electroimán y dos grupos de contactos, unos principales y otros auxiliares:

- El **electroimán**. Es el elemento accionador. Está formado por:
  - Una **bobina** de control o mando, que activa el circuito magnético cuando recibe la tensión de trabajo.
  - Un **circuito magnético** formado por dos estructuras de chapa laminada que en reposo se encuentran aisladas entre sí: el **núcleo** o **culata**, que ocupa una posición fija y alberga la bobina y el **martillo**, armadura móvil relacionada con los contactos móviles del dispositivo.

Fig. 4.6.
Contactor.

¡*Tenlo* en cuenta!

Existen en el mercado contactores que no tienen contactos principales o de potencia y que reciben el nombre de **contactores auxiliares** o de mando. Disponen únicamente de contactos auxiliares, que pueden ser de tipo NA o NC, y se utilizan para operaciones de maniobra.

◉ Los **contactos principales** o **de potencia**. Están formados por láminas ferromagnéticas que pueden soportar grandes corrientes. Se encargan de cerrar el circuito de potencia, por lo que suelen ser contactos de tipo abierto (NA). Se componen de una parte fija y otra móvil:

- La parte fija recibe las conexiones de alimentación en la entrada y la conexión con el actuador eléctrico en la salida.
- La parte móvil se desplaza por el movimiento del martillo y provoca el cierre o apertura del circuito según la bobina se encuentre excitada o en reposo.

◉ Los **contactos auxiliares** o **de maniobra**. También están formados por láminas ferromagnéticas, pero el paso de corriente que deben soportar es mucho menor que en el caso de los de potencia, pues su función es abrir o cerrar circuitos de mando o control.

Pueden ser de tipo abierto (NA) o de tipo cerrado (NC). En caso necesario, se pueden acoplar más contactos auxiliares en el mismo contactor mediante dispositivos de conexión rápida.

Fig. 4.7.
Estructura de un contactor.

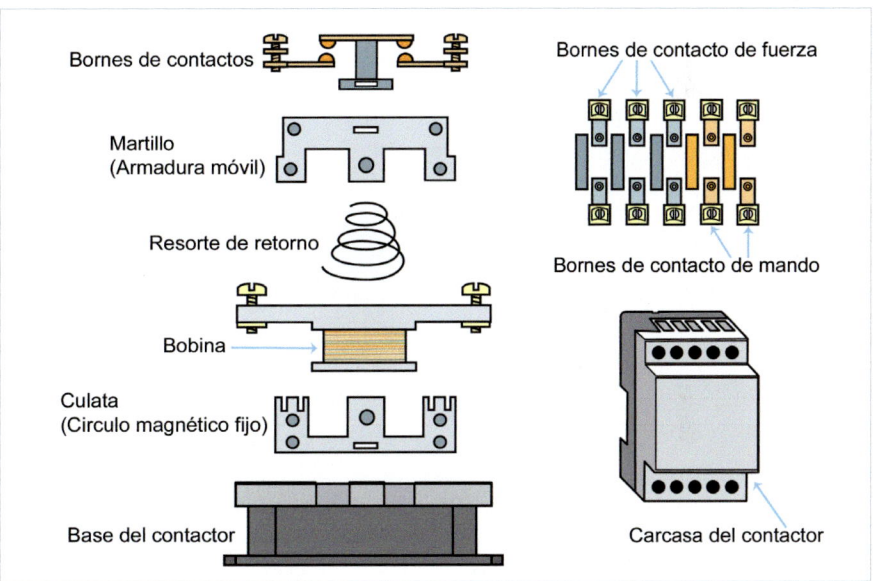

¡*Tenlo* en cuenta!

Simbología del contactor

Recuerda los elementos que forman la simbología del contactor:

- La letra que identifica contactores y relés es la **–K**.
- Los contactos principales (identificables porque solo tienen una cifra).
- Los contactos auxiliares (identificables porque tienen dos cifras).
- El electroimán, cuyos bornes de conexión se identifican como A1 y A2.

Para facilitar su interpretación, hay que tener en cuenta que el accionamiento y los contactos auxiliares forman parte del circuito de mando; y los contactos principales, del circuito de potencia.

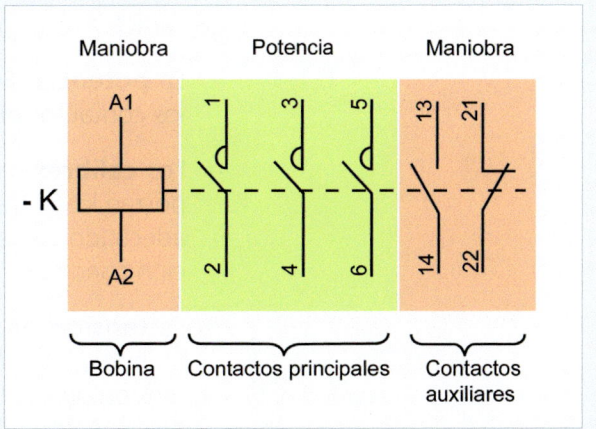

Estructura compuesta por tres contactos principales del tipo NA y dos contactos auxiliares, uno NA y uno NC.

∷ Funcionamiento del contactor

El funcionamiento es relativamente simple:

1. Al aplicar una tensión de trabajo a la bobina de mando, circula a través de ella una corriente que crea un campo magnético en su interior. Este campo atrae la armadura móvil o martillo hacia el núcleo.

2. Dado que la armadura está unida mecánicamente a los contactos, cuando esta se desplaza hacia el núcleo se produce:

- El cierre de los contactos de potencia.
- El cierre o apertura de los contactos auxiliares, según sean estos de tipo abierto (NA) o de tipo cerrado (NC), respectivamente.

La posición de conexión se mantendrá mientras haya corriente circulando por la bobina. Cuando la tensión desaparezca, la armadura volverá a su posición inicial a causa de la fuerza antagónica ejercida por un *muelle* o *resorte*.

En síntesis, el funcionamiento del contactor se basa en la conexión o desconexión de láminas metálicas, en función de si la bobina de mando está conectada a tensión o no.

Fig. 4.8.
Funcionamiento de un contactor.

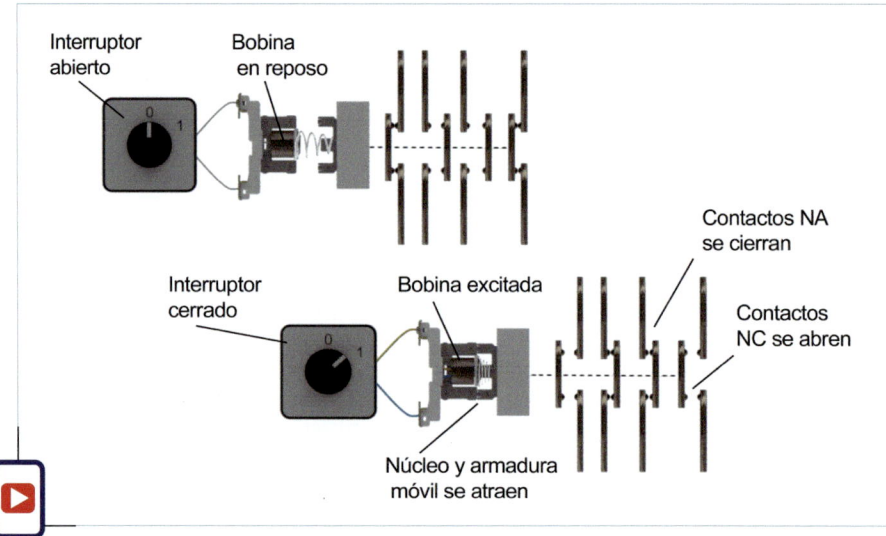

∷ Características técnicas del contactor

Las características principales que definen un contactor son:

- La **potencia**. Es la corriente efectiva de servicio que deben soportar los contactos principales.

- Los **calibres**. Hacen referencia a la intensidad de corriente que soportan los contactos principales y los auxiliares. La elección del calibre adecuado depende directamente de las características de su aplicación concreta.

- La **tensión de trabajo** asignada y el **tipo de corriente** (CC o CA). En la mayoría de los modelos comerciales, la bobina se alimenta con tensión de red (230 V-50 Hz), pero también se fabrican con tensiones de 12 V, 24 V, 48 V, etc., tanto para corriente alterna como continua.

- **Número de polos de los contactos principales** o de potencia. Pueden ser bipolares, tripolares o tetrapolares.

○ **Número de contactos auxiliares**. A los contactores se les asigna un **número característico**, que nos indica de cuántos contactos auxiliares de apertura (NC) y cierre (NA) disponen.

- Si un contactor no tiene contactos conmutados, el número tiene dos cifras: las decenas indican el número de contactos de cierre (contactos NA) y las unidades indican el número de contactos de apertura (contactos NC).

- Si tiene contactos conmutados, el número característico tiene tres cifras. Las unidades indican en este caso el número de contactos conmutados.

Otras características que facilitan los fabricantes y que deben ser consideradas son las relacionadas con las **condiciones de trabajo**, tales como el número de maniobras por hora, cortes en vacío o en carga, temperatura de utilización, longevidad, etc.

Fig. 4.9.
Estructura de un contactor tripolar de número característico 22.

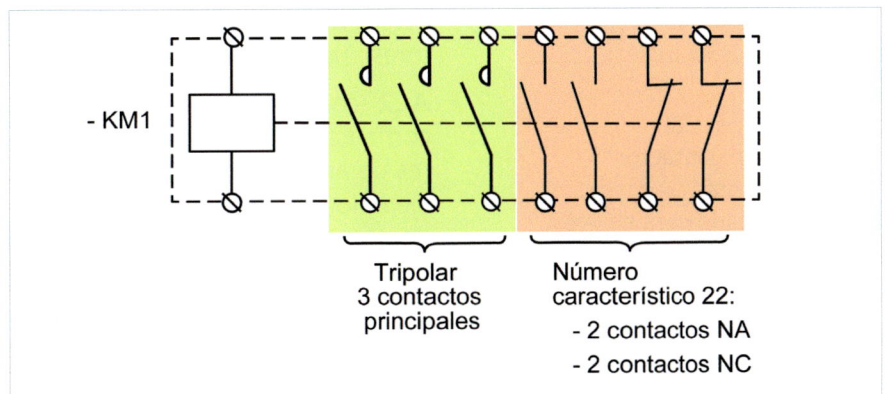

Ejemplo 4.1

Indica el número de contactos principales y auxiliares de cada uno de los siguientes dispositivos: a) Un contactor bipolar de número característico 20. b) Un contactor tripolar de número característico 22. c) Un contactor tetrapolar de número característico 53.

Solución
a) Al ser bipolar, dispone de dos contactos principales. El número característico 20 indica que dispone de dos contactos auxiliares de cierre (NA) y ninguno de apertura (NC).

b) Al ser tripolar, dispone de tres contactos principales. El número característico 22 indica que dispone de dos contactos auxiliares de cierre (NA) y dos de apertura (NC).

c) Al ser tetrapolar, dispone de cuatro contactos principales. El número característico 53 indica que dispone de cinco contactos auxiliares de cierre (NA) y tres de apertura (NC).

Ejemplo 4.2

Indica el número característico de un pulsador NA, un conmutador y un pulsador marcha-paro (tiene dos contactos, 1 NA + 1 NC) y de un contactor auxiliar con cuatro contactos NA.

Solución
- Un pulsador NA tiene un número característico: 10.
- Un conmutador tiene un número característico: 001.
- Un pulsador marcha-paro tiene un número característico: 11.
- Un contactor auxiliar de cuatro contactos NA tiene un número característico: 40

⁞ Categoría de operación del contactor

Las aplicaciones indicadas para un contactor dependen de la denominada *categoría de operación* o *de servicio* para la que se ha previsto.

> La **categoría de operación** de un contactor se define por las condiciones de utilización normalizadas, que corresponden a una aplicación industrial real, con la finalidad de facilitar su elección.

La categoría viene indicada en la carcasa del dispositivo y especifica para qué tipo de cargas es adecuado. Existe una categorización para alterna y otra para continua (norma CEI 60947-4):

- Las cuatro categorías más habituales en corriente alterna son las siguientes:

  - **AC1** (condiciones de servicio ligeras). Indicados para el control de cargas no inductivas o con poco efecto inductivo (excluidos los motores); por ejemplo, para las calefacciones eléctricas.

  - **AC2** (condiciones de servicio normales). Adecuados para usos en corriente alterna y para el arranque e inversión de marcha de motores de anillos, así como en aplicaciones como centrifugadoras, por ejemplo.

  - **AC3** (condiciones de servicio difíciles). Apropiados para arranques largos o a plena carga de motores asíncronos de jaula de ardilla (compresores, grandes ventiladores, aires acondicionados, etc.) y frenados por contracorriente.

  - **AC4** (condiciones de servicio extremas). Indicados en motores asíncronos para grúas, ascensores, etc., y maniobras por impulsos, frenado por contracorriente e inversión de marcha.

  Por *maniobras por impulsos* debemos entender aquellas que consisten en uno o varios cierres cortos y frecuentes del circuito del motor mediante los cuales se obtienen pequeños desplazamientos.

- Los contactores con indicación de categoría DC-1, DC-2, DC-3, DC-4 y DC-5 están destinados al accionamiento de cargas en corriente continua:

  - **DC-1** corresponde al uso con cargas no inductivas o poco inductivas.

  - **DC-2** y **DC-3,** al accionamiento de motores *shunt*.

  - **DC-4** y **DC-5,** al accionamiento de motores serie.

¡Tenlo *en cuenta!*

Cualquier dispositivo eléctrico debe cumplir las normativas aceptadas internacionalmente en cuanto a su diseño, clasificación, comportamiento, etc. Las de uso más generalizado son las emitidas por la Comisión Eléctrica Internacional, CEI (o IEC en sus siglas en inglés).

Así, según la norma internacional CEI 60947-4, un contactor correctamente dimensionado para su actuación, ha de poder realizar un mínimo de un millón de maniobras (apertura más el cierre de un contacto) sin destruirse.

La familia de normas CEI 947 las emplearemos con frecuencia en automatismos industriales (cableados y programables).

Ejemplo 4.3

Una cinta transportadora está funcionando de manera continua en una cadena de producción. Esta cinta la mueve un motor asíncrono trifásico con una potencia de 10 kW. ¿Podemos utilizar un contactor de categoría AC1 para la conexión de este motor?

Solución

No. La categoría AC1 es adecuada para cargas no inductivas o poco inductivas. Nunca para motores.

Una categoría de contactor apropiada a priori sería la AC3.

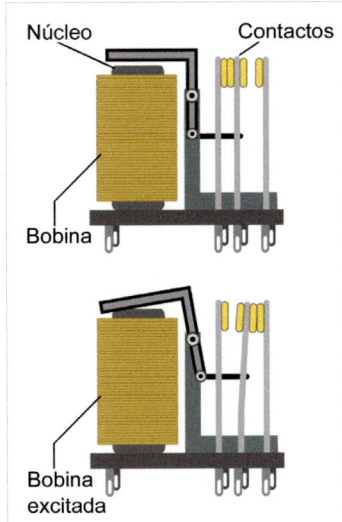

Fig. 4.10.
Estructura de un
relé de mando.

4.3.2. Relé de mando

Otro elemento básico que podemos encontrar en cualquier sistema de automatización es el *relé de mando*.

> El **relé de mando** es un dispositivo que abre y cierra contactos eléctricos en un circuito de una cierta potencia bajo el control de un circuito de pequeña potencia independiente del anterior.

Su estructura y su funcionamiento son muy similares a las del contactor: está formado por una bobina y un conjunto de contactos, de manera que cuando circula corriente por la bobina se cierra el circuito electromagnético, el martillo se desplaza al yunque y con él se mueven los contactos del relé.

Sin embargo, sus principales diferencias respecto a los contactores son las siguientes:

- Suelen operar con cargas menores (< 1 kW).

- Se pueden alimentar con corriente continua.

- Disponen únicamente de un solo tipo de contactos.

Los relés satisfacen diferentes exigencias, entre las que hay que destacar:

- Bajo coste y bajo o nulo mantenimiento.

- Frecuencia de conmutación elevada.

- Conexión para pequeñas tensiones y para pequeñas corrientes. Elevado número de maniobras sin pérdida de prestaciones.

- Bajo consumo de la bobina de mando.

- Fácil control.

¡*Tenlo* en cuenta!

La simbología de los relés de mando es muy similar a la de los contactores. Los contactos del relé se señalizan como los contactos auxiliares de los contactores.

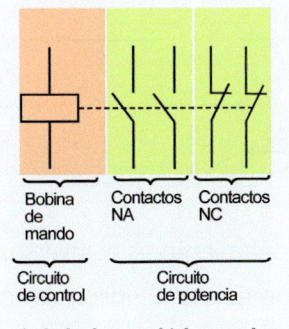

Símbolo de un relé de mando controlando dos contactos de tipo NA y dos de tipo NC.

Tabla 4.1. Simbología de relés eléctricos (Norma IEC 1082-1)			
Dispositivo de mando electromagnético		Relé de acción electromagnética	
Relé con dos devanados separados		Relé de intensidad máxima	$I >$
Relé de conexión lenta		Relé de tensión máxima	$U >$
Relé de desconexión lenta		Relé de intensidad diferencial	$I_d >$
Relé de acción térmica		Relé de enclavamiento mecánico	

¡*Tenlo* en cuenta!

Algunos relés también se emplean habitualmente como elementos de protección. Los trataremos más adelante en el apartado de elementos de protección.

4.3.3. Relés temporizadores

En muchos automatismos es necesario introducir retardos entre las diferentes maniobras que se deben realizar. Para esta función se usan los *relés temporizadores*, conocidos también como *relés de retardo*.

> Los **relés temporizadores**, o simplemente temporizadores, son dispositivos asociados al circuito de mando que permiten ajustar los tiempos de conexión, desconexión o conmutación del circuito.

Su estructura está formada por un electroimán y varios contactos auxiliares, ya sean NA o NC.

El tiempo de actuación dependerá del modelo, pero existen diferentes opciones de temporizadores para ajustar la activación desde segundos hasta horas.

Atendiendo a las características de su funcionamiento, disponemos de varios tipos de temporizadores:

Fig. 4.11.
Relé temporizador.

- **Temporizador a la conexión**. Actúa de la manera siguiente:
  - Retarda la conmutación de los contactos (abre el contacto cerrado y cierra el abierto) cuando se alimenta el temporizador.
  - Cuando transcurre el período de retardo, se produce la conmutación de los contactos. Estos vuelven a su estado de reposo de manera inmediata cuando cesa la alimentación.

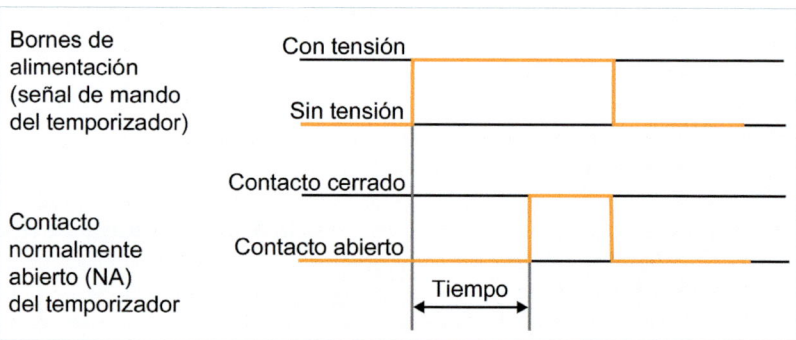

- **Temporizador a la desconexión**. El funcionamiento es el inverso:
  - Los contactos se conmutan de manera inmediata al aplicar la tensión a los bornes de alimentación.
  - Se retarda la vuelta a la posición de reposo cuando cesa la alimentación, transcurrido el tiempo de retardo.

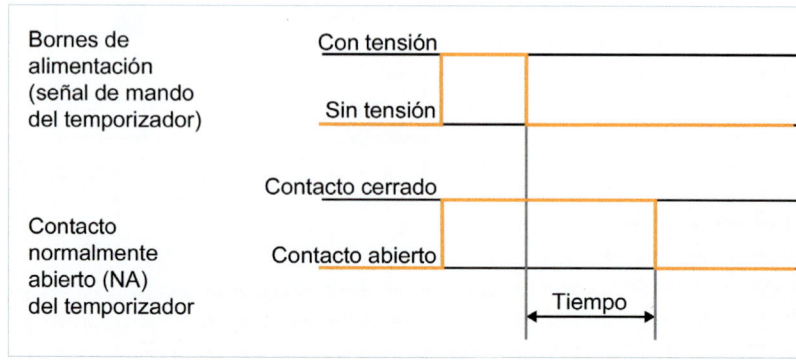

Temporizador a la conexión-desconexión. Se llevan a cabo las dos condiciones anteriores: se retarda la conmutación de los contactos con la alimentación y también se retarda la vuelta a la posición de reposo cuando la alimentación cesa.

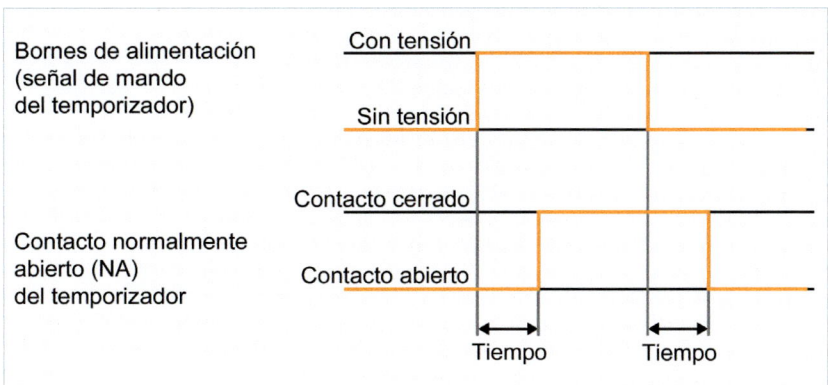

Los relés temporizadores son de gran interés en instalaciones automáticas de lógica cableada, porque permiten una gran flexibilidad en los automatismos frente a los relés de mando convencionales.

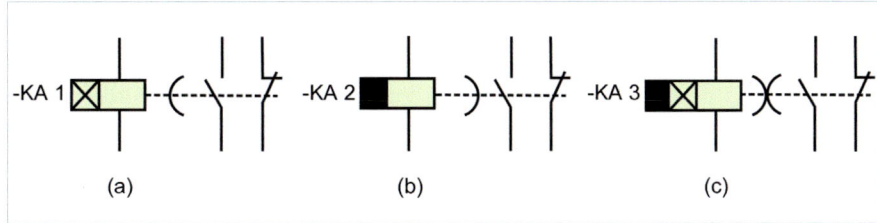

Fig. 4.12.
Símbolos para relés temporizadores: a la conexión (a); a la desconexión (b); a la conexión y desconexión (c).

___

¡*Tenlo* en cuenta!

Estos símbolos te ayudarán interpretar los temporizadores:

Contacto de cierre retardado respecto del dispositivo accionador	-KT NA NC
Contacto de apertura retardada respecto del dispositivo accionador	-KT NA NC
Contacto de cierre y apertura retardada respecto del dispositivo accionador	-KT NA NC

Actividades

12. Sobre el contactor:

   a) Indica para qué aplicaciones se utiliza.

   b) Describe su estructura y funcionamiento.

   c) ¿Cómo se identifican los contactos principales?

   d) ¿Qué indica el número característico?

13. Señala el número de contactos principales y auxiliares de cada uno de los siguientes contactores:

   a) Un contactor tripolar de número característico 41.

   b) Un contactor auxiliar de número característico 32.

   c) Un contactor de cuatro polos de número característico 41.

14. Indica el número característico de los siguientes elementos:

   a) Un final de carrera con dos contactos, 1 NA + 1 NC.

   b) Un contactor auxiliar con seis contactos (4 NA + 2 NC).

   c) Un auxiliar de mando con un contacto conmutado.

15. Respecto a las categorías de operación de un contactor:

   a) ¿A qué se refieren?

   b) ¿Qué categorías existen para contactores de corriente alterna? ¿Son las mismas que para contactores de corriente continua?

   c) ¿Qué tipo de categoría deberá tener el contactor que actúa sobre un motor asíncrono (rotor en cortocircuito) de una grúa?

   d) ¿Qué tipo de categoría tiene que tener un contactor que debe conectar un calentador eléctrico trifásico de 3 kW a la red eléctrica (230 V-50 Hz)?

16. Explica las diferencias en cuanto a estructura, funcionamiento y aplicaciones entre un relé de mando y un contactor.

17. Dibuja e interpreta los esquemas de funcionamiento de un temporizador a la conexión y un temporizador a la desconexión. Interpreta también la simbología de ambos dispositivos.

18. Busca estas referencias en el catálogo digital de Hager:

   a) Indica de qué tipo de dispositivos se trata.

   b) Describe sus características técnicas.

   c) Dibuja su simbología.

   d) Señala algunas de sus aplicaciones.

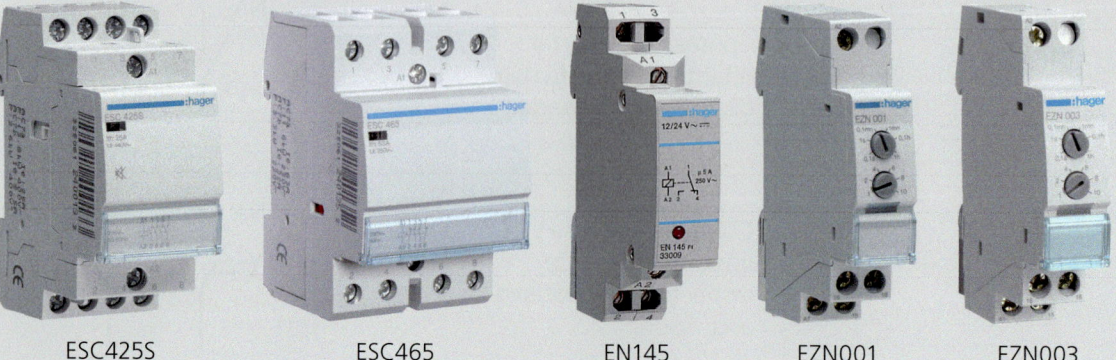

    ESC425S   ESC465   EN145   EZN001   EZN003

4.4. Elementos de señalización

Para saber si el funcionamiento de un automatismo es el correcto (si un contactor está en posición de trabajo, si una alarma ha saltado, si hay una avería, etc.), es conveniente disponer de *elementos de señalización.*

> Los **elementos de señalización** se utilizan para indicar a las personas el estado en que se encuentran los elementos de mando y control de una instalación o máquina eléctrica.

Aunque su aspecto externo admita multitud de formas y tamaños, los elementos de señalización empleados pueden ser clasificados en *señalizaciones luminosas y ópticas* y en *señalizaciones acústicas.*

4.4.1. Señalizaciones luminosas y ópticas

La señalización que nos informa mediante colores y que apreciamos visualmente puede ser luminosa u óptica.

Señalización luminosa

> La **señalización luminosa** consiste en el alumbrado suministrado por pilotos y lámparas de cuadro, colocadas en los paneles frontales de armarios y cuadros eléctricos.

Emiten una luz cuyo color cambia en función de la información que deben proporcionar. Los colores más empleados son los siguientes:

- El **color verde** (seguridad) informa sobre el funcionamiento correcto y seguro de la máquina.

- El **color amarillo** o **naranja** (precaución) indica condiciones anormales en el funcionamiento de máquinas e instalaciones.

- El **color rojo** (peligro) significa alarma y advierte de un posible peligro.

- El **color blanco** (información general) indica la conexión de la máquina o circuitos a la tensión nominal de servicio.

Debido al bajo consumo y a las reducidas dimensiones de los diodos electroluminiscentes o diodos LED, actualmente las lámparas piloto que mayoritariamente se usan en la señalización de instalaciones son de este tipo.

Un tipo de señalización luminosa que se utiliza para que pueda visualizarse a largas distancias o a plena luz del día son las **balizas** y las **columnas de señalización**. Se trata de columnas que en dos o más niveles reparten las diferentes señales luminosas con un pie de fijación y con colores distintos.

Suelen instalarse en la parte superior de la maquinaria y existen de diferentes diámetros según el tamaño de la máquina y las dimensiones y la visibilidad de la instalación. También pueden tener luces giratorias y emitir señales acústicas.

Fig. 4.13.
Balizas de señalización.

:: Señalización óptica

La **señalización óptica** se efectúa mediante etiquetas, placas plásticas o metálicas y adhesivos de diferentes colores (generalmente llamativos).

Suelen colocarse alrededor o encima de elementos de mando (pulsadores, interruptores, selectores, etc.) para indicar su función.

Elemento	Símbolo	Aspecto
Señalización luminosa	-H ⊗	
Diodo LED	-K	
Pulsador con señalización luminosa	-S E--⊗--	

:: 4.4.2. Señalizaciones acústicas

La **señalización acústica** activa ruidos de alerta a través de dispositivos tales como timbres, sirenas, bocinas, zumbadores, etc.

Se usa generalmente para señalizar situaciones anómalas, disparos de protecciones o de fallos en el funcionamiento del automatismo que precisan la actuación inmediata de una persona operaria.

Elemento	Símbolo	Aspecto
Bocina	-H	
Timbre	-H	
Sirena	-H	
Zumbador	-H	

¡Tenlo en cuenta!

Los dispositivos de señalización se identifican con la letra **–H** seguida del número de orden.

Los bornes de los elementos señalizadores luminosos van acompañados de las referencias X1 y X2, mientras que los acústicos lo hacen de 1 y 2.

Actividades

19. Busca información sobre tres tipos de señalizadores luminosos e indica su tensión de alimentación y su consumo.

4.5. Elementos de protección

Para garantizar la seguridad de las instalaciones y las personas, los automatismos industriales deben estar equipados con elementos de protección.

> Los **elementos de protección** son dispositivos eléctricos encargados de detectar las anomalías que se puedan producir en las instalaciones y actuar en consecuencia, minimizando los efectos que estas pueden causar. (DOC. 4.3)

En general, las protecciones eléctricas actúan cortando inmediatamente la corriente ante la aparición de anomalías, pero también pueden permitir un cierto retardo en situaciones que lo requieran. Los dispositivos automáticos más habituales de protección eléctrica en instalaciones industriales son los *fusibles*, los *interruptores electromagnéticos*, los *relés* térmicos, los *interruptores diferenciales* y los *limitadores de sobretensiones*.

¡*Tenlo* en cuenta!

Para asegurar la correcta actuación de estas protecciones, disminuir o eliminar el riesgo que supone una avería y limitar la diferencia de tensión que respecto a tierra se pueda presentar en las masas eléctricas, es imprescindible la existencia de las **instalaciones de puesta a tierra**.

Documento 4.3

Anomalías de las instalaciones eléctricas

Los cuatro tipos de incidentes más típicos que pueden causar problemas en una instalación son los siguientes:

- **Sobreintensidades**. Se producen cuando, a través de un conductor, circula una corriente eléctrica excepcionalmente más alta que la corriente para la que está preparado. Las sobreintensidades pueden estar motivadas por:
  - **Sobrecargas**. Ocurren por un exceso de demanda de corriente, por ejemplo, por un consumo excesivo de las cargas conectadas al elemento generador, por la conexión de un elevado número de cargas en un generador o por una avería. La duración de la sobrecarga puede variar desde unos pocos segundos hasta horas e incluso días. Las sobrecargas de corta duración (arranque de motores, conexión de instalaciones de alumbrado, etc.) se consideran admisibles, por lo que no es necesario eliminarlas.
  - **Cortocircuitos**. Son consecuencia de un contacto accidental entre dos puntos de diferente potencial en una instalación. Generalmente se producen por accidentes, descuidos o averías. La duración de un cortocircuito puede variar desde unos pocos milisegundos hasta 1 segundo. En un cortocircuito, el valor de la corriente puede alcanzar hasta miles de veces la corriente asignada al circuito, lo cual puede producir graves daños en los generadores, arcos y chispazos que pueden provocar incendios.
- **Defectos de aislamiento**. Se originan por la unión entre partes conductoras no activas o masas (carcasas o cajas de aparatos eléctricos, armarios y cuadros eléctricos, etc.) con partes conductoras activas (cables o conexiones) sometidas a tensiones nominales. Es necesario tomar las medidas de protección y de seguridad oportunas en los circuitos para evitar que se produzcan daños importantes en las instalaciones y, especialmente, en las personas.
- **Sobretensiones**. Son aumentos en la tensión o voltaje de una línea por encima del valor que soporta, que pueden llegar a perjudicar gravemente las cajas de distribución o las cargas conectadas a la misma. Según sea el valor que adquieren y el periodo de tiempo en el que ocurren, pueden considerarse:
  - **Transitorias**. Son picos de tensión muy elevados y de muy corta duración (microsegundos). Normalmente se producen por descargas eléctricas atmosféricas (caída de rayos), conmutaciones de líneas o por maniobras en la red (conexión de motores).
  - **Permanentes** (también denominadas *temporales* o a *frecuencia industrial*). Son incrementos de tensión superiores al 10 % de la tensión nominal con una duración mayor a un segundo. La causa principal es debida a la desconexión o rotura del neutro.

Elemento	Símbolo
Unipolar	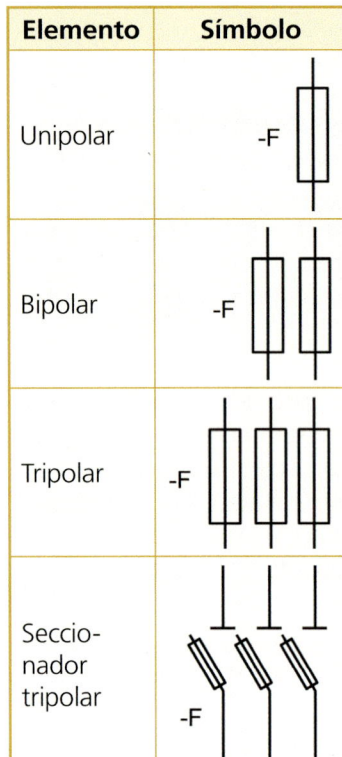 -F
Bipolar	-F
Tripolar	-F
Seccionador tripolar	-F

¡*Tenlo* en *cuenta*!

Los fusibles son dispositivos de protección que se identifican con la letra –F en los esquemas de automatismos.

4.5.1. Los fusibles

> Los **fusibles** son dispositivos que tienen la función de cortar sobreintensidades no admisibles y cortocircuitos.

Están formados por unos hilos o láminas de cobre o plomo (elemento de fusión), recubiertos de material de relleno y protegidos por cápsulas aislantes de vidrio, plástico o cerámica.

Un fusible actúa cuando la corriente que lo atraviesa supera un valor dado, dentro de unos límites de tiempo. Esta sobrecarga funde el elemento de fusión, abriendo el circuito y cortando la corriente. El material de relleno absorbe la energía de arco que causa dicha fusión y disipa el calor generado.

Los fusibles no pueden volver a usarse una vez que se han fundido. Esto obliga a identificar y corregir las causas del defecto antes de instalar un fusible nuevo y volver a conectar el circuito.

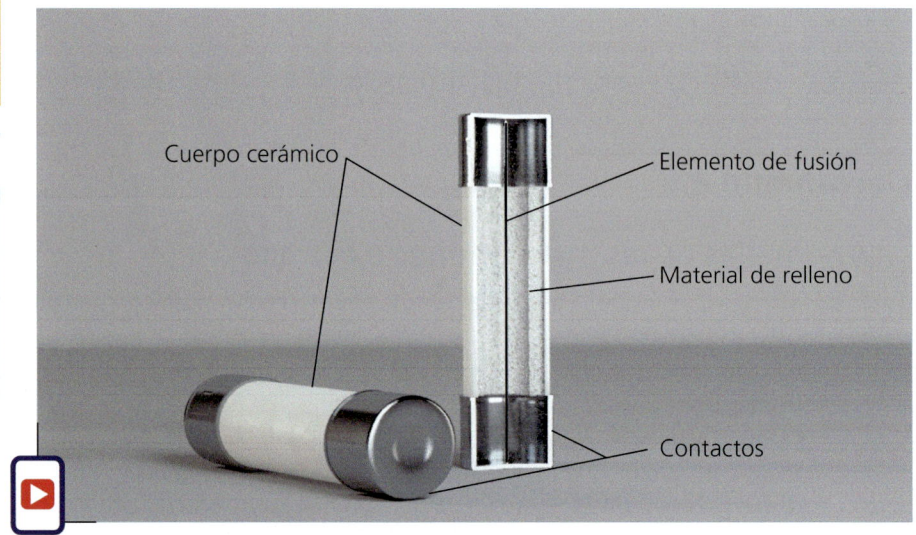

Cuerpo cerámico — Elemento de fusión — Material de relleno — Contactos

Fig. 4.14. Los fusibles actúan frente a sobreintensidades no admisibles y cortocircuitos.

Características técnicas

Un fusible viene definido por una serie de características técnicas que conviene saber manejar:

- La **tensión asignada (U_n)**. Es el valor máximo de tensión para el cual el fusible está diseñado. En la elección del fusible, la tensión asignada debe ser igual o mayor que la tensión nominal de la aplicación.

- La **intensidad nominal o calibre (I_n)**. Es el valor de la corriente que el cartucho fusible es capaz de soportar de manera continuada, sin deteriorarse y sin sobrecalentarse. En la elección del fusible la corriente asignada debe ser igual o mayor que la intensidad nominal de la aplicación.

- El **poder de corte (I_1)**. Es el valor máximo de corriente que un fusible es capaz de interrumpir. Ha de ser igual o mayor que la intensidad de cortocircuito prevista en el circuito de la aplicación.

Documento 4.4

Curvas características de fusión

Los fabricantes de fusibles proporcionan unas gráficas características en las que se representa el tiempo que tardaría en fundirse el fusible en función de la corriente prevista.

Esta gráfica nos permite conocer el tiempo que tardará en fundir un fusible tipo gG de una I_n = 10 A cuando el circuito soporte una corriente de I = 20 A:

- En el eje de abscisas buscamos la corriente I = 20 A (punto A) y con una línea perpendicular a este eje hay que encontrar la curva del fusible de I_n = 10 A (punto B).

- Después trazamos una línea hasta el eje de ordenadas, donde obtendremos el tiempo de prearco (punto C), t_p = 200 s.

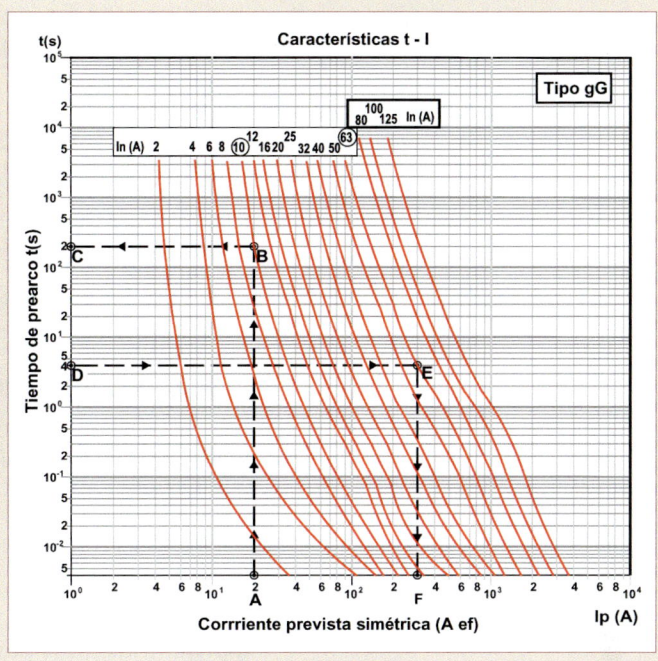

Característica t/I de un fusible tipo gG.

:: Tipos de fusibles

Los fusibles se pueden clasificar según su *forma constructiva* y según la *función de protección* que cumplen.

: Fusibles según su forma constructiva

Por su forma constructiva, se diferencian básicamente tres tipos de fusibles:

- **Cilíndricos**. Están construidos con tubo cerámico de alta resistencia a la presión interna y a los choques térmicos, lo que permite un alto poder de corte en un reducido espacio. Se alojan en bases portafusibles específicas para su tamaño.

  Protegen circuitos de baja o media potencia, pues su intensidad asignada puede variar entre 0,5 A y 125 A y su poder de corte va desde 10 kA hasta 100 kA.

- **De rosca**. Se identifican por su forma de botella. Se diferencian dos tipos: el *tipo D* y el *tipo DO*, con distintas intensidades y tensiones. Para evitar confusiones, los portafusibles de este tipo no admiten fusibles diferentes.

  También están destinados a la protección de circuitos de potencias baja y media, siendo su calibre y poder de corte similares a los anteriores.

- **De cuchilla** o **NH**. Son fusibles de alta capacidad de ruptura y baja tensión destinados a la protección de circuitos de alta potencia.

  Se fabrican en siete tamaños: 00, 0, 1, 2, 3, 4 y 4A, con diferentes corrientes nominales (entre 50 A y 1.250 A) y poder de corte de 120 kA. Para extraer y reponer este tipo de fusibles de forma segura es necesaria una manija extractora. Los fusibles de cuchilla, además, pueden llevar indicadores de fusión y dispositivos de seguridad adicionales.

Fig. 4.15.
Tipos constructivos de fusibles.

Fusibles de rosca

Fusible cilíndrico

Fusible de cuchilla

Fusibles según la función de protección

Los fusibles, atendiendo a sus características propias y al receptor que deben proteger, se clasifican en categorías y clases de servicio mediante un código de letras:

- La **primera letra** indica el tipo de sobreintensidad que puede cortar. Esta letra puede ser la *g* o la *a*:
  - *g*. Fusible de protección integral, capaz de cortar cualquier sobreintensidad tanto si es una sobrecarga como un cortocircuito.
  - *a*. Fusible de acompañamiento. Garantiza la protección sobre cortocircuitos, pero no sobre sobrecargas prolongadas.

- La **segunda letra** señala el tipo de receptor o circuito que debe proteger. Las más importantes son la **G** (para instrumentos de medida, electrónica), la **M** (para aparatos de conexión), la **R** (para semiconductores) y la **L** (para cables y barras colectoras).

Así, los fusibles más habituales en automatismos industriales son del tipo:

- **gM**. Diseñados para la protección integral de motores.

- **gG/gL**. Indicados para la protección de conductores en circuitos convencionales de baja potencia y sobrecargas limitadas.

- **aM**. Son fusibles apropiados para la protección de motores. Evitan cortocircuitos por picos elevados de corriente, pero no protegen contra sobrecargas, por lo que se complementan con un relé térmico.

4.5.2. Interruptores automáticos magnetotérmicos

> Los **interruptores automáticos magnetotérmicos** son dispositivos de protección que tienen la misión de cortar sobrecargas no admisibles y cortocircuitos en la instalación eléctrica.

Los interruptores magnetotérmicos no hay que sustituirlos cuando se desconectan. Una vez eliminado el defecto, se rearman y la instalación puede continuar en funcionamiento.

Estructura y funcionamiento del magnetotérmico

Los magnetotérmicos constan básicamente de dos circuitos complementarios: un *circuito magnético* y un *circuito térmico*.

- El **circuito magnético**. Está formado por una bobina de desconexión magnética (inductancia). Cuando se produce un cortocircuito, el aumento súbito de la corriente crea un campo magnético que provoca el desplazamiento del contacto y la apertura del circuito. El tiempo de desconexión puede ser del orden de milisegundos.

- El **circuito térmico**. Posee una lámina bimetálica (formada por dos metales con diferentes coeficientes de dilatación). Cuando circula una sobrecarga superior a la corriente nominal del dispositivo, la lámina se calienta y se deforma provocando la apertura del circuito. Para corrientes elevadas el tiempo de desconexión es de algunos segundos, mientras que para corrientes pequeñas puede ser de varias horas.

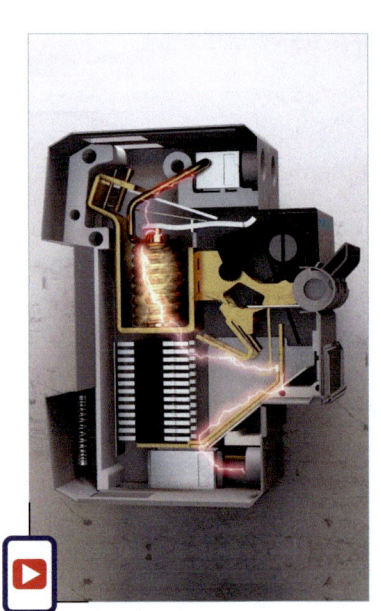

Fig. 4.16.
Los interruptores magnetotérmicos actúan frente a sobrecargas y cortocircuitos.

Símbolo Interruptor automático magnetotérmico
Unipolar
Bipolar
Tripolar
Tetrapolar

:: Características técnicas

Algunos de los parámetros que caracterizan a los magnetotérmicos son:

- La **corriente nominal o calibre (I_N)**. Es la corriente máxima que circula por el interruptor automático sin producir la apertura del mismo.

- La **corriente de interruptor magnético (I_M)**. Es la corriente mínima que provoca la apertura inmediata del interruptor. Esta corriente es siempre superior a la sobreintensidad admisible de la instalación.

- El **número de polos**. Los magnetotérmicos pueden ser unipolares, bipolares, tripolares o tetrapolares según sea el número de conexiones o polos que interrumpan.

- El **tipo de curva de disparo** (característica intensidad/tiempo). Estas curvas determinan la rapidez o lentitud de los disparos magnético y térmico en función de la intensidad. (Doc. 4.5)

:: Magnetotérmicos industriales

Los magnetotérmicos industriales están diseñados para proteger circuitos eléctricos de potencias elevadas, puesto que tienen que proteger grandes instalaciones y maquinaria industrial. Según la potencia para la que están diseñados, se pueden identificar dos tipos:

- **Interruptores automáticos de caja moldeada**. Constructivamente están formados por una envolvente aislante que aloja y soporta la estructura del mecanismo, los contactos y demás elementos metálicos, formando un conjunto integral. Se destinan a la protección de instalaciones de mediana potencia y se fabrican con intensidades de corriente entre 25 A y 3.200 A.

- **Interruptores automáticos al aire** o de bastidor abierto. Se caracterizan por tener una estructura portante metálica visible desde el exterior. Se diseñan para intensidades nominales de hasta 6.000 A, por lo que se emplean para proteger instalaciones o máquinas de alta potencia.

Los magnetotérmicos industriales son regulables. Por este motivo, sus curvas de disparo, aunque son similares a las de los magnetotérmicos modulares, pueden no estar normalizadas. En este caso, la regulación de los valores de corriente de corte se muestra en el frontal del dispositivo, para las distintas zonas de la curva.

¡*Tenlo* en cuenta!

Para valorar la diferencia entre un magnetotérmico doméstico y uno industrial, la intensidad nominal del primero está limitada a 125 A y la tensión de empleo máxima es de 440 V. En cambio, los magnetotérmicos industriales pueden estar alimentados por tensiones de 1.000 V con intensidades que pueden llegar a los 6.000 A e incluso superarlos.

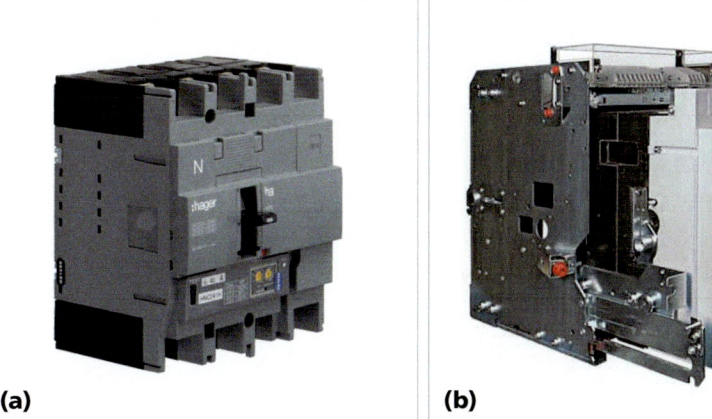

(a)   **(b)**

Fig. 4.17. Aspecto de un interruptor automático en caja moldeada (a) y de un interruptor automático al aire (b).

Documento 4.5

Curva de disparo de los magnetotérmicos

Los dos mecanismos de funcionamiento de un magnetotérmico pueden representarse gráficamente en la denominada curva de disparo. En esta curva se representan tres zonas claramente diferenciadas:

- $I < I_N$. Es la zona de trabajo normal. No hay disparo.

- $I_N < I < I_M$. Es la zona de disparo térmico. Se activa ante una sobrecarga, se aprecia que a mayor sobreintensidad menor tiempo de apertura.

- $I > I_M$. Es la zona de desconexión magnética. Se produce por la circulación de una corriente muy elevada (probablemente un cortocircuito), que activa la desconexión casi instantáneamente (en pocos milisegundos).

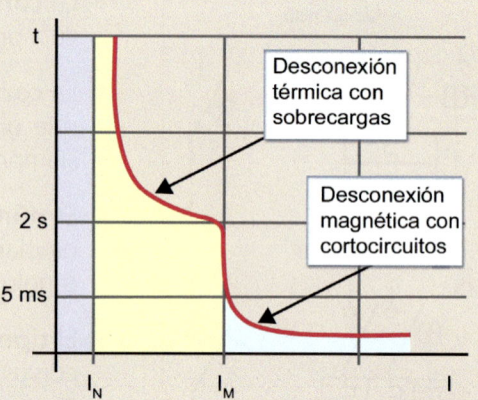

Las curvas de disparo de los interruptores magnetotérmicos modulares (los utilizados en instalaciones domésticas, terciarias o industriales de baja potencia) están normalizadas y clasificadas con letras, que permiten atender las diferentes aplicaciones en las instalaciones:

Tabla 4.2. Tipos de curvas para interruptores magnetotérmicos			
Curva	**Disparo térmico**	**Disparo magnético**	**Aplicaciones**
B	$1,1 \leq I_N \leq 1,4$	$3 \leq I_N \leq 5$	Instalaciones de líneas y generadores con distancias de líneas superiores al uso de C.
C	$1,13 \leq I_N \leq 1,45$	$5 \leq I_N \leq 10$	Instalaciones de líneas-receptores, en aplicaciones generales. Cuadros de mando y protección de viviendas, por ejemplo.
D	$1,1 \leq I_N \leq 1,4$	$10 \leq I_N \leq 14$	Instalaciones que alimentan receptores con fuertes puntas de corriente de arranque.
G		$5 \leq I_N \leq 8$	Instalaciones en general, pero con tiempos de desconexión menores con cargas pequeñas.
H			De desconexión rápida, para cargas elevadas.
K		$10 \leq I_N \leq 14$	Similar a los de curva D, pero con mayor sensibilidad a sobrecargas térmicas.
MA	—	$> 12\, I_N$	Solo protección magnética para motores.
Z	$1,1 \leq I_N \leq 1,4$	$2,4 \leq I_N \leq 3,6$	Instalaciones con receptores electrónicos.

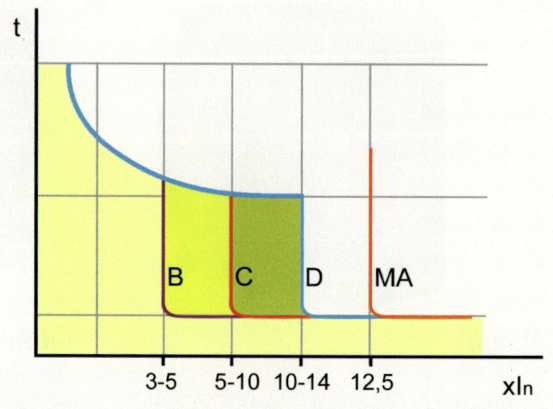

4.5.3. Relés térmicos

> Un **relé térmico** es un dispositivo de protección que detecta las sobreintensidades prolongadas.

Entra en funcionamiento cuando la corriente del circuito está por encima de la intensidad nominal de la máquina durante cierto tiempo, aunque no sea excesivamente elevada. Pero no interviene, por ejemplo, cuando se dan las puntas de corriente en el arranque de motores. Es importante destacar que este elemento, por sí solo, no desconecta la instalación eléctrica, sino que necesita otro elemento (generalmente un contactor) que realice esta función. Su aplicación principal es la protección de motores de CA (en el guardamotor).

Los relés térmicos constan básicamente de una serie de bobinas (una por cada fase) enrolladas alrededor de un bimetal. En caso de sobreintensidad, las bobinas calientan las láminas bimetálicas hasta que se produce la activación de sus contactos auxiliares.

Estos contactos auxiliares son como mínimo dos, uno NC y otro NA:

- El contacto NC interrumpe la corriente de la bobina del contactor asociado al térmico, con lo que desconecta la alimentación de la instalación, siempre y cuando se haya realizado la conexión correspondiente.

- El contacto NA suele activar un elemento de señalización (luminoso o acústico), que indica la incidencia.

Fig. 4.18.
Aspecto de un relé térmico.

Fig. 4.19.
Detalle de los contactos de un térmico.

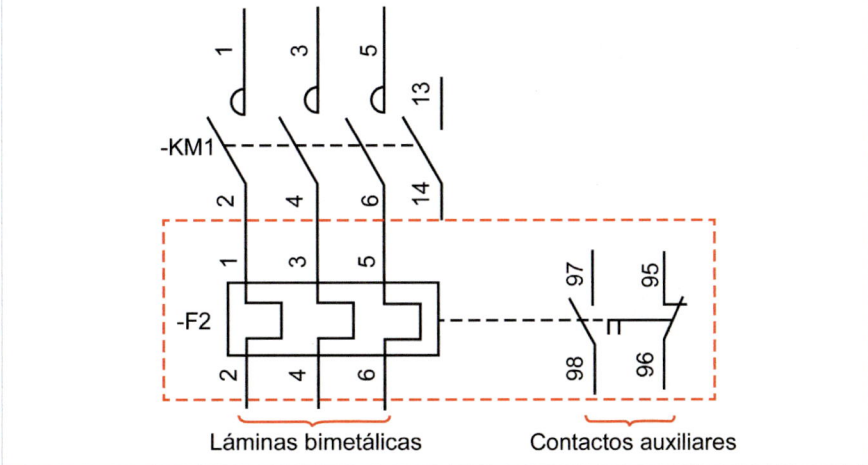

Láminas bimetálicas   Contactos auxiliares

Para escoger un relé térmico, hay que tener en cuenta, básicamente, dos parámetros:

- **Corriente del térmico (I_R) o calibre**. Es el valor de corriente a partir del cual las láminas bimetálicas del relé empiezan a calentarse. Este valor se puede ajustar dentro de un intervalo determinado, mediante un pequeño potenciómetro giratorio situado en una parte accesible del elemento.

- **Clase de disparo**. Determina el tiempo máximo de intervención del relé térmico en función de la corriente que circula por él. Existen diferentes clases de térmicos según el número de segundos que puede durar como máximo la punta de corriente de arranque. Los más habituales son de la clase 10 A y de la clase 20.

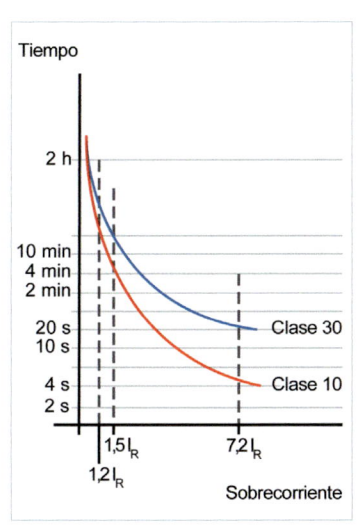

Fig. 4.20.
Curva de un térmico.

4.5.4. Interruptores diferenciales

> Los **interruptores diferenciales** (ID) son dispositivos con capacidad de cortar la corriente de la instalación cuando detectan posibles corrientes de fuga a tierra en instalaciones eléctricas.

Estas corrientes de fuga pueden ser ocasionadas por:

- Defectos de aislamiento en los elementos, generalmente en carcasas de aparatos eléctricos, debido al envejecimiento, el calor, etc.

- Personas que tocan partes metálicas puestas a tensión.

- Contactos fortuitos de piezas móviles puestas a tensión y tierra.

- Errores de conexión al operar en una instalación eléctrica.

Estructura y funcionamiento

El diferencial para una instalación monofásica consta básicamente de tres bobinas enrolladas en un núcleo magnético (denominado *toro* o *toroide*). Por dos de ellas circula la corriente entrante y saliente de la instalación; la otra se activa ante la aparición de corrientes de fuga:

- **Si no existen corrientes de fuga** en la instalación, las dos bobinas originan en el toro campos magnéticos idénticos pero de signos opuestos, de forma que se contrarrestan entre sí.

  En estas condiciones, sobre la tercera bobina no se genera tensión inducida alguna.

- Ahora bien, **si aparecen corrientes de fuga**:
  - La corriente entrante será algo mayor que la saliente, siendo la diferencia igual a las corrientes de fuga derivadas a tierra.
  - Esto provoca un campo magnético en el núcleo, que origina una fuerza electromotriz (f.e.m.) en la tercera bobina.
  - Esta fuerza activa el dispositivo de apertura del diferencial y se corta la corriente eléctrica.

Características técnicas

Los interruptores diferenciales se caracterizan por:

- El **número de polos**. Según el número de conductores que interrumpen, pueden ser bipolares y tetrapolares.

- La **tensión asignada (U_n)**. Es el valor máximo de tensión para el que está diseñado el interruptor diferencial. La tensión nominal del interruptor diferencial debe ser igual o mayor que la de la aplicación.

- La **intensidad asignada (I_n)**. Es el valor máximo de corriente que puede soportar un ID en servicio ininterrumpido, a una temperatura ambiente normalizada. La intensidad nominal del interruptor diferencial debe ser igual o mayor que la intensidad nominal de la aplicación.

- La **sensibilidad ($I_{\Delta n}$)**, también denominada corriente diferencial de funcionamiento. Es el valor de corriente de defecto a partir del cual el dispositivo debe cortar la corriente.

Fig. 4.21.
Los interruptores diferenciales actúan ante la existencia de corrientes de fuga.

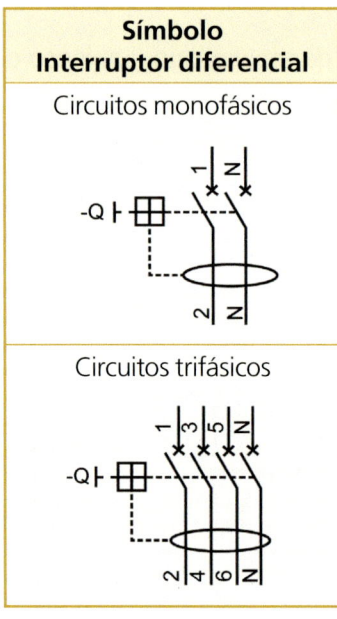

Símbolo Interruptor diferencial
Circuitos monofásicos
Circuitos trifásicos

Interruptores diferenciales industriales

En las industrias se usan interruptores diferenciales de mayor potencia con corrientes de 150 A a 1.000 A.

En cuanto a la sensibilidad, mientras que en instalaciones domésticas el valor es de 30 mA (de alta sensibilidad), en instalaciones industriales se opta por diferenciales de 300 mA (sensibilidad media) o de 500 mA (sensibilidad baja), de tipo superinmunizado, para que no produzcan disparos debidos a los transitorios producidos, por ejemplo, en el arranque de motores.

En instalaciones con potencias más elevadas, los diferenciales suelen montarse en dos partes. Por un lado, el transformador toroidal sobre el circuito a proteger y, por otro, el relé diferencial. Los relés pueden regularse en intensidad (entre 0,03 A y 3 A) y temporización o tiempo de disparo (entre 0,01 s y 5 s).

4.5.4. Limitador de sobretensiones

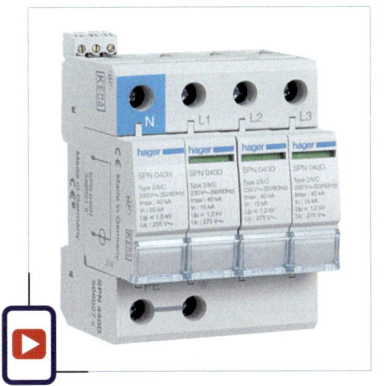

> El **limitador de sobretensiones** es un dispositivo protector utilizado para detectar cualquier tipo de sobretensión y derivar las ondas de corriente no deseadas y peligrosas a tierra, sin que estas afecten a los equipos conectados a la instalación eléctrica.

La mayoría de los limitadores están diseñados para afrontar sobretensiones transitorias, que son las más habituales, aunque se tiende cada vez más a instalar modelos compactos que ofrecen protección para ambos tipos.

El funcionamiento de todos ellos es similar: ante valores normales de tensión ofrecen una alta resistencia, sin que ello afecte a la instalación, pero ante la aparición súbita de una sobretensión transitoria, la resistencia baja bruscamente y deriva gran parte de la corriente hacia tierra. Después, una vez eliminada la sobretensión, vuelven a su estado inicial.

Fig. 4.22.
El limitador de sobretensiones detecta y deriva a tierra las ondas de corriente no deseadas.

Tipos de limitadores de sobretensiones

La elección de un limitador de sobretensiones dependerá de sus características técnicas y de la *sensibilidad de los dispositivos a proteger* y el *nivel de protección previsto*:

- De la **sensibilidad** del material que se quiere proteger. Se pueden distinguir cuatro categorías, que indican el máximo nivel de tensión soportada a los impulsos por sus aislamientos, en función de la tensión nominal de la instalación:
  - **Categoría I**. Equipos muy sensibles y destinados a conectarse a una instalación fija (equipos informáticos, electrónicos, etc.).
  - **Categoría II**. Equipos destinados a conectarse a una instalación fija (electrodomésticos, herramientas portátiles, etc.).
  - **Categoría III**. Equipos que forman parte de la instalación fija (armarios de distribución, embarrados, seccionadores, etc.) y otros equipos que requieren un alto nivel de fiabilidad (ascensores, máquinas, etc.).
  - **Categoría IV**. Equipos y materiales que se conectan muy próximos al origen de la instalación (contadores de energía, aparatos de telemedida, etc.).

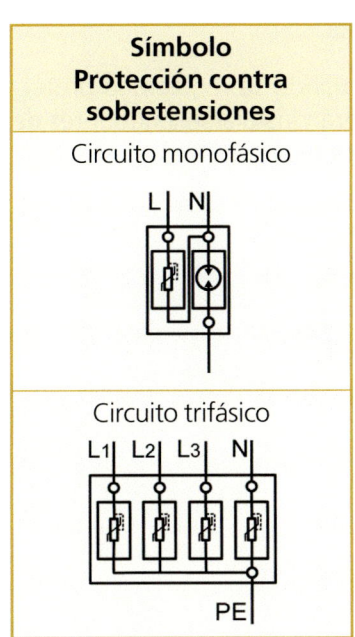

Símbolo
Protección contra sobretensiones

Circuito monofásico

L   N

Circuito trifásico

L1   L2   L3   N

PE

Del **nivel de protección**. Atendiendo a la capacidad de la corriente de descarga y al nivel de protección, los limitadores se clasifican en tres tipos:

- Tipo 1. Nivel de protección *basta*.
- Tipo 2. Nivel de protección *media*.
- Tipo 3. Nivel de protección *fina*.

Tabla 4.3. Clases o tipos de limitadores. Nivel de protección. Utilización en equipos			
Características	**Clase o tipo de limitador**		
	1	**2**	**3**
Nivel de protección	Basta	Media	Fina
Capacidad de absorción de energía	Muy alta - Alta	Media - Alta	Baja
Rapidez de respuesta	Baja - Media	Media - Alta	Muy alta
Origen de la sobretensión	Impacto directo del rayo	Sobretensiones de origen atmosférico y conmutaciones, conducidas o inducidas	
Utilización en equipos	Categoría II y III	Categoría I y II	Categoría I

:: Conexión en instalaciones industriales

En las instalaciones industriales, la instalación de los limitadores de sobretensión dependerá de muchas variables, según la protección que se quiera ofrecer.

Para conseguir que las protecciones cumplan adecuadamente su función, deben instalarse de manera coordinada: el primer limitador se coloca al comienzo de la instalación y se utiliza para conseguir el mayor poder de descarga posible y, seguidamente, van incorporándose protecciones progresivamente más finas a medida que se acercan a los dispositivos a proteger. Este modelo se puede resumir de la siguiente manera:

- Se ubica un limitador de protección basta (**tipo 1**) al inicio de la instalación, concretamente en el cuadro general.

- Aguas abajo se procede a la colocación de limitadores de protección media (**tipo 2**) en los cuadros secundarios.

- En tramos posteriores de la instalación, cuando se requiera la protección específica de equipos sensibles, deberán instalarse limitadores de protección fina (**tipo 3**) para los receptores muy sensibles.

¡*Tenlo* en cuenta!

En general, las protecciones eléctricas deben seguir unas pautas de selectividad. Es decir, el posible corte de la corriente por un equipo de protección no debe actuar sobre otras líneas o dispositivos no afectados por el defecto.

Fig. 4.23.
Selectividad en la instalación de limitadores de sobretensión.

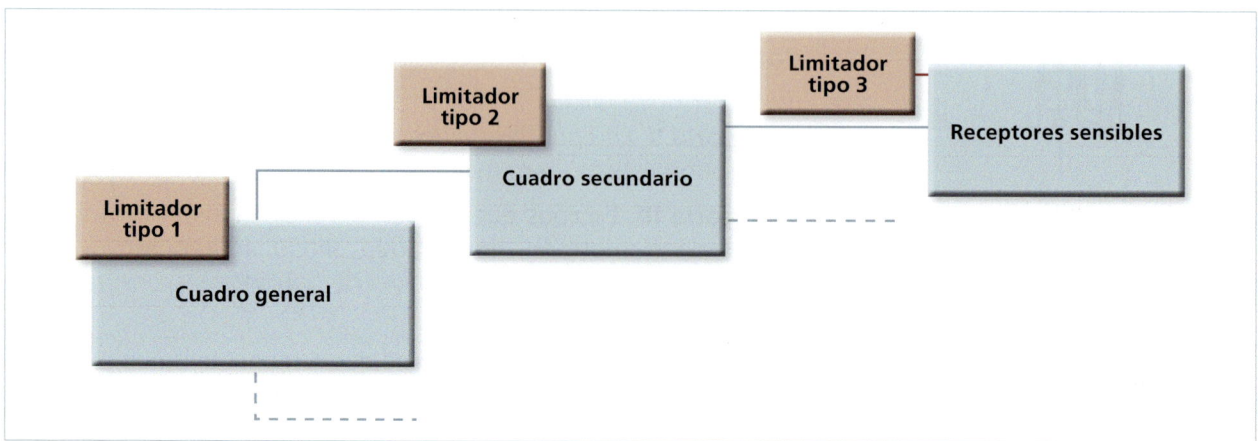

Actividades

20. Describe los siguientes elementos de protección e indica para qué tipo de anomalía protegen y cuál es su funcionamiento:

a) Fusibles.

b) Interruptor magnetotérmico.

c) Relé térmico.

d) Interruptor diferencial.

e) Limitador de sobretensiones.

21. Busca tres ejemplos de fusibles cilíndricos, tres de rosca y tres de cuchilla. Indica la referencia del fabricante y las principales características técnicas de cada uno.

22. Indica qué protección específica presta cada uno de los fusibles siguientes. Interpreta el significado de sus letras:

a) aM

b) gL

c) gM

d) aG

23. Explica la diferencia que hay entre un magnetotérmico de curva C y un magnetotérmico de curva B. ¿En qué casos su utilizará uno u otro?

24. Respecto a los magnetotérmicos industriales:

a) Explica qué son los interruptores magnetotérmicos de bastidor abierto y qué utilidad tienen.

b) Indica qué significa que un magnetotérmico sea regulable. Busca un modelo de este tipo en catálogos de empresas fabricantes o distribuidoras.

25. Un relé térmico debe proteger un motor de arranque lento, de manera que el pico de corriente de arranque se alargue poco más de 20 segundos. ¿Qué clase de térmico pondrías?

26. Busca un modelo comercial de térmico para motores y explica sus principales características.

27. Selecciona en catálogos de empresas fabricantes o distribuidoras tres modelos de diferencial para aplicaciones industriales. Indica sus características e interpreta los símbolos que llevan incorporados.

28. Explica qué son los interruptores diferenciales superinmunizados e indica para qué sirven.

29. Razona cómo debe realizarse la protección contra las sobretensiones en una instalación industrial.

30. Localiza estos modelos de dispositivos de protección en el catálogo virtual de Hager y describe sus características.

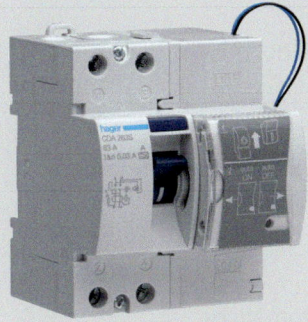

CDA263S

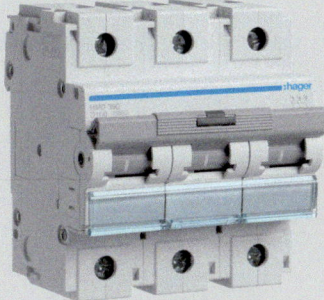

HMD390

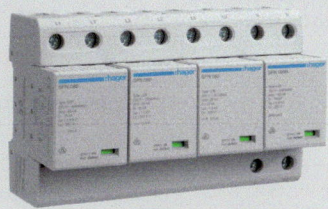

SPN802

Representación normalizada ● ● ● ● ●

1. La simbología normalizada

La representación de las instalaciones, los circuitos y los dispositivos que los componen debe realizarse empleando unos signos que sean interpretados de la misma manera por los agentes. Por eso es necesario utilizar una *simbología normalizada*.

> Se denomina **simbología normalizada** el conjunto de los signos reconocidos por las normas internacionales que se usan para representar un circuito eléctrico, electrónico, neumático o de otro tipo.

Estos símbolos son los que utilizaremos para identificar los dispositivos, diseñar los esquemas de los circuitos, interpretar los planos y, por supuesto, para elaborar toda la documentación. Actualmente existen varios organismos de normalización organizados en instancias internacionales, europeas y estatales:

- A **nivel internacional**, cabe destacar la *Organización Internacional de Normalización* (ISO), con competencias normativas en todos los ámbitos. Si atendemos a las competencias específicas en sistemas eléctricos y electrónicos, el organismo encargado es la *Comisión Electrotécnica Internacional* (CEI).

- A **nivel europeo**, las competencias generales corresponden al Comité Europeo de Normalización (CEN), mientras que las competencias específicas son el ámbito de acción del Comité Europeo de Normalización Electrotécnica (CENELEC). Las normas europeas se denominan normas EN.

- A **nivel nacional**, la Asociación Española de Normalización y Certificación (AENOR) es el organismo de normalización responsable de adoptar como normas UNE (normas españolas) todas las normas europeas EN que se elaboran en el seno del CENELEC.

En esta publicación utilizaremos básicamente la simbología de la norma UNE-EN 60617, armonizada con la norma europea EN 60617 de 1997 y basada en la norma internacional IEC 60617.

2. Identificación de dispositivos

La simbología nos permite identificar los diferentes elementos eléctricos, sus características y su forma de conexión para realizar las funciones que se les han encomendado. Para facilitar esta identificación, es importante conocer los criterios que se aplican para elaborar los distintos símbolos.

Los dispositivos industriales de mando se identifican básicamente a partir de tres elementos:

- Un **identificador** del dispositivo.

- Un tipo de **accionamiento**: pulsador, interruptor, tirador, rotatorio, etc.

- Unos **contactos**: normalmente abiertos, normalmente cerrados, conmutados, etc.

El accionamiento y los contactos se representan unidos por una **línea discontinua** que proporciona unidad al conjunto.

La combinación de estos elementos nos da una amplia variedad de símbolos, que podemos identificar con facilidad. Por ejemplo:

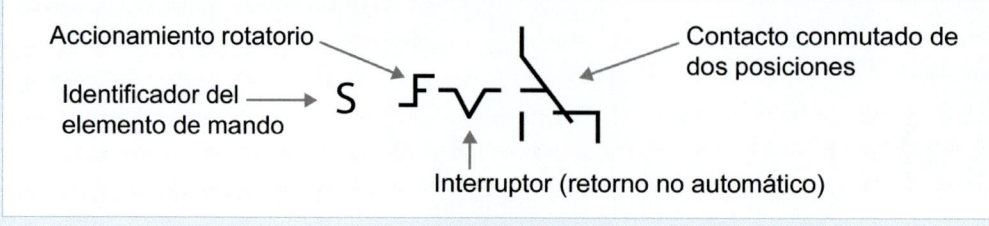

Representación normalizada • ● • ● •

⁞ La identificación del dispositivo

La norma IEC 61802 describe cómo deben representarse los dispositivos y las conexiones de un automatismo en un esquema eléctrico. De acuerdo con esta norma, la representación de los diferentes componentes consta de una letra (excepcionalmente dos), situada a la izquierda del elemento, seguida de un número:

- ● **Primera letra**. Identifica el **tipo de aparato**. (Tabla 4.4)

- ● **Segunda letra**. Solo se añade si se desea remarcar la **función** asociada al aparato. (Tabla 4.5)

- ● **Número**. Sirve como **identificador** del aparato entre varios de los incluidos en la instalación.

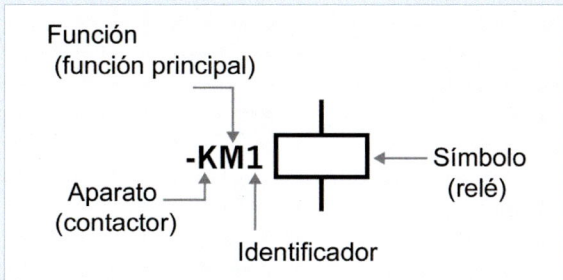

Tabla 4.4. Letras utilizadas para identificar los aparatos de un circuito eléctrico (primera letra)			
A	Equipos o partes de equipos de serie (autómata, amplificador…)	**P**	Aparatos de medida y prueba (contadores…)
B	Transductores de magnitudes eléctricas (detector, termostato…)	**Q**	Aparatos de maniobra para circuitos de potencia (seccionador, diferencial, guardamotor…)
C	Condensadores	**R**	Resistencias
D	Dispositivos de temporización y memoria, operadores binarios	**S**	Interruptores manuales para la conexión de circuitos de control (pulsador, interruptor…)
E	Material diverso (iluminación, calefacción…)	**T**	Transformadores
F	Dispositivos de protección (fusibles…)	**U**	Moduladores y convertidores
G	Equipos de alimentación	**V**	Válvulas electrónicas y semiconductores
H	Aparatos de señalización (timbre, sirena…)	**W**	Vías de transmisión, guías de ondas, antenas
K	Relés y contactores	**X**	Bornes, clavijas, zócalos
L	Inductancias (bobinas)	**Y**	Aparatos mecánicos accionados eléctricamente
M	Motores	**Z**	Elementos de compensación, filtros, limitadores
N	Amplificadores o reguladores		

Tabla 4.5. Letras empleadas para identificar las funciones de los dispositivos (segunda letra)					
A	Función auxiliar	**J**	Integración	**S**	Memorizar, registrar
B	Dirección de movimiento	**K**	Servicio pulsante	**T**	Retardar
C	Contar	**L**	Designación conductores	**V**	Velocidad (acelerar, frenar)
D	Diferenciar	**M**	Función principal	**W**	Sumar
E	Función conectar	**N**	Medida	**X**	Multiplicar
F	Protección	**P**	Proporcional	**Y**	Analógica
G	Prueba	**Q**	Estado (marcha, paro…)	**Z**	Digital
H	Señalización	**R**	Reposición		

Representación normalizada ● ● ● ●

El símbolo

Cada dispositivo tiene un símbolo, que suele ser genérico, pero puede especificar diferentes variantes del dispositivo. Esto sucede, por ejemplo, en los accionamientos de los elementos de mando (sean manuales o automáticos) o en los motores.

Accionamiento manual		Accionamiento automático		Motores	
Accionamiento manual		Mando por acción térmica		Motor de CC	
Mando de interruptor		Mando por acción electromagnética			
Mando de pulsador		Mando por efecto magnético		Motor de CA monofásico	
Mando rotatorio		Relé de conexión lenta			
Mando de tirador		Relé de desconexión lenta		Motor trifásico de jaula	
Mando de pedal		Relé de acción térmica			
Mando de emergencia		Detector		Motor trifásico de rotor bobinado	
Mando con llave					

¡*Tenlo* en cuenta!

Este elemento del símbolo nos indica que el accionamiento es de retorno no automático (enclavamiento). De hecho, esta es la diferencia entre un interruptor (que no vuelve automáticamente al dejar de presionarlo) y un pulsador (que sí lo hace).

Los contactos

Los elementos de mando disponen de unos contactos a través de los cuales transmiten las órdenes al sistema. Según el dispositivo y su complejidad, cuentan con un mayor o menor número de contactos.

Contactos manuales			
Contacto normalmente abierto (NA)		Contacto conmutado	
Contacto normalmente cerrado (NC)		Contacto conmutado con posición de corte	

Uno de los dispositivos más complejos es el contactor, que dispone de dos grupos de contactos (principales y auxiliares). Los primeros gobiernan el circuito de potencia y los segundos el circuito de mando. El esquema es el siguiente:

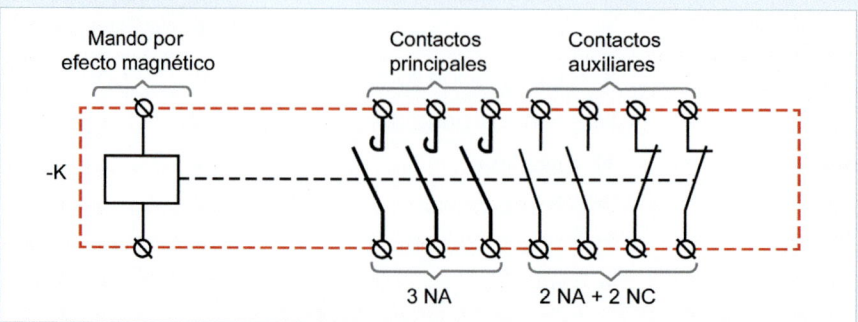

Representación normalizada ● ● ● ●

La norma IEC 61802 contempla, entre otros, el marcado de los *contactos principales*, de los *contactos auxiliares* y de las *bobinas de mando*:

- **Marcado de los contactos principales**. Estos contactos establecen y cortan las corrientes del circuito de potencia.

  Se designan con una única cifra de 1 a 4 en equipos bipolares, de 1 a 6 en aparatos tripolares y de 1 a 8 en los tetrapolares.

  El borne de entrada se marca con un número impar, y el de salida con el número par inmediatamente superior.

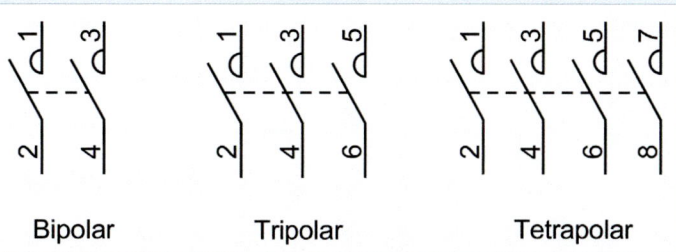

Bipolar   Tripolar   Tetrapolar

- **Marcado de los contactos auxiliares**. Estos contactos establecen y cortan corrientes en el circuito de control.

  Se marcan con dos cifras. (Tabla 4.6)

  - La primera indica el número de orden del contacto en el aparato. Se reserva el 9 (y si es necesario el 0) para los contactos auxiliares de los relés térmicos.

  - La segunda cifra corresponde al estado y la función del contacto:

    - Para contactos de apertura (NC) se usan las cifras 1 y 2.

    - Para contactos de cierre (NA) se emplean las cifras 3 y 4.

    - Para contactos conmutados se utilizan las cifras 1, 2 y 4.

    - Para contactos de apertura especial (por ejemplo, temporizada), se usan las cifras 5 y 6.

    - Para contactos de cierre especial (por ejemplo, temporizado), se aplican las cifras 7 y 8.

    - Para contactos conmutados con acción especial, se utilizan las cifras 5, 6 y 8.

- **Marcado de las bobinas de mando**. Se designan con una letra (A o B) seguida de un número de borne.

Tabla 4.6. Identificación de contactos auxiliares		
Segunda cifra	**Función del contacto**	**Ejemplo** (Las primera cifra indica el orden del contacto en el aparato)
1-2	De apertura (NC)	11/12 41/42 51/52 61/62
3-4	De cierre (NA)	13/14 43/44 53/54 63/64
1-2-4	Conmutado	11/12/14 11/12/14 22/24
5-6	De apertura especial	15/16 15/16
7-8	De cierre especial	17/18 17/18
5-6-8	Conmutado especial	15/16/18 25/26/28

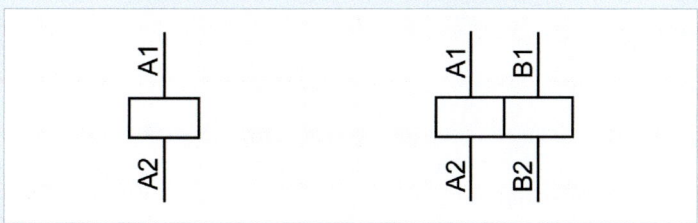

Representación normalizada ● ● ● ●

ACTIVIDADES

1. Identifica e interpreta los símbolos siguientes.

a) 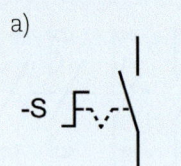   b) 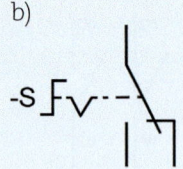   c) 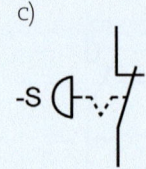   d) 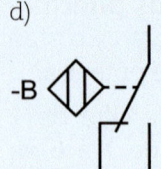   e)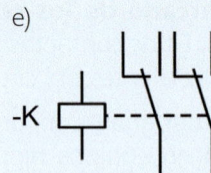

2. Dibuja los símbolos siguientes:
   a) Un pulsador con dos contactos, uno NA y otro NC.
   b) Un contacto NA que se cierre mediante un tirador bipolar.
   c) Un contacto que se cierre mediante mando rotatorio con retorno no automático.

---

3. Interpretación de esquemas eléctricos

En el montaje y en la conexión de automatismos industriales, es clave la interpretación precisa de los esquemas eléctricos.

> Un **esquema eléctrico de un automatismo** representa las relaciones eléctricas y funcionales entre todos los elementos del sistema.

Podemos clasificar los esquemas eléctricos de acuerdo a dos criterios: el *detalle en la representación* y la *especificidad en la representación de los circuitos*.

Según el detalle en la representación

Según el detalle en el número de elementos representados, se elaboran dos tipos de esquemas:

● **Esquema multifilar**. Se incluyen todos los conductores y mecanismos que intervienen en la instalación eléctrica, es decir, se dibujan e identifican tantas líneas como conductores haya en el circuito, y se hace lo mismo para todos los símbolos de los aparatos o elementos que contenga dicho circuito.

● **Esquema unifilar**. Es una representación simplificada de los conductores del circuito. Estos se simbolizan con un único trazo, al que se le añaden segmentos que lo cortan oblicuamente. Para indicar el número de conductores, se pueden emplear números sobre los segmentos o se pueden dibujar tantos segmentos como conductores haya en la línea. Respecto a los elementos, sus bornes de conexión se indican en el mismo orden en el que aparecerían en un esquema multifilar, pero sin ser acompañados por los conductores que les llegan, salvo uno.

Para apreciar la diferencia entre los dos tipos de representación, en la página siguiente mostramos los esquemas multifilar y unifilar de un mismo circuito.

¡Tenlo en cuenta!

Las letras y números que aparecen en los esquemas, así como su orientación, sirven para indicar posiciones de bornes de los elementos (motor, relé de protección, etc.), así como el tipo de aparato y las funcionalidades. El símbolo de cada aparato determina las funcionalidades asociadas a las cifras o caracteres de los terminales.

Representación normalizada • ● ● ● •

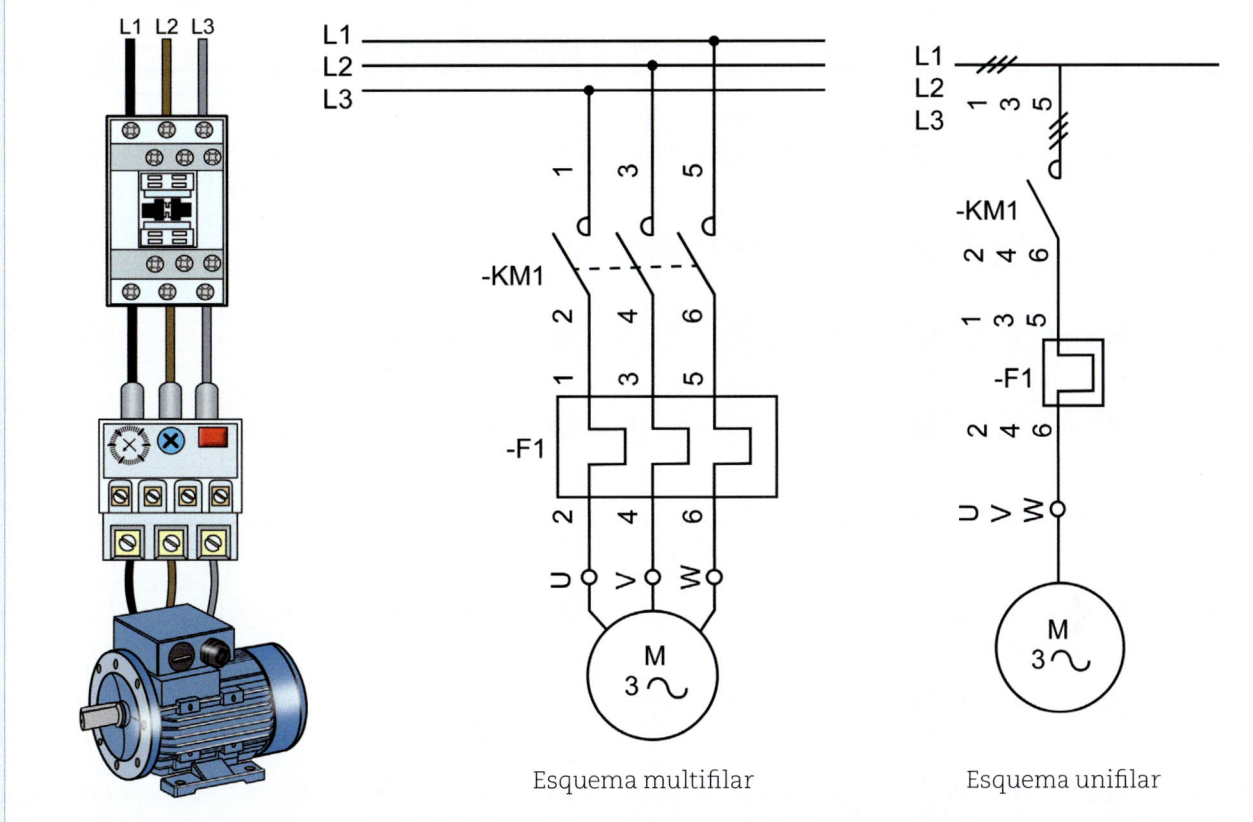

Esquema multifilar   Esquema unifilar

Fig. 4.24. Esquemas multifilar y unifilar del croquis del montaje representado.

⠿ Según la especificidad de los circuitos

Dado que en los circuitos con automatismos intervienen dos circuitos relacionados (el de potencia y el de control), para elaborar sus esquemas normalizados se diferencian tres tipos de representaciones: *conjunta*, *parcialmente desarrollada* y *desarrollada*.

⠆ Representación conjunta

Se utiliza un único esquema para representar el circuito de potencia y el circuito de control, los cuales se distinguen solamente por el grueso de las líneas del dibujo. Los elementos se disponen en el esquema atendiendo a criterios de proximidad. Por ejemplo, la bobina y los contactos auxiliares del relé contactor pertenecen al circuito de control, pero se dibujarían alineados horizontalmente junto a sus contactos principales.

El gran inconveniente es que complica excesivamente el seguimiento del cableado del circuito y hace difícil la comprensión del funcionamiento del circuito. Por eso se emplea para circuitos de sistemas de escasa complejidad.

⠆ Representación parcialmente desarrollada

Los elementos del circuito de control y los del de potencia se dibujan agrupados según su funcionalidad. Los elementos funcionales que pertenecen a un mismo conjunto no han de coincidir necesariamente en disposición o en proximidad. De esta manera, se separan los esquemas de los circuitos de control y de potencia, aunque se mantienen unidos por las líneas de alimentación y por líneas discontinuas aquellos elementos enclavados mecánicamente.

Si bien facilita la compresión tanto de las funciones de los dispositivos como del funcionamiento global del circuito, cuando se trata de circuitos más complejos su interpretación sigue siendo complicada.

Representación normalizada ● ● ● ●

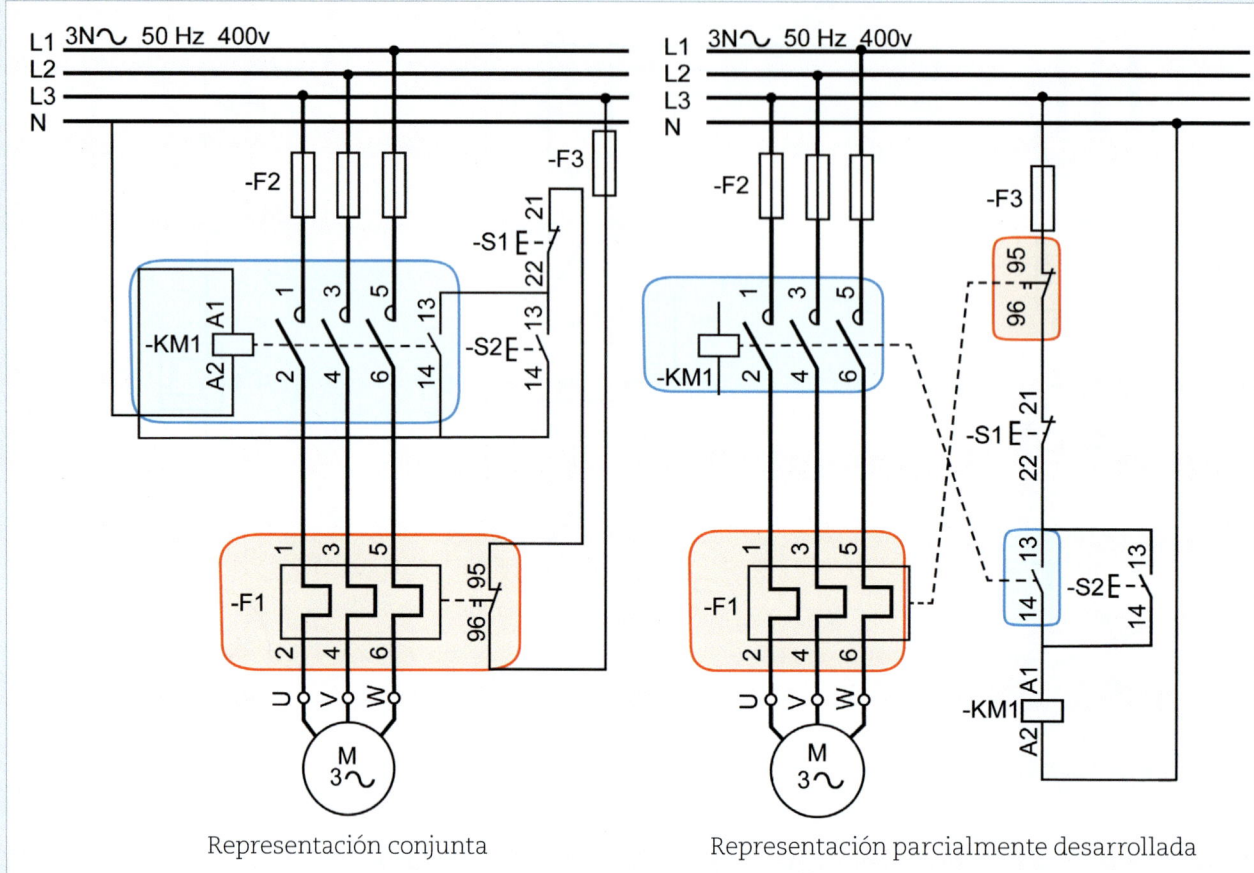

Representación conjunta   Representación parcialmente desarrollada

Fig. 4.25. Esquemas de representación de conjunto y parcialmente desarrollado de un mismo circuito. Fíjate en la traza que une el contacto 95-96 del relé térmico –F1 y sus contactos principales 1-2, 3-4, 5-6. Observa también la traza que une el contactor –KM1 y su contacto de autoenclavamiento 13-14.

¡*Tenlo* en cuenta!

Tanto en la representación conjunta como en la parcialmente desarrollada, los distintos elementos de un mismo componente (por ejemplo, KM1) no necesitan ser referenciados con la misma denominación. El motivo es que su pertenencia al componente ya se indica por su proximidad a este y mediante líneas de trazo discontinuo, como se ha podido ver en los esquemas inmediatamente superiores.

Representación desarrollada

Se representan por separado los dos circuitos (potencia y control) en un mismo dibujo o en hojas diferentes:

● El **esquema de potencia** se suele dibujar de forma multifilar, con trazo grueso y con el detalle de todos los elementos del circuito:

- Los conductores de alimentación (L1, L2, L3, N, PE) y la tensión de alimentación.

- La clase de los elementos (el tipo más su número de orden): –F1 o –KM1, por ejemplo.

- Las referencias de los polos del circuito (los números y las letras que aparecen). Por ejemplo, para el contactor tripolar las referencias serían 1-2, 3-4, 5-6; mientras que para el motor serían U, V, W.

En el circuito de potencia, los conductores de alimentación (L1, L2, L3, N y PE) se presentan con líneas horizontales, en este orden: en la parte superior L1, luego L2, L3, N y PE.

Representación normalizada ● ● ● ●

● El **esquema de mando**. Se ubica a la derecha del de potencia si comparten el mismo plano y se dibuja en trazo fino. Se representan todos los símbolos de control de los diferentes dispositivos que componen el circuito (con sus especificaciones en letras y números), preferiblemente en un orden establecido en función de su alimentación.

En el circuito de control, los conductores de alimentación L1 y N se disponen también horizontalmente, pero los elementos del circuito se dibujan en el espacio que queda entre ellos.

En la representación desarrollada, todos los elementos de un mismo componente se tienen que identificar redundantemente con el mismo designador que el componente al que pertenecen.

De esta manera, y como se aprecia en el ejemplo de la figura, los contactos auxiliares 13-14 que aparecen en el circuito de control, deben ir acompañados de las letras KM1 para indicar que pertenecen al contactor KM1. De la misma forma, los contactos auxiliares 95-96 se identifican con el código F1, pues pertenecen al relé térmico F1.

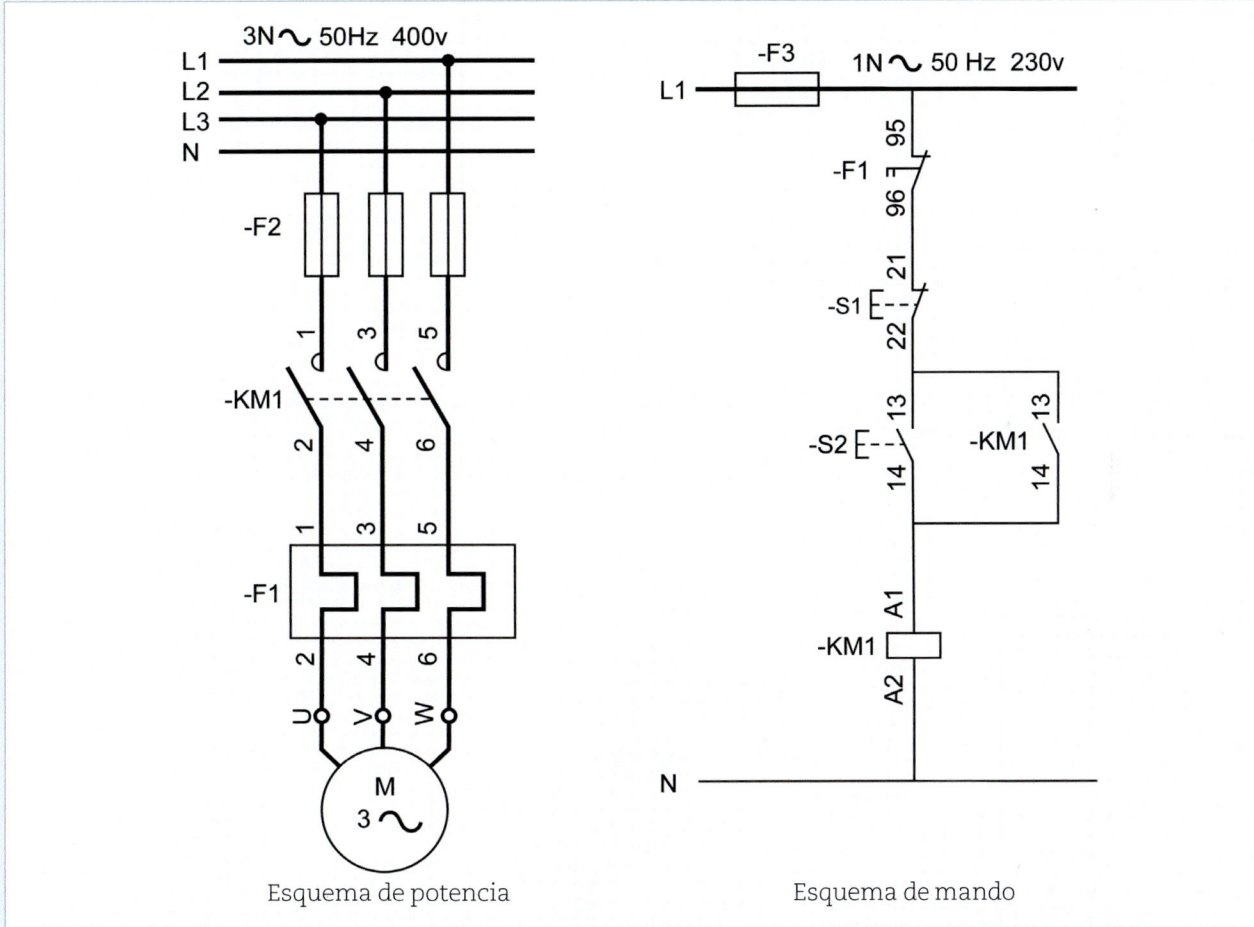

Esquema de potencia   Esquema de mando

Fig. 4.26. Esquema de representación desarrollada del circuito anterior. Fíjate en que los circuitos de mando y potencia se representan por separado y en que los elementos de un mismo componente llevan la misma identificación.

¡Tenlo en cuenta!

La representación desarrollada es la forma más utilizada y más recomendable para simbolizar circuitos de automatismos, pues facilita el seguimiento de la conexión de los circuitos y la comprensión de su funcionamiento.

Representación normalizada ● ● ● ●

∷ Interpretación de esquemas eléctricos

Atendiendo a todas estas consideraciones, podemos interpretar con detalle el esquema indicado:

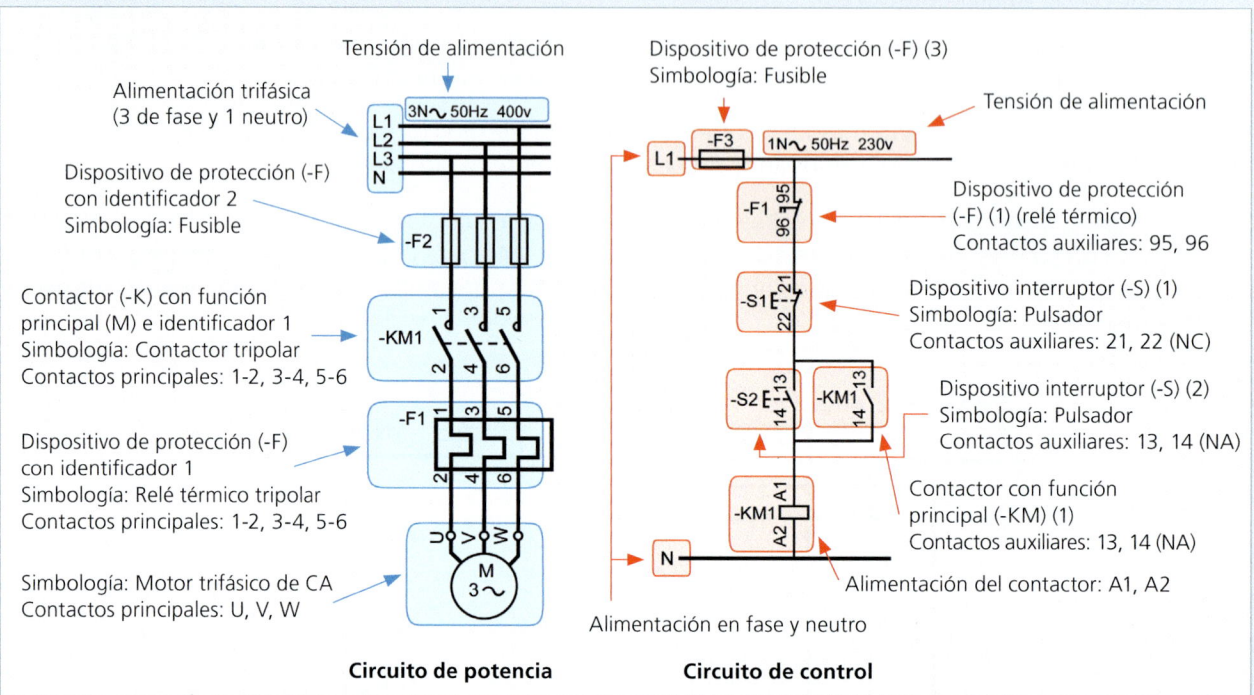

Circuito de potencia   **Circuito de control**

Aunque más adelante profundizaremos en la forma de conectar los circuitos, para completar la interpretación de los esquemas es necesario que sepamos cómo están relacionados eléctricamente el circuito de potencia y el circuito de control. La conexión en este automatismo sería la siguiente:

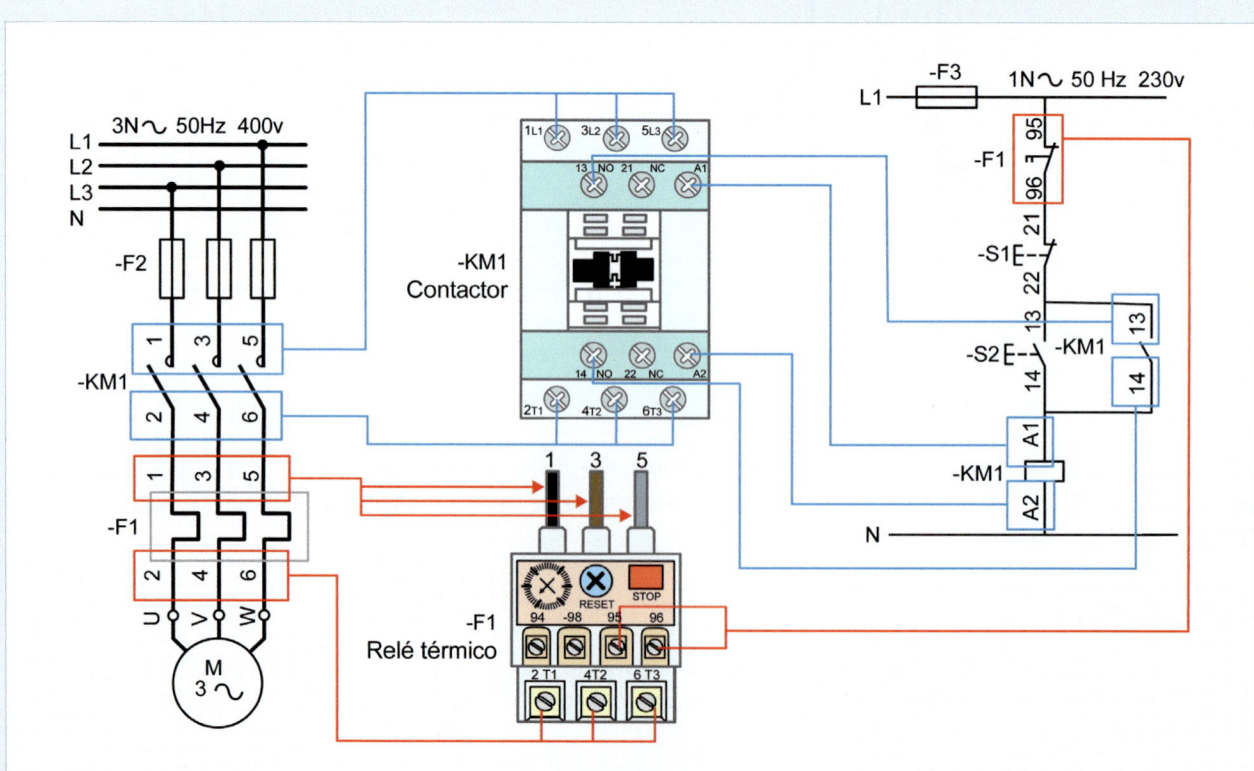

Representación normalizada • ● ● ● •

ACTIVIDADES

3. Interpreta los esquemas siguientes (circuito de potencia y circuito de mando):

a) Identifica todos los elementos del esquema.

b) Establece la relación entre los mismos dispositivos en los dos circuitos.

c) Indica cómo se realizará la conexión entre estos elementos.

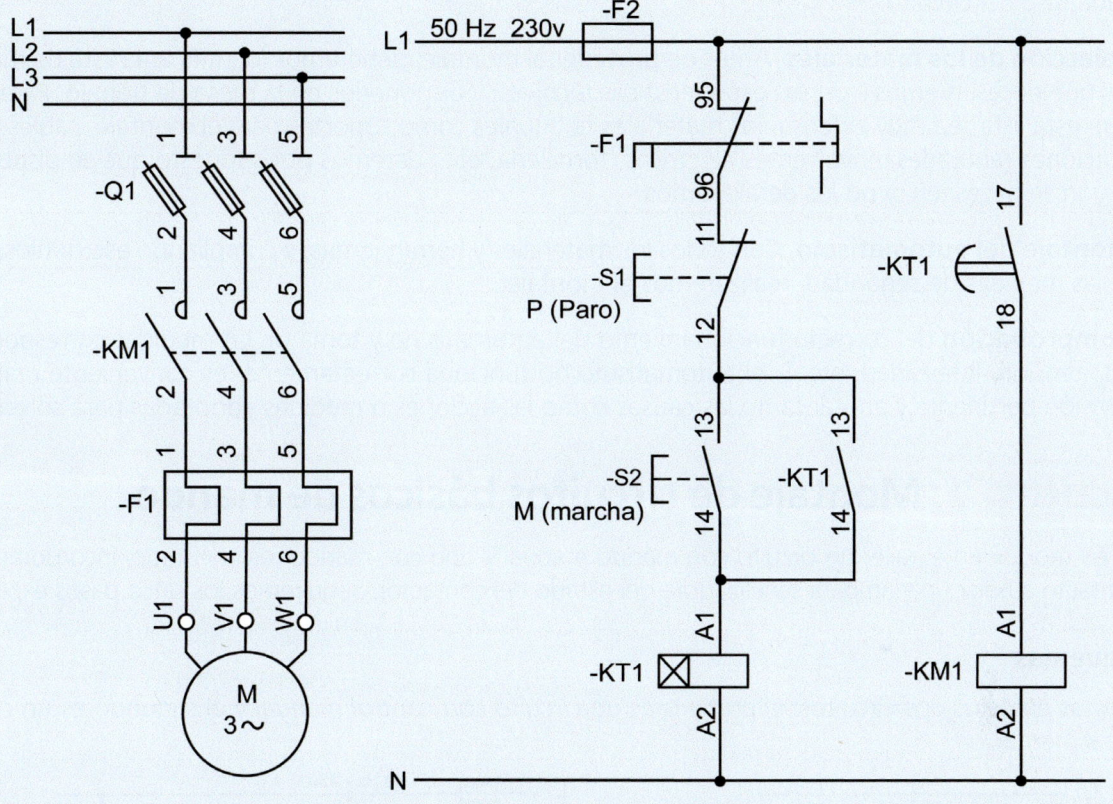

¡Ahora practica! • ● ● ● •

En este apartado montaremos algunos esquemas básicos de mando e interpretaremos su funcionamiento. Esto nos servirá como base para realizar, en unidades posteriores, montajes más complejos. En todas las prácticas de montaje de circuitos seguiremos estos pasos:

1. **Elaboración de los esquemas**, ya sea a mano o utilizando programas informáticos de CAD eléctrico. Cuando los esquemas nos vengan dados, deberemos interpretarlos.

2. **Explicación del funcionamiento** del automatismo, describiendo qué pasará con la activación de cada fase del circuito.

3. **Selección de los materiales**. Antes de proceder al montaje, deberemos identificar la lista de materiales que necesitaremos (con sus características técnicas) y disponerlos en la mesa de trabajo. Para evitar que esta lista sea muy extensa, los materiales habituales como soportes para el montaje, cables, canalizaciones ranuradas, envolventes eléctricas, tornillería, etc., daremos por supuesto que se dispondrán según se necesiten, y no los detallaremos.

4. **Montaje del automatismo**. Con todos los materiales y herramientas, y cumpliendo escrupulosamente las medidas de seguridad, realizaremos el montaje.

5. **Comprobación** del correcto funcionamiento del automatismo y toma de las medidas correspondientes: tensión, intensidad, etc. Si el automatismo no funciona correctamente, es conveniente realizar la revisión pertinente y anotar tanto las causas como las acciones o medidas adoptadas para solventarlo.

Práctica 4.1. Montaje de circuitos básicos de mando

Deberéis montar en el taller un circuito con mando manual y uno con mando realimentado, incorporando en un contacto auxiliar una lámpara señalizadora del estado del contactor. Seguiremos los cinco pasos expuestos:

1. Esquemas

Fijémonos en estos dos circuitos: el primero es un *circuito con control manual* y el segundo es un *circuito con realimentación*.

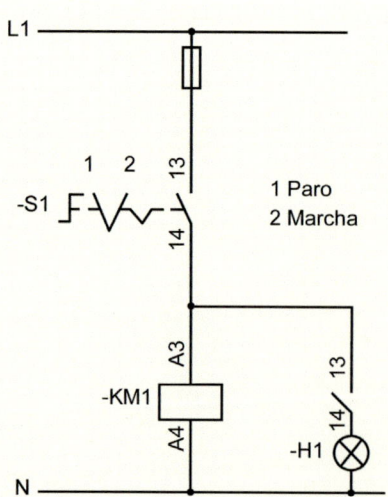
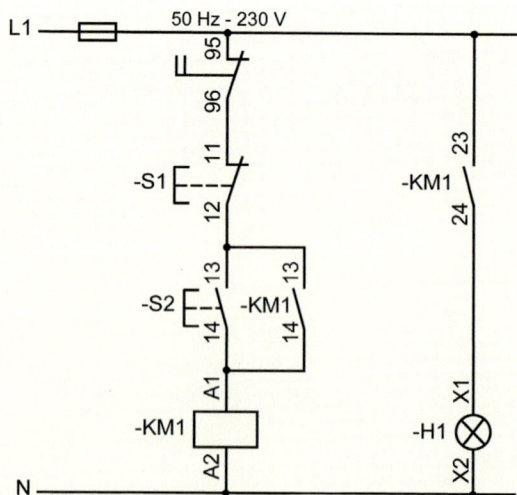

2. Funcionamiento

◉ En el *circuito con control manual*. El conmutador (S1) tiene dos posiciones en las que puede quedar enclavado:

- La posición 1 (línea continua), de reposo o paro del contacto.
- La posición 2, que cierra el contacto (posición de marcha) y activa la bobina del contactor KM1.

La bobina cerraría los contactos de potencia 1-2, 3-4, 5-6 del relé y accionaría el receptor.

¡Ahora practica! ● ● ● ●

● En el *circuito con realimentación*, se dispone de dos pulsadores:

- Uno de paro (S1) (NC).
- Otro de marcha (S2) (NA), en paralelo con un contacto auxiliar NA, 13-14, para realimentación.

Al estar S1 normalmente cerrado, cuando se pulsa S2 se activa la bobina de KM1 y se cierra su contacto auxiliar, encendiendo la lámpara H1. La bobina cerraría los contactos de potencia 1-2, 3-4, 5-6 del relé y accionaría el receptor. Aunque se libere S2, el contactor sigue alimentado (enclavado) a través de S1 y su propio contacto auxiliar.

Para desactivar el contactor KM1, se debe pulsar S1, con lo que la lámpara se apaga.

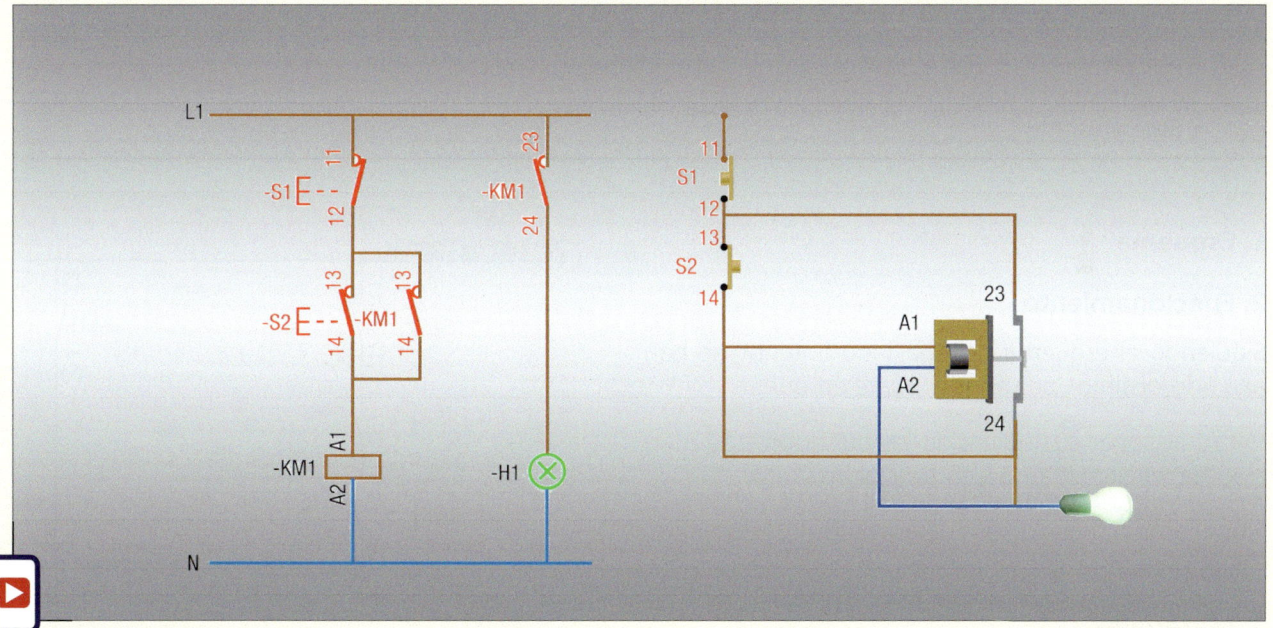

3. Materiales

Circuito con control manual

- 1 Contactor (KM1), con al menos los contactos auxiliares NA 13-14, categoría AC-2
- 1 Pulsador S1, NA/NC, 13-14/21-22
- Lámpara H1 para indicar funcionamiento

Circuito con realimentación

- 1 Contactor (KM1), con al menos los contactos auxiliares NA 13-14, NA 23-24, categoría AC-2
- 1 pulsador S1, NC, 11-12
- 1 Pulsador S2, NA, 13-14
- Lámpara H1 para indicar funcionamiento

4. Montaje del automatismo

5. Comprobación

ACTIVIDADES

1. Compara ambos circuitos e indica cuál te parece más eficiente.

2. Si se produjera un corte de corriente estando el circuito en funcionamiento, qué sucedería en cada circuito:
   - En el circuito con control manual.
   - En el circuito con realimentación.

¡Ahora practica!

Práctica 4.2. Montaje de circuitos de mando desde varios puntos

Modifica el circuito con realimentación anterior, de forma que sea posible ponerlo en marcha desde dos sitios diferentes y pararlo desde tres sitios distintos.

¡*Tenlo* en cuenta!

En instalaciones industriales, puede ser necesario poder tener un control a distancia desde varios puntos (por ejemplo, desde la cabina de control o desde la propia máquina). En este caso pueden utilizarse varios pulsadores:

- Los **pulsadores de marcha**. Se conectan en **paralelo** entre ellos y el contacto de la realimentación.
- Los **pulsadores de paro**. Se conectan en **serie** entre ellos y con el conjunto que forma el bloque de realimentación.

1. Esquema

2. Funcionamiento

Siguiendo el esquema del apartado anterior, se han añadido distintos pulsadores. Fíjate en que:

- ◉ Al accionar cualquiera de los pulsadores de marcha, el circuito entra en funcionamiento.

- ◉ Al accionar cualquiera de los pulsadores de paro, el circuito se desconecta.

3. Materiales

- 1 Contactor (KM1), con al menos los contactos auxiliares NA 13-14, NA 23-24, categoría AC-2
- 3 Pulsadores (S1, S2, S3), NC, 11-12
- 2 Pulsadores (S4, S5), NA, 13-14
- Lámpara H1 para indicar funcionamiento

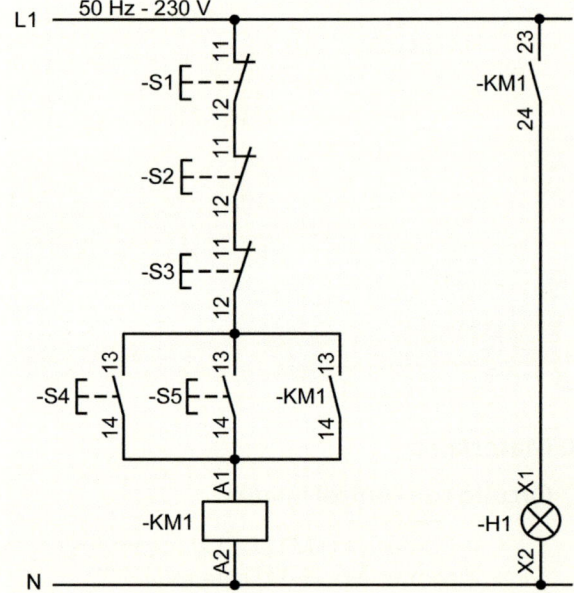

4. Montaje

5. Comprobación

ACTIVIDADES

1. Indica qué aplicaciones puede tener este tipo de circuitos.

2. Qué sucedería si en el circuito no se instalase ninguna lámpara de señalización.

¡Ahora practica! ● ● ● ●

Práctica 4.3. Montaje de circuitos de mando con temporizadores (I)

Esta práctica consiste en montar un circuito con temporizador a la conexión con un relé temporizado a la conexión para una señalización retardada.

1. Esquema del montaje a la conexión

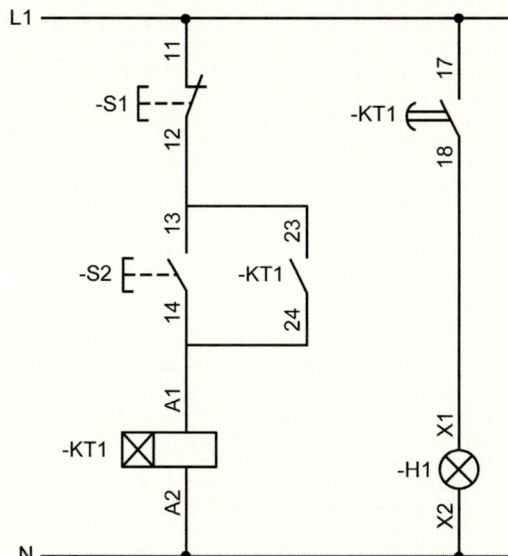

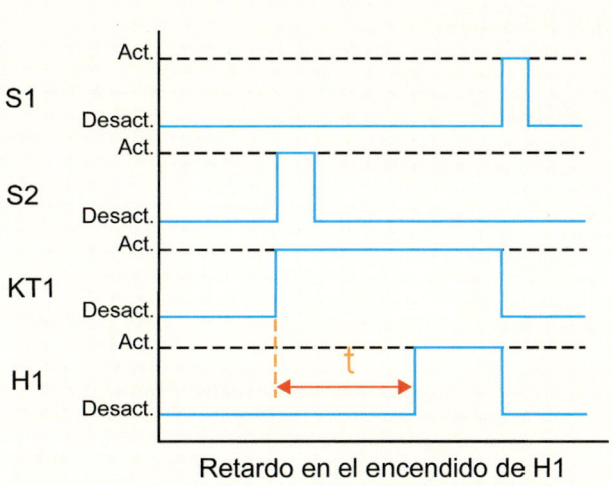

Retardo en el encendido de H1

2. Funcionamiento

En este esquema puedes ver la representación de un relé temporizador con un contacto de cierre inmediato (23-24) y otro temporizado a la conexión (17-18); además de dos pulsadores, uno de paro (S1) y otro de marcha (S2), en paralelo con el relé KT1.

- ◎ Al accionar el pulsador de marcha S2, se excita la bobina del temporizador KT1 y se cierra su contacto de enclavamiento. Recuerda que esto garantiza que, tras liberarse S2, KT1 continúe activado.

- ◎ Una vez activado KT1, su contacto temporizado se activa (se cierra), pero pasado un tiempo de retardo *t*.

- ◎ Tras ello se ilumina la bombilla H1. Esta permanece así hasta que se desactiva KT1 mediante el pulsador de paro S1.

¡Ahora practica!

3. Materiales

- 1 Contactor temporizado a la conexión, KT1, con al menos los contactos auxiliares: NA 23-24, sin temporizar; NA 17-18, temporizado a la conexión. El relé contactor ha de ser categoría AC-2
- 1 Pulsador S1, NC, 11-12
- 1 Pulsador S2, NA, 13-14
- Lámpara H1 para indicar funcionamiento

4. Montaje

5. Comprobación

ACTIVIDADES

1. Modifica el esquema inicial, sustituyendo el temporizador a la conexión por uno a la desconexión.

2. Describe el funcionamiento del circuito.

3. Relaciona todos los materiales necesarios.

4. Realiza las modificaciones sobre el montaje original para convertirlo en temporizado a la desconexión.

5. Comprueba su correcto funcionamiento.

¡Tenlo en cuenta!

Medidas de seguridad en el montaje de circuitos eléctricos

El montaje de los circuitos debe realizarse sin tensión. Para garantizar que sea así siempre, debes seguir esta serie de normas:

- Incorporar al circuito los dispositivos de protección apropiados, ya sea mediante fusibles o interruptores magnetotérmicos.

- Abrir el interruptor automático correspondiente, de forma que dejes sin tensión tanto el circuito de mando como el de potencia. El corte será visible, pues podrás ver la posición de la palanca del interruptor y la leyenda (OFF o 0).

- Enclavar o bloquear los aparatos de corte (si el circuito dispone de ellos) para evitar errores humanos. Imagina que trabajáis en grupo y que tu compañero o compañera se distrae y cierra el interruptor mientras tú manipulas el circuito.

- Asegurarte de la ausencia de tensión utilizando el polímetro en modo voltímetro. Este reconocimiento lo debes efectuar con el mismo cuidado que tendrías si la instalación estuviera en tensión.

¡Ahora practica! • ● • ● •

Práctica 4.4. **Montaje de circuitos de mando con temporizadores (II)**

1. Esquema

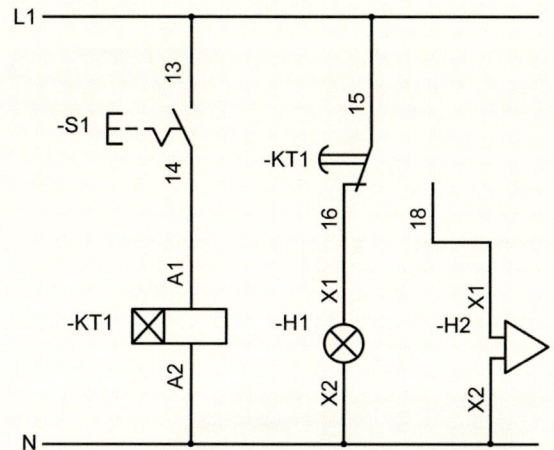
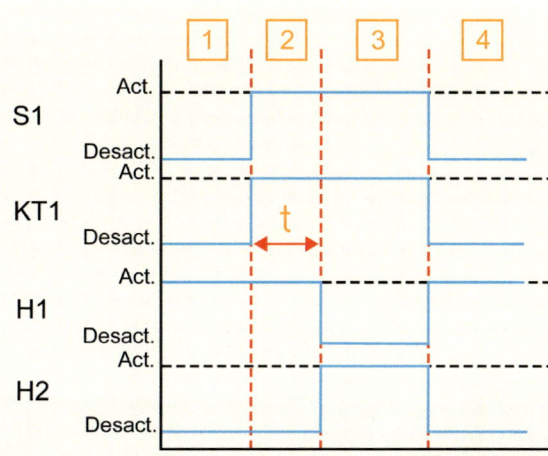

2. Funcionamiento

Disponemos de un temporizador a la conexión (KT1) que controla la lámpara H1 y la sirena H2. El circuito se activa o desactiva mediante el pulsador con enclavamiento mecánico S1.

Responde a las cuestiones siguientes:

a) ¿Cuál es el estado inicial de KT1, H1 y H2? (ESTADO 1)

b) Explica con detalle el funcionamiento de KT1 al conectar el pulsador S1. (ESTADO 2)

c) Describe el comportamiento de H1 y H2 a la temporización. (ESTADO 3)

d) ¿Cómo actuaremos para desconectar el circuito? Indica la respuesta de los distintos dispositivos. (ESTADO 4)

3. Materiales

- 1 Contactor (KT1), temporizado a la conexión, con al menos el contacto auxiliar conmutado, NC, 17-18. El relé contactor ha de ser categoría AC-2
- 1 Pulsador con enclavamiento mecánico (o interruptor) S1, NA, 13-14
- Lámpara H1
- Sirena H2

4. Montaje

5. Comprobación

ACTIVIDADES

1. Sustituye en este circuito el temporizador a la conexión KT1 por un temporizador a la desconexión:

a) Dibuja el esquema recordando que el accionamiento también será a la desconexión.

b) Modifica el montaje y comprueba su funcionamiento.

c) Elabora el diagrama secuencia-tiempo resultante.

5 Montaje y control de instalaciones con motores

Antes de empezar...

- Indica algunas funciones que cumplen los motores eléctricos en una instalación industrial.
- ¿Cómo están alimentados los motores utilizados en las instalaciones industriales?
- ¿Cuál es la operación más compleja en el funcionamiento del motor? Explica por qué.

5.1. Motores eléctricos

En instalaciones de automatismos eléctricos industriales, las máquinas accionadas por los contactores suelen ser en su mayoría motores eléctricos.

> Un **motor eléctrico** es una máquina eléctrica que transforma la corriente eléctrica que recibe en movimiento giratorio (energía mecánica).

Este movimiento es aprovechado para facilitar el trabajo en múltiples tareas, y por eso los motores eléctricos son ampliamente utilizados en el ámbito industrial.

Los motores eléctricos pueden funcionar alimentados por corriente alterna (motores CA) o por corriente continua (motores CC):

- Los **motores CA** son los más empleados en instalaciones de automatismos industriales, puesto que tienen un rendimiento más alto y un bajo mantenimiento, son más fáciles de conectar y más sencillos de manejar.

- Los **motores CC** tienen aplicaciones industriales más concretas.

Precisamente este es el criterio principal de clasificación de los motores eléctricos:

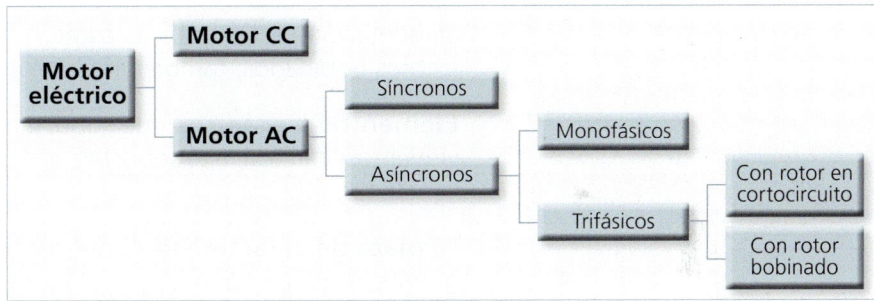

En esta unidad, nos centraremos especialmente en los motores CA y en las operaciones que requieren una especial atención porque suponen una variación del funcionamiento normal del motor. Estas operaciones son:

- El arranque.

- El cambio del sentido del giro.

- La variación de la velocidad.

- La desaceleración y el frenado.

Fig. 5.1.
Aspecto de los motores eléctricos de unas cintas transportadoras.

¡*Tenlo* en cuenta!

El estudio más detallado de los motores se realiza en el módulo de Máquinas eléctricas.

⁞ 5.1.1. **Motores de corriente alterna**

Es importante conocer la estructura de un motor eléctrico de corriente alterna, así como los diferentes tipos de motores.

⁞ Estructura de un motor CA

La estructura de un motor eléctrico CA se compone básicamente de dos partes: una fija o *estator* y una móvil o *rotor*.

- El **estator** (o inductor) es el componente estático que recibe la energía eléctrica y crea un campo magnético. Está formado por un apilado de láminas ferromagnéticas, que albergan los devanados o bobinados y forman los polos magnéticos. El número de polos del estator es siempre par (norte/sur).

- El **rotor**. Es el componente móvil del motor y se encuentra ubicado en el interior del estator. Consiste en una estructura compuesta por un núcleo ferromagnético que aloja espiras conductoras donde se establece un circuito magnético que, acoplado al del estator, produce el giro mecánico deseado.

Otros elementos que forman parte del motor son:

- La **caja de bornes o conexiones**. Está fijada en la carcasa de la máquina, posee unos bornes de conexión que permiten el fácil acceso y alimentación de las bobinas estatóricas y, en el caso de motores con rotores bobinados, también de las rotóricas.

- **Elementos mecánicos** que soportan la estructura y facilitan los movimientos: carcasa, eje, soportes, rodamientos, aletas de refrigeración, ventilador, etc.

- La **placa de características del motor**. El fabricante facilita los datos nominales de corriente según el tipo de conexión (estrella o triángulo) y otros datos de interés para el personal de montaje y mantenimiento, como el modelo de la máquina, la potencia nominal, su frecuencia de trabajo, etc.

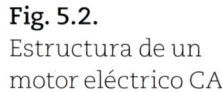

*¡**Tenlo** en cuenta!*

El espacio que queda entre el estator y el rotor se denomina *entrehierro*.

Fig. 5.2.
Estructura de un motor eléctrico CA.

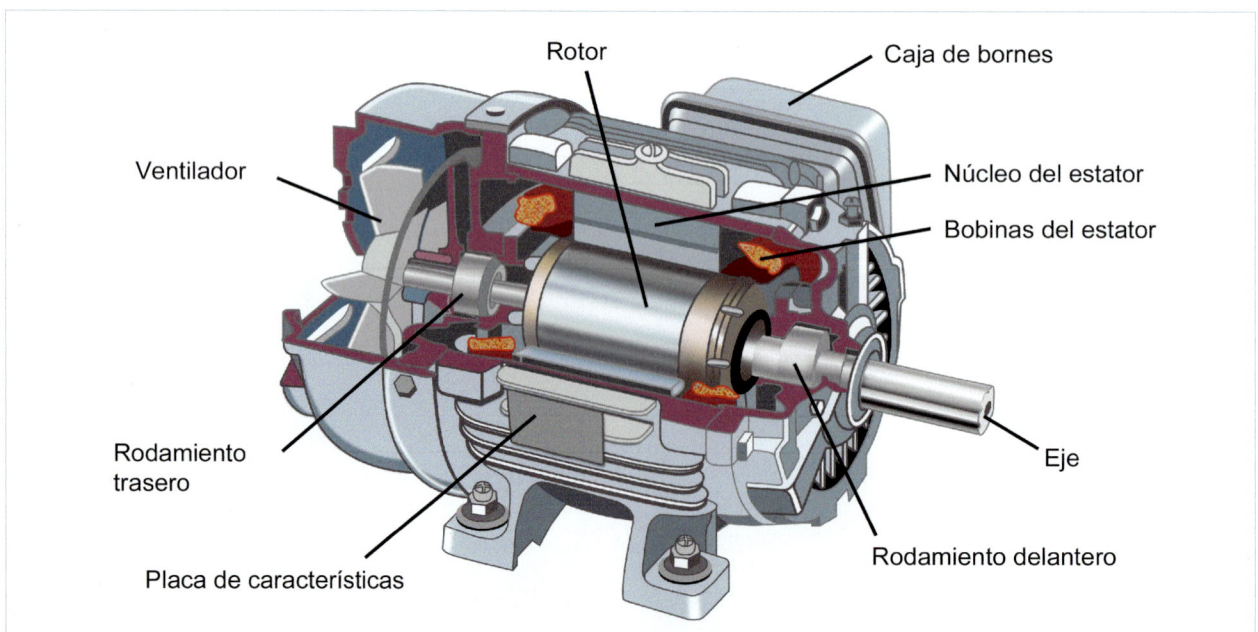

Rotor
Caja de bornes
Ventilador
Núcleo del estator
Bobinas del estator
Rodamiento trasero
Eje
Placa de características
Rodamiento delantero

Símbolos Motores CA
Motor monofásico
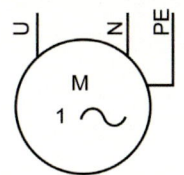
Motor asíncrono trifásico con rotor en cortocircuito
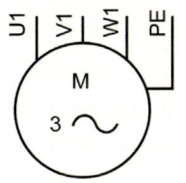
Motor asíncrono trifásico con rotor bobinado
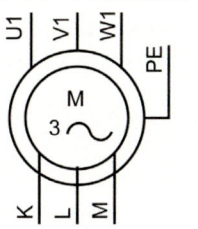

⠒ Tipos de motores de corriente alterna

Los motores de corriente alterna se suelen clasificar atendiendo a la velocidad de giro. Así diferenciamos entre:

● **Motores síncronos**. Son los motores de corriente alterna en los cuales el rotor gira a la misma velocidad que el campo magnético giratorio, debido a que se alimentan directamente de la corriente eléctrica. Estos motores se emplean sobre todo cuando se necesita mantener una velocidad constante para grandes cargas que varían con el tiempo.

● **Motores asíncronos**. Son los motores de corriente alterna en los que el rotor gira a menor velocidad que el campo magnético generado en el estator. En este caso, la energía de los devanados del rotor es inducida mediante los campos magnéticos generados en el estator. Son muy comunes en la industria para potencias medias o bajas.

Los motores asíncronos pueden estar alimentados por corriente monofásica o trifásica:

● **Motores monofásicos**. Se alimentan de fase y neutro. Estos motores disponen de dos bobinados, uno principal o de trabajo y otro auxiliar o de arranque (de conductor más fino y menor número de espiras que el de trabajo). En la industria se utilizan en aplicaciones o procesos que requieran poca potencia.

● **Motores trifásicos**. Se alimentan de tres fases. El campo magnético giratorio se consigue por medio de tres devanados estatóricos decalados 120°. Según el tipo de rotor, se distingue entre dos tipos de motores:

  • **Motores con rotor en cortocircuito o motores de jaula de ardilla**. Están formados por barras longitudinales cortocircuitadas mediante anillos que forman los extremos del cilindro.

  • **Motores de rotor bobinado**. Son motores cuyo rotor está bobinado. Los devanados del rotor están conectados a delgas o anillos rozantes, situados en el propio eje del rotor. La energía eléctrica les llega mediante el roce de dichos anillos con unos terminales flexibles, denominados escobillas.

Fig. 5.3.
Funcionamiento de un motor trifásico asíncrono.

Símbolos Motores CC
Motor de excitación independiente
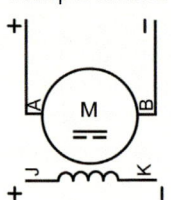
Motor serie
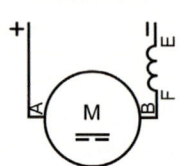
Motor *shunt*
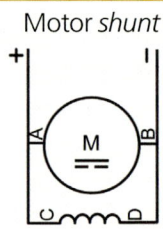
Motor *compound*
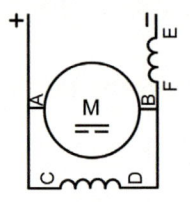

5.1.2. Motores de corriente continua

Son motores que aplican la generación de un campo magnético permanente o fijo para convertir energía eléctrica en mecánica (velocidad y par motor). En industria son utilizados en un amplio espectro de aplicaciones, siendo habituales aquellas en las que se requiere un control muy preciso de velocidad o de posición. Así, por ejemplo, la mayoría de los brazos robotizados y otros sistemas de fabricación continua, y también las grúas de precisión, emplean motores CC.

En los motores de corriente continua, estator y rotor disponen cada uno de un devanado, los cuales actúan como inductor e inducido, respectivamente. Según la manera como se conectan ambos devanados, los motores CC pueden ser:

- **Motor de excitación independiente**. Los devanados del estator y del rotor obtienen la alimentación de dos fuentes de tensión independientes.

- **Motor serie**. Los devanados del estator y del rotor están conectados en serie y a la misma fuente de alimentación.

- **Motor de derivación** o **motor *shunt***. Los devanados del estator y del rotor están conectados en paralelo y a la misma fuente de alimentación.

- **Motor compuesto o *compound***. El devanado del estator tiene una parte en serie con el inducido y una parte en paralelo.

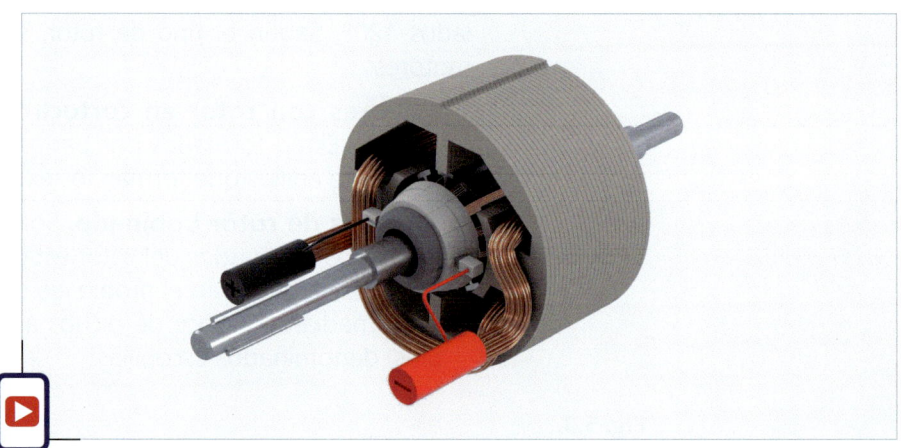

Fig. 5.4. Funcionamiento de un motor de corriente continua.

¡*Tenlo* en cuenta!

Los motores eléctricos que pueden funcionar tanto en CA como en CC se conocen con el nombre de **motores universales**. Suelen ser de tamaño reducido y se utilizan en herramientas portátiles o de uso doméstico.

Actividades

1. Indica los elementos que componen un motor trifásico y las funciones que realizan.

2. Explica las diferencias entre un motor monofásico y uno trifásico en cuanto a su funcionamiento. ¿Cuál es más eficiente?

3. Explica las diferencias entre un motor de rotor bobinado y un motor de rotor de jaula de ardilla. Compara las ventajas e inconvenientes del uno respecto del otro.

4. Elabora una relación de los diferentes motores de CC.

5.2. Alimentación y protección de motores

Los motores, por sus características, precisan de unas condiciones de alimentación y protección específicas, especialmente en el momento de arranque en CA, pues es cuando requieren mayor intensidad para generar la energía necesaria para poner las máquinas en funcionamiento.

5.2.1. Protección de motores

Los motores son máquinas con altos requerimientos de energía, por lo que es necesario disponer de unas protecciones acordes. Por eso, en el circuito de potencia, entre la conexión a la red eléctrica y el motor (además de los relés y contactores), se deben instalar dispositivos con diferentes funciones de protección:

- De **seccionamiento**. Permite aislar la instalación del motor de la red de alimentación. Para operar sobre la instalación del motor se debe proceder al seccionamiento, de manera que podamos trabajar de forma segura (sus contactos abiertos deben garantizar la *distancia de seccionamiento*). El seccionamiento de las instalaciones siempre se realiza cuando no están en carga.

  Esta función se lleva a cabo utilizando los *seccionadores*, que deben soportar las corrientes de trabajo, pero no pueden soportar las conexiones o desconexiones en carga.

- De **conexión o desconexión manual** de la instalación, en carga. Esta función la realizan los interruptores.

- **Contra sobreintensidades**, ya sean sobrecargas o cortocircuitos. Para estas protecciones ya hemos visto que se utilizan fusibles o interruptores automáticos, magnéticos y térmicos.

- **Contra fugas de corriente**. Esta protección la proporcionan, como ya hemos visto, los interruptores diferenciales.

Los dispositivos de protección que hemos visto en la unidad didáctica anterior son aplicables también a la protección de motores eléctricos. Será importante seleccionar las protecciones, o combinaciones de estas, más adecuadas para la protección de cada máquina.

Además, contamos con algunos dispositivos más específicos para la protección de motores, como el *disyuntor magnetotérmico* o el *guardamotor*. También hay que tener en cuenta que la mayoría de los fabricantes ofrecen soluciones integrales, con dispositivos que agrupan varias funciones, como los *relés de protección integral*.

Símbolos Protección de motores
Seccionador con fusibles
Seccionador
Interruptor
Interruptor-seccionador

¡*Tenlo* en cuenta!

La ITC-BT-47 establece que los motores deben estar protegidos contra cortocircuitos y contra sobrecargas en todas sus fases, y que esta última protección tiene que ser de tal naturaleza que cubra, en los motores trifásicos, el riesgo de la falta de tensión en una de las fases.

La rotura o falta de tensión de una de las fases en un motor trifásico provocaría una sobrecorriente tal en las otras dos fases que quedarían alimentando el motor, que destruiría las bobinas internas en pocos segundos. Asimismo, podría afectar a los conductores de las fases que quedasen en trabajo, con el riesgo que ello conllevaría para toda la instalación eléctrica fija aguas arriba.

El disyuntor magnetotérmico

El **disyuntor magnetotérmico** es el resultado de la combinación de un relé magnetotérmico con un interruptor disyuntor en un mismo dispositivo.

Proporciona protección contra cortocircuitos y sobrecargas. También puede ofrecer protección contra fugas de corriente, en función del tipo de distribución de la red. Además, nos permite conectar y desconectar en carga.

Cuando el disyuntor abre o cierra, sea cual sea la causa, el corte o la conexión es *omnipolar* (es decir, corta todos los polos simultáneamente).

Dos de las características principales de un disyuntor son:

- El **poder de corte**: es el valor máximo de corriente de cortocircuito que puede interrumpir el disyuntor a una determinada tensión y en unas determinadas condiciones de trabajo. Se expresa en kA.

- El **poder de cierre**: es el valor máximo de corriente de cortocircuito que puede establecer el disyuntor a una determinada tensión y en unas determinadas condiciones de trabajo. El poder de cierre es *k* veces superior al poder de corte, siendo el valor de *k* entre 1,5 y 2,2 veces el poder de corte. Evidentemente, también se expresa en kA.

El guardamotor

Un **guardamotor** es un disyuntor magnetotérmico, diseñado específicamente para la protección de motores eléctricos.

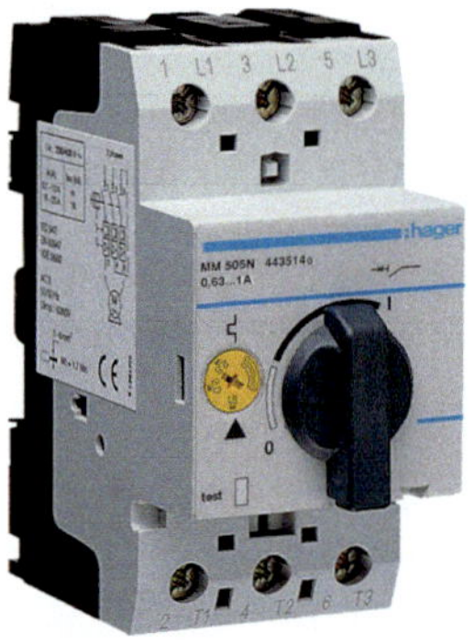

Este diseño especial proporciona al dispositivo una curva de disparo que lo hace más robusto frente a las sobreintensidades transitorias, más habituales en el arranque de los motores. También aporta protección frente a sobrecargas del motor y cortocircuitos, y en algunos casos, frente a falta de tensión en una fase.

Las características principales del guardamotor son las mismas que las de los demás magnetotérmicos: intensidad nominal, poder de corte y curva de disparo (normalmente del tipo D o K). Pero el disparo térmico se produce con una intensidad y un tiempo mayores. Además, cuenta con un selector para regular los valores de este disparo.

Fig. 5.5.
Guardamotor.

El relé electrónico de protección integral

El **relé electrónico de protección integral** es un dispositivo electrónico diseñado específicamente para proteger motores eléctricos de los daños que puedan causar anomalías en la corriente y la tensión.

Actúa supervisando constantemente la corriente de consumo del motor y el voltaje de la línea. En caso de que se presente una condición anormal, desconecta el motor, y no permite su reconexión hasta que las condiciones que han causado la anomalía están solventadas y las anomalías han desaparecido. Estos dispositivos pueden contar con una memoria interna, que recoge todas las anomalías detectadas y facilita las tareas de seguimiento y mantenimiento.

5.2.2. Alimentación en el arranque de motores CA

El proceso que más energía precisa en el funcionamiento de los motores es el *arranque.*

> El **arranque de un motor eléctrico** es el proceso que sigue un motor desde que se conecta al generador hasta alcanzar su punto de funcionamiento estable.

La velocidad de giro del eje de un motor aumenta progresivamente durante el arranque hasta que se estabiliza en un determinado valor. En ese momento, el *par motor* que genera la máquina se iguala al *par resistente* que ofrece la carga accionada por el mismo, de modo que se llega a un punto de funcionamiento estable denominado *régimen en estado estacionario.*

El tiempo que dura el arranque de un motor recibe el nombre de *período de arranque del motor* o *régimen transitorio de la máquina.*

Condiciones para el arranque del motor

Existen dos magnitudes importantes en el proceso de arranque de un motor:

- **Par de arranque** (M_a). Es el valor del par en el eje del motor en el instante de la conexión a la corriente, cuando todavía no ha empezado a girar.

- **Par de aceleración** (M_{ac}). Es el valor del par que incrementa progresivamente la velocidad de la máquina. Viene dado por la diferencia entre el par motor (M_m) y el par resistente (M_r) en cada instante del período de arranque:

$$M_{ac} = M_m - M_r$$

Teniendo en cuenta esta relación:

- Si el par motor (M_m) es mayor que el par ofrecido por la carga (M_r), entonces $M_{ac} > 0$, y el motor podrá arrancar sin problemas arrastrando la carga que acciona.

- Por el contrario, si el par resistente es mayor que el par motor ($M_m < M_r$), entonces $M_{ac} < 0$, y el motor no podrá arrancar convenientemente.

Así pues, se puede afirmar que para que un motor eléctrico pueda arrancar, es condición necesaria que el par de aceleración (M_{ac}) sea positivo hasta que alcance sus valores nominales en régimen estacionario (velocidad nominal y par nominal). (DOC. 5.1)

Protección del arranque

En el momento del arranque, para superar la resistencia que ofrece la carga, se produce un pico de corriente, cuyo valor puede ser mucho mayor que el de la corriente nominal del motor, y esto puede poner en peligro la instalación o provocar perturbaciones de funcionamiento en otros receptores o instalaciones.

Como veremos en el apartado siguiente, para evitar el pico de corriente que se produce en el momento del arranque, es frecuente disminuir la tensión de alimentación del motor, lo que comporta que también decrezca notablemente el par motor.

Documento 5.1

Curvas par-velocidad

Las características del arranque de los motores de inducción se representan gráficamente en las *curvas par-velocidad*, en las que se muestra, en función de la velocidad de la máquina (n):

- El par motor (M_m). Recuerda que es la medida de la fuerza de rotación que es capaz de transmitir un motor en cada giro.

- El par resistente (M_r). Es la medida de la fuerza que debe vencer el motor en cada giro.

Siendo n_{nom} y M_{nom} la velocidad y el par nominales en régimen estacionario, respectivamente.

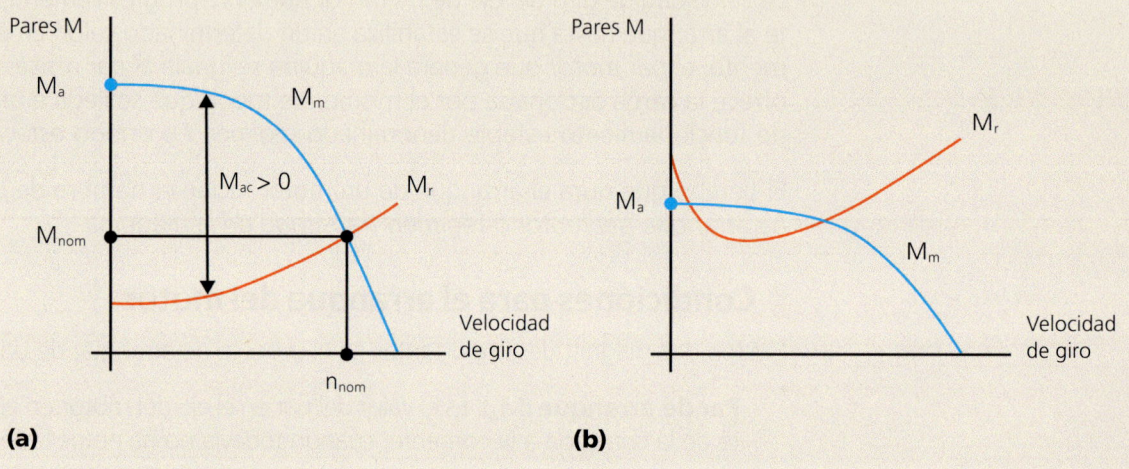

(a)   (b)

- En la gráfica (a) se aprecian las curvas para un motor que puede arrancar sin problemas ($M_{ac} > 0$).
- En la gráfica (b) tenemos el caso de una máquina que no podría arrancar ($M_{ac} < 0$).

Actividades

5. ¿Qué tipos de protecciones deben incluir siempre las instalaciones con motores?

6. Justifica por qué los disyuntores magnetotérmicos y los relés son soluciones específicas para la protección de motores CA. Explica la diferencia entre ambos dispositivos.

7. Busca en catálogos de fabricantes soluciones para la protección integral de motores. Indica qué protecciones ofrecen y qué otras ventajas proporcionan.

8. ¿Qué sucede en el momento del arranque de un motor eléctrico CA?

9. ¿Por qué la corriente de arranque siempre es mayor que la corriente nominal de un motor eléctrico CA?

10. Explica los conceptos siguientes, relacionados con el arranque de un motor:
   a) Par motor.
   b) Par resistente.
   c) Par de arranque.
   d) Par de aceleración.
   e) Período de arranque del motor.
   f) Valores nominales en régimen estacionario.

11. ¿Qué describen las curvas par-velocidad de un motor eléctrico? Busca la ficha técnica de un motor eléctrico asíncrono CA y calcula, si es posible, sus M_{ac}, M_m y M_r.

5.3. Arranque de motores eléctricos CA

El problema principal que genera el arranque de motores eléctricos es el gran consumo de corriente que necesitan en el momento inicial. Esta intensidad de arranque (I_a) podría provocar una caída de tensión y alcanzar niveles con capacidad para activar el disparo de los dispositivos de protección o causar daños a la propia instalación.

Algunos sistemas de arranque tienen como finalidad reducir esta intensidad inicial hasta límites admisibles, que no superen los establecidos por el REBT y que no supongan ningún peligro para otros componentes de la instalación. Los principales sistemas de arranque son los siguientes: *arranque directo, arranque estrella-triángulo, arranque mediante resistencias, arranque mediante autotransformador, arranque de motores con devanados partidos, arrancadores electrónicos (estáticos).*

5.3.1. Arranque directo

El **arranque directo** consiste en suministrar la corriente de la red directamente a los extremos de las bobinas del estator.

Este sistema de arranque se produce de manera natural sin la intervención de ningún elemento de reducción de corriente. Por eso es la opción más simple y económica.

Por el contrario, tiene importantes limitaciones, pues sólo puede emplearse en motores de poca potencia (menos de 0,75 kW), con un par de arranque elevado y en los casos en que la línea de alimentación no se vea afectada por el elevado pico de corriente de arranque. De hecho, los únicos motores que admiten este tipo de arranque son los motores asíncronos con el rotor en cortocircuito.

El arranque directo puede realizarse por medio de:

- Un pulsador NA con autoenclavamiento gracias al contacto auxiliar NA de un contactor trifásico. Este contactor lleva acoplado en serie con los contactos principales un relé térmico para la protección del motor.

- Interruptores de corte omnipolar magnetotérmicos que permitan tanto la maniobra como la protección contra cortocircuitos y sobrecargas.

Fig. 5.6.
Funcionamiento de un automatismo para el arranque directo.

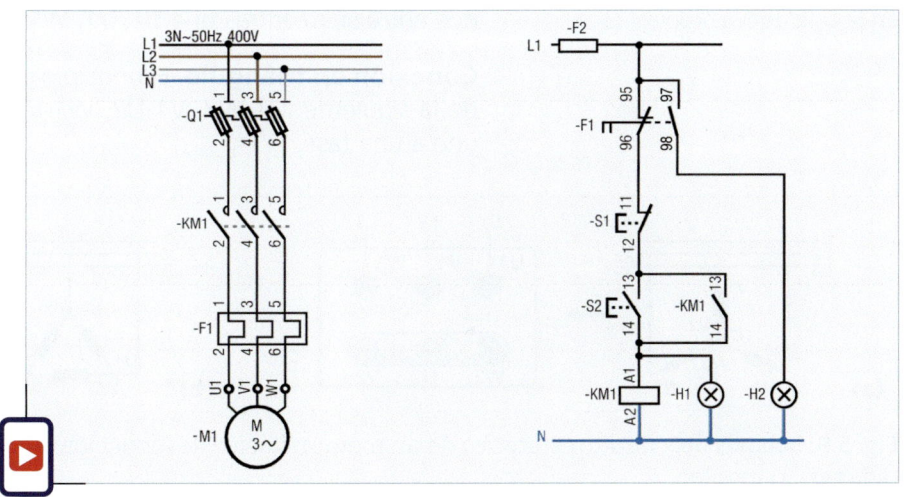

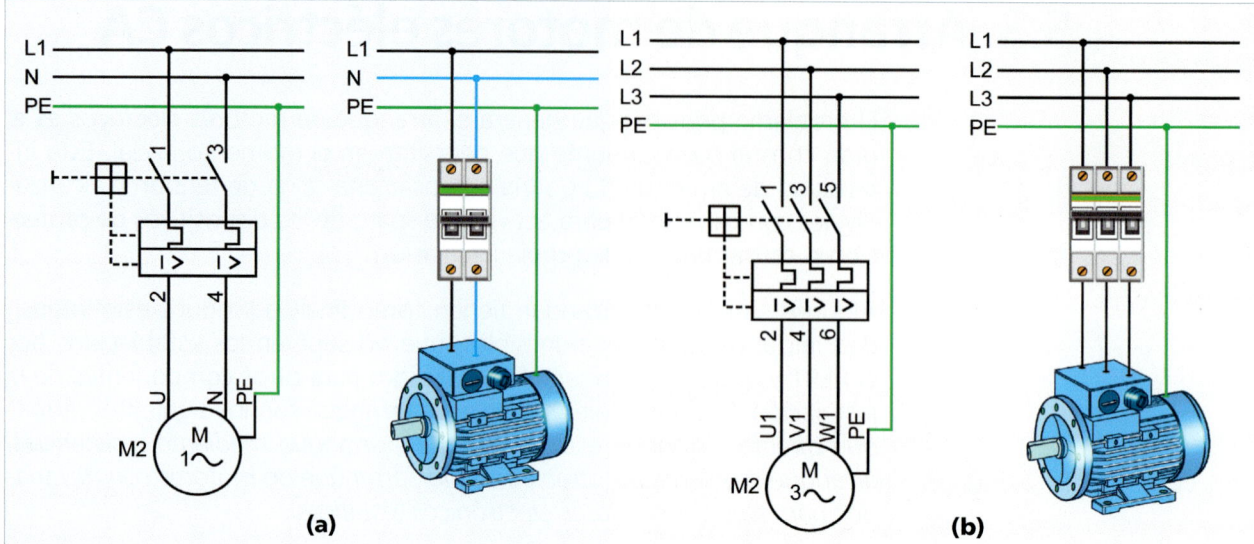

Fig. 5.7.
Arranque directo con interruptor magnetotérmico: a) Motor monofásico. b) Motor trifásico.

5.3.2. Arranque estrella-triángulo

Es el procedimiento más común para el arranque de motores asíncronos trifásicos con rotor en cortocircuito, de mediana o gran potencia.

> El **arranque estrella-triángulo** consiste en iniciar el arranque estando las bobinas estatóricas conectadas en estrella, para pasar a conexión en triángulo cuando el motor haya alcanzado una parte importante de su velocidad de funcionamiento.

Conexión en estrella y conexión en triángulo

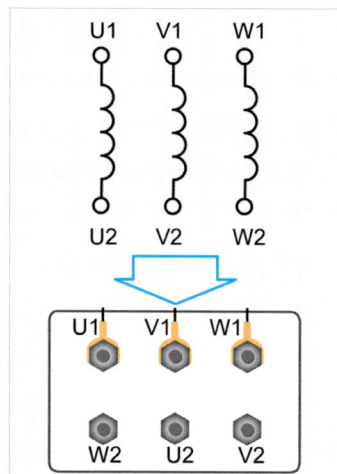

Fig. 5.8.
Conexión interna de bobinas de un motor trifásico y su visualización en la caja de bornes.

Los motores trifásicos asíncronos de inducción disponen de una caja de conexiones que permite el acceso a los bornes de las bobinas estatóricas desde el exterior. En la caja de bornes se encuentran los dos terminales de cada una de las tres bobinas (*motores de 6 bornes*). Los terminales se designan por uno de sus extremos con U1, V1 y W1 y por el otro lado con U2, V2 y W2.

Según la conexión de las tres bobinas, es decir, la interconexión de los terminales en la caja de bornes, se establecen dos configuraciones:

- **Conexión en estrella**. Los terminales U2, V2, W2 se encuentran unidos entre sí, mientras que U1, V1, W1 se unen a una de las tres fases.

- **Conexión en triángulo**. El principio de una bobina se une con el final de la siguiente: U1-W2, V1-U2, W1-V2 y cada principio de bobina se une a una fase.

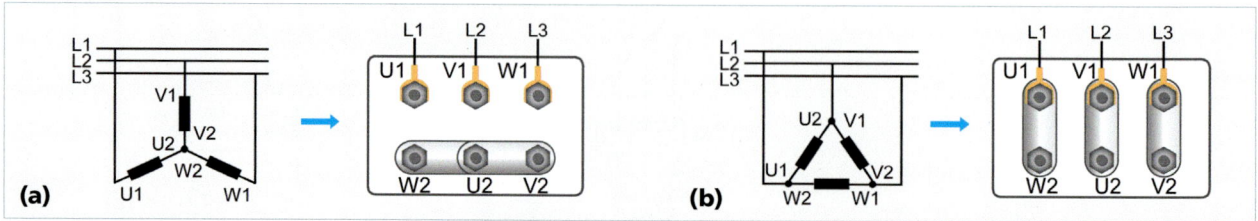

Fig. 5.9. Bobinas del circuito estatórico de un motor trifásico de inducción: a) conectadas en estrella; b) conectadas en triángulo.

¡*Tenlo* en cuenta!

La placa de características del motor proporciona los datos nominales de corriente cuando el motor se conecta en estrella y en triángulo.

El esquema de potencia para un arrancador estrella-triángulo consta de tres contactores.

- El contactor de línea KM1 se encarga de la conexión de los bobinados a la red. Concretamente, conecta U1 con L1, V1 con L2 y W1 con L3. Está siempre activado para que funcione el motor.

- El contactor KM2 realiza completamente la conexión en estrella conectando los tres extremos libres de los bobinados del motor: U2 con V2 y W2.

- El contactor KM3 efectúa la conexión en triángulo conectando U1 con W2, V1 con U2 y W1 con V2.

Fig. 5.10.
Esquema de potencia para el arranque estrella-triángulo.

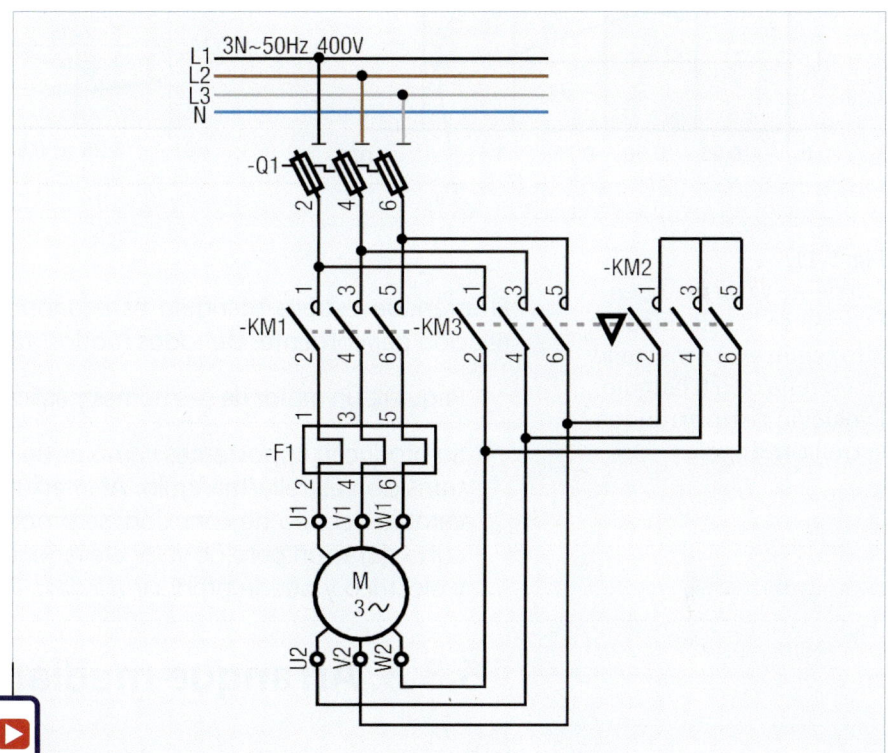

¡*Tenlo* en cuenta!

Como puedes ver, KM2 y KM3 no pueden entrar en funcionamiento a la vez porque se produciría un cortocircuito entre fases. Para evitarlo, es recomendable utilizar el enclavamiento mecánico. De esta manera, se asegura que sólo uno de los dos está funcionando simultáneamente con KM1.

⠿ Proceso del arranque estrella-triángulo

La ventaja de iniciar el arranque con los bobinados en estrella se debe al menor consumo que tiene el motor conectado de esta forma, pues con la conexión en estrella, la corriente de línea que absorbe el motor es un tercio de la que absorbe conectando sus bobinados en triángulo.

Así, para cualquiera de los tres conductores de línea se cumple que:

$$I_{estrella} = \frac{I_{triángulo}}{3}$$

Si partimos de que la corriente de arranque en conexión en triángulo es 6 veces la nominal, al conectar el motor en estrella baja a 2 veces la corriente nominal. Eso sí, el par que desarrolla el motor en estrella también se ve reducido en un tercio, aunque este hecho no importará mientras sea capaz de vencer el par resistente.

Una vez el motor ha comenzado a girar y se aproxima al 80 % de su velocidad nominal, debe cambiarse a la conexión definitiva de sus bobinados: conexión en triángulo.

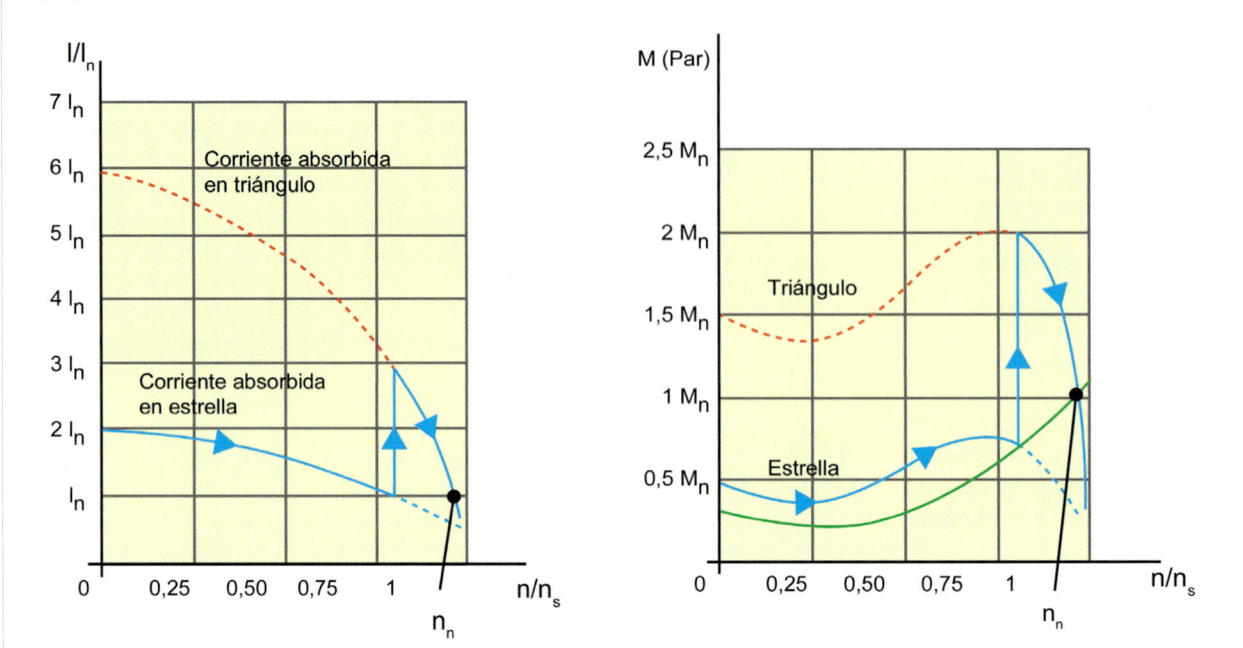

Fig. 5.11.
Corriente y par motor en función de la velocidad de giro según esté conectado en estrella o en triángulo. Evolución de un arranque estrella-triángulo.

El arranque estrella-triángulo es económico, sencillo y tiene una buena relación par/corriente. De todos modos, también presenta inconvenientes:

- Requiere un motor de seis bornes y aplicaciones con poco par de arranque.

- Se producen importantes cambios de la corriente y del par debido a la transición estrella/triángulo. Al interrumpir de golpe la corriente por el cambio del tipo de conexión, se produce un pico de corriente de muy corta duración pero de valor elevado. Esto aumenta el estrés mecánico y eléctrico y puede producir averías.

5.3.3. Arranque mediante resistencias

El **arranque mediante resistencias** consiste en añadir en el circuito estatórico, o bien en el circuito rotórico, resistores externos para aumentar así la resistencia eléctrica del conjunto motor cuando se conecta a la línea eléctrica.

Asimismo, las resistencias ejercen de divisor de tensión, lo cual es útil para reducir la tensión de alimentación del motor durante el arranque.

Quizá sea el método más antiguo para minimizar las corrientes de arranque en motores de CA.

El principio consiste en arrancar el motor bajo tensión reducida mediante la inserción de resistencias en serie con los devanados, pero una vez la velocidad se ha estabilizado, las resistencias se anulan y el motor se acopla directamente a la red.

La ventaja respecto al anterior sistema es que la eliminación de la resistencia al finalizar el arranque se lleva a cabo sin interrumpir la alimentación del motor y, por tanto, sin fenómenos transitorios. Sin embargo, tiene varios inconvenientes inherentes a la utilización de resistencias y a la poca optimización del rendimiento del arranque, especialmente de cargas pesadas o de duración larga.

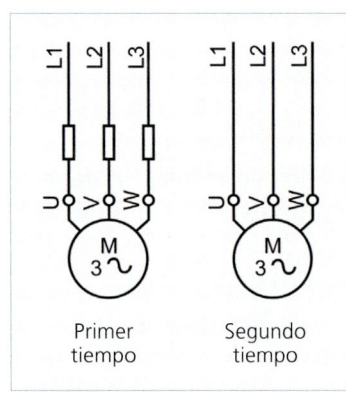

Fig. 5.12.
Arranque mediante resistencias.

5.3.4. Arranque mediante autotransformador

El **arranque mediante autotransformador** consiste en alimentar el motor a una tensión reducida utilizando un autotransformador.

Con este arranque, la alimentación del motor se va incrementando progresivamente hasta la desconexión del autotransformador del circuito del motor, una vez finalizado el arranque. El arranque se lleva a cabo en tres tiempos:

- 1.er TIEMPO. El autotransformador se acopla en estrella y, a continuación, el motor se acopla a la red a través de una parte de los devanados del autotransformador. El arranque se lleva a cabo a una tensión reducida.

- 2.º TIEMPO. Cuando se alcanza la velocidad de equilibro, la estrella se abre, quedando la fracción de bobinado conectada a la red en serie con el motor.

- 3.er TIEMPO. Se cortocircuita el transformador quedando fuera de servicio, y se acopla el motor directamente a la tensión de la red.

Fig. 5.13.
Arranque mediante autotransformador.

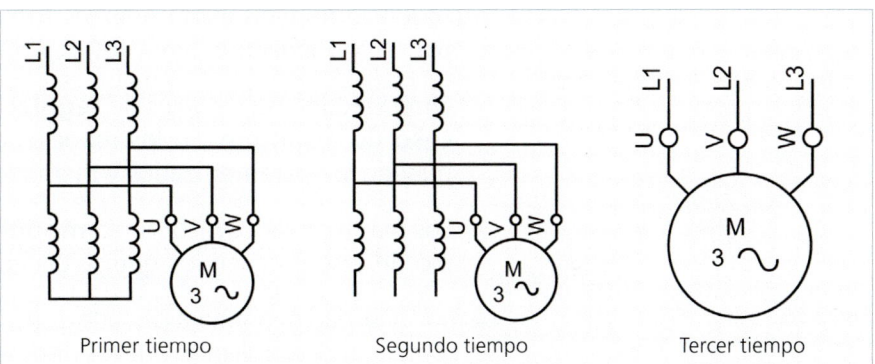

Primer tiempo · Segundo tiempo · Tercer tiempo

El arranque con autotransformador ofrece un mayor control que los métodos anteriores, pero la tensión aún sigue aplicándose por tramos. Por otra parte, la necesidad de incorporar el autotransformador hace que este sistema sea caro y voluminoso.

5.3.5. Arranque de motores con devanados partidos

Este tipo de arranque requiere un motor especial con doble devanado. Esta característica explica el sistema:

- En el arranque se conecta directamente a la red un juego de devanados (medio motor). Esto divide, aproximadamente por dos, tanto la corriente de arranque como el par.

- Cuando está finalizando el arranque, se conecta en paralelo el otro juego de devanados.

El par de arranque no se reduce tanto como en el arrancador estrella-triángulo y tampoco tiene problemas de puntas de corriente elevadas, pero requiere un motor específico. Es un sistema poco utilizado en Europa, pero muy generalizado en Norteamérica.

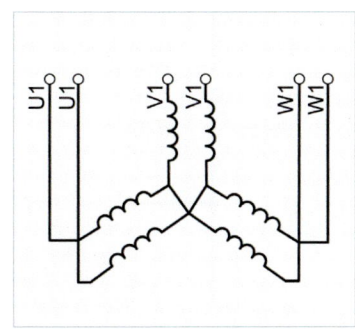

Fig. 5.14.
Devanados de un motor con bobinados partidos.

⋮⋮ 5.3.6. **Arrancadores electrónicos**

> Los **arrancadores electrónicos** permiten la subida progresiva de la tensión de alimentación del motor, lo que evita puntas de corriente elevadas y brusquedad en el arranque.

Son dispositivos electrónicos equipados con sensores de corriente incorporados que permiten regular la tensión y la corriente (picos de corriente y caídas de tensión), tanto en los procesos de arranque como en los de parada, realizando un control efectivo del par.

Su uso se está generalizando debido a las grandes ventajas que presentan:

- **Coste y espacio requerido reducidos**. Los avances en la electrónica permiten una reducción de costes y una miniaturización muy importante. El mismo conjunto (a veces, de forma modular) incorpora el circuito de potencia y el de control.

- **Reducción** muy importante **del cableado y del tiempo de montaje**. Permiten acoplar módulos que se interconectan sin necesidad de cableado externo (por ejemplo, el módulo para inversión de giro).

- Algunos modelos incorporan las **funciones de protección del motor**: seccionamiento, interruptor, protección térmica y magnética.

- Ofrecen diferentes niveles de **regulación térmica y ajustes del proceso de arranque**. En los modelos más avanzados, algunos ajustes pueden ser parametrizados y memorizados.

- Los más avanzados incorporan **módulos de comunicación**. Un ejemplo de este tipo son los que se conectan a autómatas programables.

La funcionalidad dependerá de cada dispositivo, pues las empresas fabricantes continúan desarrollando nuevos dispositivos más eficientes que integran un número mayor de funciones: protección, variación de la velocidad, etc.

Fig. 5.15.
Ejemplo de automatismo que incorpora un arrancador electrónico.

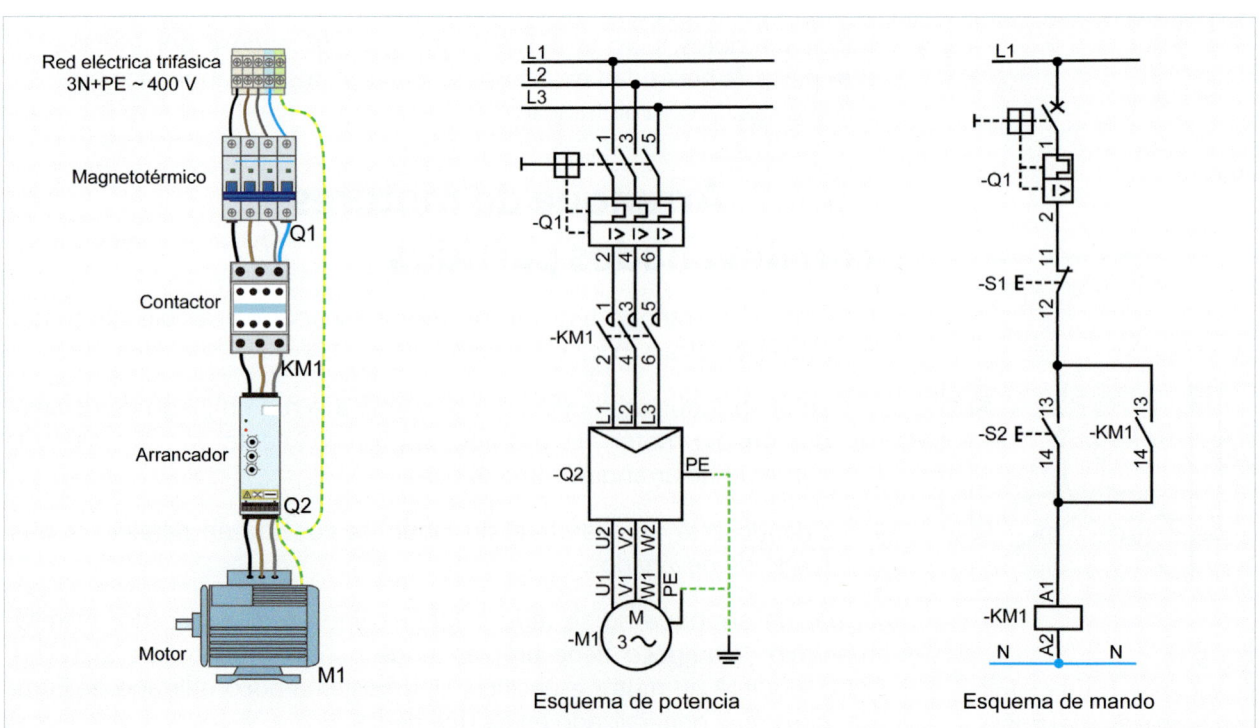

Actividades

12. Copia en tu cuaderno y completa la tabla siguiente indicando para cada sistema de arranque su principio de funcionamiento y sus límites:

Arranque	Principio de funcionamiento	Límites o desventajas
Directo		
Estrella-triángulo		
Mediante resistencias		
Con autotransformador		
Con devanados partidos		
Arrancadores electrónicos		

13. ¿Cuándo puede estar indicado el arranque directo de un motor eléctrico?

14. Dibuja en tu cuaderno un esquema de la caja de bornes de un motor con arranque estrella-triángulo y marca la forma de conexión de las bobinas. Justifica cada una de las conexiones.

15. ¿Por qué los contactores de un sistema de arranque estrella-triángulo deben estar enclavados mecánica o eléctricamente?

16. Busca tres modelos comerciales diferentes de arrancadores para motores trifásicos. Indica sus principales características y los esquemas de conexión para el arranque de un motor.

5.4. Inversión de giro en motores

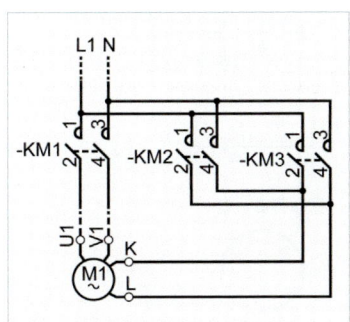

Fig. 5.16.
Esquema eléctrico de la inversión de giro de un motor monofásico.

En ocasiones, en aplicaciones industriales con automatismos es necesario invertir el giro de los motores; por ejemplo, en cintas transportadoras, en puertas en guillotina, etc. En principio, esto no es ningún problema, porque los motores CA pueden proporcionar potencia mecánica en ambos sentidos de giro. La forma de llevarlo a cabo dependerá de si se trata de motores trifásicos o monofásicos:

- **Motores monofásicos**. Se efectúa invirtiendo la línea fase por la línea de neutro.

- **Motores trifásicos**. Se realiza invirtiendo dos de las tres fases de la tensión aplicada al estator.

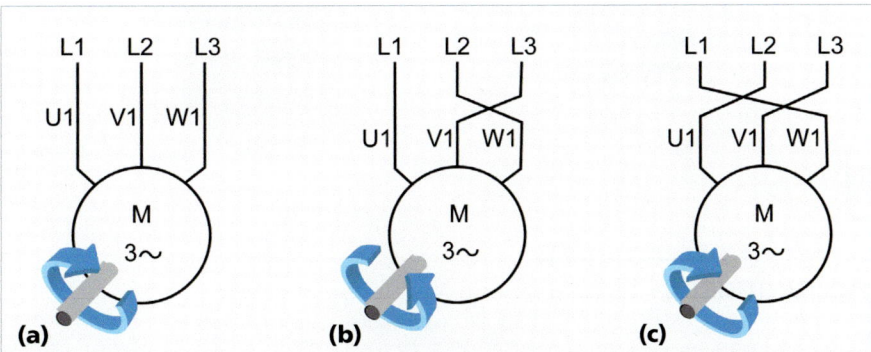

Fig. 5.17. Inversión de giro de motores trifásicos: a) giro a derechas o directo; b) giro a izquierdas o inverso; c) giro a derechas. Observa que si se intercambiaran las tres fases, el motor giraría en el mismo sentido en el que lo hacía inicialmente.

Los dispositivos que suelen utilizarse para la inversión de giro son dos contactores (KM1 y KM2), uno para cada sentido de giro. Las fases que se conectan a los bornes del motor se representan en la siguiente tabla:

Conexión fases-bornes del motor	
KM1	**KM2**
U1 = L1	U1 = L1
V1 = L2	V1 = L3
W1 = L3	W1 = L2

Fíjate en que cuando entra KM2 se permutan las fases L2 y L3.

Hay que asegurarse de que los dos contactores no estén nunca en funcionamiento al mismo tiempo, pues se produciría un cortocircuito entre las fases L2 y L3. Para evitarlo, deben usarse enclavamientos entre contactores, de manera que se impida la entrada conjunta de los dos contactores.

Fig. 5.18.
Ejemplo de automatismo para la inversión de giro de un motor trifásico de inducción.

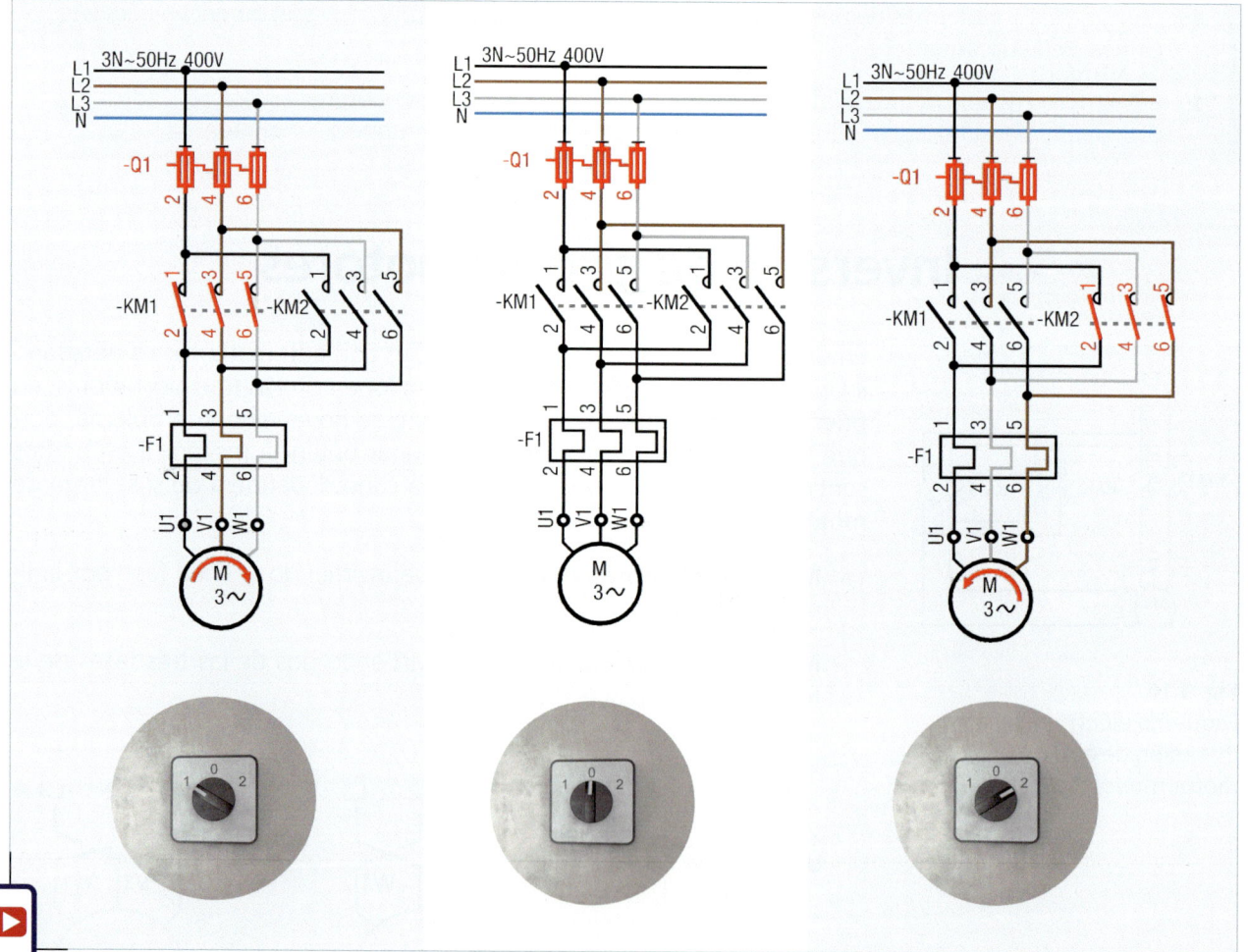

Actividades

17. ¿Cómo se realiza la inversión de giro en un motor de inducción trifásico? ¿Y en un motor monofásico? Dibuja un esquema, en cada caso, del mecanismo que provoca la inversión.

18. ¿Qué sucedería si los dos contactores de un automatismo de inversión de giro se activaran al mismo tiempo? ¿Cómo se evita esta situación?

5.5. Regulación de la velocidad. Convertidores de frecuencia

En la actualidad son muy variados los procesos y aplicaciones industriales que precisan de velocidades variables. Por eso se han desarrollado soluciones que permiten aumentar o reducir las revoluciones que un motor debe proporcionar en cada momento. Hay que recordar que la velocidad de giro del campo electromagnético en un motor trifásico de CA (velocidad de sincronismo) es proporcional a la frecuencia de la red que lo alimenta (f) e inversamente proporcional al número de pares de polos (p) que tiene el motor:

$$n_s = 60 \cdot \frac{f}{p}$$

Ejemplo 5.1

Un motor asíncrono trifásico de 2 pares de polos gira a 1.490 r.p.m. cuando se conecta a una red trifásica de 400 V-50 Hz. Determina su velocidad de sincronismo.

Solución

Sustituyendo los datos del motor en la expresión, tenemos que:

$$n_s = 60 \cdot \frac{f}{p}$$

$$n_s = 60 \cdot \frac{50}{2} = 1.500 \text{ rpm}$$

Como este principio se debe cumplir, se plantean básicamente dos estrategias a la hora de regular la velocidad de un motor trifásico de CA:

- La fabricación de motores específicos, para poder variar la velocidad mediante la posibilidad de combinar diferentes juegos de bobinados en el estator que permitan considerar diferente número de polos.

- La utilización de un motor de jaula estándar con un número fijo de pares de polos y la aplicación de un sistema externo que permita variar la frecuencia de la alimentación del motor.

Lo más habitual actualmente, debido al gran avance de la electrónica de potencia, es utilizar la segunda estrategia, en la que el sistema externo lo aportan los *convertidores de frecuencia*.

> El **convertidor de frecuencia** es un sistema de control de la velocidad de los motores basado en la alteración de la frecuencia de la corriente que suministra al motor.

El principio de funcionamiento consiste en transformar la corriente alterna en corriente continua, y después, en alterna a diferente frecuencia, ajustándola a las necesidades del motor.

Para la aplicación de este principio, el convertidor de frecuencia es un controlador que se basa en dos bloques funcionales:

- Un **rectificador trifásico** y unos **condensadores de filtrado**, que realizan la conversión de la corriente alterna de la red a corriente continua.

- Un **inversor u ondulador**, que convierte la tensión continua en impulsos de anchura variable. El ajuste de estos impulsos permite regular la tensión y la frecuencia de alimentación del motor, manteniendo constante la relación tensión/frecuencia. De este modo se puede regular el flujo deseado en el motor.

Fig. 5.19.
Diagrama de bloques de un convertidor de frecuencia.

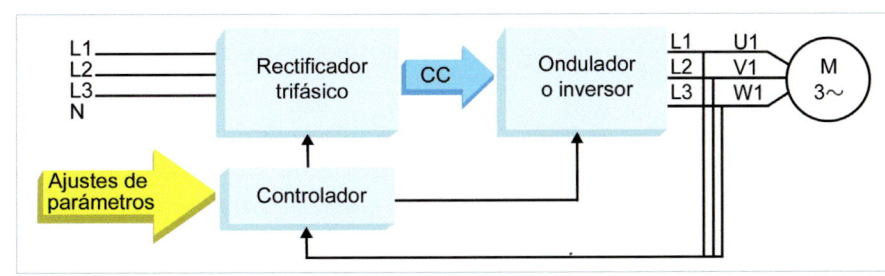

El rango de regulación es muy amplio, pues permiten obtener velocidades de giro desde motor parado hasta velocidades por encima de la nominal.

Además, cuentan con otras opciones que los hacen muy versátiles y eficaces: inversión del sentido de giro, arranque o ralentización de la puesta en marcha, frenado o parada progresiva, etc. Asimismo, pueden incluir protecciones para el motor, son regulables, disponen de pantallas o visualizadores y pueden incorporar la comunicación con ordenadores o autómatas.

Fig. 5.20.
Ejemplo de automatismo que dispone de un variador de frecuencia para la regulación del motor.

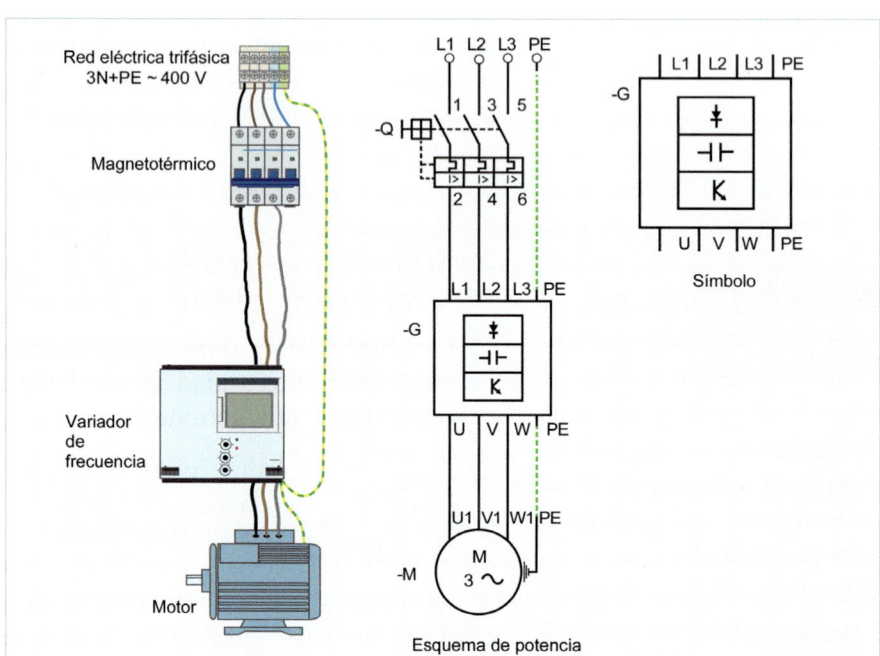

Ejemplo 5.2

Necesitamos regular la velocidad del motor del ejemplo anterior utilizando un variador de frecuencia. Indica qué frecuencia nos tendrá que proporcionar el variador a la salida para que la velocidad de sincronismo sea de 750 r.p.m. ¿Qué valor deberá tener la tensión de alimentación del motor?

Solución

De la expresión $n_s = 60 \cdot \dfrac{f}{p}$ despejamos la frecuencia: $f = \dfrac{n_s \cdot p}{60}$

Si $n_s = 750$ rpm, tenemos que: $f = \dfrac{750 \cdot 2}{60} = 25$ Hz

Resulta, entonces, que el motor deberá estar alimentado ahora a una frecuencia de 25 Hz.

Para que la relación tensión-frecuencia se mantenga constante, la nueva tensión de alimentación deberá ser de 200 V entre fases.

Actividades

19. ¿Qué diferencia existe entre los arrancadores y los convertidores de frecuencia para motores de CA?

20. Explica el proceso que sigue un convertidor de frecuencia para regular la variación de la velocidad de un motor.

21. Busca tres modelos comerciales de convertidores de frecuencia y relaciona las principales funciones que pueden efectuar.

22. Calcula la velocidad en rpm de tres motores de 400V/50 Hz cuyos pares de polos son, respectivamente, 4, 6 y 8.

5.6. Frenado de motores de CA

En condiciones normales, la parada del motor se produce por desaceleración natural (de acuerdo al par resistente de la máquina) al interrumpir la corriente, pero en ocasiones es necesario acortar el tiempo de este proceso.

El **frenado de un motor** consiste en la detención de su eje tras interrumpir el suministro de energía.

Los motores de CA pueden ser frenados tanto de forma mecánica como eléctrica, siendo los sistemas de frenado eléctrico los más eficaces. Estos son el *frenado por contracorriente* y el *frenado por inyección de corriente continua.*

5.6.1. Frenado por contracorriente

El **frenado por contracorriente** consiste en efectuar la desconexión del motor para conectarlo de nuevo de forma inversa.

Con este sistema, se deben introducir los detectores de parada adecuados para controlar la desconexión del motor cuando la velocidad se aproxima a cero. Si no, el motor iniciará la marcha en sentido contrario.

Este sistema, aunque muy efectivo, supone un frenado muy brusco, con problemas de fuertes puntas de corriente y elevada disipación térmica. No todos los motores están preparados para estos esfuerzos mecánicos, por lo que este sistema se aplica sobre todo en motores de pequeña potencia.

Para atenuar estos inconvenientes se emplea un sistema suavizado, que se consigue incorporando un bloque de resistencias que reduce los efectos más bruscos del frenado.

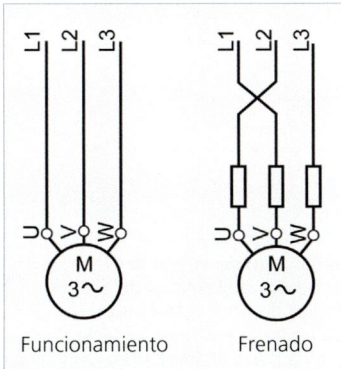

Fig. 5.21.
Frenado por contracorriente suavizado.

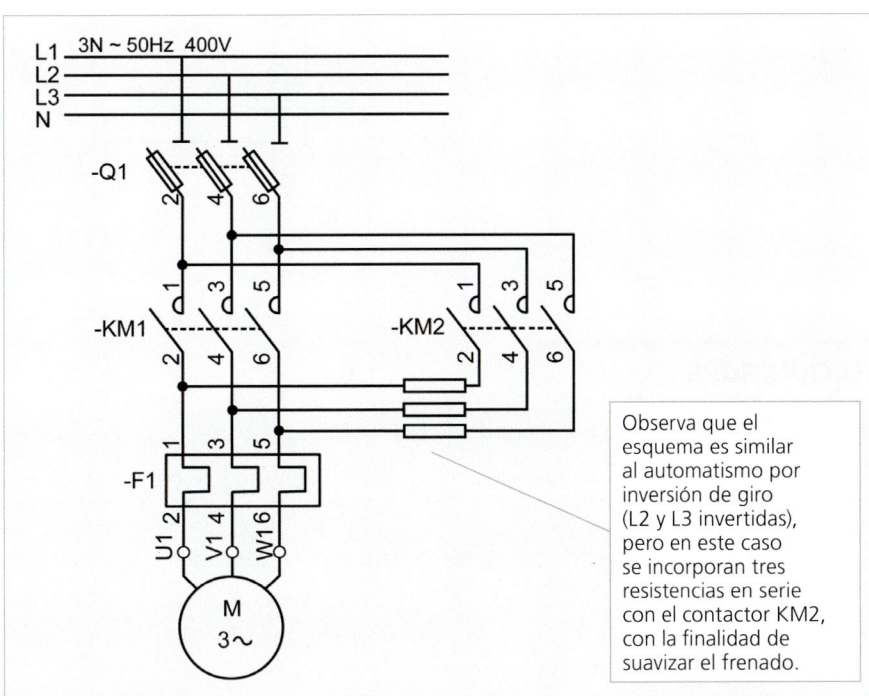

Observa que el esquema es similar al automatismo por inversión de giro (L2 y L3 invertidas), pero en este caso se incorporan tres resistencias en serie con el contactor KM2, con la finalidad de suavizar el frenado.

Fig. 5.22.
Ejemplo de automatismo que incorpora el frenado por contracorriente.

⁙ 5.6.2. Frenado por inyección de corriente continua

El **frenado por inyección de corriente continua** o **frenado estático** consiste en desconectar el motor asíncrono de la red eléctrica y aplicar en su lugar una fuente de CC conectada en dos de sus fases.

Al aplicar esta tensión de CC en las bobinas del estator, el flujo magnético de dicho estator deja de girar, y permanece constante. En consecuencia, el rotor, que en todo momento sigue el flujo magnético variable giratorio cuando el motor está conectado a la CA, es frenado rápidamente. La corriente continua necesaria se obtiene, generalmente, por rectificación de la CA trifásica de la red, mediante un equipo específico.

Este método de frenado proporciona una detención especialmente rápida de la máquina, aunque adolece de dos problemas importantes:

- La enérgica acción de frenado da lugar a esfuerzos mecánicos excesivamente perjudiciales para la máquina, que puede acabar deteriorándose si no es suficientemente robusta.

- El motor soporta efectos térmicos elevados.

Este sistema es bastante utilizado en los motores de jaula y en los de anillos.

Fig. 5.23.
Ejemplo de automatismo que incorpora el frenado por inyección de corriente continua.

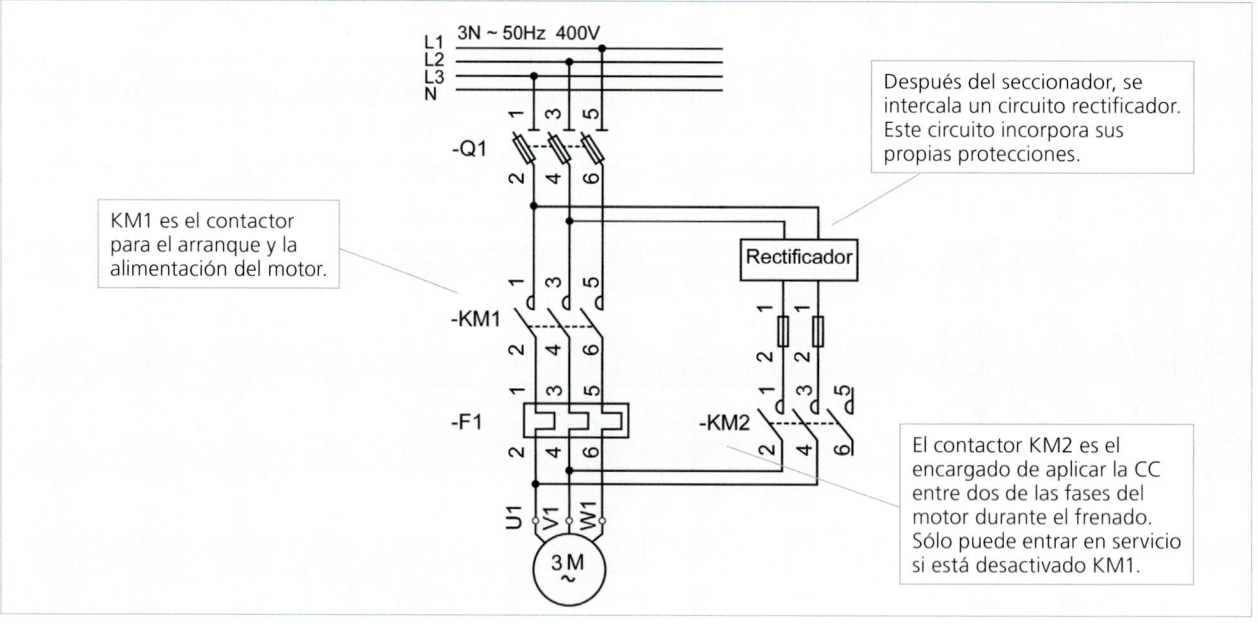

KM1 es el contactor para el arranque y la alimentación del motor.

Después del seccionador, se intercala un circuito rectificador. Este circuito incorpora sus propias protecciones.

El contactor KM2 es el encargado de aplicar la CC entre dos de las fases del motor durante el frenado. Sólo puede entrar en servicio si está desactivado KM1.

Actividades

23. ¿Qué se entiende por frenado de un motor?

24. Explica en qué consisten los sistemas de frenado por contracorriente y frenado por contracorriente suavizado.

25. Explica cómo funciona el sistema de frenado dinámico y qué elementos son necesarios en este automatismo.

26. ¿El convertidor de frecuencia puede utilizarse como dispositivo para el frenado o la desaceleración del motor? Si es así, explica cómo.

Representación normalizada ● ● ● ●

1. Elaboración de esquemas y simulación de automatismos con CADe_SIMU

CADe_SIMU es un programa de CAD electrotécnico que permite la edición y simulación de esquemas de automatismos. Este programa ha sido creado por Juan Luis Villanueva Montoto y se puede descargar de manera gratuita desde la web del autor. La última versión es la 3.0.

El programa permite, de una manera fácil y rápida:

- Elaborar el esquema eléctrico del automatismo, simplemente insertando los distintos símbolos organizados en librerías.

- Simular el comportamiento del automatismo.

En este apartado veremos cómo activar el programa y aprenderemos a utilizarlo. En el apartado ¡AHORA PRACTICA! utilizaremos CADe_SIMU para la elaboración de los diferentes automatismos con motores.

Descarga y ejecución del programa

Para utilizar el programa debes seguir los pasos siguientes:

1. Descarga el programa en la página oficial, en el apartado de descargas. Se abrirá una nueva ventana en tu navegador para que puedas descargar el archivo comprimido (.zip).

   http://canalplc.blogspot.com.es/p/blog-page_14.html

2. Guarda el programa en una carpeta fácilmente localizable de tu ordenador.

3. Descomprime el archivo .zip y localiza, dentro de la carpeta resultante, el archivo CADe_SIMU.exe.

4. El programa se iniciará, pero para usarlo tendrás que introducir una clave de acceso que puedes obtener solicitándola a través del siguiente correo electrónico: canalplc@movistar.es.

> **¡Tenlo** *en cuenta!*
>
> CADe_SIMU es una aplicación portable, por lo que no necesita ser instalada en tu dispositivo (esto ahorrará espacio en tu ordenador). Cada vez que necesites utilizar el programa tendrás que hacer doble click sobre él y ejecutar el archivo.

Primeros pasos con CADe_SIMU

El manejo de CADe_SIMU es muy intuitivo. Sin embargo, para familiarizarse con el programa e iniciarse en su manejo, en la propia página del autor se ofrece un tutorial.

http://canalplc.blogspot.com.es/p/cadesimu.html

En la web también se indican los pasos para su utilización:

1. Elaborar el esquema insertando los componentes eléctricos. En un esquema, los distintos símbolos de un mismo componente tienen que tener el mismo nombre y no se pueden repetir con símbolos de otros componentes.

2. Conectar los elementos a través del cableado (no pueden juntarse dos elementos directamente sin cablear).

3. Seleccionar si la alimentación es en continua o en alterna.

4. Efectuar la simulación. El programa realiza una comprobación. Si existen errores, la simulación se detiene y aparece la indicación del error; por ejemplo: «Se ha producido un cortocircuito».

¡Ahora practica! ● ● ● ●

Práctica 5.1. Montaje de un automatismo para el arranque directo

Esta práctica consiste en montar un automatismo básico para el arranque directo de un motor trifásico CA asíncrono. Recuerda que deberemos seguir los cinco pasos expuestos en la unidad didáctica anterior.

1. Esquemas

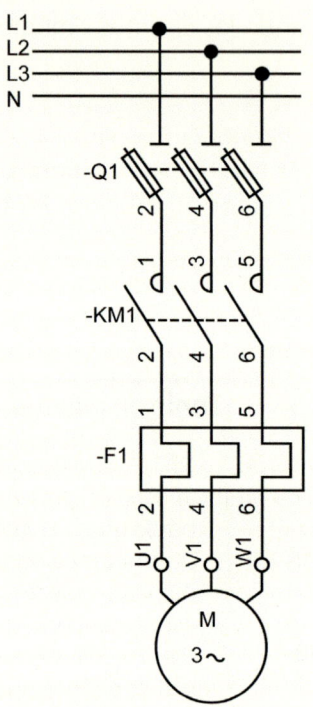

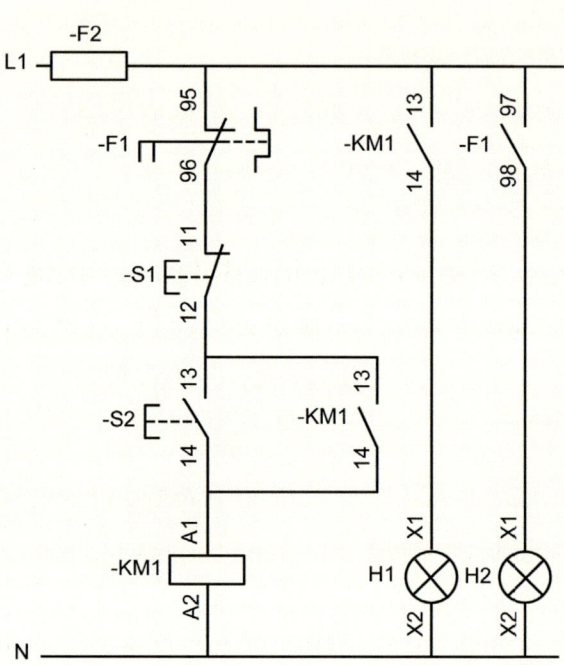

2. Funcionamiento

A la izquierda, tenemos el circuito de potencia del motor trifásico, y a la derecha, el circuito de mando. En la cabecera de ambos esquemas se han colocado las protecciones: contra sobreintensidad (Q1) y guardamotor (F1) para la potencia, sobreintensidad (F2) y contacto auxiliar 95-96 del guardamotor o relé térmico (F1) para el control. Sus funciones se han descrito anteriormente. El funcionamiento es el siguiente:

- ◉ Al pulsar S2 se activa la bobina de KM1 y cierra sus contactos principales (1-2, 3-4, 5-6) y auxiliares (KM1, 13-14). De esta manera el motor es energizado hasta que se interrumpa el circuito mediante la pulsación de S1 o debido a las protecciones Q1, F1 y F2.

- ◉ Si hay sobrecarga, el relé térmico abre el contacto 95-96, de modo que corta la alimentación a la bobina de KM1 y los contactos se abren. Esto provoca que el motor se pare.

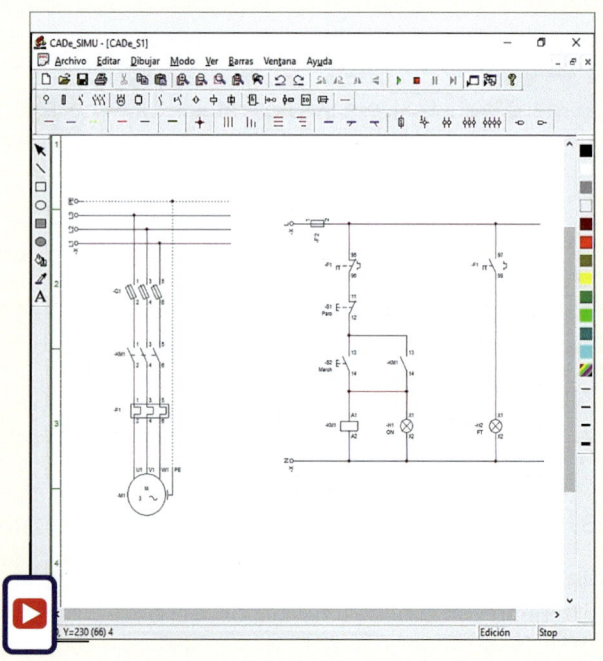

¡Ahora practica! • • • • •

3. Materiales

Para el circuito de potencia:

- 1 Motor trifásico asíncrono, usualmente de 1 kW hasta 2 kW, 400 V-50 Hz
- 1 Contactor (KM1), con al menos los contactos auxiliares NA 13-14
- 1 Relé térmico (F1)
- 1 Seccionador con fusibles del calibre apropiado para la carga a alimentar (Q1)

Para el circuito de mando:

- 1 Pulsador NC, S1, 11-12
- 1 Pulsador NA, S2, 13-14
- 1 Portafusibles con fusible del calibre apropiado, F2
- Lámparas H1 y H2, para indicar marcha o paro del motor

Como elementos de protección, en vez de los indicados en la lista de materiales se pueden utilizar otros. Por ejemplo, un interruptor magnetotérmico tripolar para el circuito de potencia, y uno bipolar, para el de mando.

4. Montaje

¡*Tenlo* en cuenta!

Recuerda que antes de realizar el montaje debes disponer de todos los materiales y las herramientas en perfecto estado y que debes ejecutarlo siguiendo las medidas de seguridad indicadas.

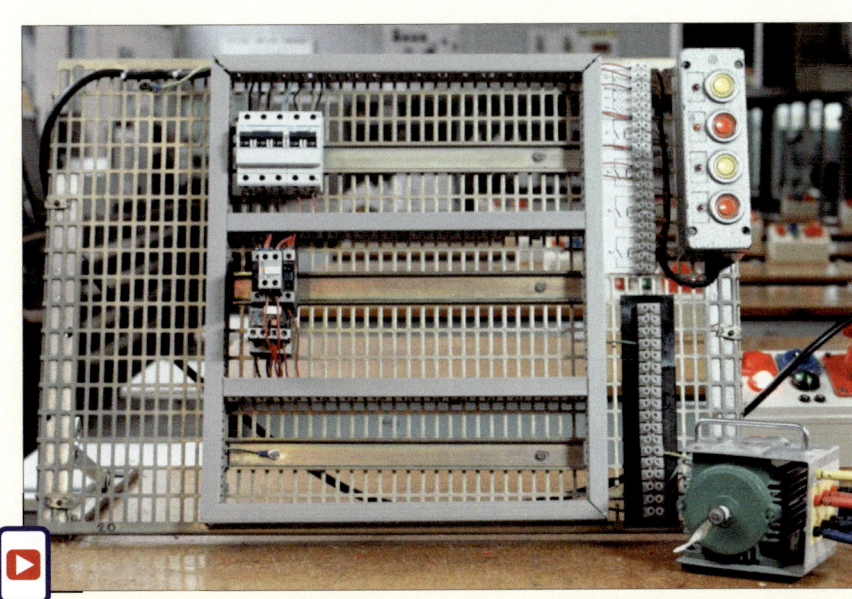

5. Comprobación

ACTIVIDADES

1. Explica detalladamente qué sucede en cada paso del funcionamiento del montaje:
   a) ¿Al pulsar S2, qué observas? ¿Qué lámpara se ha iluminado? Explica qué ha sucedido, de acuerdo con los esquemas indicados.
   b) Indica cómo detendrías el motor, explicando qué sucede.
   c) Una vez el motor detenido, explica por qué al pulsar de nuevo S1 no se activa el motor.

2. Ahora quieres que el encendido del motor se inicie 20 segundos después de pulsar el pulsador de marcha:
   a) Realiza las modificaciones necesarias en el esquema de mando, añadiendo un temporizador. ¿Este debe ser a la conexión o a la desconexión?
   b) ¿Qué materiales has tenido que añadir?
   c) Monta el nuevo sistema y comprueba su funcionamiento.

¡Ahora practica!  • ● ● ● •

Práctica 5.2. **Montaje de un automatismo de arranque estrella-triángulo**

Monta el circuito de mando para un arranque automático estrella-triángulo de un motor trifásico asíncrono, según el esquema de mando que se proporciona.

1. Esquemas

Dibuja el circuito del automatismo con el programa CADe_SIMU y simula su funcionamiento.

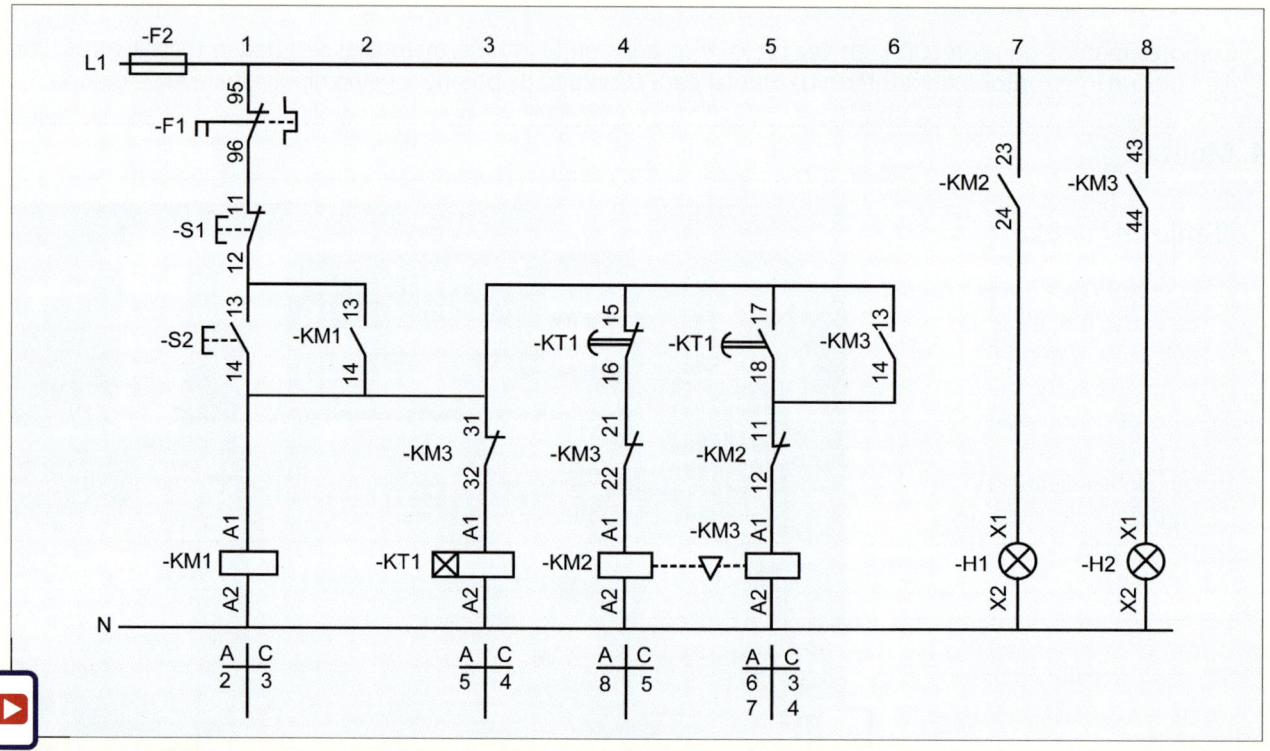

¡*Tenlo* en cuenta!

En circuitos de cierta complejidad, puede ayudarte en la localización de los elementos relacionados entre sí el uso de **tablas de referencias cruzadas**. Fíjate en que cada línea vertical de contactos tiene un número de orden en la parte superior (en este caso, del 1 al 8). En la parte inferior, por debajo de la línea, aparece una tabla del dispositivo de mando correspondiente, en la que se indica:

- El número de contactos auxiliares sobre los que actúa, especificando si son NA (A) o NC (C).
- La línea vertical donde se encuentra cada uno de estos contactos.

Por ejemplo, en este circuito, en la columna 4 disponemos de la tabla correspondiente al contactor KM2. Observa que este contactor cuenta con un contacto NA en la columna 8 y un contacto NC en la columna 5.

2. Funcionamiento

En cuanto al funcionamiento del esquema de mando:

◉ Partiendo del circuito en reposo, activamos el pulsador de marcha S2.

◉ Este conecta el contactor de línea (KM1), que quedará enclavado a través de su contacto de enclavamiento. Por estar en paralelo, también se activa el circuito de temporización (bobina de KT1).

¡Ahora practica! • ● • ● •

○ Puesto que los contactos de KT1 están temporizados a la conexión, entrará también el contactor KM2, y así se completará la conexión en estrella. El contactor KM3 no podrá funcionar por tener el contacto auxiliar cruzado en serie de KM2.

○ Al transcurrir el intervalo de temporización, los contactos de KT1 conmutan. En consecuencia, se desactiva KM2 y se activa KM3, manteniéndose KM1 activado. Así tiene lugar la conexión en triángulo.

○ Los contactos asociados a KM3 desactivan, a su vez, el temporizador, e impiden que pueda entrar KM2. Esta conexión será la que quedará de forma permanente pasado el arranque.

○ Al pulsar S1, el circuito vuelve a su estado de reposo. También se producirá el paro si dispara el térmico F1 del motor gracias a su contacto auxiliar (95-96).

3. Materiales

Para el circuito de potencia:

- 1 Motor trifásico asíncrono, usualmente de 1 kW hasta 2 kW, 400 V-50 Hz
- 1 Contactor (KM1), con al menos los contactos auxiliares NA 13-14
- 2 Contactores (KM2 y KM3), con al menos los contactos auxiliares:
  - NA 13-14, NC 11-12 para KM2
  - NA 13-14, NC 21-22 y NC 31-32 para KM3
- 1 seccionador con fusibles del calibre apropiado para la carga a alimentar (Q1)
- 1 Relé térmico (F1)

Para el circuito de mando:

- 1 Pulsador NC, S1, 11-12
- 1 pulsador NA, S2, 13-14
- 1 Portafusibles con fusible del calibre apropiado, F2
- Lámparas H1 y H2, para indicar marcha o paro del motor
- 1 Relé temporizador (KT1) con sus contactos auxiliares NC 15-16 y NA 17-18

4. Montaje

5. Comprobación

¡Tenlo en cuenta!

Existen diferentes variantes para la realización del circuito de control, pero lo realmente importante es garantizar que haya un retardo entre la desactivación del contactor de estrella y la activación del contactor de triángulo. Los fabricantes construyen relés temporizados especiales para este tipo de arranque.

ACTIVIDADES

1. Explica con detalle la actuación del contactor KM3 y la acción de todos sus contactos. Utiliza como ayuda la tabla de referencias cruzadas de dicho dispositivo.

2. ¿Por qué es necesario el temporizador? ¿De qué depende el tiempo que debe ajustarse en el temporizador?

¡Ahora practica! ● ● ● ●

Práctica 5.3. Montaje de un automatismo con inversión de giro sin paro de motor

Monta, en el taller de prácticas, un automatismo para invertir el sentido de giro de un motor correspondiente a los esquemas adjuntos.

1. Esquemas

Dibuja el automatismo con CADe_SIMU y simula su funcionamiento.

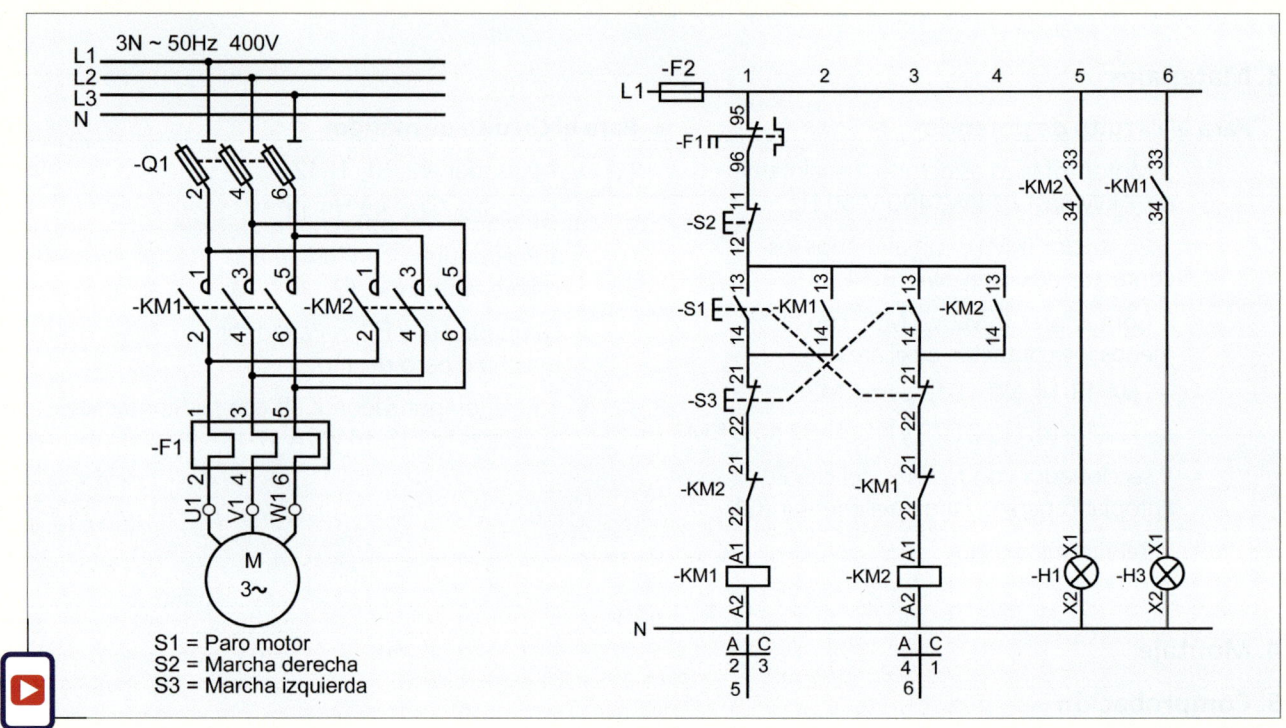

2. Funcionamiento

El motor, independientemente del sentido de giro, está protegido contra sobrecargas y cortocircuitos por el relé térmico (F1) y los fusibles (seccionador con fusibles Q1).

Se han utilizado un contactor (KM1) para el giro en un sentido (a derechas) y un contactor (KM2) para el giro en el sentido opuesto (a izquierdas). Mediante el uso de uno u otro, que van conectados a los bornes del motor, se invertirán las fases L2 y L3 y con ello el sentido de giro.

○ Si pulsamos S2, se conecta KM1 a través de su contacto NA y se produce el giro del motor en un sentido. Se desactiva KM2 (contactos 21 y 22) para evitar que entren ambos a la vez.

○ Si pulsamos S3 se desconecta KM1 (contactos 21 y 22) y se conecta KM2 (contactos NA 13 y 14), provocando el cambio de sentido del motor.

Mediante esta configuración se puede invertir el giro sin necesidad de parar el motor y evitando que ambos contactores se activen conjuntamente.

○ Para poder cambiar el sentido de giro, necesitamos parar el motor. El pulsador de paro S1 es común a los dos sentidos de giro. También se producirá el paro por disparo del térmico F1 o las protecciones del circuito de potencia.

¡Ahora practica!

○ Si pulsamos S3, entra KM2, que queda realimentado a través de su contacto NA, y se produce el giro del motor en sentido opuesto al anterior. Al entrar KM2, abre su contacto auxiliar NC, que está en serie con la bobina de mando de KM1. Impide así que pueda entrar KM1 aunque se accione su pulsador de marcha.

Hemos añadido las lámparas de señalización H1 y H2 para saber en todo momento en qué sentido está girando el motor. Estas se activan mediante sendos contactores auxiliares NA 13-14 para KM1 y KM2.

3. Materiales

Para el circuito de potencia:

- 1 Motor trifásico asíncrono, usualmente de 1 kW hasta 2 kW, 400 V-50 Hz

- 1 Contactor (KM1), con al menos los contactos auxiliares NA 13-14, NA 33-34 y NC 21-22

- 1 Contactor (KM2), con al menos los contactos auxiliares NA 13-14, NA 33-34 y NC 21-22

- 1 seccionador con fusibles del calibre apropiado para la carga a alimentar (Q1)

- 1 Relé térmico (F1)

Para el circuito de mando:

- 1 Pulsador NC, S1, 11-12

- 1 pulsador NA, S2, 13-14

- 1 pulsador NA, S3, 13-14

- 1 Portafusibles con fusible del calibre apropiado, F2

- Lámparas H1 y H2, para indicar los sentidos de giro del motor

Como elementos de protección, en vez de los indicados en la lista de materiales se pueden utilizar otros. Por ejemplo, un interruptor magnetotérmico tripolar para el circuito de potencia, y uno bipolar, para el de mando.

4. Montaje

5. Comprobación

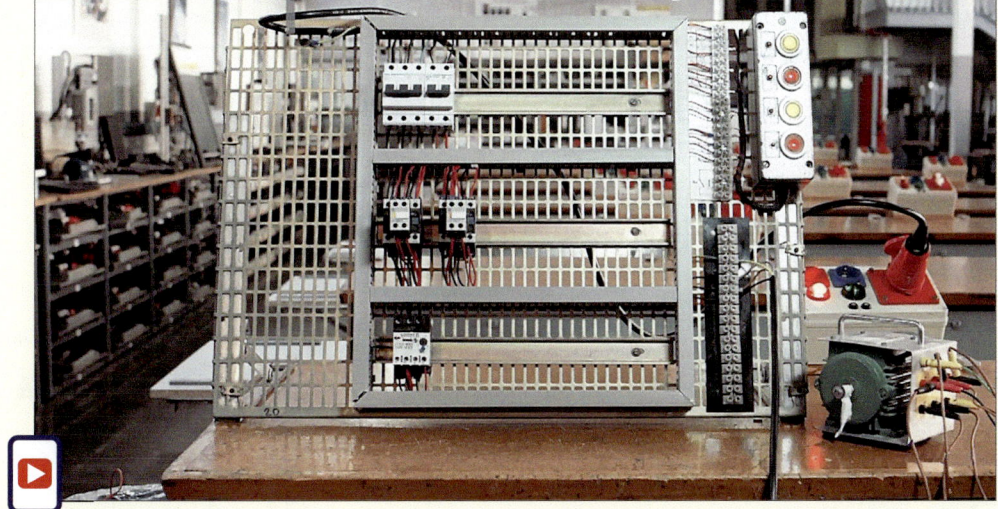

ACTIVIDADES

1. En el circuito que hemos montado, para cambiar el sentido de giro no precisamos parar el motor. Simplifica el circuito de manera que para invertir el sentido de giro tengas que parar el motor. Dibuja el esquema.

2. Realiza los cambios en el montaje anterior con las adaptaciones propuestas en este esquema.

3. Comprueba su funcionamiento e indica las diferencias entre ambos circuitos.

4. Para mejorar la seguridad de este circuito pueden utilizarse enclavamientos mecánicos entre contactores. Busca información sobre los mismos e indica cómo se instalan.

¡Ahora practica! ● ● ● ●

Práctica 5.4. **Montaje de un automatismo con sistema de frenado**

Monta, en el taller de prácticas, un automatismo con un sistema de frenado suavizado a contracorriente de un motor, correspondiente a los esquemas adjuntos.

1. Esquema

Dibuja el automatismo con CADe_SIMU y simula su funcionamiento.

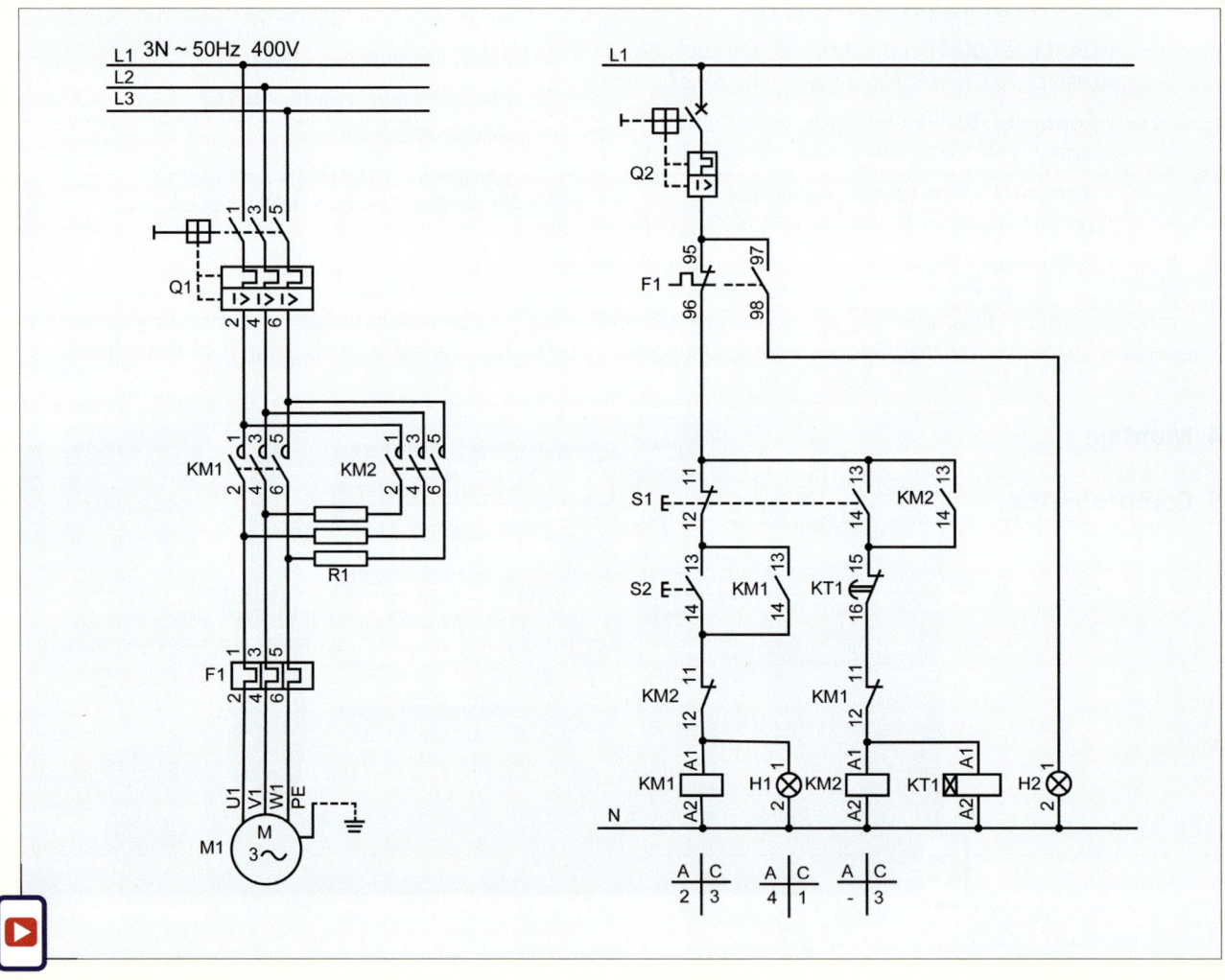

2. Funcionamiento

El esquema es similar al automatismo por inversión de giro (L2 y L3 invertidas), pero se incorporan tres resistencias en serie a la salida del contactor KM2.

● Activamos el pulsador de marcha S2. Este conecta el contactor de línea (KM1) y pone en marcha el motor, encendiéndose la lámpara H1.

● Al activar el pulsador de frenado S1, se corta la corriente por la bobina de KM1, a la vez que se activa la bobina de KM2. Esto lleva a alimentar el motor a través del circuito que pasa por el contactor KM2 y las resistencias en serie. Debido a estas, la tensión en los terminales del motor disminuye, a la vez que su velocidad y su par.

¡Ahora practica! • ● ● ● •

- Durante la acción anterior, se ha activado simultáneamente un temporizador que, transcurrido el intervalo de temporización, desactivará KM2, evitando que el motor llegue a funcionar en sentido contrario.

- En todo momento se han dispuesto lámparas indicadoras de funcionamiento (H1 y H2).

3. Materiales

Para el circuito de potencia:

- 1 Motor trifásico asíncrono, usualmente de 1 kW hasta 2 kW, 400 V-50 Hz

- 1 Contactor (KM1), con al menos los contactos auxiliares NA 13-14, NC 11-12

- 1 Contactor (KM2), con al menos los contactos auxiliares NA 13-14, NC 11-12

- 1 Relé magnetotérmico tetrapolar (Q1) de protección contra sobreintensidades, de características apropiadas para la carga a alimentar

- 1 Relé térmico (F1) con sus contactos auxiliares NC 95-96 y NA 97-98

- Conjunto de resistores calibrados, de potencia, a elegir según el tiempo deseado para el frenado, de alto poder de disipación

Para el circuito de mando:

- 1 Pulsador doble cámara, S1, NC 21-22 y NA 13-14

- 1 pulsador NA, S2, 13-14

- Lámparas H1 y H2, para indicar marcha o paro del motor

- Las protecciones del circuito de control ya se han contemplado en el material del circuito de potencia.

- 1 Relé temporizador (KT1) con sus contactos auxiliares NC 15-16

4. Montaje

5. Comprobación

ACTIVIDADES

1. Otra opción de frenado se puede implementar mediante inyección de corriente continua. Interpreta su esquema de funcionamiento.

2. Destaca las diferencias entre ambos sistemas de frenado.

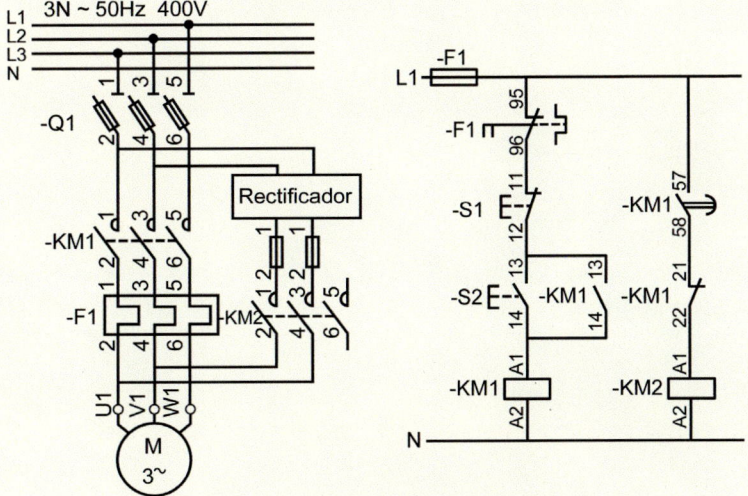

Autómatas programables

Antes de empezar…

- Compara el funcionamiento de un circuito con lógica programable y el de uno con lógica cableada. Indica las ventajas e inconvenientes de cada uno.
- Describe la estructura de un autómata programable.

6.1. Los automatismos programables

Si bien en la tecnología cableada los elementos de los automatismos se encuentran directamente conectados entre sí, utilizando *autómatas programables* no es necesario este requisito.

> Un **autómata programable** o **PLC** es una máquina electrónica capaz de controlar un proceso lógico, especialmente en un entorno industrial, a partir de unas instrucciones almacenadas en su memoria digital.

Si en un automatismo cableado las funciones lógicas, de secuencia, temporización, etc. las realiza el circuito de mando, en un automatismo programable las realiza el PLC. Es decir, las instrucciones lógicas del PLC sustituyen a las funciones de los diferentes dispositivos de mando (relés, temporizadores, enclavamientos, etc.) de un automatismo cableado.

Para poder realizar este control, el autómata programable recibe la información del estado del sistema o proceso por medio de los sensores (*entradas*) y, en función de las instrucciones registradas en su memoria, envía las órdenes de ejecución a los dispositivos de accionamiento (*salidas*).

Fig. 6.1.
Esquema de funcionamiento de un PLC.

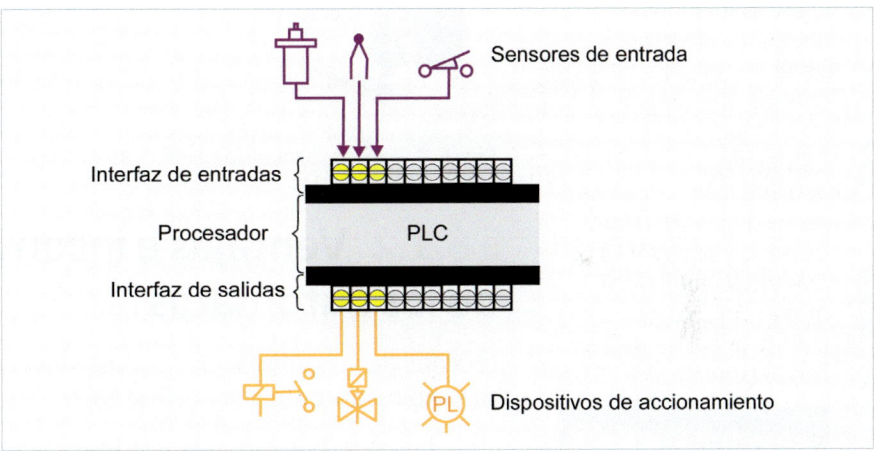

6.1.1. Aplicaciones de los autómatas programables

Los autómatas programables se pueden utilizar para el control de cualquier tipo de proceso, pero es en el ámbito industrial donde su utilización está especialmente extendida, debido sobre todo a la facilidad de adaptación a los cambios productivos. Algunas de las aplicaciones más habituales que gobiernan son las siguientes:

- Control de movimientos de máquinas (avanzar, retroceder, girar, subir, bajar, etc.).

- Máquinas de prensar, estampar, embutir, etc.

- Procesos de fabricación en líneas continuas, como embotellado, embalaje, etiquetado, pesaje, dosificación, etc.

- Procesos en los que se requiera control lógico, como ascensores, hornos, bombas hidráulicas, semáforos, manejo de materiales, calderas, puentes grúa, centrales eléctricas, lavadoras, control de motores, etc.

Los ordenadores industriales

En el ámbito industrial, existen también equipos de control que sin perder las características de un PLC están más cerca de las prestaciones de un ordenador de tipo PC. Se conocen como ordenadores industriales.

Se trata de dispositivos reforzados para ser inmunes a interferencias electromagnéticas y con toda la capacidad de un PC en cuanto a gran capacidad de procesamiento de datos (elevada memoria, microprocesadores potentes, etc.) y conectividad con otros equipos, pero despojados de todos aquellos elementos que no son imprescindibles. Disponen de sistemas operativos enfocados más a procesos de control que a la interfaz con personas.

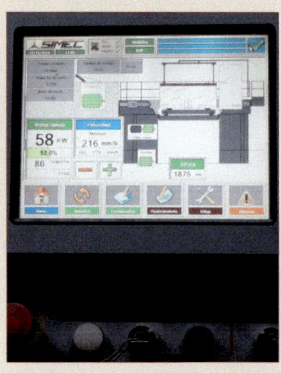

○ Equipos neumáticos, hidráulicos y mecatrónicos.

○ Control de cultivos en invernaderos, abonos en la tierra, dosificación de piensos, control de destilerías, refinerías, etc.

○ Industrias de maderas, muebles, plásticos, alimentarias, automoción, etc.

○ Instalaciones de procesos complejos.

○ Domótica y control de sistemas domésticos.

Actualmente, hay tal cantidad de modelos de PLC y variedad de prestaciones, que prácticamente existe un autómata a la medida de cada aplicación concreta que se requiera.

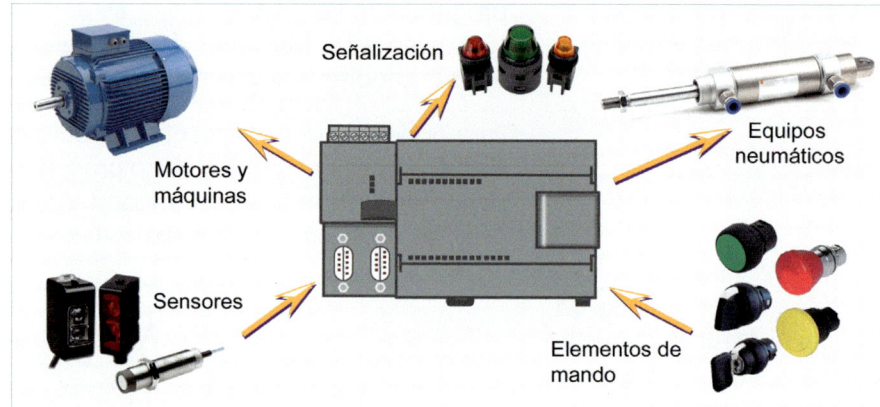

Fig. 6.2. Aplicaciones de un PLC industrial.

6.1.2. Ventajas e inconvenientes de los autómatas

Muchas de las ventajas de los autómatas programables se desprenden de su propio concepto y son: (Doc. 6.2)

○ La posibilidad de hacer cambios fácilmente con un mínimo coste.

○ Mínima ocupación de espacio, poco peso y tamaño.

○ Alta fiabilidad del sistema.

○ Menor tiempo de puesta en funcionamiento.

○ Menor coste de instalación, actualización y mantenimiento.

○ Reutilización e intercambiabilidad. Por ejemplo, las prestaciones de un PLC pueden llegar a resultar insuficientes para un determinado proceso en el que se requieren mayores exigencias, pero seguir siendo útil (reutilizarse) para otros de menor complejidad.

○ Posibilidad de gobernar múltiples máquinas o sistemas con el mismo autómata.

○ Conexiones de entrada-salida estandarizadas, niveles de señal estándares.

○ Existen modelos preparados para ser instalados en ambientes donde existan condiciones severas de temperatura, perturbaciones eléctricas y químicas, humedad, vibración, ruidos, polvo, etc.

- Facilitan la implementación de sistemas de control distribuido y de control jerarquizado.

- Permiten la simulación de procesos, alarmas y fallos sin influir directamente en la máquina o proceso, ya que se pueden ejecutar *off-line* (desconectado del sistema).

También hay que considerar algunos inconvenientes:

- Requieren personal formado específicamente, tanto para la operativa como para las tareas de mantenimiento.

- Sigue siendo una tecnología *cerrada*, en el sentido de que no se han alcanzado suficientes estándares de compatibilidad entre autómatas de diferentes fabricantes.

- Los lenguajes de programación y algunos protocolos de comunicación suelen estar sujetos al fabricante del autómata (se requiere licencia para su utilización). Sin embargo, actualmente empieza a haber mayor presencia de códigos y protocolos de comunicación abiertos.

- Los costes de adquisición, programación, instalación y puesta a punto son relativamente elevados, a pesar de su rentabilidad posterior.

- La producción es vulnerable a fallos del sistema, sobre todo cuando el control que realiza el autómata es jerárquico (piramidal) en vez de distribuido. Por ejemplo, si un autómata que gobierna varias cintas transportadoras de un proceso lineal falla, se detiene toda la producción al completo de la línea afectada.

Documento 6.2

Tabla comparativa de un automatismo programable y un automatismo cableado

	Automatismo programable	Automatismo cableado
Lógica del circuito de mando	• La implementa el autómata programable (programación). • Capacidad de control multiproceso.	• La implementa la combinación de un conjunto de dispositivos cableados (relés, enclavamientos, etc.).
Representación de esquemas. Elaboración de proyectos	• Prácticamente no se requieren planos de contactos eléctricos para el control y se simplifica la elaboración de proyectos.	• A mayor complejidad del automatismo, mayor complejidad del circuito de mando y de la elaboración del proyecto.
Instalación	• Es sencilla y minimiza el espacio. • Fácil y flexible.	• Ocupa mucho espacio. • Complicada y poco flexible.
Modificación/ mantenimiento de las instalaciones	• Gran facilidad para modificaciones o mejoras mediante la reprogramación del PLC. • Mantenimiento rápido y sencillo por medio de *software* de diagnóstico y reparación. • Documentación inmediata de aplicaciones.	• Poca flexibilidad. Modificaciones o mejoras implican el recableado del circuito de mando. Comportan importantes costos económicos y pérdida de tiempo productivo. • Mantenimiento dificultoso para localización y corrección de averías.
Lenguaje	• Los algoritmos de control combinacional y secuencial, complejos o no, se desarrollan íntegramente mediante lenguajes de programación estandarizados.	• Admite la implantación de algoritmos de funciones lógicas combinacionales y secuenciales sencillas.

6.1.3. Autómatas según su estructura externa

Los autómatas programables se pueden clasificar en dos grandes grupos según su estructura externa: los *compactos* y los *modulares*.

Autómatas compactos

Los **autómatas compactos** son aquellos en que todos los elementos de su estructura interna (fuente de alimentación, CPU, entradas, salidas, etc.) están alojados en un único habitáculo o envolvente.

Los autómatas compactos suelen corresponder a las gamas bajas de los distintos fabricantes y se caracterizan por:

- Tener un coste relativamente económico.

- Disponer únicamente de entradas y salidas digitales en la mayoría de los modelos, aunque algunos pueden incorporar también entradas analógicas.

- Integrar la fuente de alimentación en el mismo aparato, lo que permite conectarlos directamente a la red eléctrica.

- Contar con un conjunto suficiente de instrucciones, temporizadores y contadores internos, que hacen posible la programación del autómata para el control de instalaciones y máquinas de poca complejidad.

- Ofrecer la posibilidad de añadir unidades de expansión o módulos especiales para aumentar sus prestaciones.

Existen, también, algunos modelos compactos muy pequeños y con unas cuantas funciones básicas que se conocen como *microPLC*. (Doc. 6.3)

Fig. 6.3. Estructura de un PLC compacto.

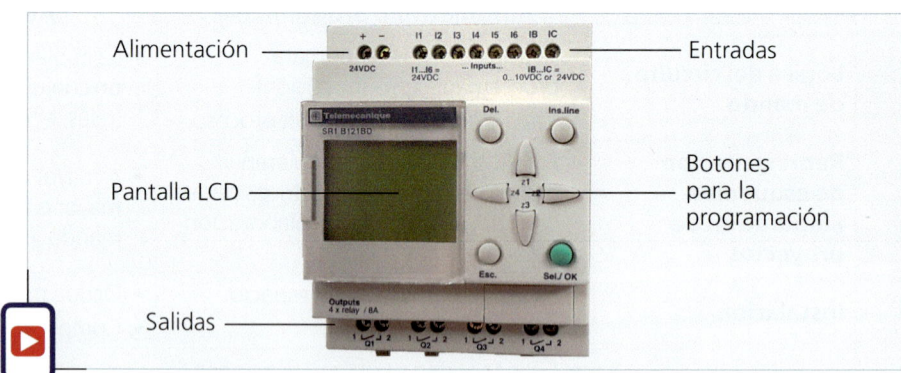

Alimentación — Entradas

Pantalla LCD —

Botones para la programación

Salidas —

Documento 6.3

MicroPLC

Los microPLC son autómatas programables compactos de reducidas dimensiones. También se conocen como microautómatas o, incluso, relés programables. Generalmente tienen integrada la fuente de alimentación, CPU, las entradas y salidas (E/S), una pantalla y un teclado mínimo para su manejo y configuración. Gobiernan un conjunto de E/S reducido y pueden admitir algunas unidades de expansión. Se utilizan principalmente en instalaciones de viviendas o en automatismos con maquinaria de pequeña magnitud.

∷ Autómatas modulares

> Los **autómatas modulares** son aquellos en que todos los elementos de su estructura interna están distribuidos en diferentes habitáculos o cajas, llamados módulos.

¡Tenlo en cuenta!

Algunos autómatas cuentan con una estructura semimodular o americana, en la que todas las funciones (CPU, fuente de alimentación, etc.) están integradas en un solo dispositivo, excepto las entradas y salidas, que forman unidades independientes.

Los autómatas modulares corresponden a las gamas medias y altas de los distintos fabricantes y aportan una mayor flexibilidad en el control de procesos, máquinas e instalaciones, ya que son configurables tanto en tamaño como en prestaciones.

Se caracterizan por los siguientes aspectos:

- Son más caros y voluminosos que los compactos.

- Permiten adaptarse al tamaño de la instalación o al proceso que controlan mediante el acoplamiento de más módulos de entradas y salidas, lo cual facilita posibles ampliaciones o modificaciones de las instalaciones.

- Nos permiten disponer de un gran número de entradas y salidas si son necesarias, tanto analógicas como digitales.

- Los módulos se interconectan unos con otros y forman un sistema conjunto que se sustenta sobre un carril DIN normalizado. La conexión entre módulos puede ser módulo a módulo por medio de un bus de conexión o sobre un bastidor común (denominado *rack*).

Fig. 6.4.
Estructura de un PLC modular.

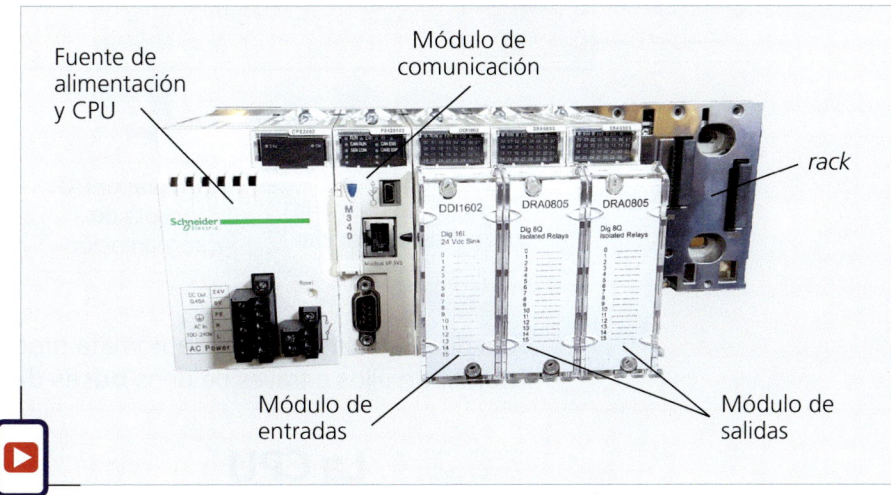

Actividades

1. Explica qué es un autómata programable.

2. ¿Por qué las aplicaciones de un PLC son principalmente de tipo industrial?

3. Cita al menos seis ventajas que presenta un automatismo programable respecto a un automatismo cableado.

4. Explica las diferencias entre los automatismos compactos y los automatismos modulares.

5. Busca en Internet fabricantes de autómatas. Elabora una lista con diez referencias. Describe la estructura externa de cada uno e indica las funciones para las que están diseñados.

6. Explica qué es un microPLC. Busca un modelo en Internet, describe sus dimensiones e indica cuáles son sus aplicaciones.

6.2. Estructura interna de los autómatas

Los autómatas programables, a pesar de su gran variedad y versatilidad, cuentan con una *estructura interna* muy similar entre ellos. Todos se estructuran internamente en unidades funcionales o bloques que cumplen con una determinada misión. Los bloques básicos de cualquier autómata son:

- La CPU.
- Las memorias.
- Las interfaces o módulos de entradas y salidas.
- La fuente de alimentación.

Además, pueden incorporar módulos especiales como la *interfaz de comunicaciones*, la *interfaz de periféricos* o las *redes de comunicación industrial*.

Fig. 6.5.
Arquitectura interna de un PLC.

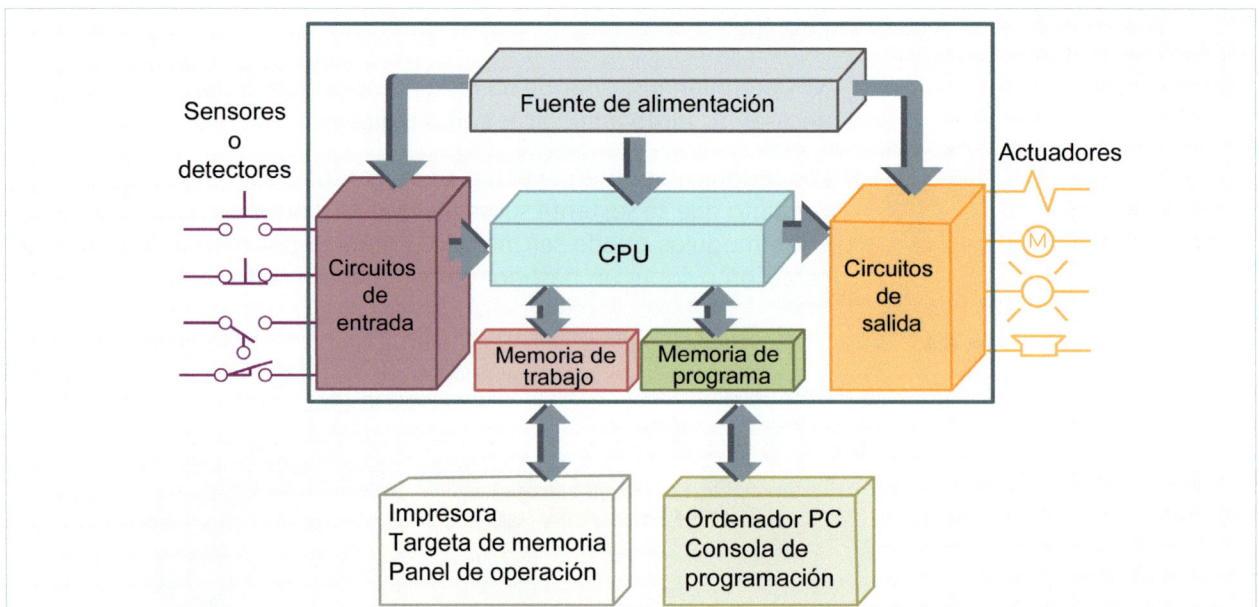

Los diferentes módulos del autómata programable intercambian información entre ellos a través de unos **buses de comunicación**.

6.2.1. La CPU

> La **unidad central de procesamiento** o **CPU** gestiona todas las tareas de control y comunicación entre los módulos que hacen posible la ejecución del programa y el funcionamiento de la instalación.

En este sentido, puede considerarse el cerebro del autómata, pues es la encargada de procesar las señales de las entradas y salidas, así como los estados internos, por medio de la ejecución de un programa o set de instrucciones.

En base a este, modifica los estados de las salidas y envía señales de control a los actuadores conectados a estas. Así se consigue, por ejemplo, la actualización continua de los estados de las entradas y salidas, así como el autodiagnóstico del sistema.

6.2.2. Las memorias

> Las **memorias** del autómata programable almacenan los diferentes programas de sistema y de usuario, así como los datos temporales que necesita la CPU para operar.

Las memorias del PLC cumplen básicamente dos objetivos:

- Alojar el programa básico de gestión del sistema del propio autómata, llamado **sistema operativo**.

- Contener el **programa de usuario**, con el que este ha introducido la secuencia de operaciones que el autómata debe realizar para controlar el proceso al que está conectado.

Tipos de datos

La información en memoria contiene básicamente dos tipos de datos:

- **Datos del proceso**. Son las señales procedentes del proceso o que van hacia él, es decir, las entradas (*inputs*) y las salidas (*outputs*), las señales o marcas procedentes del procesamiento interno, así como otros tipos de registros y datos.

- **Datos de control**. Son las instrucciones de usuario (programa de usuario) y los datos de configuración del propio autómata.

Sistema operativo	Datos de control	Datos de configuración del autómata
		Programa del usuario
	Datos del proceso	Bits internos, marcas, área de datos, contadores, etc.
		Tabla con la imagen de las entradas
		Tabla con la imagen de las salidas

Bloques de memoria

Independientemente de su localización dentro o fuera del procesador o su soporte físico, la memoria del PLC se estructura según los siguientes bloques:

- **Memoria de programa de ejecución**. Contiene el sistema operativo-programa de ejecución, que viene de serie con el procesador, normalmente programado en fábrica. El programa de ejecución es el encargado de realizar el ciclo de SCAN.

- **Memoria de sistema**. Es la porción de memoria donde se alojan la información y datos temporales empleados o generados por el programa de ejecución. Sólo el programa de ejecución tiene acceso a esta zona de memoria.

- **Memoria o tabla de imágenes de entradas/salidas**. Es una fracción de memoria donde se copian los estados leídos o escritos en las entradas o salidas del sistema.

  Los valores que contiene son los que corresponden a la última lectura de estatus de entradas-salidas. Se emplea para que la CPU no se conecte directamente con los sensores o los actuadores del sistema.

- **Memoria de datos**. Se trata de un área de la memoria donde se almacenan datos referidos a contadores, relojes, resultados de operaciones aritmeticológicas, etc. En otras palabras, sirve para almacenar los datos para el correcto procesamiento del programa de usuario.

- **Memoria de programa de usuario**. Es el área donde se almacena el programa de usuario. Es la zona donde el programa de ejecución rastrea o escanea la secuencia de instrucciones que sirven para controlar el proceso.

Tipos de memoria

Desde el punto de vista de retención de los datos grabados, dispone de varios tipos de memoria:

- **RAM** (*random access memory*). Es una memoria volátil, por lo que si falla la alimentación eléctrica se pierden los datos almacenados. Su gran valor es la facilidad para modificar los datos en cualquier momento. Se emplea para la memoria de datos y la memoria de sistema, principalmente.

- **ROM** (*read only memory*). Es una memoria únicamente de lectura. Almacena los programas que vienen instalados de fábrica, a los que el usuario no tiene acceso y por tanto no puede reprogramar. Es el tipo de memoria donde se almacena el sistema operativo.

- **EPROM** (*erasable programmable read only memory*) o memoria únicamente de lectura programable. Es posible borrarla totalmente si se somete a la exposición de rayos ultravioletas. Aunque es obsoleta, algunos modelos de PLC actuales la pueden emplear debido a su fiabilidad y robustez en entornos muy agresivos.

- **EEPROM** (*electrically EPROM*). Es una memoria únicamente de lectura, pero programable y borrable eléctricamente, sin necesidad de exponerla a los rayos ultravioleta. Además, permite la reutilización de la memoria, mientras que en la EPROM el borrado es definitivo.

- **Flash EEPROM**. Es una evolución de la memoria EEPROM, con una tecnología más moderna, que permite un mayor número de ciclos de escritura y, además, a una velocidad muy superior.

Esta flexibilidad de memorias aporta una gran facilidad en la programación. Normalmente, el programa de usuario se programa en la memoria RAM, que permite realizar las modificaciones necesarias. Una vez el programa se estima definitivo, se graba en memorias menos volátiles:

- En EPROM si no se va a modificar más.

- En EEPROM, o mejor en flash, si se prevé algún tipo de modificación en la programación del funcionamiento de la instalación.

¡*Tenlo* en cuenta!

La capacidad de la memoria donde se almacena el programa de usuario se expresa en kiloinstrucciones (miles de instrucciones) o KIPS. En la mayoría de los autómatas, el espacio de esta memoria va desde alrededor de 1 KIPS en los de gama baja, hasta varios cientos de KIPS en los de gama alta. Físicamente, puede estar integrada dentro del autómata (en modelos compactos) o en módulos, cartuchos o tarjetas de memoria (en los modulares).

6.2.3. Los módulos de entradas y salidas

> Los módulos de **entradas y salidas** son los módulos de interfaz o de enlace, encargados de comunicar la CPU con el exterior, es decir, con los sensores y los actuadores del sistema a controlar.

La cantidad de entradas y salidas que tiene un autómata es relativamente pequeña en los modelos compactos y puede llegar a ser muy elevada en los modulares. De hecho, este número está relacionado con el tipo de gama. Orientativamente, podemos clasificar los PLC según:

- Gama baja, desde 40/40 hasta 128/128 entradas y salidas.

- Gama media, entre 128/128 y 512/512 entradas y salidas.

- Gama alta, a partir de 512/512 entradas y salidas.

La información presente en las entradas y salidas del autómata puede ser digital o analógica:

- **Digital**. Normalmente toma valores de tensión de 0 V (ausencia de tensión) o de 24 V (presencia de tensión).

- **Analógica**. Representa la cantidad de una determinada magnitud (temperatura, humedad, posición, etc.), entre unos valores máximo y mínimo. Los módulos de entrada y salida analógica pueden leer tensión o intensidad y es habitual que operen en rangos de:
  - Tensión continua de 0 V a 5 V, 0 V a 10 V o de –5 V a +5 V.
  - Corriente continua de 0 a 20 mA o bien de 4 a 20 mA.

La interfaz de entrada

La interfaz de entrada es la sección conectada a los dispositivos de entrada o captadores. Cumple con estas funciones:

- Adaptar los niveles de tensión o corriente de la señal de entrada. Esta adaptación incluye el filtrado del posible ruido eléctrico que puedan contener las señales.

- Codificar esta señal para que la CPU la pueda procesar correctamente.

Según el tipo de señal que reciben, las entradas pueden ser *digitales* o *analógicas*.

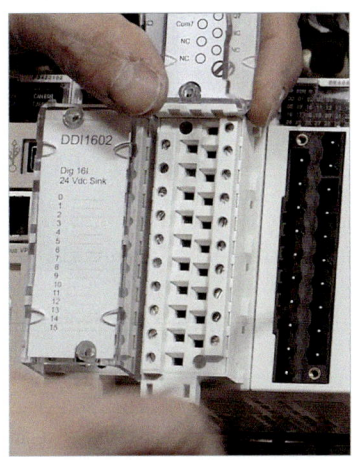

Fig. 6.6.
Los módulos de entradas y salidas son similares y consisten en una regleta de bornes que permite conectar el autómata con los sensores y actuadores.

Fig. 6.7.
Interfaz de entrada de un PLC.

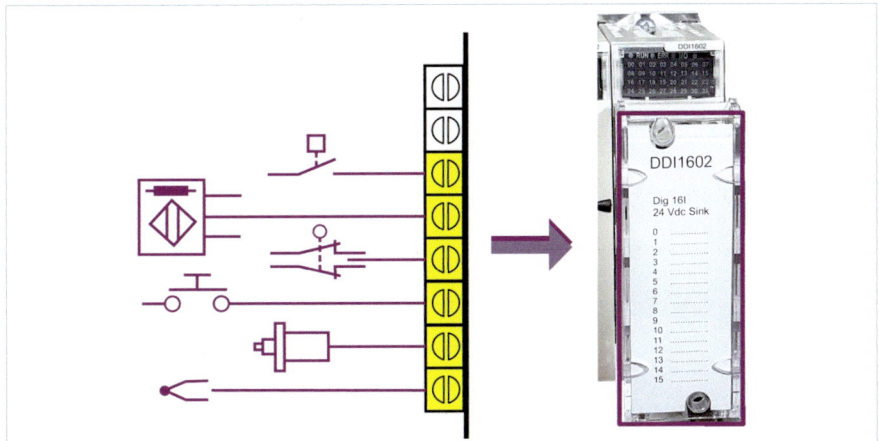

Entradas digitales

Recogen información digital binaria (dos estados posibles, 0 o 1) a partir únicamente de dos valores (tensión o corriente) entregados por los sensores conectados a los módulos de entrada (por ejemplo, pulsadores, selectores, finales de carrera, detectores inductivos, etc.).

Un módulo de entradas digitales puede estar constituido internamente por los siguientes bloques o etapas por las que pasa la información de la señal:

○ Filtrado. Elimina el ruido eléctrico que la señal conectada a la entrada pueda contener.

○ Indicación del estado de la entrada. Un LED nos permite visualizar este estado.

○ Aislamiento galvánico mediante optoacopladores. La información se transfiere a través de un dispositivo optoelectrónico que evita la unión eléctrica directa entre el sensor y la CPU (las sobrecargas podrían dañar el sistema de procesador y memoria).

Finalmente, la información se almacena en la tabla de imagen de las entradas.

Fig. 6.8.
Bloques de un circuito de entrada de señal digital.

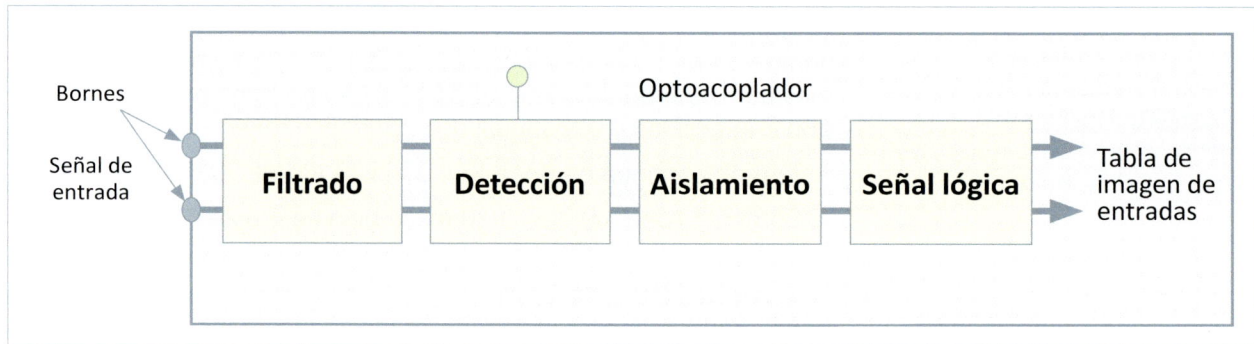

Entradas analógicas

Recogen información analógica o de valor continuo (temperatura, presión, caudal, etc.). Su valor debe convertirse en un código binario (normalmente de 12 bits) para que el autómata lo pueda procesar. Para realizar esta fase del proceso, el dispositivo debe contar con un convertidor analógico-digital.

Las entradas analógicas se encuentran tanto en PLC compactos como modulares. Existen módulos dedicados expresamente a dichas magnitudes que incorporan entradas analógicas de tensión o corriente con diferentes rangos de valor.

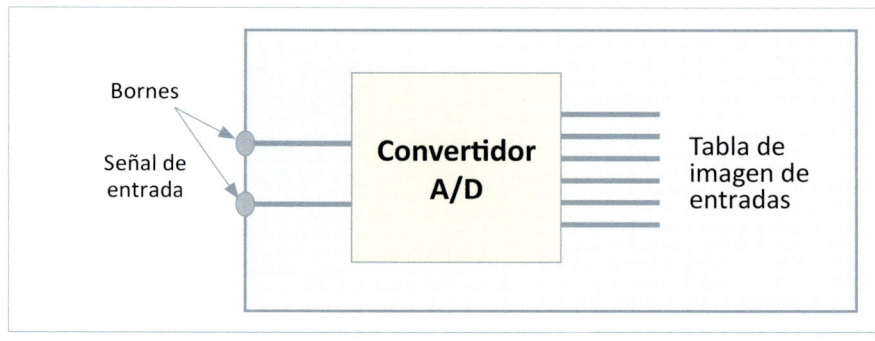

Fig. 6.9.
Un convertidor transforma la señal analógica en digital.

La interfaz de salida

La interfaz de salida decodifica las señales de la CPU y las envía como órdenes a los dispositivos de salida o actuadores. Las salidas también pueden ser *digitales* o *analógicas*.

Salidas digitales

Estas salidas envían información digital a los actuadores. Su estado se refleja en los terminales de salida y es una copia de la tabla imagen de las salidas, pero a diferentes niveles de tensión. Las salidas digitales pueden estar construidas mediante:

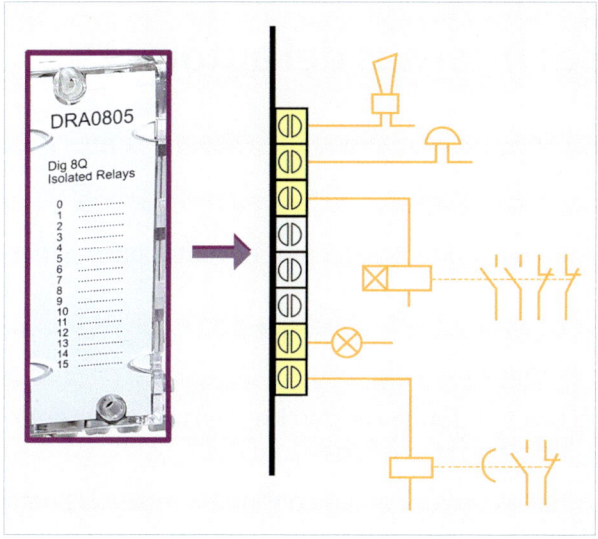

- **Relés electromagnéticos**. Suelen ser contactos libres de tensión (la salida se conecta a un contacto del relé que no está alimentado). Por eso cada salida puede accionar un elemento a una tensión diferente. Pueden trabajar con distintos valores de tensión, ya sea continua (CC) o alterna (CA), pero su velocidad de respuesta es lenta.

- **Transistores**. Trabajan solo en CC y su velocidad de conmutación es superior a la de los relés electromagnéticos. Sin embargo, soportan menos potencia.

- **Relés de estado sólido (tiristores o triacs)**. Se emplean principalmente para gobernar actuadores de CA de alta capacidad o potencia. Son rápidos y longevos.

Fig. 6.10.
Interfaz de salidas de un PLC.

Salidas analógicas

Estas salidas permiten que la información almacenada en la tabla de imágenes de salidas en forma de número binario se convierta en analógica y se aplique a los bornes o terminales correspondientes. De esta conversión se encarga un convertidor digital-analógico. Este, para cada código binario de salida, proporciona un nivel equivalente de tensión o corriente, empleando para ello muy poco tiempo.

Los valores analógicos que los autómatas presentan a sus salidas suelen ser consignas para actuadores externos como variadores de velocidad, reguladores de temperatura, reguladores de tensiones o corrientes, válvulas de control, etc.

Las salidas analógicas son más comunes en los autómatas modulares que en los compactos. De hecho, existen módulos dedicados a estas magnitudes que incorporan, normalmente, dos o cuatro salidas digitales en forma de tensión, de corriente o de ambas, según se configure el módulo en cuestión.

Fig. 6.11.
La salida binaria se transforma en analógica mediante un convertidor D/A.

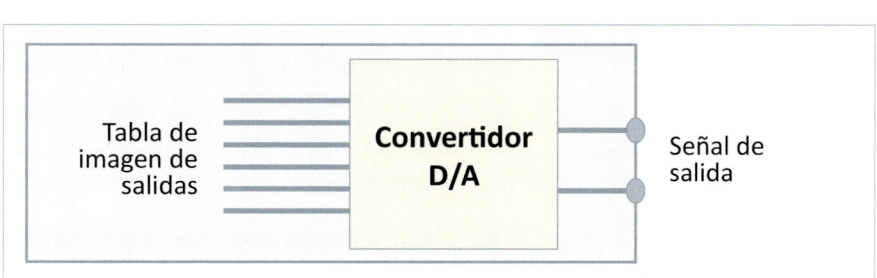

6.2.4. La fuente de alimentación

La **fuente de alimentación** se encarga del suministro de energía que requiere el autómata para su funcionamiento.

Este módulo adecua la tensión de red a las condiciones de tensión (normalmente 24 V de CC o 110/230 V en CA) y corriente que requiere. La fuente de alimentación también alimenta las extensiones o interfaces conectadas a través del bus interno. Algunos autómatas suelen llevar una pequeña batería, llamada *batería tampón*, para el mantenimiento de la memoria RAM ante un posible fallo del dispositivo o una falta de tensión.

6.2.5. Los buses internos del autómata

Un **bus interno** es una línea de transmisión de datos que comunica distintos elementos de un PLC.

Según la información que circula, podemos diferenciar cuatro tipos principales de buses internos:

- **Bus de datos**. El procesador envía o recibe información al resto de subsistemas a través de esta línea.
- **Bus de sistema**. Es el bus por donde circulan los flujos de datos entre la CPU y las tablas de imágenes de entradas y salidas.
- **Bus de control**. En este bus se vuelcan las consignas empleadas para control interno del proceso.
- **Bus de direcciones**. Es el que se emplea para conectar con las direcciones en memoria de los datos almacenados.

6.2.6. Módulos especiales

Con los interfaces de entradas y salidas se establece la comunicación entre el autómata y las máquinas para la ejecución de los programas. Sin embargo, para un completo funcionamiento es necesario el concurso de una *interfaz de comunicaciones*, una *interfaz de periféricos* y, en ocasiones, de *redes de comunicación industrial*.

La interfaz de comunicaciones

La **interfaz de comunicaciones** la forman los dispositivos que permiten la interacción entre persona y máquina.

Para el control del proceso de automatización, es imprescindible que el usuario pueda dialogar con el autómata, con una doble finalidad:

- Estar informado del estado de cada proceso, visualizando la información a través de una pantalla o una consola.
- Dar órdenes o consignas al sistema (por ejemplo, modificar un programa).

Estas funciones se pueden realizar mediante terminales o *consolas de programación* u *ordenadores personales*.

Fig. 6.12.
La interfaz de comunicaciones permite el diálogo entre la persona y la máquina.

- **Terminales de programación**. Son dispositivos provistos de un teclado y una pequeña pantalla de visualización. Tienen el inconveniente de ser complejos de operar y de que cada autómata o familia de autómatas tiene una consola de programación propia.

- **Ordenador personal**. En la actualidad, es el dispositivo de comunicación más utilizado. El fabricante del autómata proporciona el *software*, que una vez instalado en el ordenador permite programar uno o más autómatas de la misma familia y del mismo fabricante.

La conexión o comunicación entre el autómata y el PC puede realizarse de varias maneras según los protocolos de interconexión que admitan, puerto RS 485/RS–232, RS 485/USB, USB/USB, entradas para red Ethernet e incluso sistemas sin cables, Wireless (WLAN, GSM/GPRS) que permiten la comunicación mediante Internet.

La interfaz de periféricos

> La **interfaz de periféricos** es un interlocutor entre el autómata y otros módulos añadidos o equipos auxiliares (periféricos).

Los periféricos no intervienen directamente en la elaboración del programa ni en la ejecución de la secuencia, pero están enlazados al autómata y cumplen funciones que contribuyen a una mejora de sus prestaciones.

Hay muchos tipos diferentes de periféricos, tales como:

- Módulos de visualización.
- Generadores o salidas de pulsos.
- Controladores especiales de temperatura.
- Reguladores PID.
- Detectores/comparadores de umbral analógico.
- Interfaces adaptadoras de señales.
- Entradas de frecuencímetros.
- Entradas para teclados.
- Entradas para módulos de operador (interfaces humano-máquina, HMI, paneles de operación, OPLC).

Las redes de comunicación industrial

Cuando la complejidad del proceso de automatización adquiere dimensiones importantes, añadir a un autómata módulos de expansión puede resultar insuficiente. En estas situaciones suele recurrirse a sistemas de automatización industrial basados en las *redes de comunicación*.

> Una **red de comunicación industrial** es el sistema que permite la comunicación entre los diferentes dispositivos y puntos de control que integran un sistema de automatización industrial.

Distintos autómatas y dispositivos de control que formen parte de un mismo proceso de automatización complejo pueden ser capaces de comunicarse e intercambiar información gracias a las redes de comunicación industrial. (DOC. 6.4)

Documento 6.4

La fabricación integrada por computador

Las actuales tecnologías tienen en cuenta el PLC como parte de un sistema donde coexiste con ordenadores industriales, ordenadores personales, brazos robotizados, sistemas mecatrónicos, automatismos cableados, actuadores y sensores, etc., y no necesariamente en la misma ubicación física, ni pertenecientes a un mismo fabricante. Se habla entonces de la fabricación integrada por computador, CIM (del inglés *computer integrated manufacturing*).

La manera en que se interconectan y comunican los diferentes dispositivos en un sistema CIM constituye su arquitectura y, según sea la complejidad del proceso que integran, se pueden diferenciar cinco niveles: en los niveles más básicos que afectan a la máquina o proceso, al taller o línea hasta el área de producción se ubicarían los PLC de características que se han descrito en el texto. Para la industria o unidad de producción se requieren ya PLC con altas prestaciones u ordenadores industriales, y en el nivel más alto o de empresa entrarían los ordenadores personales con *software* específico sofisticado, que se encargan de la gestión y análisis de datos como productividad, costes, etc.

Nivel 5. Empresa

Nivel 4. Industria o unidad de producción

Nivel 3. Área de producción

Nivel 2. Taller o línea

Nivel 1. Máquina o proceso

Con el objetivo de facilitar la interconexión entre todos los elementos que intervienen en un CIM, la Organización Internacional de Estandarización creó un modelo de sistema abierto de interconexión, OSI, (del inglés *open system interconnection*) conocido como ISO/IEC 7498-1. En este modelo se establecen los diferentes niveles de conexión entre dispositivos (físicos o mecánicos, eléctricos, protocolos de comunicación y estándares de usuario) y quedan categorizados los protocolos y las técnicas de comunicación.

Actividades

7. Elabora un esquema con todos los componentes que forman la estructura interna del autómata programable, indicando sus funciones.

8. Explica la función del sistema operativo y el programa de usuario de un autómata programable. Indica quién elabora cada uno y qué tipo de memoria requieren.

9. Explica las diferencias entre la información digital y la información analógica que entra o sale de un autómata programable.

10. Explica los procesos que sigue la recogida de información digital por la entrada del autómata programable.

11. ¿Qué diferencias hay entre las salidas digitales de relés electromecánicos, transistores o relés de estado sólido?

12. Explica la función de los convertidores analógico-digital y digital-analógico en una entrada y en una salida analógica, respectivamente.

13. ¿Cuándo es necesario la interfaz de periféricos? ¿Y de redes de comunicación industrial?

14. Busca en catálogos de fabricantes tres modelos de autómatas programables. Indica sus características técnicas e interprétalas, comparando entre ellos.

15. Analizad los autómatas programables de vuestro instituto o escuela e indicad sus características más importantes. ¿Admiten módulos especiales de expansión?

6.3. La instalación del autómata

Los autómatas, tanto los modulares como los compactos, se instalan en el interior de armarios o en cuadros eléctricos. Este proceso puede realizarse en tres fases:

- Decidir su disposición en el cuadro eléctrico.

- Realizar el montaje.

- Proceder a la conexión del autómata: alimentación, entradas y salidas, comunicaciones, etc.

6.3.1. La disposición en el cuadro eléctrico

No hay una situación preferente del autómata dentro del cuadro eléctrico. Esto dependerá, entre otras cosas, de los demás automatismos y elementos que compartan con él dicho cuadro.

Sin embargo, hay unas normas que es importante considerar:

- Si hay elementos que disipan calor, es conveniente colocarlos en una zona superior a la del autómata, para que la temperatura que generan (el aire caliente asciende) no lo caliente por encima de su temperatura de trabajo (normalmente comprendida entre los 0 °C y los 55 °C). También se debe dejar espacio entre el PLC y otros elementos para permitir la disipación de calor por convección.

- El cuadro donde se ubica el autómata no debe condensar la humedad, que tiene que estar comprendida entre el 30 % y el 95 %.

- Es interesante que el autómata, puesto que de él salen una notable cantidad de conexiones, esté cerca de las regletas de bornes que le van a comunicar con el exterior del armario y tenga próxima la fuente de alimentación para que los cables no sean innecesariamente largos.

- Se debe tener en cuenta la susceptibilidad electromagnética del autómata. Por ejemplo, los conmutadores electromecánicos de potencia pueden provocar fallos de funcionamiento en el PLC si se encuentran relativamente próximos, debido a las interferencias electromagnéticas que generan. Para evitar estos problemas es importante seguir las indicaciones y medidas a tomar que proporcionan los fabricantes.

- Debe ser posible conectar el PLC al conductor de protección (PE) de la red eléctrica para derivar fallos de tensión a tierra, que en caso contrario podrían dañar su electrónica.

¡*Tenlo* en cuenta!

Los fabricantes especifican toda una serie de condiciones que deben respetarse para el correcto funcionamiento del autómata. Por ejemplo, nivel máximo de vibraciones, aceleración máxima, resistencia mecánica a golpes, etc. El personal que lo instala debe considerar esta información, porque puede condicionar la ubicación del dispositivo en el cuadro.

⠿ 6.3.2. **El montaje de los módulos**

Los módulos del autómata se montarán de forma horizontal en dos tipos de anclajes:

- En **carriles de tipo DIN** estándar o conformes a la norma EN 50022. Para evitar que el autómata se desplace lateralmente sobre el carril, deben colocarse topes laterales.

  En autómatas modulares, cada módulo se monta al lado del módulo anterior hasta completar todos los módulos. Las conexiones entre módulo y módulo pueden realizarse mediante un cable que los enlaza o mediante una pieza o bus de conexión.

- Sobre **bastidores específicos** (denominados *rack*) del mismo fabricante del autómata. Los autómatas vienen preparados para su fijación al bastidor de fondo y pueden incorporar conectores de bus para ampliar mediante módulos.

Tanto los carriles como los bastidores deben fijarse (normalmente, mediante tornillos) a los paneles de los cuadros eléctricos.

Fig. 6.13.
Montaje de los módulos del PLC.

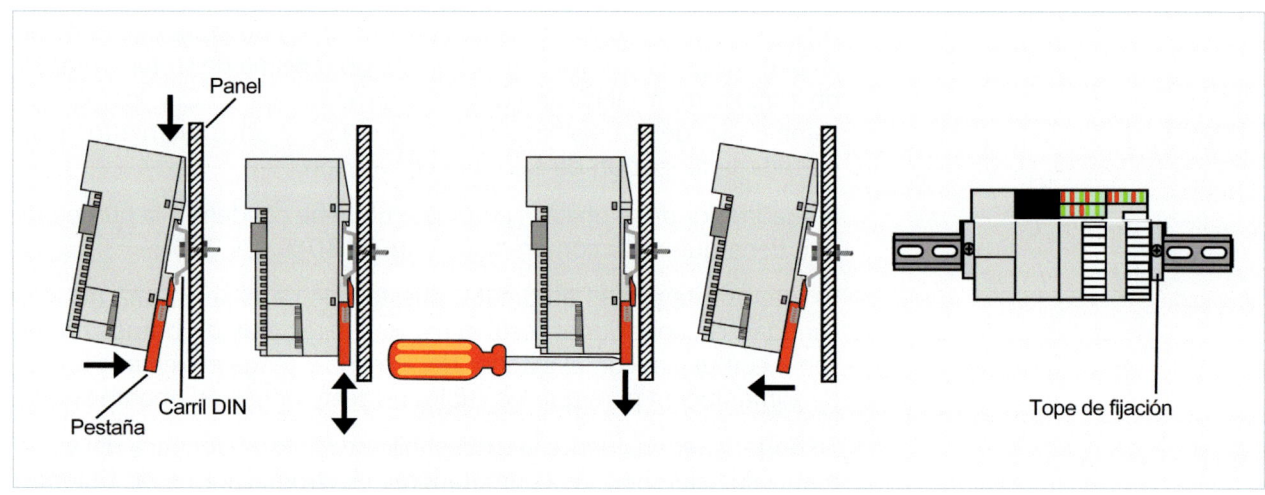

⠿ **Precauciones en el montaje**

Para el montaje de los autómatas en los cuadros eléctricos, deben guardarse unas distancias mínimas que cada fabricante recomienda en su manual.

- En los **modelos compactos** es habitual dejar:
  - Entre 2 y 4 cm alrededor de los laterales del autómata.
  - Entre 4 y 10 cm en la parte superior e inferior, puesto que es donde normalmente están los bornes de conexión de la alimentación, de las entradas y de las salidas.
  - La misma distancia con las canaletas de cableado para garantizar la cómoda conexión de los terminales.
  - Entre 5 y 10 cm, como mínimo, con respecto a la tapa del armario.

- En los **autómatas modulares**, cuando las regletas de bornes son verticales, las distancias de seguridad son parecidas a las de los compactos, pero teniendo en cuenta que necesitan muchos más conductores para las señales de entrada y de salida.

¡Tenlo en cuenta!

Cabe reiterar la importancia de disponer de un espacio suficiente alrededor de todo el autómata que permita una circulación natural de aire y, por lo tanto, su ventilación, ya sea natural o forzada, como se ha indicado anteriormente.

6.3.3. La conexión del autómata

El autómata, ya montado en el bastidor, deberá conectarse a los elementos del exterior, concretamente, a la fuente de alimentación y a las entradas y salidas.

Para realizar esta conexión, los autómatas disponen de regletas de bornes o regleteros. Estas regletas son extraíbles del propio módulo a efectos de poder sustituirlas en caso de mal funcionamiento. Por eso es importante que la disposición de los cables de acceso permita separar la bornera del módulo con comodidad, dejando cierta holgura.

Conexión a la alimentación

La conexión del autómata a la alimentación depende de si es un modelo que se conecta directamente a 230 V de corriente alterna o a corriente continua, típicamente a 24 V:

- Si se **conecta a corriente continua**, debe disponerse de una fuente de alimentación externa que permita obtener la tensión de continua necesaria para poder alimentar al autómata.

  Es necesario poner a tierra la fuente de alimentación y el autómata, y que no sea la misma que la que utilicen motores y otros sistemas de potencia controlados por el autómata. En cualquier caso, hay que asegurarse de que la toma de tierra sea de buena calidad.

- Si el **autómata se conecta a la tensión de red**, es recomendable hacerlo mediante un transformador separador con relación de transformación 1:1 (esto es, 230 V en primario y 230 V en secundario) con una potencia algo superior a la que consume el autómata y con un blindaje que permita ponerlo a tierra para que no genere interferencias electromagnéticas.

  Normalmente, la tensión de red nominal que admiten los autómatas a su entrada oscila entre los 100 y los 260 V, de modo que son relativamente insensibles a las variaciones de tensión, puesto que en su interior incorporan una fuente que admite dichas variaciones de entrada sin afectar al rango de tensiones que internamente genera para el autómata.

El cable utilizado para estas conexiones, independientemente de si la alimentación es con corriente continua o alterna, no debe ser inferior a 1 mm^2 de sección. Además, deberá procurarse que dichos cables sean lo más cortos posible.

Ejemplo 6.1

¿Qué márgenes de alimentación en alterna admite el autómata adjunto?

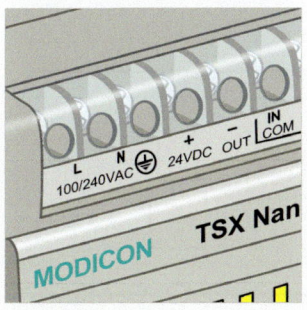

Solución

Si te fijas bien en el dibujo, debajo de los terminales L (línea) y N (neutro) puedes ver la leyenda 100/240 VAC. Es decir, podemos alimentar en alterna entre los 100 VAC y los 240 VAC.

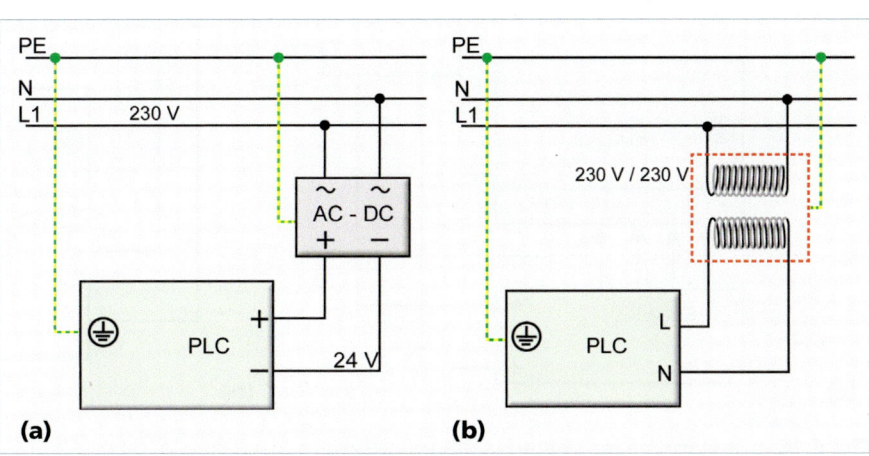

Fig. 6.14.
Conexión de un PLC:
(a) alimentado en CC,
(b) alimentado a la red.

⠿ Conexión de las entradas

Las entradas se identifican fácilmente por sus bornes, por su numeración, y por su identificación de INPUT o ENTRADA (ENTRADA 0000, ENTRADA 0001, etc.). También suelen llevar una indicación luminosa de activado a través de un LED.

Todas las entradas del autómata comparten normalmente un punto común (terminal COM). Los dispositivos a conectar a las entradas deben tener en consideración esa conexión equipotencial, especialmente los de estado sólido. Estos últimos difieren en la conexión dependiendo de si son NPN (negativa) o PNP (positiva).

Si bien la interfaz de entradas es compatible para ambos tipos, según sea uno u otro el común, se alimentará de manera diferente:

- Cuando se usan sensores PNP, se conecta el terminal negativo (−) al COM. Es el sistema más usado y, por lo tanto, el que seguiremos por defecto en este libro.

- Cuando se usan sensores NPN, se conecta el terminal positivo (+) al COM.

Fig. 6.15.
Conexión de las entradas con sensores: PNP y NPN.

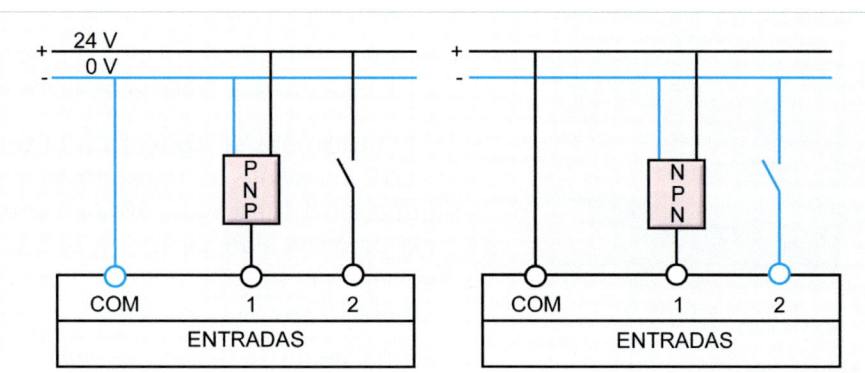

Las conexiones de las entradas de un autómata alimentado en corriente continua (24 V) o alterna se representan en las figuras adjuntas.

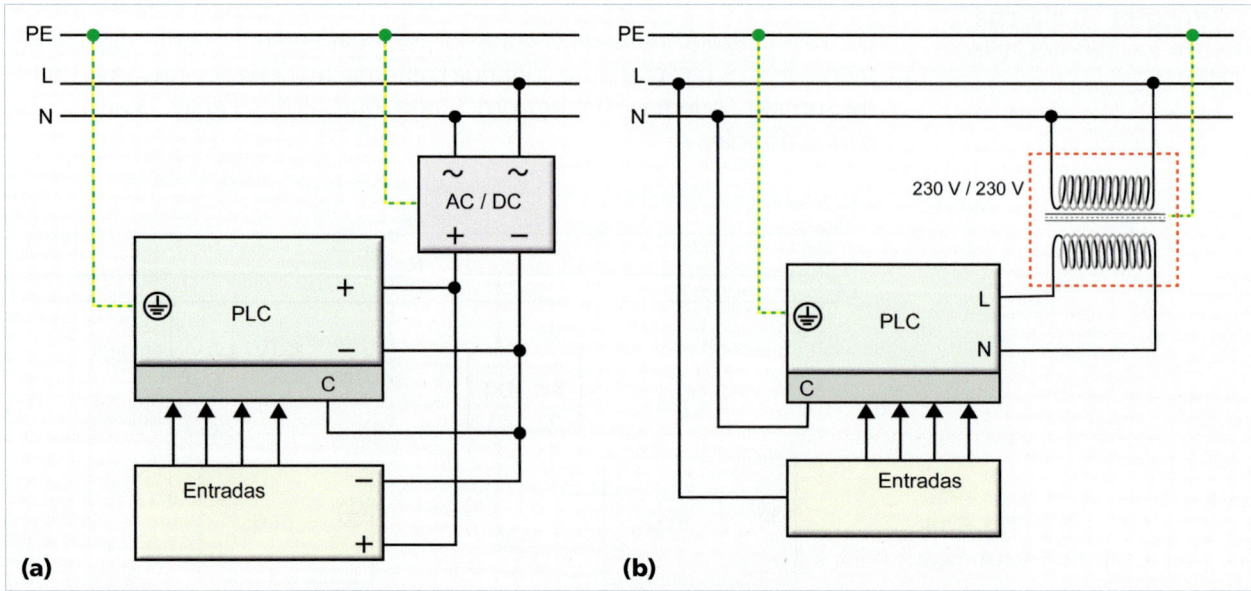

Fig. 6.16. Conexión de las entradas de un autómata alimentado: (a) en CC, (b) en CA.

Ejemplo 6.2

Considera que tienes un autómata y que debes conectar a sus entradas un final de carrera conmutado, un pulsador normalmente abierto, un pulsador normalmente cerrado y un detector inductivo.

Dibuja el esquema de estas conexiones para un autómata que se alimente con continua de 24 V y cuyas entradas sean, también, de esta tensión.

Solución

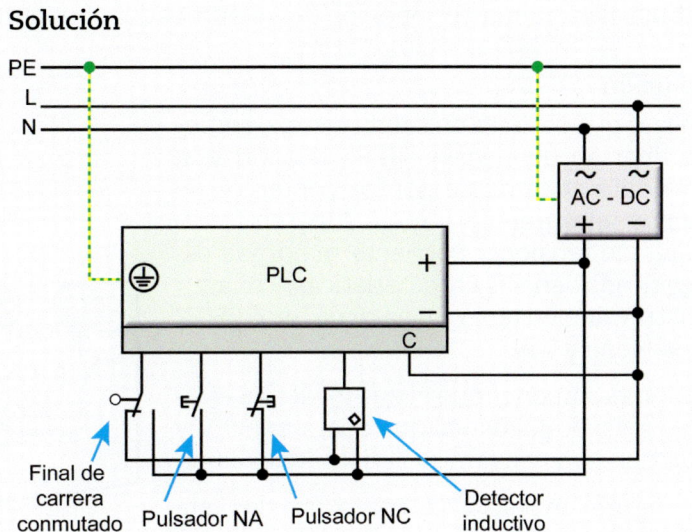

⠿ Conexión de las salidas

La conexión de las salidas sigue unas pautas similares a la conexión de las entradas, pero se ha de tener en cuenta que las salidas a relé pueden alimentarse a tensiones diferentes.

Así, en las salidas los autómatas disponen de varios comunes (COM), lo cual permite poder conectar distintos tipos de actuadores de características diferentes. Por ejemplo, grupos de salida a 24 V en corriente continua y grupos de salidas en alterna.

La conexión, según el tipo de corriente, será:

Fig. 6.17.
Conexión en continua y/o en alterna de las salidas de un autómata alimentado: (a) en continua (b) en alterna. (En verde, COM de salidas CA; en amarillo, COM de salidas CC.).

- ◉ Para las salidas de continua de un autómata que se alimenta en CC, la conexión debe ser en la misma fuente de alimentación (u otra distinta, pero que comparta el borne negativo).

- ◉ Las salidas que se deban conectar a alterna toman como punto común de la red la fase, mientras que el punto común de los actuadores toma el neutro.

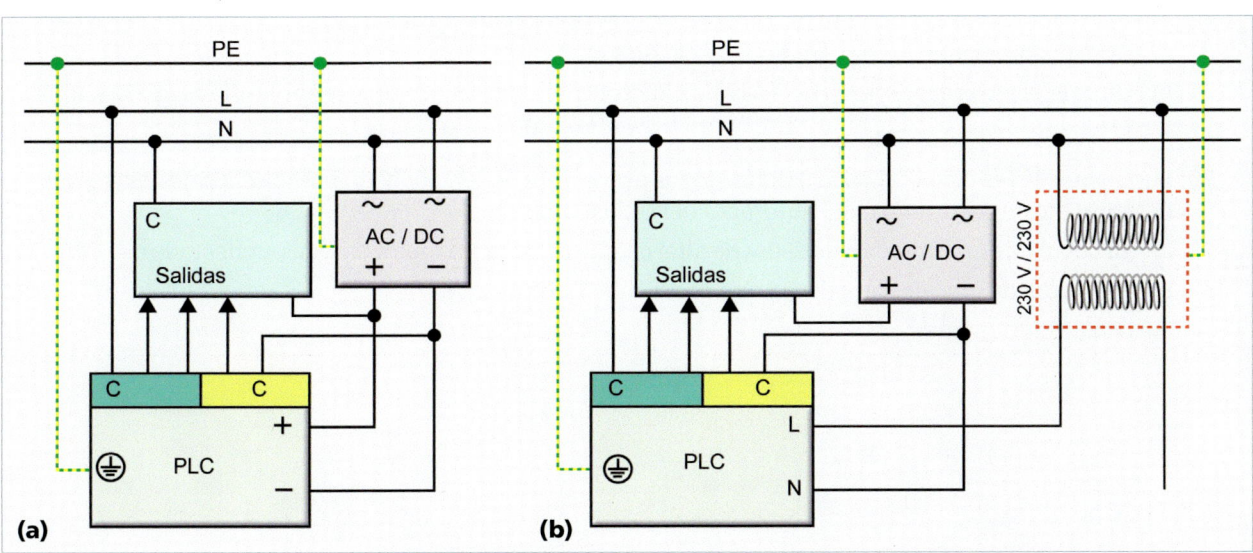

Ejemplo 6.3

Dibuja el esquema de conexión de un zumbador a un autómata con salidas a relé.

Solución

Puesto que se trata de salidas a relé, se tiene libertad de elección de la tensión y la corriente que circule por los contactos de dichos relés mientras no se superen los límites de tensión y corriente máximas especificadas en sus características. En la industria, suelen tener un valor de unos 250 V de alterna y 1 A.

Podemos suponer que el zumbador es el típico avisador acústico que opera a 230 V y que tiene un consumo relativamente bajo.

La figura muestra la conexión de este zumbador a una salida de un PLC.

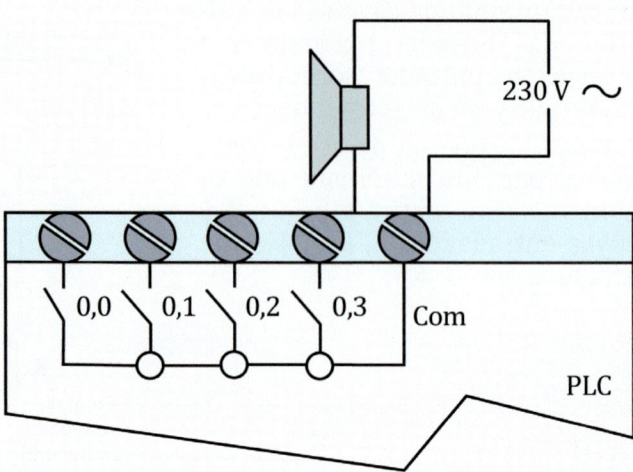

Se ha considerado un PLC con cuatro salidas que comparten un punto común, como puede verse en la parte de la conexión interior del autómata, a la que no tenemos acceso, pero que debemos conocer para poder hacer la conexión.

Saber cómo están dispuestos internamente los contactos de las salidas es imprescindible para poder realizar la conexión exterior de forma correcta.

Actividades

16. Indica algunos criterios para el montaje correcto de un autómata programable en cuanto a:
   a) La ubicación de los dispositivos.
   b) Las distancias mínimas que estos deben guardar.
   c) La disposición de los cables.

17. ¿Qué diferencias hay entre la utilización de carriles tipo DIN o de bastidores específicos?

18. Indica las condiciones de la conexión del autómata a la alimentación:
   a) En corriente continua.
   b) En corriente alterna.

19. Realiza la conexión al autómata del Ejemplo 6.3 de estos dispositivos:
   a) Dos sensores capacitivos y un final de carrera NC.
   b) Un relé electromagnético que active un motor monofásico AC, una señal luminosa LED y una señal luminosa basada en una lámpara incandescente.

20. Supón que debes conectar a las salidas (todas a relé libre de tensión y disponibles los dos extremos del contacto de cada salida) del autómata del Ejemplo 6.2:
   a) La bobina de un contactor de 230 V de alterna que acciona un motor trifásico conectado a 400 V.
   b) La bobina de una electroválvula que opera a 24 V de continua.
   c) Dibuja el esquema.

6.4. Mantenimiento de autómatas

Los autómatas no requieren grandes operaciones de mantenimiento. Solamente deben efectuarse unas cuantas operaciones básicas que, en muchos casos, pasan por una inspección visual para verificar que todo esté en buenas condiciones.

Deberemos prestar atención, no obstante, a algunos elementos:

- **Limpieza exterior e interior**. Es importante mantener limpio el cuadro eléctrico y su armario. Para limpiarlo lo mejor es utilizar aire comprimido sin demasiada presión en lugar de líquidos o trapos húmedos.

- **Programa**. Algunas máquinas incorporan una posibilidad de test, de modo que pueden hacerse varias secuencias de prueba fuera de lo que se considera la producción normal del autómata. El resultado de estas pruebas debe quedar documentado.

- **Baterías**. Hay que mantenerlas en buen estado porque son la salvaguarda del programa de usuario y las variables internas. Si bien el consumo de la batería es muy bajo y la vida muy larga, con el tiempo se descargan, por lo que deben sustituirse periódicamente. Los autómatas suelen avisar del estado de la batería mediante un bit interno o un indicador visual o sonoro.

- **Elementos internos**. En el interior del PLC no suele haber elementos con partes móviles, a excepción de que incluyan relés electromecánicos. En este caso, en función del número de maniobras útiles que el fabricante especifique y de las maniobras que cada relé deba realizar, según el proceso que controle, podremos determinar cuándo hay que acceder a los relés internos y sustituirlos. Antes de abrir el autómata, deberán tenerse los repuestos preparados.

- **Conexiones**. Deberemos asegurarnos de que las conexiones no se aflojen con el tiempo, por lo que periódicamente conviene apretar todos los bornes. También se puede aprovechar la ocasión para comprobar el estado de los cables (rigidez, flexibilidad, temperatura, color, ajuste a los terminales, posibles fallos de aislamiento, etc.) y, en su caso, realizar una posible sustitución.

- **Sustitución**. Llegado el caso de una avería o el fin del ciclo de vida de un autómata, deberá plantearse la posibilidad de retirarlo definitivamente. La documentación debe indicar en qué casos el autómata debe darse de baja y cuál será el procedimiento para desmontarlo.

- **Documentación**. Deberá disponerse de una carpeta de mantenimiento del armario que aloje los autómatas, con las hojas que detallen la periodicidad y el tipo de mantenimiento que debe llevarse a cabo para cada dispositivo. También deberán indicar las inspecciones realizadas.

- **Personal**. Las tareas de mantenimiento deben ir a cargo de personal especializado y debidamente formado.

¡*Tenlo* en cuenta!

Aunque los autómatas pueden ser de distintos fabricantes, hay algunas razones para recomendar que todos sean de la misma marca, aunque sean de modelos diferentes. Entre las ventajas de esta decisión están:

- Mayor compatibilidad entre los dispositivos.
- Mejor conocimiento de los equipos por parte del personal técnico.
- Simplificación de los repuestos y piezas de recambio y mayor facilidad de mantenimiento.

¡*Tenlo* en cuenta!

Las baterías, autómatas u otras piezas o materiales eléctricos, una vez han sido desechados, deberán seguir las indicaciones de depósito y recogida establecidas en el plan medioambiental de la organización, para su reciclaje o tratamiento oportuno.

Actividades

21. Busca información en las páginas web de algún fabricante de autómatas sobre el mantenimiento aconsejado por el fabricante.

Representación normalizada ● ● ● ●

1. Esquemas de autómatas programables

El autómata programable simplifica sustancialmente los circuitos de un automatismo. Esto lo podemos apreciar fácilmente comparando los dos esquemas de un circuito (uno con lógica cableada y otro con lógica programada) con la misma función y los mismos componentes.

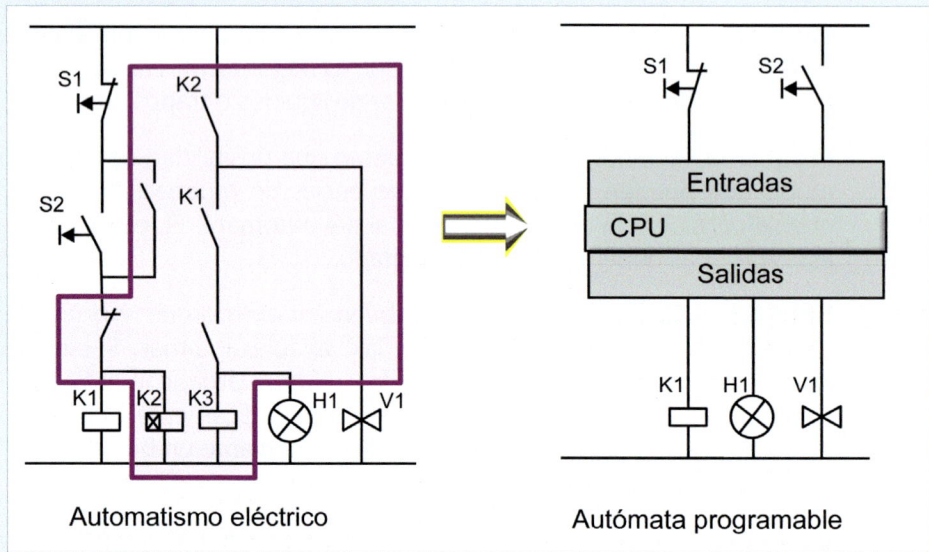

Automatismo eléctrico

Autómata programable

Fig. 6.18.
Esquema de un circuito con lógica cableada y con lógica programada.

Atendiendo a este esquema, apreciamos que el circuito con un autómata programable es más simple porque:

- ● El cableado o interconexión entre los distintos componentes es mucho más complejo en el automatismo eléctrico (varias conexiones en serie y en paralelo), mientras que el automatismo programado es mucho más simple: un cable une todos los sensores y todos los actuadores y otros cables unen cada sensor y actuador con el autómata.

- ● En el automatismo eléctrico hay siete contactos, mientras que en el programable sólo hay dos. Esta simplificación es posible porque los contactos auxiliares se programan desde el PLC.

- ● En el automatismo eléctrico se cuentan tres bobinas correspondientes a actuadores, por una sola en el programable. Esto es debido a que las bobinas de los actuadores y los relés auxiliares se programan con la que tiene internamente el PLC.

Otras observaciones respecto a los componentes utilizados son que:

- ● Se sustituye todo el conjunto de los componentes eléctricos (enclavamientos, temporizadores, etc.) que formaba parte del circuito de mando.

- ● Permanecen con la misma función los dispositivos de accionamiento manual (pulsadores, interruptores, etc.) del automatismo.

- ● Los señalizadores e identificadores que nos aportan información sobre el estado de los diferentes componentes están conectados como una salida más del autómata.

- ● Los dispositivos empleados para la activación de los elementos del circuito de potencia (relés y contactores) también los vemos conectados al autómata programable como salidas del mismo.

¡Tenlo en cuenta!

La gran diferencia entre ambos circuitos es que si el automatismo eléctrico, tal como está, se conecta a la corriente eléctrica, la instalación se pondrá en funcionamiento. Sin embargo, no sucederá lo mismo con el automatismo programable, pues este para activar la instalación necesita incorporar un programa a la memoria del autómata.

Representación normalizada ● ● ● ●

ACTIVIDADES

1. Interpreta las diferencias entre estos dos circuitos, uno eléctrico y el otro programable, para realizar la misma función.

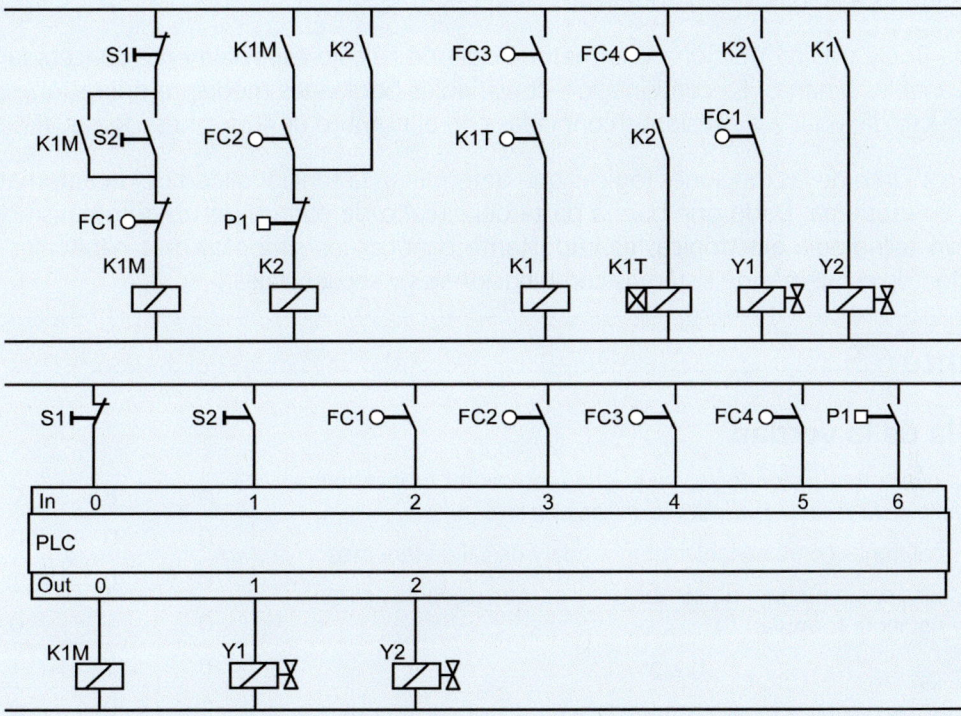

2. Convierte este esquema de un automatismo eléctrico para el cambio de sentido de giro de un motor trifásico AC en un esquema de un automatismo programable.

   Deberás considerar que las salidas activarán -KM1 y -KM2, así como -H1 y -H2, todo ello accionado por un pulsador NA para cada sentido y un solo pulsador de paro general. Observa la función lógica de los contactos NC -F1 y -S1. Se ha de implementar internamente en forma de instrucciones.

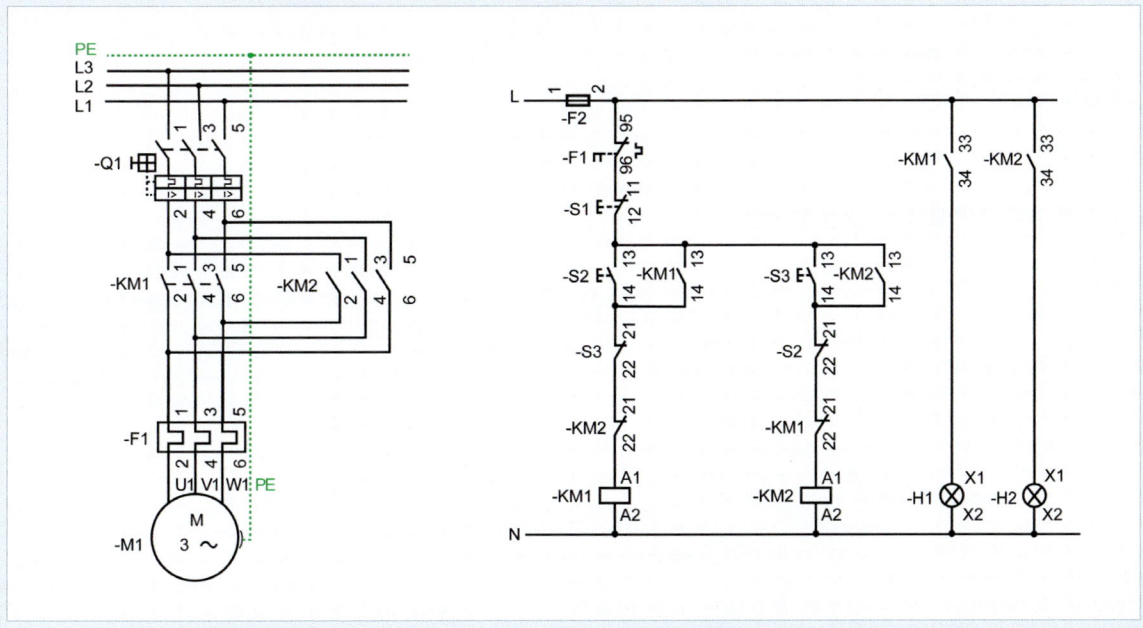

Representación normalizada ● ● ● ●

2. Simbología electrónica

La mayor parte de las señales que se intercambian los dispositivos que constituyen un automatismo programable son de naturaleza digital y, consecuentemente, debemos utilizar métodos para describir y operar de forma sistemática la información que estos usan.

El álgebra de Boole nos proporciona una metodología de cálculo especialmente concebida para el tratamiento de variables binarias. La combinación de variables booleanas mediante operaciones de negación, suma y producto da lugar a expresiones conocidas con el nombre de funciones lógicas. (DOC. 6.5)

A partir del conjunto de las funciones lógicas que determinan la funcionalidad de un automatismo, confeccionaremos su esquema. Dado que buena parte del circuito de control de un automatismo programable se realiza con tecnología electrónica, es importante conocer los símbolos más habituales usados en la representación de esquemas de sistemas combinacionales y secuenciales.

Documento 6.5

La tabla de la verdad

Recuerda que toda función lógica se puede representar gráficamente en una tabla de la verdad. Esta está formada por:

- Tantas columnas como variables de entrada y de salida tenemos.

- Tantas filas como número de combinaciones, que podemos calcular con la siguiente fórmula:

$$C = 2^n$$

- Siendo C las combinaciones posibles; 2 la base, porque suponemos que la entrada solo puede estar abierta o cerrada, y n el número de entradas que tenemos.

La tabla se rellena con valores de 0 y 1:

- Un 0 indica que la entrada no está accionada o que la salida está desactivada.

- Un 1 indica que la entrada está accionada o que la salida está activada.

  Si tomamos como ejemplo un automatismo con tres entradas (A, B y C) y una salida (S), tendremos una tabla de la verdad con 4 columnas y 8 filas ($C = 2^n = 2^3 = 8$).

(En la salida no figuran valores, porque no conocemos el circuito).

A	B	C	S
0	0	0	
0	0	1	
0	1	0	
0	1	1	
1	0	0	
1	0	1	
1	1	0	
1	1	1	

Sistemas combinacionales

Un **sistema combinacional** es aquel cuya respuesta (salida) depende exclusivamente de las distintas combinaciones que se pueden formar con sus variables de entrada, sin que intervengan en ningún caso estados anteriores de las entradas o de las salidas.

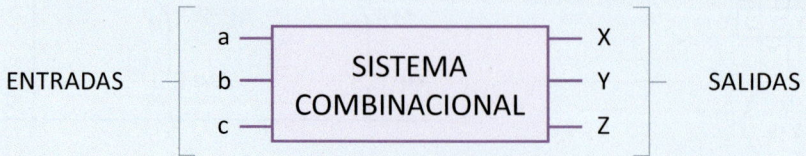

La funcionalidad de un sistema combinacional puede ser descrita mediante un conjunto de funciones lógicas, a partir de las cuales podemos realizar el esquema electrónico correspondiente.

Representación normalizada ● ● ● ●

Los símbolos electrónicos que mostramos para realizar las operaciones básicas de los sistemas combinacionales reciben el nombre de **puertas lógicas**.

Tabla 6.1. Simbología de electrónica combinacional				
Función lógica	**Descripción de la operación**	**Símbolo**	**Tabla de la verdad**	**Esquema eléctrico**
NOT $S = \bar{a}$	**Negación**. La salida adquiere el estado opuesto al de la entrada.	a ─┤ 1 ├─ S	a | S 0 | 1 1 | 0	
OR $S = a + b$	**Suma**. La salida adquiere el estado '1' siempre que cualquiera de las entradas esté en '1'.	a ─┤ ≥1 ├─ S b	a b | S 0 0 | 0 0 1 | 1 1 0 | 1 1 1 | 1	
NOR $S = \overline{a + b}$	**Suma negada**. La salida adquiere el estado '0' siempre que cualquiera de las entradas esté en '1'.	a ─┤ ≥1 ├─ S b	a b | S 0 0 | 1 0 1 | 0 1 0 | 0 1 1 | 0	
AND $S = a \cdot b$	**Producto**. La salida adquiere el estado '0' siempre que cualquiera de las entradas esté en '0'.	a ─┤ & ├─ S b	a b | S 0 0 | 0 0 1 | 0 1 0 | 0 1 1 | 1	
NAND $S = \overline{a \cdot b}$	**Producto negado**. La salida adquiere el estado '1' siempre que cualquiera de las entradas esté en '0'.	a ─┤ & ├─ S b	a b | S 0 0 | 1 0 1 | 1 1 0 | 1 1 1 | 0	
XOR $S = \bar{a} \cdot b + a \cdot \bar{b}$ $S = a \oplus b$	**Semisuma**. La salida adquiere el estado '0' siempre que todas las entradas estén en el mismo estado.	a ─┤ =1 ├─ S b	a b | S 0 0 | 0 0 1 | 1 1 0 | 1 1 1 | 0	
NXOR $S = \overline{\bar{a} \cdot b + a \cdot \bar{b}}$ $S = \overline{a \oplus b}$	**Semisuma negada**. La salida adquiere el estado '1' siempre que todas las entradas estén en el mismo estado.	a ─┤ = 1 ├─ S b	a b | S 0 0 | 1 0 1 | 0 1 0 | 0 1 1 | 1	

Representación normalizada ● ● ● ●

Documento 6.6

Reglas básicas del álgebra de Boole

En el álgebra de Boole existen únicamente tres tipos de operaciones lógicas: la *negación*, la *suma* y el *producto*. Por eso, para el trabajo con funciones lógicas se requiere el conocimiento de una serie de leyes y teoremas básicos.

Tabla 6.2. Reglas básicas del álgebra de Boole		
Reglas	**Equivalencias**	**Comentario**
Derivada de la negación	$\overline{\overline{A}} = A$	Negación de la negación es afirmación
Derivadas de la suma	$A + 0 = A$ $A + 1 = 1$ $A + A = A$ $A \cdot \overline{A} = 1$	El '0' es el elemento neutro en la suma
Derivadas del producto	$A \cdot 0 = 0$ $A \cdot 1 = A$ $A \cdot A = A$ $A \cdot \overline{A} = 0$	El '1' es el elemento neutro en el producto
Ley conmutativa	$A + B = B + A$ $A \cdot B = B \cdot A$	Respecto a la suma Respecto al producto
Ley asociativa	$A + (B + C) = (A + B) + C = A + B + C$ $A \cdot (B \cdot C) = (A \cdot B) \cdot C = A \cdot B \cdot C$	Respecto a la suma Respecto al producto
Ley distributiva	$A \cdot (B + C) = A \cdot B + A \cdot C$	
Ley de absorción	$A + A \cdot B = A$ $A \cdot (A + B) = A$	Ya que: $A + A \cdot B = A \cdot (1 + B) = A \cdot 1 = A$ Ya que: $A \cdot (A + B) = A \cdot A + A \cdot B = A + A \cdot B = A$
Teorema de Morgan	$\overline{A \cdot B} = \overline{A} + \overline{B}$ $\overline{A + B} = \overline{A} \cdot \overline{B}$	Conversión de producto en suma Conversión de suma en producto

⠿ Sistemas secuenciales

Los **sistemas secuenciales** son aquellos cuyas salidas no solo dependen del estado de las variables de entrada en un determinado instante, sino también de los estados anteriores que haya adquirido el sistema.

Diremos, por tanto, que un circuito secuencial tiene memoria y, por lo tanto, debe ser capaz de memorizar el estado de las entradas y convertirlo en un estado interno del mismo sistema.

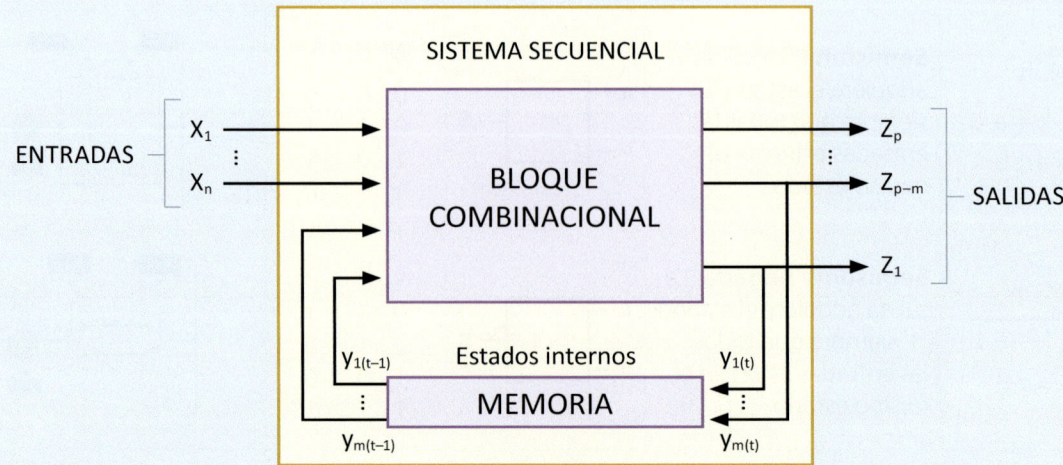

Representación normalizada ● ● ● ● ●

Todo sistema secuencial posee:

- Un conjunto de 2^n estados de entrada, donde n es el número de variables de entrada: $x_1, x_2, \ldots x_n$.

- Un conjunto de 2^m estados internos, donde m es el número de variables internas de estado: $y_1, y_2, \ldots y_m$.

- Un conjunto de 2^p estados posibles de salida, donde $p = m + n$ es el número de variables de salida: $z_1, z_2, \ldots z_p$.

Los símbolos electrónicos para realizar las operaciones básicas de los sistemas secuenciales se denominan **biestables** o básculas.

¡*Tenlo* en cuenta!

Una particularidad que identifica los sistemas secuenciales es la distinta reacción que pueden presentar a su salida, frente a combinaciones idénticas aplicadas a su entrada.

Tabla 6.3. Simbología de electrónica combinacional			
Biestable	**Descripción de la operación**	**Tabla de la verdad**	**Símbolo**
Biestable SR sensible por nivel	• La salida Q adquiere el estado '1' cuando S = '1' y el estado '0' cuando R = '1'. • La combinación S = R = '0' no provoca cambio en la salida y la S = R = '1' está prohibida.	$\begin{array}{cc\|cc} S & R & Q_n & \bar{Q}_n \\ \hline 0 & 0 & Q_{n-1} & \bar{Q}_{n-1} \\ 0 & 1 & 0 & 1 \\ 1 & 0 & 1 & 0 \\ 1 & 1 & \multicolumn{2}{c}{\text{No se usa}} \end{array}$	
Biestable SR sensible por flanco de subida	• La salida Q adquiere el estado '1' cuando S = '1' y Clk pasa de '0' a '1'. • La salida Q adquiere el estado '0' cuando R = '1' y Clk pasa de '0' a '1'. • La combinación S = R = '0' no provoca cambio en la salida y la S = R= '1' está prohibida.	$\begin{array}{ccc\|cc} S & R & C & Q_n & \bar{Q}_n \\ \hline 0 & 0 & \nearrow & Q_{n-1} & \bar{Q}_{n-1} \\ 0 & 1 & \nearrow & 0 & 1 \\ 1 & 0 & \nearrow & 1 & 0 \\ 1 & 1 & - & \multicolumn{2}{c}{\text{No se usa}} \end{array}$	

ACTIVIDADES

3. Explica las diferencias entre los sistemas combinacionales y los sistemas secuenciales.

4. Utilizando las reglas del álgebra de Boole demuestra las igualdades siguientes:

   a) $A + A \cdot B = A$

   b) $A + (B + C) = (A + B) + C = A + B + C$

   c) $A \cdot (B + C) = A \cdot B + A \cdot C$

   d) $\overline{A \cdot B} = \overline{A} + \overline{B}$

5. Monta en el laboratorio el circuito eléctrico adjunto, comprueba su funcionamiento y determina la función lógica por la que se rige el encendido de la bombilla B.

   La tensión U puede ser de naturaleza alterna o continua y la tensión nominal de la bombilla debe ser de 12 V. Observa que la denominación de circuito *combinacional* adquiere sentido, ya que el estado de la bombilla depende exclusivamente de la combinación de estados que adquieren los interruptores X, Y y Z.

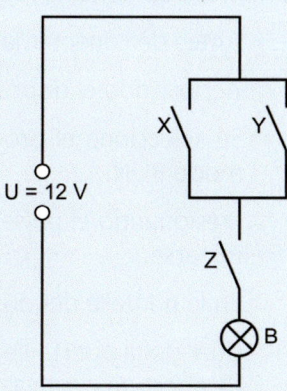

¡Ahora practica! • ● ● ● •

Práctica 6.1. Control de la puerta de un garaje mediante un PLC

Esta práctica consiste en montar un automatismo para el control de la puerta de un garaje mediante un autómata programable. Concretamente realizaremos el conexionado de un microPLC que previamente se ha programado para cumplir con el funcionamiento que se describe. La simulación de la programación en lenguaje *Ladder* para el funcionamiento del automatismo se desarrolla en la PRÁCTICA 7.1.

1. Esquema

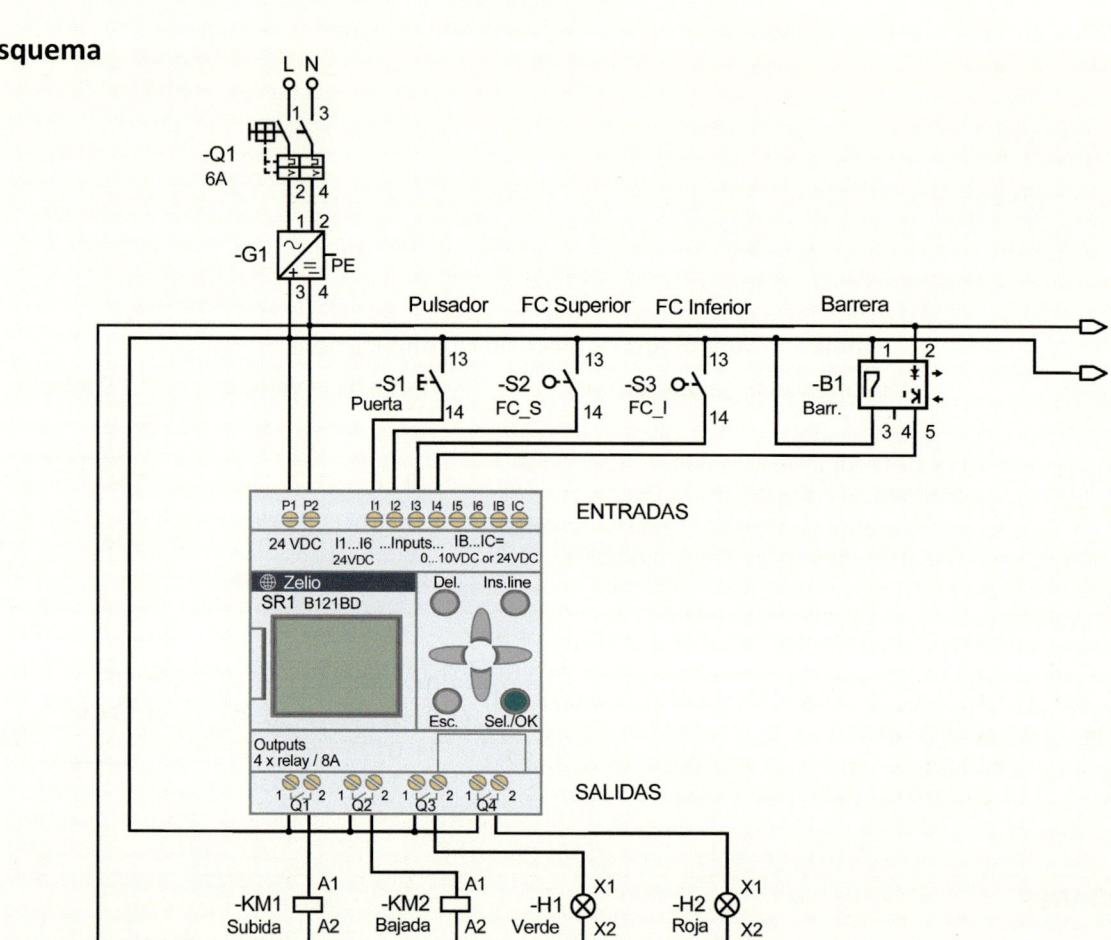

2. Funcionamiento

El funcionamiento del automatismo para el control de la puerta del garaje será el siguiente:

- ◉ Antes de conectar la alimentación, se debe verificar que la puerta está bajada y el FC_I presionado.
- ◉ Accionando el dispositivo de protección la pantalla del PLC se encenderá.
- ◉ Se selecciona el programa que previamente el profesor o la profesora habrá cargado y se pone en modo RUN.
- ◉ Presionando el pulsador S1 se iniciará la apertura de la puerta. La lámpara de color rojo H2 debe iluminarse.
- ◉ En la pantalla del dispositivo se irá reflejando en todo momento el proceso que se está ejecutando.
- ◉ Cuando la puerta llega a su apertura completa, se activa el final de carrera FC_S que detiene el motor de apertura y activa el temporizador. En este momento la lámpara verde H1 se ilumina para indicar que se permite el paso del vehículo.

¡Ahora practica! ● ● ● ●

○ Al finalizar el tiempo de temporización la puerta empieza a cerrarse (inversión en el giro del motor) y la lámpara roja se enciende.

○ Si durante el cierre de la puerta se interpone un obstáculo, por ejemplo un vehículo que quiere entrar, el sensor de barrera B1 lo detecta, provocando la detención inmediata del cierre y su apertura de nuevo.

○ Completada la apertura, y tras la temporización, se inicia de nuevo el proceso de cierre. Al cerrarse completamente la puerta se activa el final de carrera FC_I que apaga el motor.

3. Materiales

En el montaje que se muestra en la imagen inferior, se utilizan los siguientes materiales:

- 1 Interruptor magnetotérmico bipolar
- 1 Fuente de alimentación externa AC/DC 24 V / 2,5 A
- 1 microPLC (Zelio SR1 B121BD)
- 1 Motor eléctrico pequeño de CC
- 1 Final de carrera para la puerta abierta
- 1 Final de carrera para la puerta cerrada
- 1 Sensor de barrera fotoeléctrico
- Lámparas H1 y H2, para indicar los sentidos de giro del motor.
- Placas con las regletas de conexión con las entradas y salidas.

Ten en cuenta que para un mismo funcionamiento del automatismo, los materiales variarán en función del material que se disponga en el centro (modelo y marca de PLC, tipo de motor eléctrico utilizado, etc.).

4. Montaje

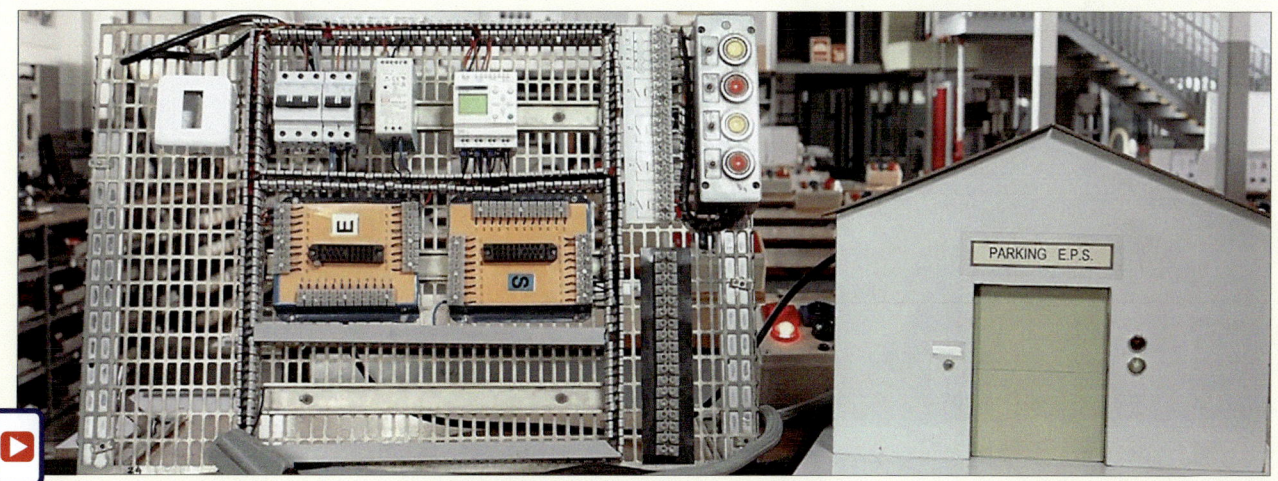

5. Comprobación

ACTIVIDADES

1. Elabora una lista de tres posibles montajes de lógica cableada que se pueden implementar a partir del montaje en lógica programada sin añadir ningún elemento a las entradas o las salidas.

2. Del montaje realizado, indica el esquema a realizar si en vez de un final de carrera queremos aplicar como entrada un sensor capacitivo conectado a CC.

Programación de autómatas programables

Antes de empezar…

- Indica qué importancia tienen los programas en el funcionamiento de los PLC.
- ¿Qué significa que un autómata está en modo de funcionamiento RUN?
- Explica qué son los ciclos de SCAN, cómo se activan y qué procesos realizan.

7.1. El funcionamiento de un autómata programable

Un automatismo en base a un autómata programable no funciona si no está dotado de un programa que le indique las operaciones que debe realizar. Por otra parte, un mismo autómata puede llevar a cabo distintas funciones según se programe.

La programación del autómata no es algo que se realice de manera frecuente, salvo en la fase de diseño del control que deba efectuar. Una vez está ajustado el control de un proceso, el programa que ejecuta el autómata no se modifica si no es estrictamente necesario (modificaciones en el proceso, calibraciones tras reparaciones, detección de algún tipo de problema, etc.).

En los autómatas es bastante común disponer de varias formas diferentes de trabajo, como por ejemplo las siguientes:

- **Modo RUN** o de ejecución del programa. Es el modo normal de trabajo, en que el autómata lee el programa y da órdenes de conexión o desconexión a los actuadores.

- **Modo STOP o PROG**. El autómata está conectado, pero no lee ni ejecuta el programa de usuario y tiene las salidas desconectadas. Este es el modo de programación y transferencia del programa al autómata.

¡*Tenlo* en cuenta!

Además de las formas de trabajo RUN y STOP (o PROG), los autómatas tienen, en función de los diferentes modelos y fabricantes, variantes de estos modos de trabajo, como pueden ser modos de paro limpiando la memoria, modos de trabajo que permiten modificar el programa o algún tipo de monitorización especial, etc. Los nombres que reciben estos modos de trabajo varían según el fabricante.

7.1.1. El ciclo de scan

Cuando ponemos el autómata en modo RUN se ejecuta el programa de usuario de forma continua describiendo **ciclos de exploración** o **ciclos de scan**.

Fig. 7.1.
Elementos que intervienen en el ciclo de scan o de exploración.

El ciclo de exploración se ejecuta continua y cíclicamente hasta que se pasa al modo STOP. Cada ciclo se sucede en cuatro fases:

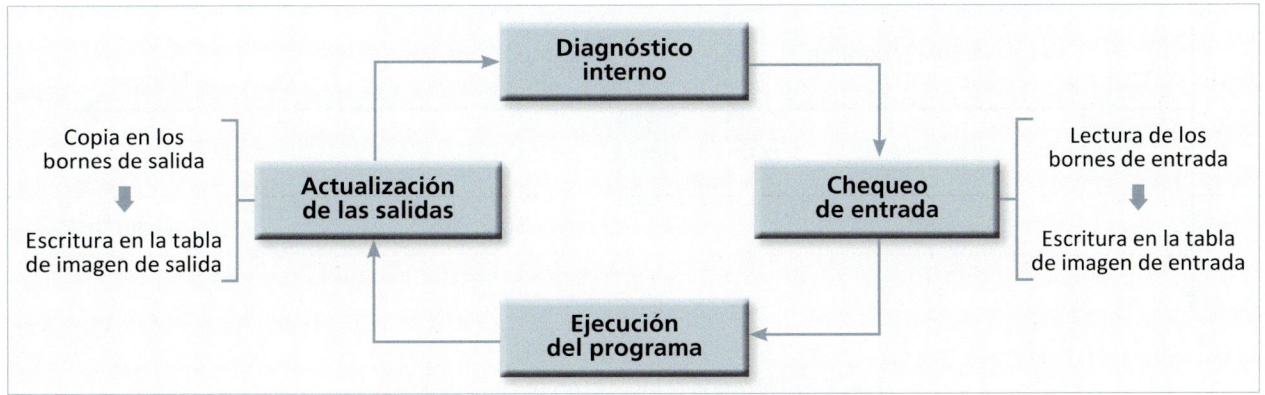

- **FASE 1**. La ejecución de procesos comunes o **diagnóstico interno**. El autómata comprueba que las tensiones internas sean correctas, verifica que no se exceda del tiempo máximo de ejecución, revisa la integridad de las memorias y su contenido, etc.

- **FASE 2**. **Chequeo de entrada**. El programa lee las variables físicas presentes en los bornes de entrada del autómata (detecta si están activadas o desactivadas) y guarda su estado en la memoria o tabla imagen de entrada.

- **FASE 3. Ejecución del programa de usuario**. Se atiende al valor de contadores, marcas internas, temporizadores, registros, etc., así como a las instrucciones almacenadas correspondientes al programa de usuario. La ejecución es secuencial.

  Basándose en el estado de las entradas (activadas o desactivadas), el programa determinará el estado de las salidas en la fase siguiente.

- **FASE 4. Actualización del estado de las salidas**. A partir de los resultados lógicos del paso anterior, el programa escribe, en la memoria o tabla imagen de salida, las variables de salida que se reflejan en los bornes de salida del autómata.

Después de finalizar el ciclo, el programa repite la rutina continuamente, de manera que se puede definir el ciclo de scan como el tiempo que requiere el autómata programable para ejecutar las cuatro fases del ciclo de exploración.

7.1.2. El tiempo de scan

El tiempo que un autómata tarda en realizar este ciclo completo es variable, y depende, en gran parte, de las dimensiones del programa de usuario, del número y tipo de entradas y salidas que se utilicen, así como de su arquitectura interna.

En cualquier caso, existen autómatas relativamente lentos que tienen un tiempo máximo de ciclo de 100 milisegundos. Otros autómatas, sin embargo, resuelven este ciclo en tiempos del orden de microsegundos.

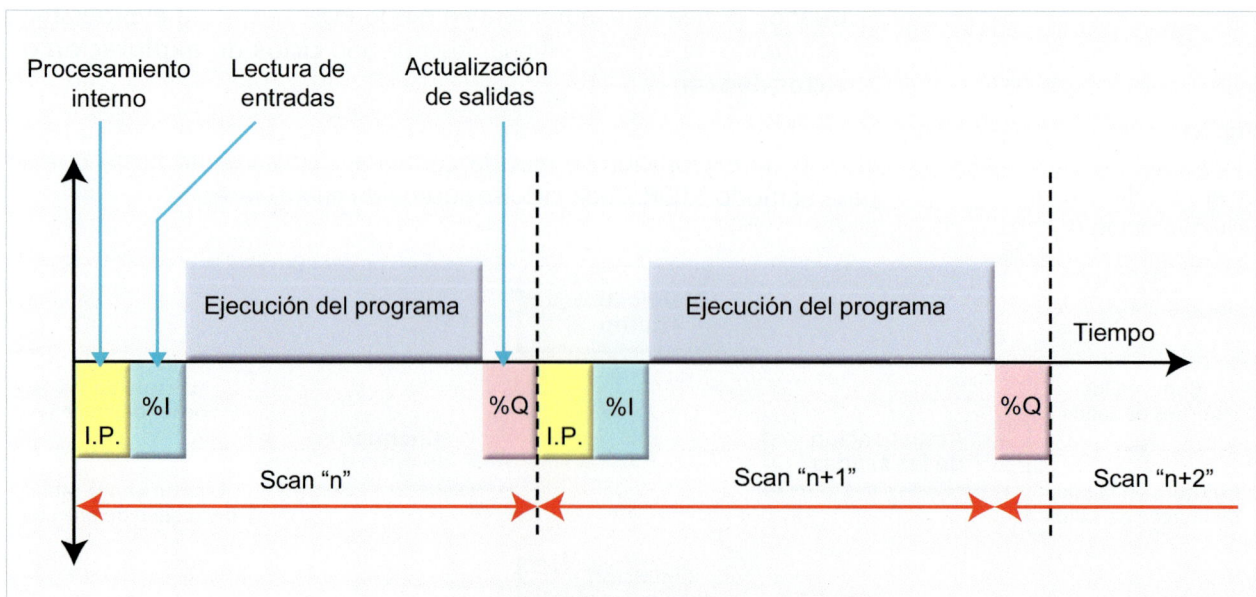

Fig. 7.2. Tiempos relativos en el ciclo de scan.

7.1.3. El proceso de scan

Para entender el funcionamiento del ciclo de scan es necesario conocer el proceso mediante el cual el autómata codifica los datos que recibe, los procesa y los escribe en la salida. Este proceso es el siguiente:

● Las señales o variables de entrada que provienen del proceso a automatizar se introducen en el autómata por medio de la interfaz de entrada y se guardan en una zona de la memoria en la tabla de imagen de entrada.

Las entradas del autómata suelen agruparse en bytes, llamados también módulos o canales de entrada. Cada byte puede ir seguido de un bit, que indica una dirección de 0 a n, siendo n el número máximo de entradas del autómata. La combinación entre el byte seguido del bit identificará inequívocamente cada señal de entrada, es decir, le asignará una dirección.

La nomenclatura que sigue esta codificación de entradas es:

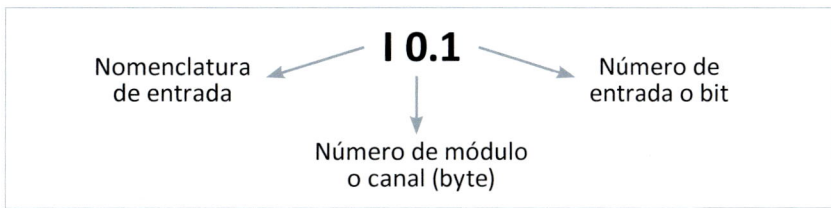

● La CPU capta esta información, la procesa y la transmite a la interfaz de salida, donde escribe la orden en la celda correspondiente de la tabla de imagen de salida, desde la cual se aplica a los bornes de salida. La codificación de las variables de salida es similar a las entradas, pero con la diferencia de la denominación o nomenclatura. El direccionamiento byte-bit es el mismo:

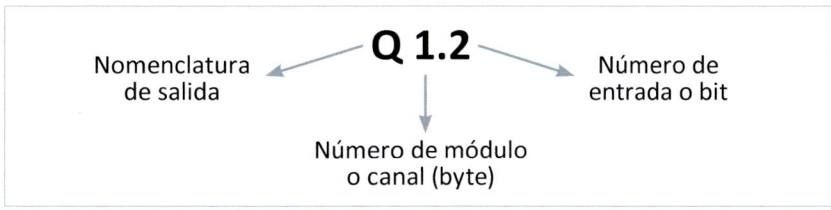

Con esta codificación se interpreta el proceso de lectura y escritura de la memoria imagen por parte de la CPU.

También podemos utilizar variables internas como si fuesen salidas o entradas intermedias (no corresponden a salidas o entradas físicas, es decir, no están disponibles en los bornes o terminales de entrada o salida). Estas variables, denominadas **marcas**, están ubicadas en la memoria interna de la CPU del autómata.

¡*Tenlo* en cuenta!

La identificación de las variables de entrada, salida y de las variables internas puede variar según los fabricantes de los automatismos. Esto es así, entre otros motivos, porque en Europa se sigue principalmente la normativa de la IEC, en concreto la UNE-EN 61131, mientras que en otros países o regiones se siguen otros estándares diferentes.

Fig. 7.3.
Memoria de imagen de entradas y salidas.

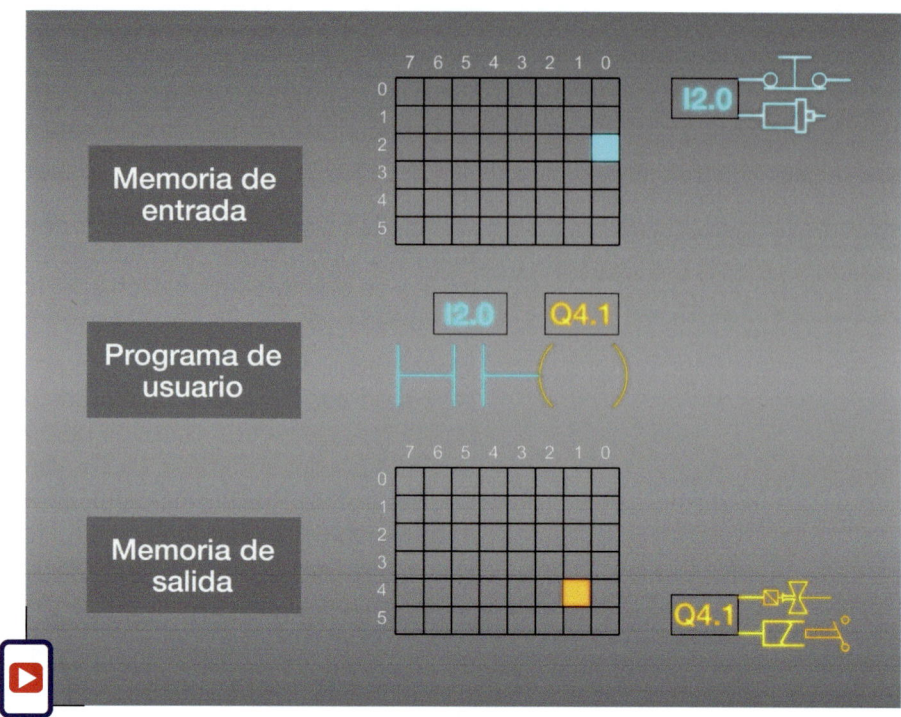

Ejemplo 7.1

Indica cómo deberemos referirnos a las siguientes entradas, salidas y marcas en la programación de un autómata.

a) Salida número 4 del canal 8 de salidas.

b) Salida número 0 del canal 3 de salidas.

c) Entrada número 1 del canal 0 de entradas.

d) Entrada número 2 del canal 1 de entradas.

Solución

a) Q 8.4, b) Q 3.0, c) I 0.1, d) I 1.2

Actividades

1. Indica a qué se refieren los conceptos modo RUN y modo STOP.

2. Explica el funcionamiento de un ciclo de scan.

3. Busca en Internet el significado de la función *Watchdog* en un PLC. Indica a qué fase de las cuatro del ciclo de scan pertenece.

4. Explica qué son las tablas de imagen de entrada y salida de un autómata programable.

5. Indica cómo se deben escribir las señales siguientes :
   a) Un sensor con una dirección de bit de 0 y la dirección de byte 1.
   b) Un sensor del módulo 1 con un número de entrada 2.
   c) Un sensor cuya dirección de byte es 1 y cuya dirección de bit es 2.
   d) Un actuador con una dirección de bit 0 y byte 1.
   e) Un actuador con número de entrada 4 en el canal 1.

6. Señala cómo debemos direccionar las entradas y salidas de un autómata que utiliza las entradas 1, 2, 3, 4 del canal 0 y las salidas 0, 4 y 7 del canal 1.

7.2. Los lenguajes de programación

Los programas de usuario se elaboran utilizando un lenguaje de programación. La norma UNE-EN 61131-3 define cuatro lenguajes: (DOC. 7.1)

- Dos gráficos:
  - Diagramas de contactos.
  - Diagramas de bloques funcionales.

- Dos textuales:
  - Lista de instrucciones.
  - Programación textual estructurada.

Documento 7.1

Los lenguajes de programación y la norma IEC 61131-3

Antiguamente, cada fabricante de autómatas establecía sus propios lenguajes de programación. Esto representaba una dificultad de compatibilización. En la actualidad existe una mayor estandarización, de modo que el usuario puede conectar a un mismo PC diferentes autómatas y programarlos, cada uno con su *software*, pero de una forma muy parecida.

La norma española que estandariza los lenguajes de programación es la UNE-EN 61131. A pesar de toda esta normalización, en la programación de PLC todavía existen diferencias importantes en cuanto a la nomenclatura utilizada por cada fabricante.

7.2.1. Los diagramas de contactos

Los **diagramas de contactos** o *ladder diagram* son lenguajes gráficos de programación basados en el uso de la lógica de contactos.

Este lenguaje tiene cierta semejanza con los esquemas de relés utilizados en los automatismos eléctricos de lógica cableada, pues es el que facilitó el paso de la automatización cableada con relés a los autómatas. Es el más extendido.

El *ladder* utiliza un conjunto de símbolos estandarizados que permiten la representación de ecuaciones lógicas y de acciones. (Tabla 7.1)

Los diagramas de contactos se dibujan de izquierda a derecha, en secuencias de contactos. Estas secuencias representan condiciones que acaban a la derecha en salidas, variables internas o bloques funcionales.

Tabla 7.1. Símbolos más utilizados para programar en lenguaje de contactos o *ladder*			
Símbolos	**Descripción**	**Símbolos**	**Descripción**
⊣ ⊢	Contacto normalmente abierto (NA)	—(/)—	Salida de bobina inversa
⊣/⊢	Contacto normalmente cerrado (NC)	—(S)—	Bobina de enclavamiento (con memoria)
—( )—	Salida directa (también llamada bobina de salida)	—(R)—	Bobina de desenclavamiento (con memoria)

Ejemplo 7.2

Elabora un diagrama de contactos para programar un sistema con tres entradas (marcha, paro y rearme) y dos salidas (lámpara 1 y lámpara 2) que debe realizar lo siguiente:

- Si están activadas las entradas marcha y paro debe iluminarse la lámpara 1.
- Si está activada la entrada marcha y no activada la entrada rearme debe iluminarse la lámpara 2.

Solución

Primero asignaremos las entradas y las salidas del autómata. Elegimos:

- Entradas: I1.0 (para la marcha), I1.1 (para el paro) y I1.2 (para el rearme).
- Salidas: Q1.5 (para la lámpara 1), Q1.6 (para la lámpara 2).

A continuación dibujamos la línea vertical de la izquierda y comenzamos a dibujar la secuencia de contactos que verifiquen las condiciones.

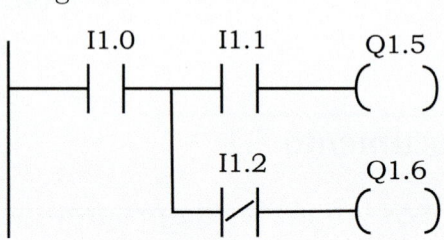

Ejemplo 7.3

En un depósito como el de la figura, con dos sondas en su interior, una indica el nivel mínimo (Sm) y la otra el nivel máximo (SM):

- Cuando el nivel de líquido alcance un valor mínimo dado por la profundidad de la sonda Sm, debe abrirse una electroválvula, EV.
- Cuando el nivel alcance un valor máximo dado por la posición de la sonda SM, debe cerrarse la válvula.

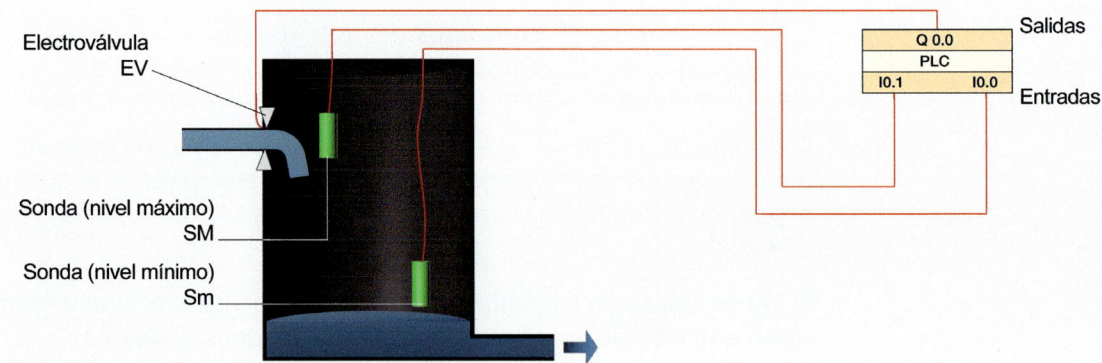

Escribe en lenguaje de diagrama de contactos el programa que debería contener la memoria de usuario del autómata que controla el sistema.

Solución

El cableado de las entradas (sondas sensoras de nivel) se ha conectado a las entradas 0 y 1 del primer grupo de entradas: SM conectada a I1.0 y Sm conectada a I1.1. La única salida va a la electroválvula desde la salida 0 del grupo 1 de salidas del autómata: EV conectada a Q1.0.

El diagrama de contactos que soluciona el problema implementa un sistema secuencial. Observa que la salida también la tenemos como entrada:

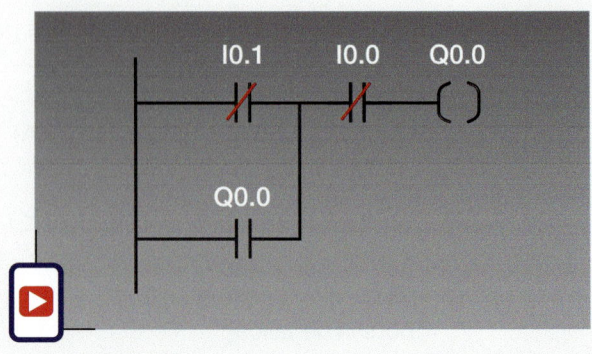

7.2.2. Los diagramas de bloques funcionales (FBD)

El lenguaje mediante **diagramas de bloques funcionales (FBD)** es un sistema gráfico de programación que permite la construcción de procedimientos complejos mediante la unión de bloques funcionales prediseñados.

Los símbolos utilizados son equivalentes a los que se emplean en circuitos con puertas lógicas, por lo que resulta especialmente sencillo para los profesionales habituados a trabajar con estos sistemas de representación.

Tabla 7.2. Principales funciones de los diagramas de bloques funcionales		
Función	**Ecuación lógica**	**Equivalente en diagrama de contactos**
I1 — [1]— Q1 NOT	$Q = \bar{I1}$	I1.0 ─┤/├────────( )─ Q1.0
I1 — [≥1]— Q1 I2 OR	$Q = I1 + I2$	I1.0 ─┤├──────( )─ Q1.0 I1.1 ─┤├
I1 — [≥1]— Q1 I2 NOR	$Q = \overline{I1 + I2}$	I1.0 I1.1 ─┤/├────┤/├────────( )─ Q1.0
I1 — [&]— Q1 I2 AND	$Q = I1 \cdot I2$	I1.0 I1.1 ─┤├────┤├────────( )─ Q1.0
I1 — [&]— Q1 I2 NAND	$Q = \overline{I1 \cdot I2}$	I1.0 ─┤/├──────( )─ Q1.0 I1.1 ─┤/├
I1 — [=1]— Q1 I2 XOR	$Q = \bar{I1} \cdot I2 + I1 \cdot \bar{I2}$	I1.0 I1.1 ─┤├────┤/├──────( )─ Q1.0 I1.0 I1.1 ─┤/├────┤├

Ejemplo 7.4

Elabora un diagrama de bloques funcionales para programar el mismo circuito del Ejemplo 7.2.

Solución

Fíjate en que hemos realizado una traducción de un lenguaje a otro, por lo que las entradas y salidas tienen la misma identificación en ambos lenguajes.

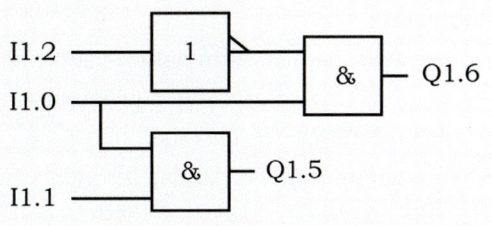

⠿ 7.2.3. La lista de instrucciones

La **lista de instrucciones** (en inglés, *instruction list* o IL) es un lenguaje de programación textual en el cual cada instrucción se basa en las definiciones del álgebra de Boole.

Es el lenguaje utilizado desde los primeros controladores programables, ya que estos no disponían de posibilidades gráficas. Por eso su notación consiste prácticamente en la representación en forma de texto del lenguaje *Ladder*. Es útil para aplicaciones relativamente sencillas o para optimizar pequeños tramos de un programa.

Únicamente se permite una operación o instrucción por línea de texto y cada instrucción está formada por un mnemónico (cadena de texto fácilmente memorizable). Por ejemplo, LD se refiere a la instrucción de carga (en inglés, LOAD).

¡*Tenlo* en cuenta!

La IL ha sido derogada en la IEC 61131-3 debido a su obsolescencia, entre otros motivos. Sin embargo, la estudiaremos porque aún quedan sistemas automatizados operativos en la industria para cuyo mantenimiento será necesario conocer este lenguaje.

Tabla 7.3 Lista de principales instrucciones booleanas	
Instrucción	**Descripción**
LD	Operación inicio contacto abierto. Lee o carga una variable inicial no negada.
LD-NOT	Operación inicio contacto cerrado. Lee o carga una variable inicial negada.
AND	Contacto serie abierto. Realiza el producto lógico.
AND-NOT	Contacto serie cerrado. Realiza el producto lógico entre una primera variable y una segunda variable negada.
OR	Contacto paralelo abierto. Realiza la suma lógica.
OR-NOT	Contacto paralelo cerrado. Realiza la función de suma lógica entre una primera variable y una segunda variable negada.
OUT	Envía el resultado a una salida.
OUT-NOT	Envía el resultado a una salida negada (una bobina, por ejemplo).
END	Indica el fin de la lista de instrucciones (programa).

¡*Tenlo* en cuenta!

Al igual que en los otros lenguajes de programación, pueden existir diferencias en la notación para cada fabricante.

Por ejemplo, para los autómatas Sysmac de Omron las entradas se indican de esta manera: xxyy, donde:

- xx es el número del canal o grupo de entradas.
- yy es el número de entrada.

De forma análoga, las salidas las indicamos del siguiente modo: zztt, donde zz es el número del canal o módulo de salidas y tt es el número de salida.

Ejemplo 7.5

Comenta el programa de la figura siguiente:

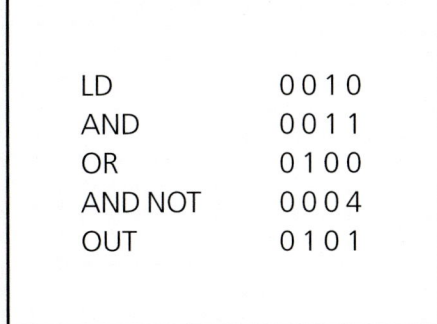

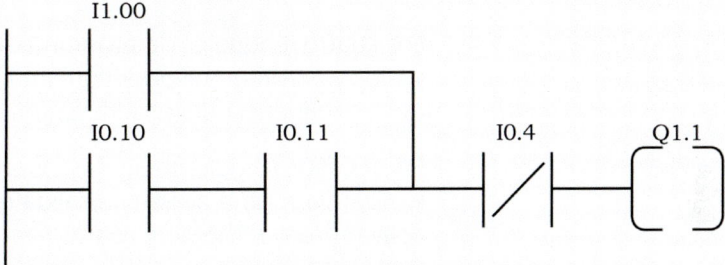

Solución

Identificación de las entradas y las salidas:

Entradas físicas (bornes):

0004: entrada 4 del canal 0, *ladder*: I0.4

0011: entrada 11 del canal 0, *ladder*: I0.11

0010: entrada 10 del canal 0, *ladder*: I0.10

0100: entrada 0 del canal 1, *ladder*: I1.0

Salidas físicas (bornes):

0101: salida 1 del canal 1, *ladder* Q1.1

Entradas lógicas: la 4, la 10 y la 11 del canal 0 y la 0 del canal 1 (0004, 0010, 0011 y 0100).

Salida lógica: la salida 1 del canal 1. Este programa define que la salida 0101 se activará cuando las entradas 0010 y 0011 estén activadas y no lo esté la 0004, o bien cuando lo esté la 0100 y no lo esté la 0004. La ecuación que verifica el programa es la siguiente:

$$0101 = ((0010 \cdot 0011) + 0100) \cdot /0004,$$
donde la barra (/) significa "negado".

7.2.4. El texto estructurado

El lenguaje de texto estructurado es un lenguaje de alto nivel que puede utilizarse para codificar expresiones e instrucciones complejas, en muchos casos difíciles de expresar con los lenguajes gráficos.

Esta forma de programar autómatas requiere un nivel 3 de cualificación profesional, es decir, suelen utilizarla profesionales experimentados en programación.

7.2.5. ¿Qué lenguaje debemos escoger?

Escoger un lenguaje de programación depende de varios factores, según IEC 61131:

- El nivel de conocimientos del programador.

- Los lenguajes que nos proporcione el fabricante del autómata.

- La complejidad de los problemas de automatización que haya que resolver. El detalle en la descripción del proceso.

- La estructura del sistema de control.

- La coordinación con otras personas o departamentos. Lo que demanda el cliente.

- Otros criterios.

Los cuatro lenguajes de programación que hemos visto están interrelacionados y permiten resolver conjuntamente un problema común en función de la experiencia del programador.

En el cuadro siguiente se describen cuatro programas muy sencillos que realizan la misma acción: la salida que tiene asignada la variable Q 1.0 se activa (pasa a 1 lógico) cuando está activada (es decir, a 1 lógico) la entrada que tiene asignada la variable I 0.0 y está desactivada (0 lógico) la entrada que tiene asignada la variable I 0.1.

Diagrama de contactos	Diagrama de bloques funcionales	Lista de instrucciones	Texto estructurado
I0.0 I0.1 Q1.0	I0.0 —[AND]— Q1.0 I0.1 —	LD I0.0 AND NOT I0.1 OUT Q1.0	Q1.0= I0.0 AND NOT I0.1

Ejemplo 7.6

Pretendemos automatizar el riego de un jardín de manera que se active cuando se den las condiciones siguientes: que la temperatura supere los 25 °C y/o que la humedad del suelo sea inferior al 25 %. Para ello se han conectado un sensor de temperatura y un higrómetro digitales al módulo de entradas de un autómata programable.

Una de las salidas deberá activar una electroválvula para que se efectúe la operación de riego. Se entiende que al aumentar la humedad del suelo, el sistema se detendrá, pero el autómata seguirá realizando ciclos de scan mientras esté energizado.

Escribe la ecuación lógica de esta función y realiza el programa mediante *ladder*, FBD y lista de instrucciones.

Solución

Ecuación lógica	*Ladder*	FBD	Lista de instrucciones
Q0.1 = I0.1 + I0.2	I0.1 Q0.1 I0.2	I0.1 — I0.2 — [≥1] — Q0.1	LD I0.1 OR I0.2 OUT Q0.1

Ejemplo 7.7

Escribe la función lógica de este esquema y tradúcelo al lenguaje de diagrama de contactos.

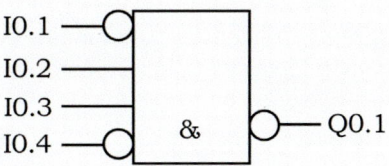

Solución

- Ecuación lógica: $\overline{Q0.1} = \overline{I0.1} \cdot \overline{I0.2} \cdot I0.3 \cdot \overline{I0.4}$
- Diagrama de contactos:

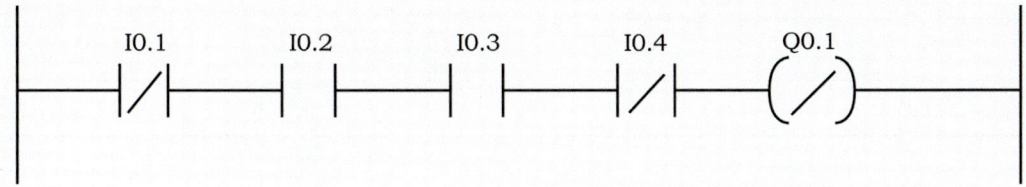

Ejemplo 7.8

En la figura puedes ver el esquema de cableado del circuito de control para realizar una operación marcha-paro.

Permite efectuar el paro desde dos pulsadores, S1 y S2, y ponerlo en marcha desde 3 puntos diferentes, S3, S4 y S5. En paralelo con estos, se ha dispuesto el contacto de automantenimiento para que el contactor quede enclavado.

Realiza el programa para un autómata en diagrama de contactos.

Solución

Primero efectuamos la asignación de las variables y después procedemos a la realización del programa en el lenguaje solicitado:

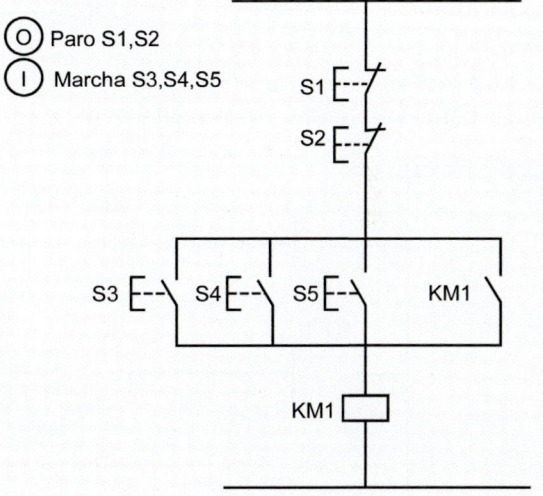

Asignación de variables	
Pulsador S1	I0.0
Pulsador S2	I0.1
Pulsador S3	I0.2
Pulsador S4	I0.3
Pulsador S5	I0.4
Contacto aux. KM1	X1.0
Salida	Q1.0

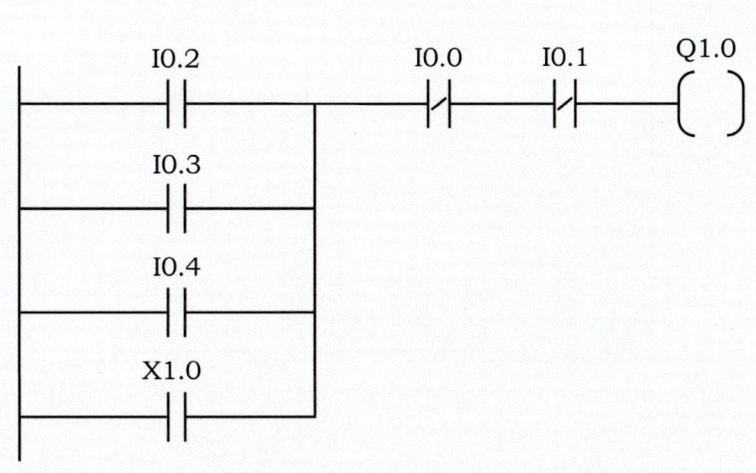

Actividades

7. Compara los cuatro lenguajes de programación tratados en el texto, destacando las características y las aplicaciones de cada uno.

8. Identifica a qué función del diagrama de bloques funcionales corresponden los siguientes diagramas de contactos. Indica su ecuación lógica y explica su comportamiento:

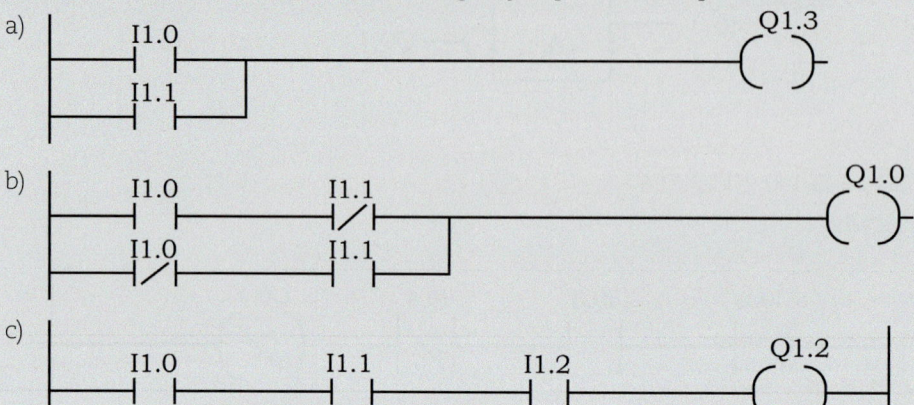

9. Observa el programa en bloques funcionales de la figura, indica su ecuación lógica y elabora los programas equivalentes en diagrama de contactos y lista de instrucciones.

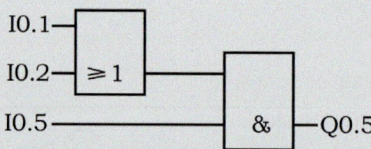

10. Fíjate en el programa en bloque de contactos de la figura siguiente, indica su ecuación lógica y elabora el programa equivalente en diagrama de bloques.

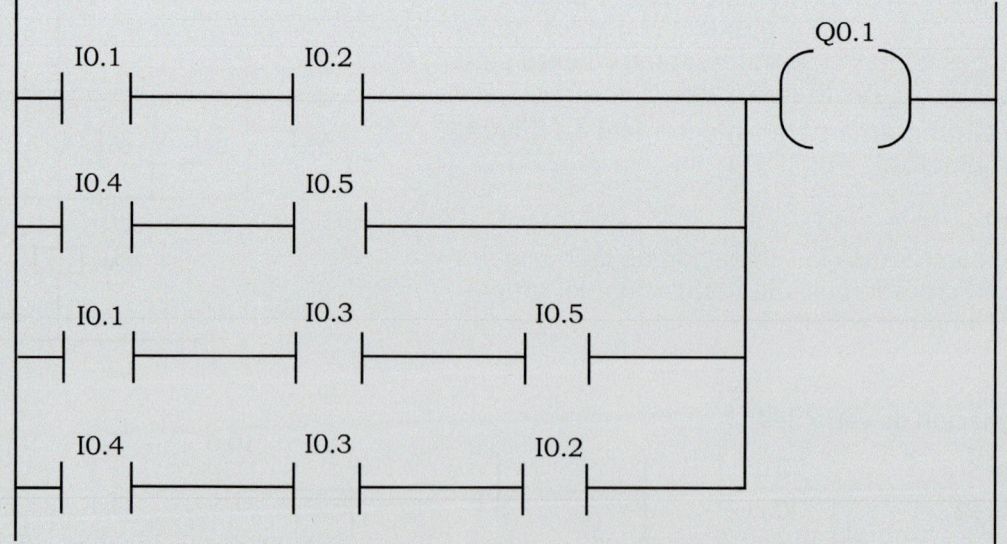

11. Resuelve el EJEMPLO 7.3 de control del llenado de un depósito mediante el lenguaje de bloques funcionales.

12. A partir del esquema de control de marcha-paro del EJEMPLO 7.2:

    a) Modifica el esquema para que pueda ponerse en marcha y pararse desde dos puntos más y además incluya un señalizador de marcha y otro de paro.

    b) Dibuja cómo conectarías estos elementos a un autómata.

    c) Realiza el programa en diagrama de contactos.

7.3. Programación de otras funciones

También se pueden programar otras operaciones más complejas, como las que se realizan en la temporización, el contar/descontar, comparar, etc.

Estas funciones vienen representadas por bloques que tienen como símbolo un rectángulo en cuyo interior se indica la función con unas letras o números. Las más habituales son las de temporizador y contador:

- Los **temporizadores**. Ya sabemos que se encargan de la regulación del tiempo. El símbolo para estas funciones especiales es la letra T, seguida del número de temporizador.

  Las letras del interior especifican el tipo de temporización: a la conexión (TON) o a la desconexión (TOF). También deben incorporar el valor del retardo, que se suele expresar en ms.

- Los **contadores**. Son bloques con la función de medir (contar) y registrar los impulsos a su entrada. Cuando estos impulsos llegan a un número prefijado, número umbral (PV), el dispositivo activa una señal de salida.

  Los contadores se simbolizan por la letra C seguida del número de contador. Pueden ser de orden ascendente (se reconocen por las letras CTD), descendente (CTU) o ascendente-descendente (CTUD). Las entradas son CU en contadores ascendentes y CD en contadores descendentes.

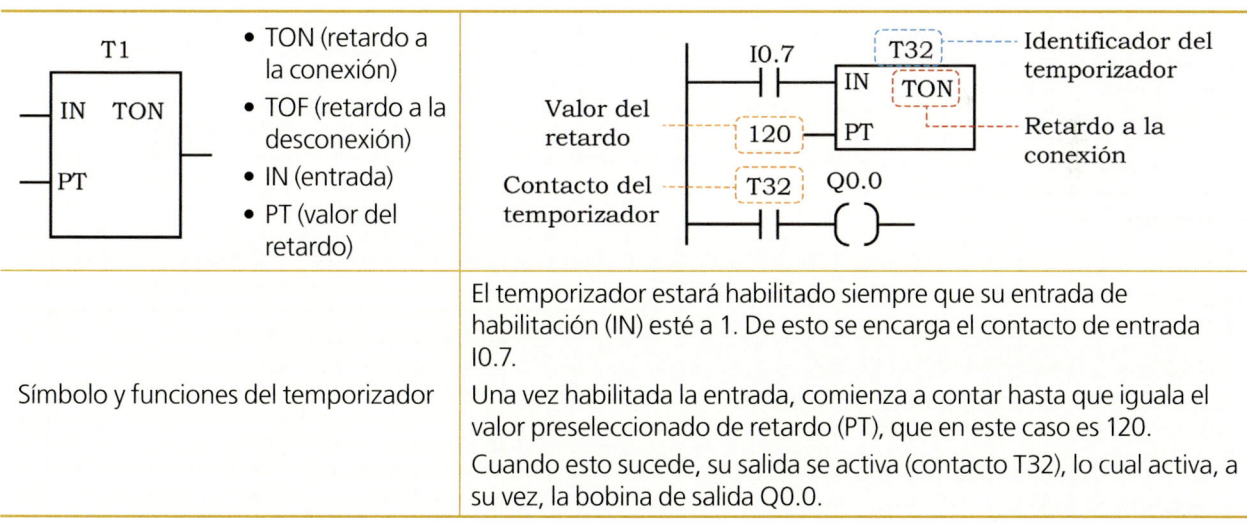

Símbolo y funciones del temporizador

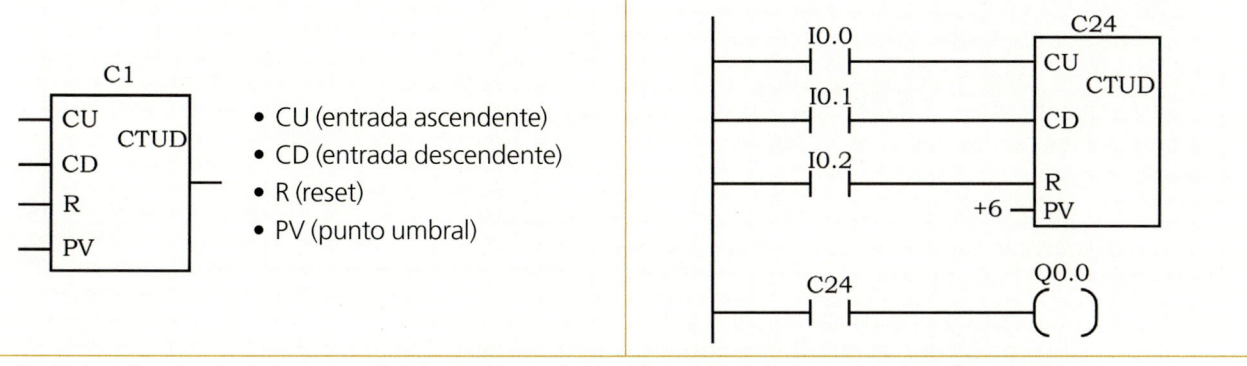

Símbolo y funciones de un contador ascendente-descendente. Circuito con este tipo de contador.

Ejemplo 7.9

Elabora el programa de contactos correspondiente a este circuito eléctrico con temporizador.

Disponemos de contactor (KM1), controlado por unos pulsadores de marcha-paro, que pone en funcionamiento un temporizador a la conexión (KT1). Este, pasado el tiempo programado, activa otro contactor (KM2).

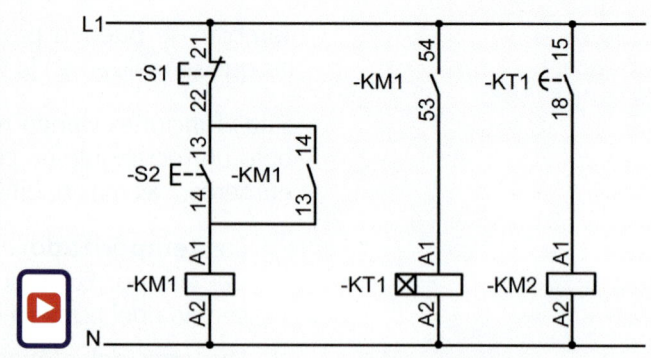

Solución

El programa para un PLC podría ser el siguiente, escogiendo, por ejemplo, las variables de la tabla.

Asignación de entradas y salidas	
Conexión de elementos al autómata	
Pulsador de paro (S1)	I1.0
Pulsador de marcha (S2)	I1.1
Temporizador (KT1)	T32
Contactor aux. KM1	X1.0
Contactor 1 (KM1)	Q1.0
Contactor 2 (KM2)	Q1.1

Analizando el esquema, establecemos las ecuaciones lógicas del circuito:

$$Q1.0 = (\overline{I1.0}) \cdot (I1.1 + X1.0)$$

$$T32 = X1.0$$

$$Q1.1 = T32$$

Y elaboramos el programa en diagrama de contactos:

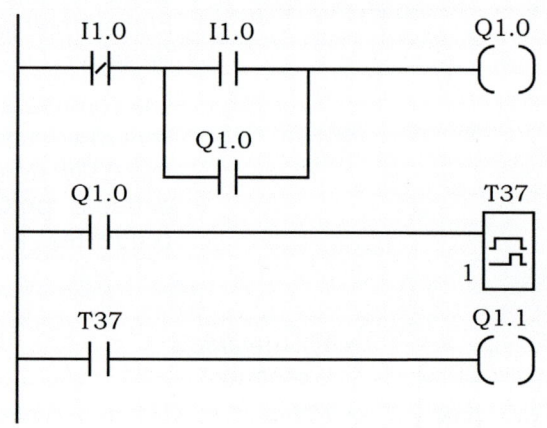

Ejemplo 7.10

La figura muestra el esquema de cableado del circuito de control para abrir una puerta corredera de un garaje.

Disponemos de los siguientes elementos:

- Un pulsador accionado por llave, S1 (contacto NA).

- Un final de carrera activado cuando la puerta está cerrada (FCC), que dispone de dos contactos: 1NA + 1NC.

- Un final de carrera activado cuando la puerta está abierta (FCA), que dispone de tres contactos: 2NA + 1NC.

- Dos contactores: uno para la apertura y otro para el cierre (KM1 y KM2), con sus correspondientes contactos auxiliares NA, 13-14 y 23-24.

- Un temporizador con retardo a la conexión (KT1) con su correspondiente contacto auxiliar temporizado, 67-68, NA.

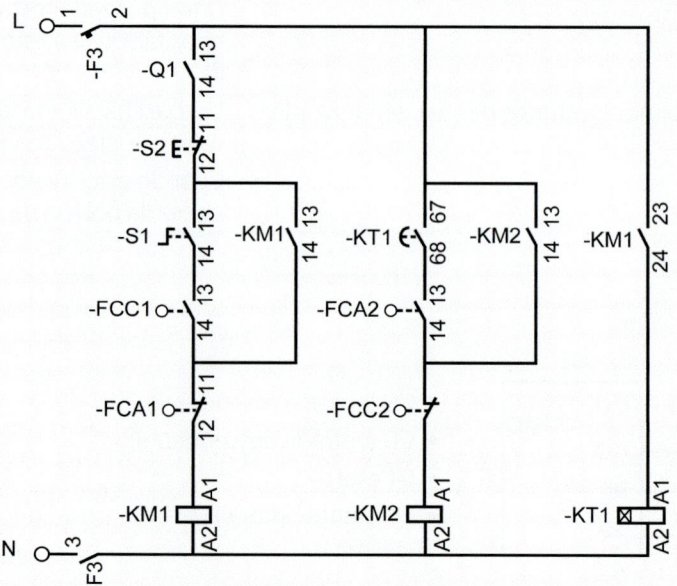

Ejemplo 7.10 (cont.)

El funcionamiento es el siguiente:

- Situación inicial. La puerta está cerrada (por lo tanto, el contacto NA del final de carrera de FCC estará cerrado debido a la presión de la puerta sobre él). El final de carrera FCA no está activado, de modo que su contacto NC permanece cerrado, lo que permite la activación con llave. Por otro lado, sus dos contactos NA impiden que entren T1 y KM2.

- Al accionar la llave se alimenta KM1 (queda enclavado por su contacto de automantenimiento). Los otros dos contactos NA de FCA cierran y permiten la activación de T1. Mientras, la puerta se abre hasta que FCA actúa; entonces, su contacto NC abre y desconecta KM1.

- Cuando el temporizador T1 acaba su retardo activa su contacto NA, lo que excita KM2 para cerrar la puerta. Esta seguirá cerrándose gracias al contacto de automantenimiento de KM2 hasta que active el FCC. La puerta queda cerrada, y la maniobra, preparada de nuevo para reiniciar el ciclo.

Analiza con detenimiento el funcionamiento del esquema cableado de la figura y realiza el programa para un autómata en diagrama de contactos.

Solución

Primero asignamos las entradas y las salidas y después elaboramos el programa en diagrama de contactos.

Asignación de variables	
Conexión de elementos al autómata	
Pulsador llave S1	I0.0
FCC1 Final de carrera (NA)	I0.1
FCC2 Final de carrera (NC)	I0.2
FCA2 Final de carrera (NA)	I0.3
FCA1 Final de carrera (NC)	I0.4
Abrir puerta (salida) KM1	Q1.0
Cerrar puerta (salida) KM2	Q1.1
Temporizador KT1	T37

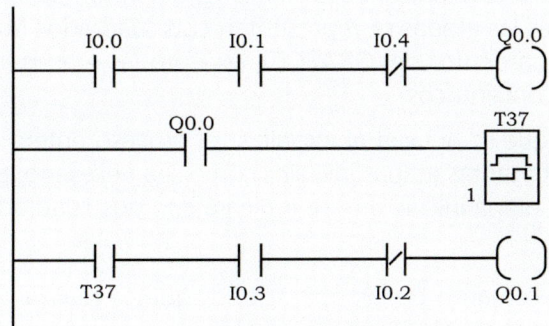

Actividades

13. Indica la utilidad de las funciones de temporización y contador. Pon algunos ejemplos.

14. Elabora con un diagrama de contactos el programa de una lámpara accionada por un interruptor que se encienda y apague cada dos segundos. Utiliza un temporizador para encender y otro para apagar.

15. Realiza el programa en diagrama de contactos para poner en marcha un motor de forma que el arranque esté retrasado un determinado tiempo (establece el retardo que quieras).

Representación normalizada ● ● ● ●

1. El GRAFCET

> El **GRAFCET (gráfico funcional de control de etapas y transiciones)** es un lenguaje organizacional que permite describir de manera gráfica la secuencia de operaciones que realiza un automatismo.

Este sistema de representación es de gran ayuda para poner en funcionamiento o desarrollar cualquier lenguaje de programación de PLC.

El GRAFCET define en forma de bloques las acciones que deben realizarse y las condiciones de transición entre estos bloques. Los lenguajes de programación (*ladder*, FBD, etc.) se utilizan para escribir el programa que hay dentro de cada uno de estos bloques y transiciones que el autómata debe seguir para realizar las acciones requeridas.

Existen tres niveles de GRAFCET:

- **Nivel 1. Descripción de las funciones**. Sirve para plantear de manera comprensiva las funciones que el sistema automatizado tiene que desarrollar.

- **Nivel 2. Descripción de la tecnología empleada**. Se indica la tecnología elegida para implementar el automatismo. Se dan detalles sobre el tipo de sensores y actuadores que intervienen en el proceso, y sobre las operaciones o estados que deben desarrollar.

- **Nivel 3. Descripción de la secuencia de operación**. Se detallan con precisión las condiciones lógicas que deben cumplirse en las etapas y en las transiciones. Previamente se ha asignado a cada estado de los sensores y actuadores una variable.

Elementos del GRAFCET

Los elementos gráficos utilizados para representar las funciones de control de un automatismo en el GRAFCET son las *etapas*, las *acciones* y las *transiciones*:

- Las **etapas**. Describen estados o situaciones particulares del automatismo en el que se llevan a cabo operaciones concretas. Todas las etapas se representan con cuadrados que contienen en su interior el número de orden de la etapa dentro del GRAFCET, excepto las etapas iniciales, cuya representación consiste en dos cuadrados concéntricos.

  Las etapas iniciales son las que se activan al inicializar el proceso entero (ciclo de scan en autómatas programables). Pueden existir tantas etapas iniciales como sea necesario, pero para automatismos sencillos suele haber una única etapa inicial, que se indicará con dos cuadrados concéntricos y el número 0 en su interior.

- Las **acciones**. Describen el conjunto de las operaciones que se realizan cuando se activa una etapa en particular. Se representan en el interior de un rectángulo colocado a la derecha de cada etapa, y el rectángulo se asocia a la etapa mediante una línea de unión. Se mantendrán invariables mientras no se activen las condiciones de transición a la siguiente etapa.

- Las **transiciones**. Son condiciones que deben cumplirse para que el control pase de una etapa a la siguiente (franqueado). Se representan mediante una línea perpendicular a la línea de unión de dos etapas y el correspondiente conjunto de proposiciones lógicas. Solo se valida la condición de transición si todas las etapas inmediatamente predecesoras están activas.

En cualquier instante, una etapa puede estar activa o inactiva. La situación de etapa activa se representa con un punto en el interior del cuadrado que la identifica e implica la ejecución de todas sus acciones asociadas (también puede representarse mediante el recuadro resaltado o sombreado).

Representación normalizada • ● ● ● •

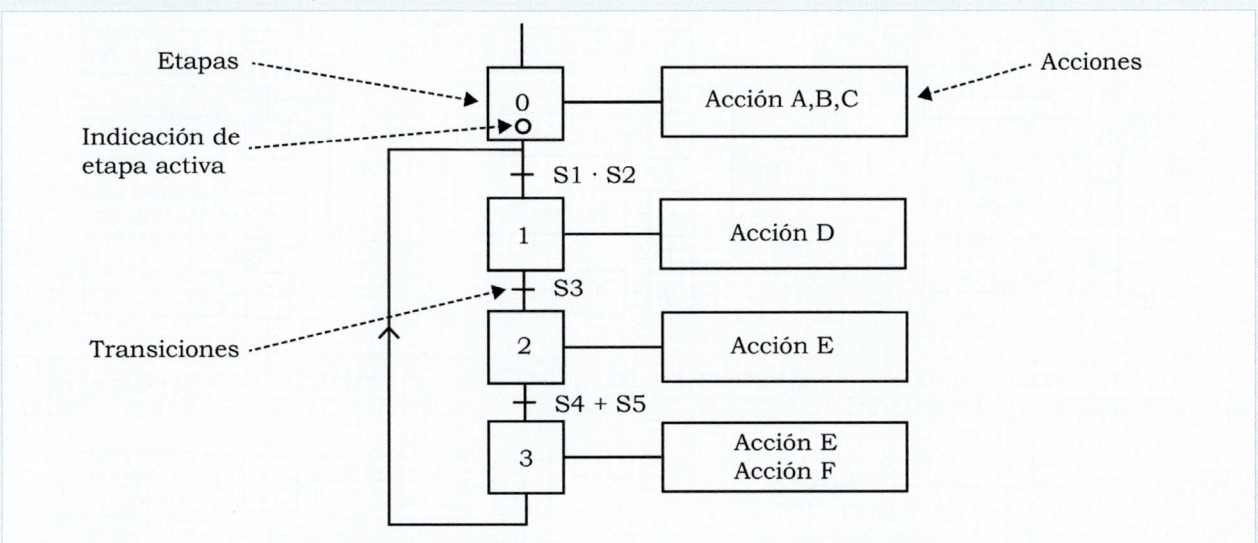

:: Reglas del GRAFCET

El GRAFCET tiene unas normas sintácticas muy claras y sencillas:

◉ Una etapa se activa cuando la condición lógica correspondiente a la transición que la precede es verdadera y la etapa previa está activada.

◉ Cuando una etapa se activa, la primera acción que emprende es desactivar la etapa previa y, con ella, las acciones que tuviera asociadas.

◉ Entre etapas consecutivas solamente debe haber una transición.

◉ El GRAFCET siempre debe estar cerrado, es decir, siempre debe haber alguna forma de proseguir con la secuencia por algún sitio.

:: Estructuras de secuencias del GRAFCET

La forma de enlazar las etapas y las condiciones de transición que se establecen entre ellas nos permiten describir la secuencia de ejecución de las operaciones que determina la evolución del automatismo. En este sentido, las estructuras que el GRAFCET permite son variadas:

◉ La **estructura de secuencia lineal**. Es aquella en la cual una etapa se activa después de la anterior, en el instante en el que la condición que la precede es verdadera.

◉ La **estructura del salto hacia delante**. Permite saltarse una o varias etapas siempre que se cumpla una determinada condición de transición.

◉ La **estructura del salto hacia atrás**. Permite efectuar un salto condicional hacia etapas anteriores.

◉ La **estructura de divergencia en Y**. Permite arrancar simultáneamente dos o más secuencias lineales después de verificar una determinada condición. Para representar la bifurcación se usa una doble barra en paralelo.

◉ La **estructura de convergencia en Y**. Permite reconducir en una única secuencia lineal un conjunto de procesos que se ejecutan en paralelo. La conjunción se representa mediante una doble barra en paralelo.

◉ La **estructura de divergencia en O**. Permite reconducir la ejecución del proceso por alguno de los caminos posibles. Dichos caminos deben ser mutuamente excluyentes.

◉ La **estructura de convergencia en O**. Suele utilizarse para cerrar estructuras de ejecución alternativas.

Representación normalizada ● ● ● ●

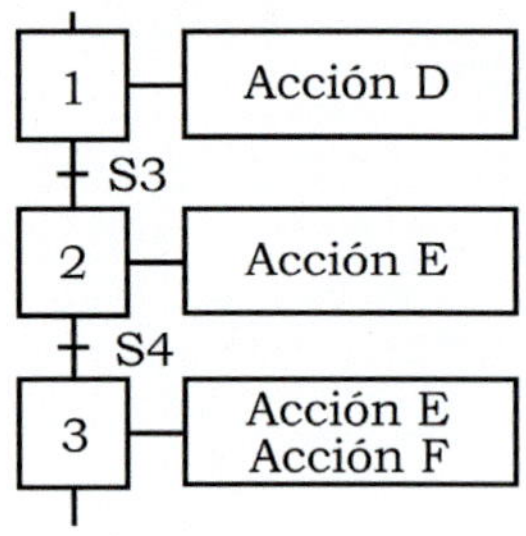

Estructura de secuencia lineal	Estructura de salto hacia delante	Estructura de salto hacia atrás

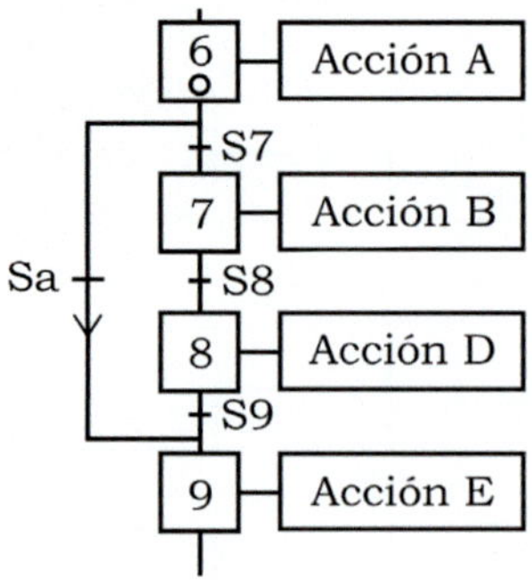

Estructura de secuencia lineal

```
    1 ─ Acción D
  ┼ S3
    2 ─ Acción E
  ┼ S4
    3 ─ Acción E
         Acción F
```

Estructura de salto hacia delante

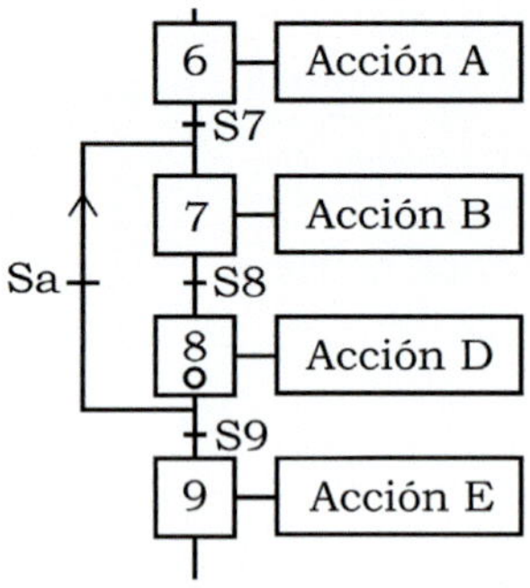

```
         6 ─ Acción A
         ┼ S7
Sa ┼     7 ─ Acción B
         ┼ S8
         8 ─ Acción D
         ┼ S9
         9 ─ Acción E
```

Estructura de salto hacia atrás

```
         6 ─ Acción A
         ┼ S7
Sa ┼     7 ─ Acción B
         ┼ S8
         8 ─ Acción D
         ┼ S9
         9 ─ Acción E
```

Estructura de divergencia en Y	Estructura de convergencia en Y

Estructura de divergencia en Y

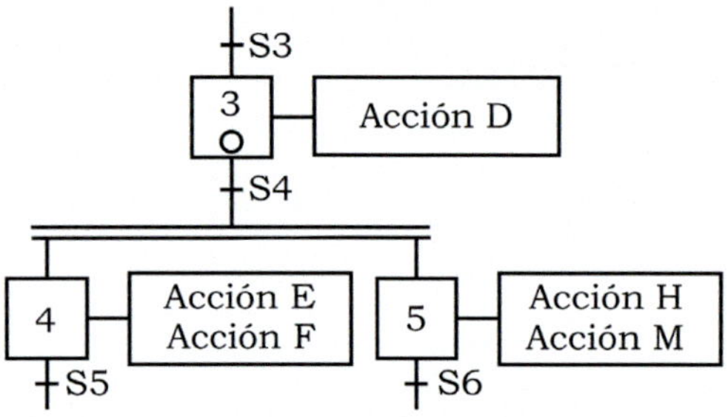

```
        ┼ S3
        3 ─ Acción D
        ┼ S4
    ┌────────────┬────────────┐
    4 ─ Acción E    5 ─ Acción H
         Acción F         Acción M
    ┼ S5             ┼ S6
```

Estructura de convergencia en Y

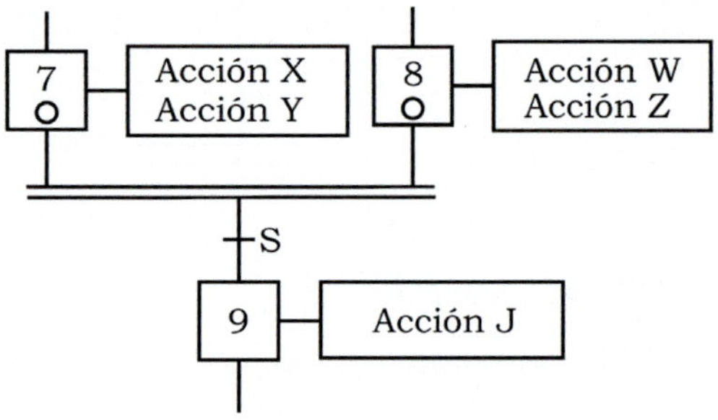

```
    7 ─ Acción X     8 ─ Acción W
         Acción Y          Acción Z
    └────────┬────────┘
             ┼ S
             9 ─ Acción J
```

Estructura de divergencia en O	Estructura de convergencia en O

Estructura de divergencia en O

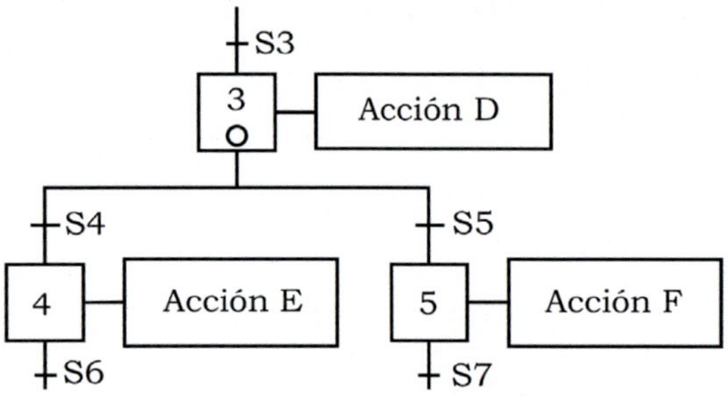

```
        ┼ S3
        3 ─ Acción D
    ┌────────────┬────────────┐
    ┼ S4          ┼ S5
    4 ─ Acción E    5 ─ Acción F
    ┼ S6          ┼ S7
```

Estructura de convergencia en O

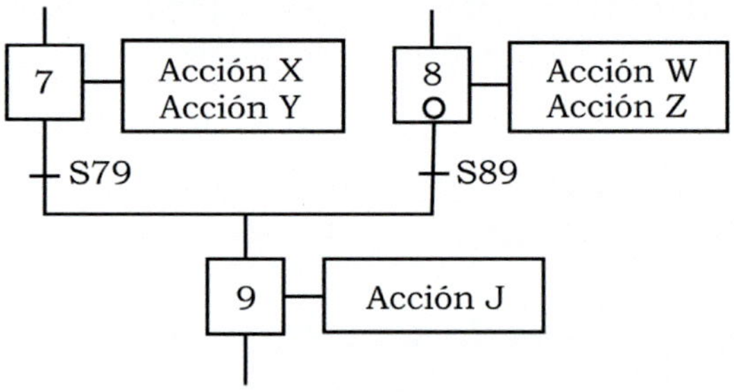

```
    7 ─ Acción X     8 ─ Acción W
         Acción Y          Acción Z
    ┼ S79            ┼ S89
    └────────┬────────┘
             9 ─ Acción J
```

Ejemplo 7.11

Realiza el GRAFCET del automatismo siguiente. Después elabora el diagrama de contactos de este automatismo.

Un autómata debe controlar una taladradora como la de la figura. Esta taladradora se pone en marcha cuando el autómata recibe una señal T. La taladradora consta de un motor de giro M1, y otro M2 que acciona una leva excéntrica que da una vuelta entera y lleva consigo la taladradora. Con ello, se consigue el movimiento de vaivén necesario para hacer un taladro.

Cuando el taladro finaliza, la leva acciona un microrruptor que genera la señal necesaria para esperar 2 segundos y reiniciar la maniobra indefinidamente hasta que se desconecte el autómata. La taladradora dispone de un pulsador de paro que, además de seccionar el circuito de los motores, está conectado al autómata.

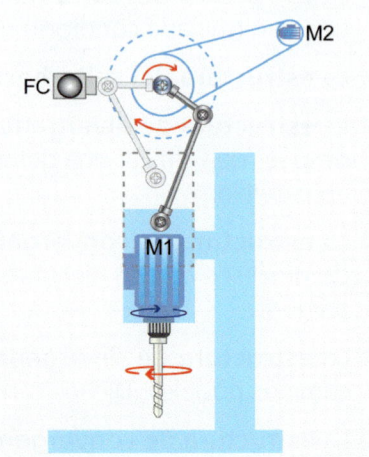

Representación normalizada ● ● ● ● ●

Ejemplo 7.11 (cont.)

Solución GRAFCET (de nivel 2)

Observa que el mismo microrruptor sirve para poner en marcha y parar los motores.

Cuando el autómata reciba la señal T, entrará en la etapa 0 de posicionamiento inicial; para conseguir el correcto posicionamiento, debe poner en marcha el motor M2, que es el que va a mover la leva que acciona el microrruptor FC. Si FC no estaba accionado, la leva girará hasta accionarlo, y si ya estaba accionado lo pondrá en marcha para proceder al taladrado junto a M1.

La operación de taladrado finaliza con la detección del flanco de subida de la señal FC (representado por un contacto con una P de flanco positivo en su interior). Esta condición da paso a la etapa 2, que desactiva la etapa 1 y sus acciones asociadas: se paran los dos motores.

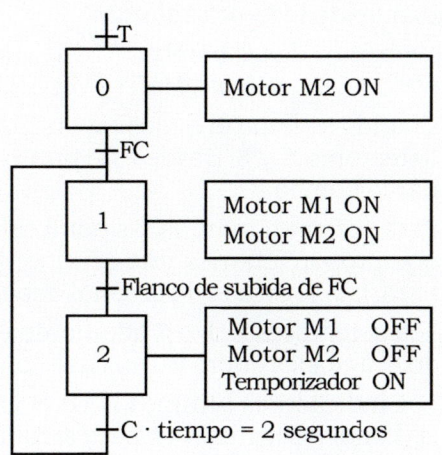

Además, en esta etapa se activa el temporizador 1. Cuando este finalice con el retardo programado (2 segundos), se pasará de nuevo a la etapa 1, y se iniciará una nueva operación de taladrado.

Solución del diagrama de contactos

La asignación de variables realizada la puedes ver en la tabla, y el diagrama de contactos puedes consultarlo en la figura.

Asignación de variables	
Pulsador de paro P	I 0.0
Pulsador de inicialización T	I 0.1
Microrruptor FC	I 0.2
Marca de etapa 0	M 0.0
Marca de etapa 1	M 0.1
Marca de etapa 2	M 0.2
Salida motor M1	Q 0.0
Salida motor M2	Q 0.1

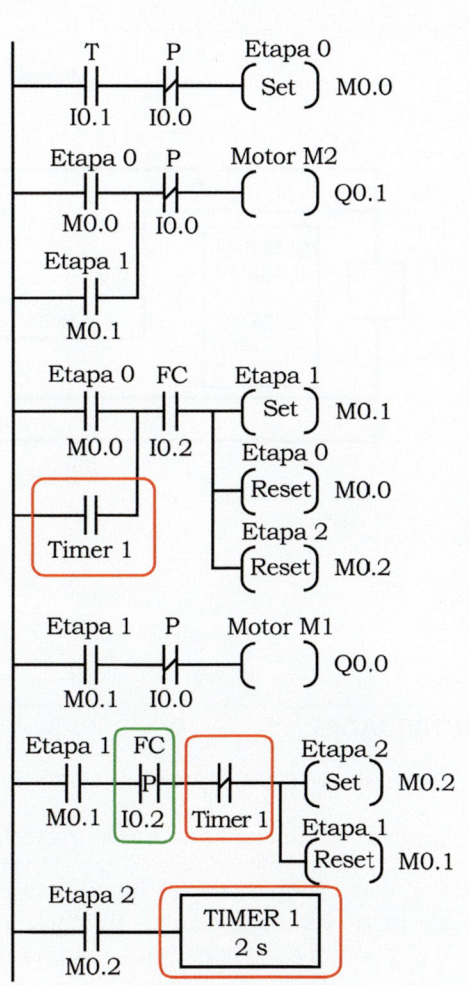

Ten en cuenta que se incorporan algunas novedades:

- Incluye un contacto de flanco positivo para el microrruptor FC, de forma que detecta el flanco positivo, es decir, el paso de abierto a cerrado (de no activado a activado). Fíjate en su símbolo, está dentro de la línea de color verde, es el de un contacto pero dentro con la letra P. ¡Cuidado!, no lo confundas con el pulsador de paro, también llamado P.

- También es interesante destacar la utilización en este programa del temporizador 1. Tanto el timer 1 como el contacto asociado a su salida (valdrá 0 mientras temporiza y 1 cuando ha acabado la temporización) están indicados dentro de las líneas continuas de color rojo.

Representación normalizada ● ● ● ●

Ejemplo 7.12

Realiza el GRAFCET del automatismo siguiente, destinado a controlar el llenado del depósito que muestra la figura adjunta.

Disponemos de las bombas *B1* y *B2*, de los detectores de nivel *A*, *B* y *C*, y de los indicadores luminosos de *Alarma*, *Lleno*, *Medio* y *Vacío*. El funcionamiento del automatismo debe ser el siguiente:

- Cuando se llena el depósito, las bombas *B1* y *B2* deben funcionar hasta que el agua cubra los detectores *A* y *B*. Desde este punto, y hasta que el agua cubra el detector *C*, solo debe funcionar la bomba *B1*.

- Para poner en marcha las bombas *B1* o *B2* tenemos que proporcionarles una señal en estado 1 y, para pararlas, el estado de la señal debe ser 0.

- Los detectores *A*, *B* o *C* adquieren el estado 1 cuando el agua les cubre y 0 en caso contrario.

- Los indicadores luminosos *Va* (vacío), *Me* (medio) y *Ll* (lleno) los utilizamos para señalizar los distintos niveles de agua del depósito, y *Al* (alarma) para indicar cualquier situación anómala.

Solución

Se trata de una estructura de divergencia en O con saltos condicionales entre etapas.

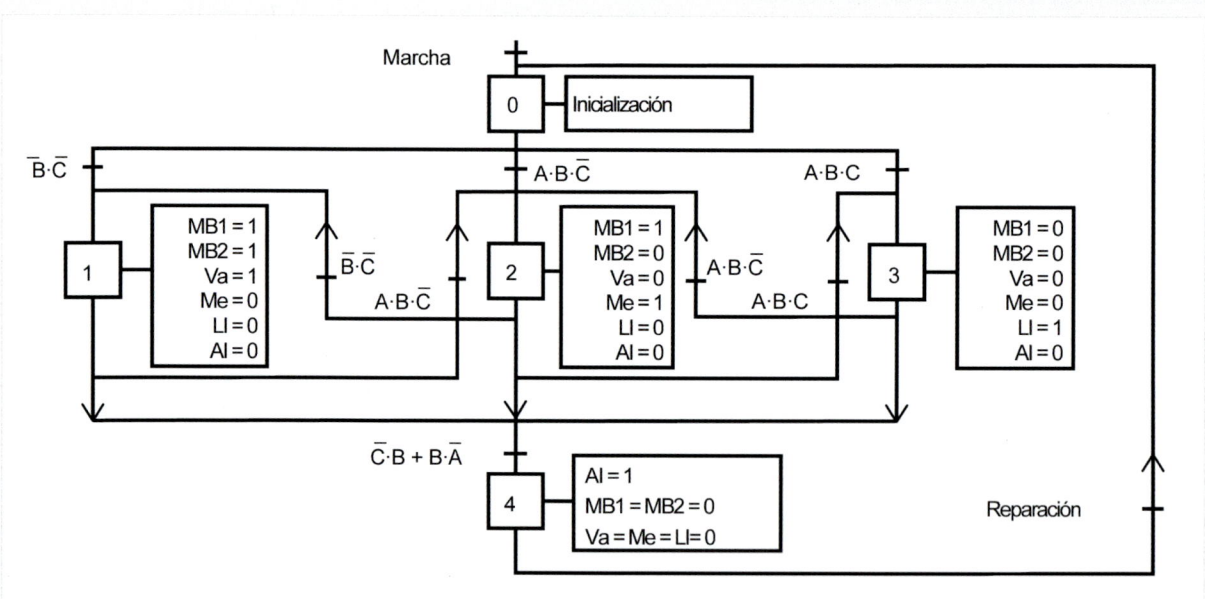

ACTIVIDADES

1. Describe el GRAFCET resultante del automatismo del depósito del EJEMPLO 7.12.

2. Describe el funcionamiento de la cisterna del lavabo de tu casa mediante un diagrama GRAFCET.

3. Confecciona un GRAFCET que describa el funcionamiento de un automatismo utilizado para controlar el arranque y la detención de un motor a partir de los pulsadores de marcha (M) y paro (P) correspondientes. El motor debe ponerse en marcha al pulsar M y pararse al pulsar P.

¡Ahora practica! ● ● ● ●

Práctica 7.1. **Programación y simulación de un automatismo**

La programación de un autómata programable dependerá de cada aparato y del set de instrucciones del fabricante. Normalmente cada fabricante aporta gratuitamente su propio *software* de programación. Por ejemplo, para pequeños autómatas se pueden citar *LogoSoft Confort* de Siemens, *Zelio Soft* de Schneider o *Zen Software V3* de Omron.

Con una finalidad educativa, programas como CADe_SIMU, PC_SIMU o MicroLADDER de los PLC de Sirea permiten desarrollar la programación en lenguaje *Ladder*.

Generalmente estos programas disponen de una opción de simulación, que permite verificar el buen funcionamiento del automatismo o perfeccionar las órdenes dadas.

A continuación se muestran dos tutoriales de simulación de esquemas programados en lenguaje *Ladder:*

1. Funcionamiento de un cilindro de doble efecto controlado por dos válvulas biestables con sus respectivos finales de carrera. Se utiliza CADe_SIMU para el desarrollo y representación del PLC y del esquema programado, y Pc_SIMU como entorno para la simulación y representación del cilindro.

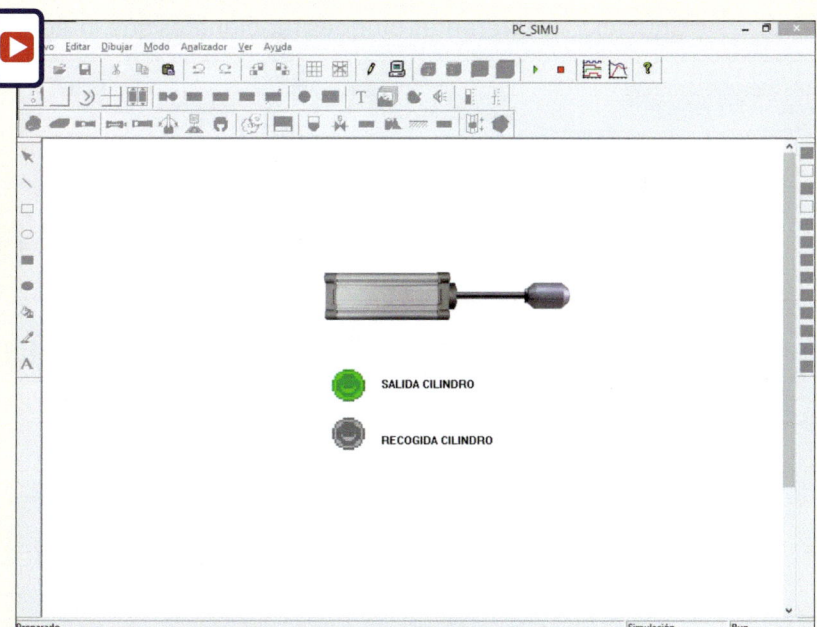

2. Funcionamiento del automatismo de control de la puerta del garaje que se desarrolla en la PRÁCTICA 6.1. En este caso se utiliza el programa CADe_SIMU.

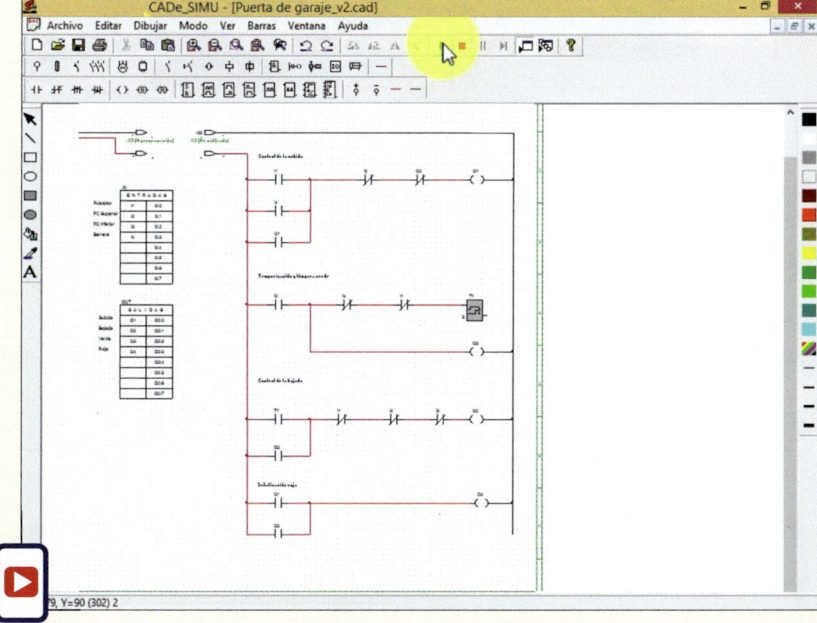

8 Automatización neumática y electroneumática

Unidad didáctica

Antes de empezar…

- Explica algunas ventajas de los sistemas neumáticos y electroneumáticos.
- Enumera los diferentes bloques funcionales que integran un sistema neumático.

8.1. Automatismos neumáticos y electroneumáticos

Además de las tecnologías que hemos estudiado, otro sistema capaz de proporcionar el movimiento que requieren los procesos industriales es el que utiliza el aire comprimido como transmisor de energía.

> Los **sistemas neumáticos** incluyen todo un conjunto de mecanismos y elementos que utilizan la energía del aire comprimido para el accionamiento de máquinas y mecanismos.

El aire es un gas y, como tal, al aplicarle una fuerza es capaz de comprimirse y acumular energía. Esta energía contenida es liberada cuando el aire puede volver a expandirse. La tecnología neumática facilita el accionamiento de máquinas a cierta distancia y proporciona una gran variedad de movimientos: lineales, rotativos o alternativos, con mayor eficacia y menor pérdida de energía que otras tecnologías.

> En las instalaciones industriales es muy habitual aplicar conjuntamente elementos de fuerza y mando basados en la neumática y la electricidad. En estos casos hablamos de **sistemas electroneumáticos**.

En una instalación electroneumática la parte eléctrica se utiliza para el mando y control de la parte neumática. Los sistemas electroneumáticos son muy fiables, de bajo mantenimiento y flexibles en cuanto a la posibilidad de hacer cambios en su funcionamiento.

Documento 8.1

Ventajas e inconvenientes del aire comprimido

El aire comprimido es el aire ambiental que se encuentra sometido a una presión superior a la presión atmosférica. Como fuente de energía presenta una serie de características ventajosas:

- Es fácil de obtener, sin límites en las cantidades que se requieren, y de transportar por medio de tubos entre los diferentes elementos del circuito neumático.
- Es una fuente de energía limpia, no genera residuos nocivos para el medio ambiente ni ensucia el entorno.
- Es una fuente de energía segura. En situaciones de fugas en el circuito, los problemas de seguridad son mínimos, no existen riesgos de salpicaduras, ni de incendio o explosión, ni de cortocircuitos o contactos indirectos. Esto hace que los circuitos neumáticos estén especialmente indicados en ambientes de elevado riesgo de incendio o explosión.

Pero también presenta algunos inconvenientes:

- Antes de utilizarlo hay que filtrar las partículas extrañas que pueda contener en suspensión. También es necesario reducir a cero su contenido en vapor de agua para no dañar los elementos del circuito.
- Al ser compresible, presiones de trabajo muy elevadas requerirían cilindros de grandes dimesiones.
- El escape del aire una vez ha sido utilizado por el cilindro suele producir ruido y puede resultar molesto, a pesar de los sistemas de insonorización que se emplean para evitarlo.

Actividades

1. ¿Qué es un automatismo neumático? ¿Y un automatismo electroneumático?

2. ¿Qué ventajas e inconvenientes tiene la utilización del aire comprimido en los procesos de automatización?

8.2. Elementos básicos de una instalación neumática

En una instalación neumática básica podemos diferenciar las siguientes partes principales:

- **El sistema de producción del aire comprimido**. Es el sistema capaz de atender a las necesidades de consumo y de presión de trabajo que van a ser requeridas. Está constituido básicamente por un compresor y un depósito de almacenamiento.

- **El sistema de tratamiento del aire**. Asegura la calidad óptima para preservar el buen funcionamiento de los diferentes dispositivos del circuito. Está constituido por diferentes elementos, como filtros y secadores o purgadores, ubicados tanto en la línea principal de distribución como precediendo a los puntos de utilización.

- **El sistema de distribución**. Una vez producido el aire a presión de trabajo y con la calidad necesaria, debe ser distribuido al punto o puntos de utilización, por medio de las líneas de distribución.

- **El sistema de utilización del aire**. El aire llega a los elementos de trabajo que constituyen el automatismo neumático: controladores y actuadores (válvulas, cilindros, reguladores de la velocidad, etc.).

Fig. 8.1. Elementos de un sistema neumático.

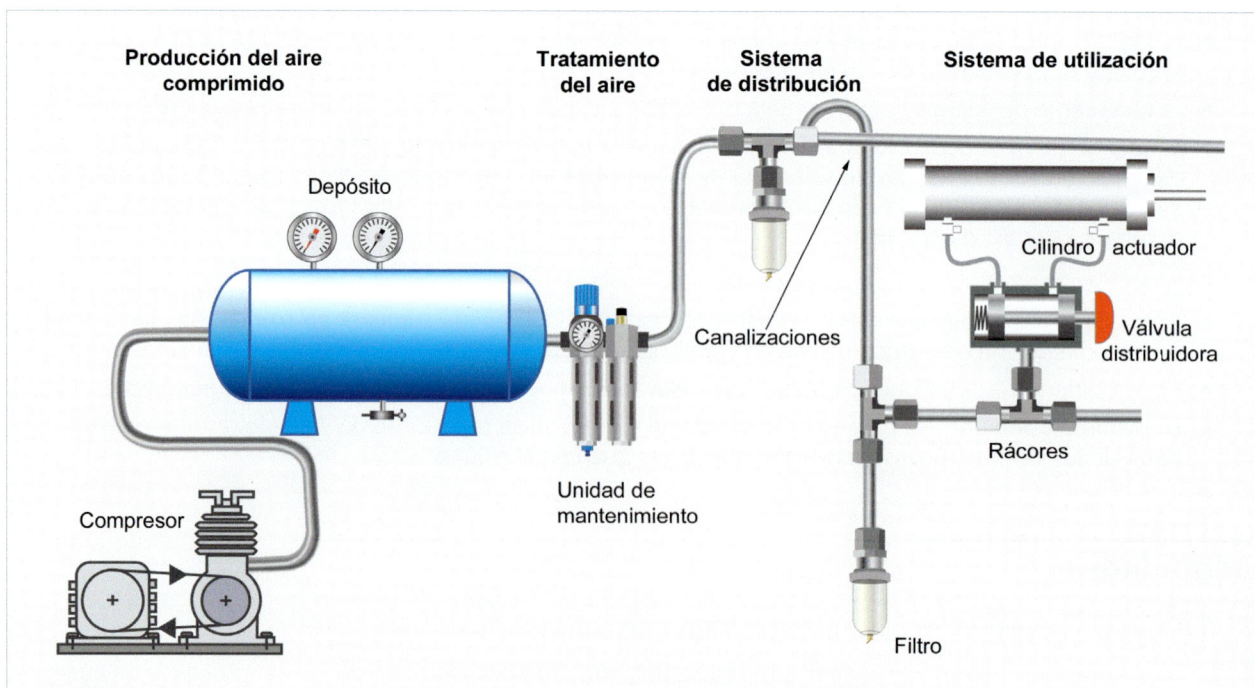

8.2.1. La producción del aire comprimido

En un sistema neumático el *compresor* genera el aire comprimido, que se *refrigera* y se almacena en un *depósito* de alta o baja presión:

Fig. 8.2.
Compresor.

● El **compresor** es el dispositivo que genera el aire comprimido y, por tanto, la energía del sistema neumático. Es accionado normalmente por un motor eléctrico que aspira el aire de la atmósfera y lo somete a una presión elevada de modo que se reduce su volumen.

Hay dos variables técnicas que definen las características de los compresores:

- La presión que pueden proporcionar.
- El caudal de aire comprimido que pueden suministrar.

Según el sistema de generación del aire, diferenciamos dos grupos de compresores:

- **Alternativos**. Se componen de un sistema de válvulas de admisión y escape, émbolo y biela-manivela.
- **Rotativos**. Generan el aire a partir del movimiento de un rotor.

● El **refrigerador**. El aire, al comprimirse, se calienta y se debe enfriar hasta la temperatura de trabajo, normalmente la ambiental. Esta función la realiza el circuito de refrigeración, que además condensa y separa la humedad del aire.

● El **depósito** o **acumulador de aire**. El aire comprimido obtenido es almacenado en un depósito, que tiene la función de garantizar que los puntos de utilización dispongan de aire comprimido en las condiciones de presión y caudal necesarias.

Para cumplir esta función dispone de un presostato que permite detener el compresor, una vez conseguida la presión necesaria, y evita que esté en continuo funcionamiento. También compensa las oscilaciones de presión que puedan producirse en el circuito de distribución.

Habitualmente, en equipos de tamaño pequeño la compresión, refrigeración y almacenamiento se integran en un mismo conjunto, que recibe el nombre de *unidad de compresión*.

Sin embargo, en instalaciones industriales donde se necesitan grandes volúmenes y se trabaja a grandes distancias, estos elementos del sistema de producción de aire comprimido se pueden encontrar bien diferenciados.

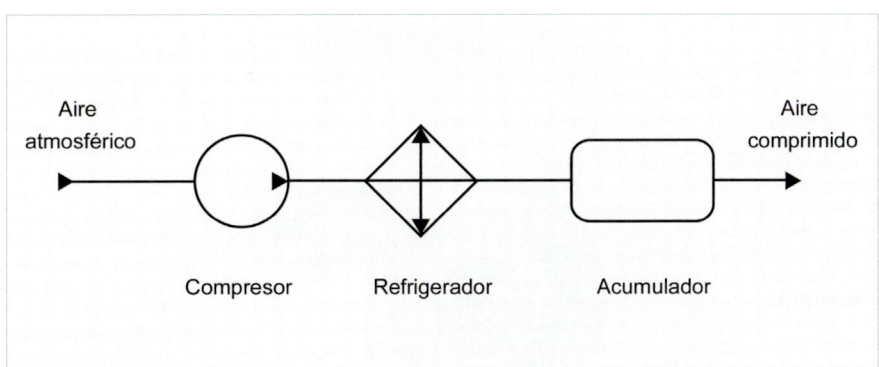

Fig. 8.3. Simbología de los componentes de un sistema de producción de aire comprimido.

Tabla 8.1. Compresores alternativos

De émbolo		Se componen de válvulas de admisión y escape, émbolo y biela-manivela. Al bajar el embolo, se produce la entrada de aire en la cavidad del pistón. Al subir el émbolo se cierra la válvula de admisión, se produce la compresión del gas y se impulsa hacia la salida de distribución a través de la válvula de escape. Se consigue una presión de unos 10 bar y un caudal que puede ser superior a 500 m³/min (en los de gran tamaño).
De émbolo de dos etapas		El aire, después de una primera compresión y enfriamiento, se somete a una segunda compresión. Se consigue mayor eficiencia y presiones mucho mayores.
De émbolo de membrana		Disponen de una membrana que separa la cámara de compresión del émbolo, de manera que el aire que entra en el circuito es limpio (al no entrar en contacto con el aceite de lubricación). Se utilizan en la industria alimentaria, farmacéutica o química y consiguen presiones inferiores a 7 bar y caudales de 30 m³/min.

Tabla 8.2. Compresores rotativos

Multicelulares o de paletas		Cuentan con un rotor provisto de paletas. Al girar, introducen el aire en la celda de compresión. Consiguen presiones de 7 bar y caudales inferiores a 150 m³/min.
Helicoidales		Están provistos de dos rotores helicoidales paralelos. Al girar en sentidos contrarios, ambos rotores impulsan el aire de forma continua y lo comprimen. Consiguen presiones de 10 bar y caudales de 24.000 m³/min.
Radiales		Disponen de un rotor con aletas centrífugas. Al girar, toma el aire axialmente, lo comprime por la fuerza centrífuga y lo expulsa radialmente. Consiguen presiones de 10-12 bar y caudales de 10.000-20.000 m³/min.

8.2.2. El tratamiento del aire

Cuando el aire se comprime, también lo hacen las partículas extrañas, impurezas o sustancias no deseables procedentes tanto del aire (polvo, partículas en suspensión, vapor de agua, hidrocarburos, etc.) como del propio compresor (aceites, partículas de desgaste, etc.) o de las canalizaciones de distribución (óxidos, residuos de soldaduras, etc.).

Por efecto de la compresión, estas partículas pueden formar partículas de mayor tamaño que, si no se eliminan, podrían causar averías en los dispositivos neumáticos.

Por eso, en cada punto de entrada de aire a la máquina neumática, se ubica una **unidad de mantenimiento** o **acondicionamiento**. Dicha unidad está formada por:

- Un **filtro de aire comprimido con separador de agua**. Su función es ultimar la limpieza del aire antes de su entrada al circuito neumático. Las partículas más pesadas y las gotas de vapor son proyectadas por la fuerza centrífuga sobre las paredes del recipiente y recogidas en su parte inferior, donde se encuentra una abertura o tornillo de purga para poder evacuarlas al exterior. Las partículas en suspensión del aire quedan retenidas en un cartucho de material poroso, que deberá sustituirse cada cierto tiempo.

- Un **regulador de aire comprimido**. Tiene la misión de conseguir que la presión que llega del acumulador (entre 7-10 bar) se mantenga constante e igual a la presión de trabajo (habitualmente es de 6 bar).

- Un **lubricador de aire comprimido**. Inyecta micropartículas de aceite para disminuir la fricción de las partes móviles cuando se requiera. Actualmente hay componentes neumáticos que vienen lubricados de por vida y no requieren lubricación.

- Un **manómetro indicador de la presión**. Permite comprobar el valor de la presión del aire que llega al punto de utilización.

¡*Tenlo* en cuenta!

En ambientes con una humedad del aire habitualmente alta, las instalaciones neumáticas pueden incorporar un **secador**, con la finalidad de eliminar la humedad del aire.

Fig. 8.4.
Aspecto y simbología de la unidad de mantenimiento o acondicionamiento.

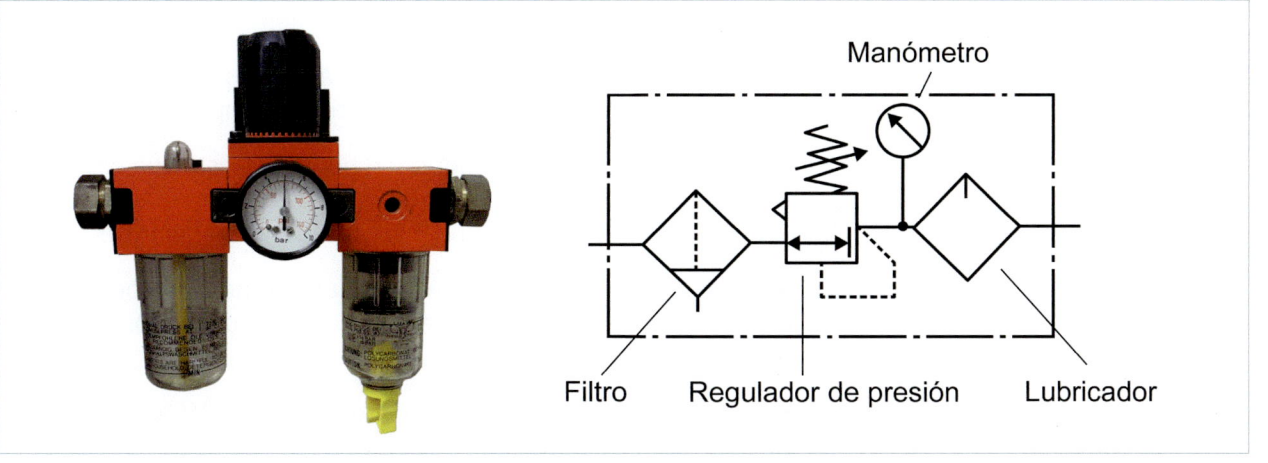

Manómetro

Filtro   Regulador de presión   Lubricador

8.2.3. El sistema de distribución del aire

La canalización del aire comprimido para que llegue a los diferentes puntos de utilización se realiza mediante las *redes de distribución*.

Su diseño o configuración es importante para garantizar la alimentación de los distintos elementos y aparatos neumáticos, así como para evitar las oscilaciones de presión y de flujo, especialmente cuando el consumo de aire no es el mismo en todos los puntos de utilización. Según la circulación del aire, las redes pueden ser de distribución abierta, cerrada o interconectada.

Tabla 8.3. Tipos de redes de distribución		
Distribución abierta	**Distribución cerrada o en anillo**	**Distribución interconectada**

• La conducción principal recorre la instalación y acaba en el final del circuito. • Se emplea en instalaciones pequeñas con consumos bajos de aire. • En instalaciones con líneas muy largas puede presentar oscilaciones de presión y de caudal en los puntos más alejados. • Requiere menos tramos de conducciones, por lo que es más económica.	• Existe continuidad entre el principio y el final del circuito. • El reparto del caudal de aire es mejor. • Las oscilaciones de presión son menores. • En caso de averías en la instalación, es posible aislar el sector afectado. • Requiere más tramos de conducción, lo que repercute en un coste de instalación más elevado.	• Es una combinación del circuito abierto y cerrado. • Permite adaptarse a las necesidades concretas de los diferentes tramos de la instalación.

Montaje de las instalaciones

Algunas indicaciones para el montaje de la instalación son:

- Se procurará disponer de un conducto principal situado en la parte superior de la instalación con puntos de sujeción cada 3 o 4 metros de distancia.

- De la conducción principal se derivarán las conexiones secundarias para los diferentes puntos de utilización.

- Las conducciones secundarias se conectarán en la parte superior de la conducción principal para evitar la captación de impurezas.

- Es conveniente que en esta conducción principal exista una inclinación de un 1 o un 2 % en la dirección del flujo, de manera que se puedan instalar puntos de purga de condensación a lo largo del trayecto.

- Se intentará evitar o reducir al máximo la presencia de codos en los tubos de conducción, puesto que suponen pérdidas de presión. Son preferibles las curvaturas de radio amplio.

- Cuando sea necesaria una reducción de la sección del tubo principal, se aprovecharán los puntos de purga.

:: Material de las canalizaciones y racores

Los tubos de conducción en las redes de distribución suelen ser de acero inoxidable, por su resistencia a la presión y a la corrosión.

Las mangueras que unen los puntos de alimentación con los dispositivos neumáticos de trabajo suelen ser de materiales flexibles: goma, nailon, PFA, poliuretano, polivinilo, etc., lo cual permite acompañar el movimiento de los elementos.

Las conexiones entre los tubos y los diferentes elementos del sistema neumático deben garantizar una estanqueidad perfecta, que permita conseguir un funcionamiento fiable y reducir el consumo y las pérdidas de energía. Estas conexiones se realizan mediante piezas llamadas **racores**.

Los racores permiten realizar conexiones rápidas entre los elementos de conducción y los dispositivos de trabajo de forma sencilla y fiable, facilitando las operaciones de montaje y de mantenimiento. Existen racores enchufables por simple presión del tubo flexible, roscables, orientables, con rodamiento, pasamuros, etc.

Fig. 8.5.
Racores utilizados
en neumática.

:: 8.2.4. La utilización del aire: el automatismo neumático

De manera similar a los automatismos eléctricos, en los automatismos neumáticos se pueden diferenciar dos tipos de dispositivos que utilizan la energía del aire:

- Los **elementos de trabajo, fuerza o potencia**. Son los dispositivos que transforman la presión del aire en el movimiento que se desea aplicar al sistema o a los actuadores.

- Los **elementos de maniobra, de procesamiento y de entrada**. Son los encargados de controlar el aire comprimido que utilizan los elementos de fuerza. Estos dispositivos son las *válvulas*.

Actividades

3. Cita los elementos básicos de una instalación neumática y describe la función que cumple cada uno de ellos en el sistema.

4. Indica las diferencias más destacables entre los distintos tipos de compresores.

5. ¿Cuál es la función de un depósito o acumulador de aire?

6. Relaciona los elementos que forman una unidad de acondicionamiento y explica la función de cada uno.

7. Explica las diferencias entre una red de distribución de aire comprimido cerrada y una abierta.

8. Busca en páginas web de empresas fabricantes o distribuidoras diez modelos diferentes de racores. Indica las características de cada uno.

8.3. Elementos de trabajo: actuadores neumáticos

> Los **actuadores neumáticos** son los elementos que transforman la energía del aire comprimido en energía mecánica y provocan un movimiento.

Según el tipo de movimiento que realizan, los principales actuadores se clasifican en:

- Actuadores lineales o *cilindros*.
- Actuadores de giro limitado.
- Motores.

8.3.1. Cilindros

> Los **cilindros** son los elementos del circuito neumático capaces de producir un movimiento lineal de avance o retroceso, que se utiliza para poder generar el trabajo.

Están formados por un tubo cilíndrico cerrado, en cuyo interior se encuentra el émbolo o pistón, que desplaza el eje o vástago por efecto del aire comprimido. El diámetro del cilindro y la presión de trabajo determinarán la fuerza máxima que puede realizar.

Entre los más habituales, cabe destacar los *cilindros de simple efecto*, los *cilindros de doble efecto* y los *cilindros sin vástago*.

Cilindros de simple efecto

Los cilindros de efecto simple reciben el aire por una sola conexión de entrada, por lo que tienen una sola cámara. Cuando entra el aire en la cámara, el pistón se desplaza en un solo sentido, es decir, desarrollan el esfuerzo en un único sentido.

El retorno a la posición inicial se produce por efecto de un muelle o fuerza externa, que actúa una vez cesa la presión del aire. Dependiendo de la posición del vástago por defecto, se clasifican en cilindros *normalmente fuera* o *normalmente dentro*.

Los cilindros de simple efecto tienen un desplazamiento de carrera del pistón (recorrido) corto y se usan principalmente para levantar, apretar, expulsar o sujetar piezas en cadenas de producción industrial.

Cilindros de doble efecto

Los cilindros de doble efecto tienen dos conexiones para la entrada del aire comprimido, lo que permite el desplazamiento del émbolo en los dos sentidos (avance y retroceso) según actúen alternativamente como entrada o salida de aire.

Disponen, por tanto, de dos cámaras, que deben ser estancas la una respecto de la otra. La fuerza que realiza el vástago es menor en el retroceso que en el avance, debido a la diferencia de superficies interiores.

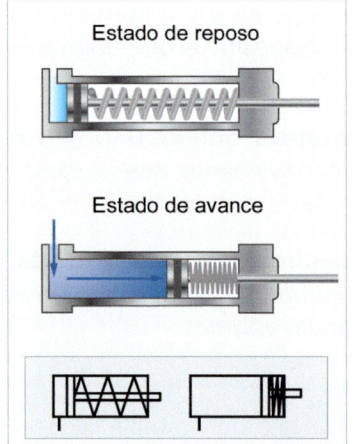

Estado de reposo

Estado de avance

Fig. 8.6.
Cilindro de simple efecto.

Sin embargo, la velocidad es mayor en el retroceso que en el avance. Esta característica se denomina *desfase fuerza/velocidad.*

Respecto a los cilindros de simple efecto, presentan el inconveniente de que, a iguales dimensiones, consumen casi el doble de energía. Por el contrario, a igual longitud de vástago y cámara, su carrera es mayor que la de los de simple efecto, ya que no alojan ningún mecanismo de retroceso.

Son los cilindros más utilizados en la industria y suelen sustituir a los de simple efecto para garantizar la posición de reposo mediante la inyección de aire.

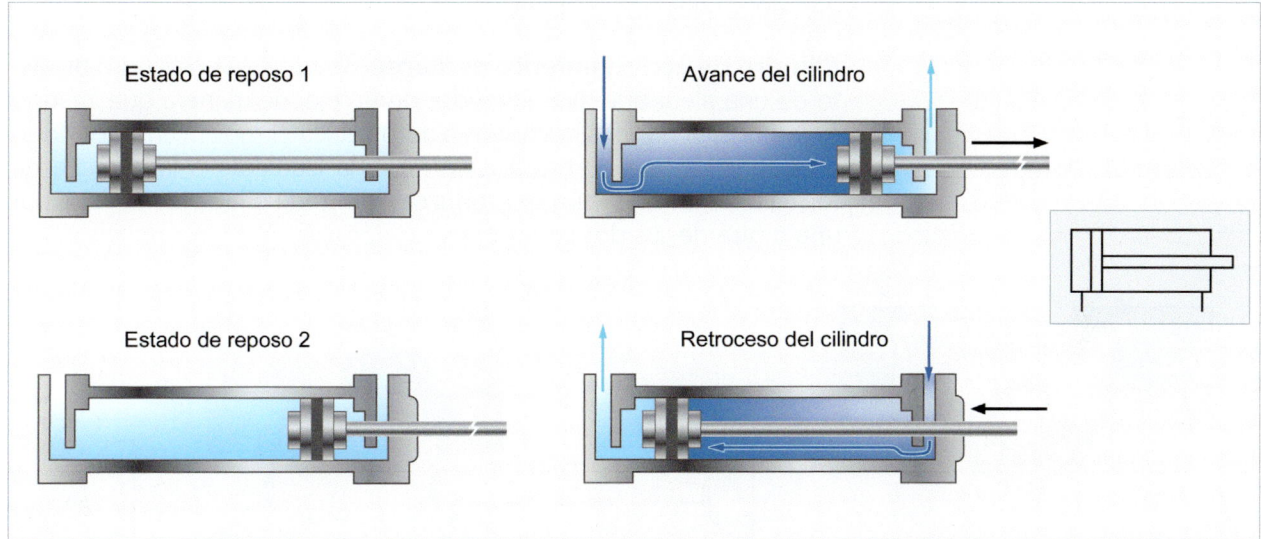

Fig. 8.7.
Cilindro de doble efecto.

Cilindros de doble vástago

Son cilindros de doble efecto cuyo vástago sobresale por los dos extremos de la camisa. También se les conoce como cilindros de compensación, ya que al disponer de la misma superficie en las dos cámaras, el desfase fuerza/velocidad no tiene lugar.

El vástago se apoya en dos cojinetes, lo cual lo hace más robusto frente a esfuerzos laterales.

Cilindros sin vástago

Permiten realizar recorridos largos y producir la misma fuerza de trabajo en el avance y en el retroceso, porque su estructura interna se asemeja a la de los cilindros de doble vástago.

Existen dos variantes de cilindros sin vástago:

- De **transmisión magnética**. El émbolo y el carro no están unidos físicamente, pero se encuentran acoplados magnéticamente, de modo que cuando el aire comprimido desplaza el émbolo dentro de la camisa, también se traslada el carro. Un inconveniente es que émbolo y carro pueden llegar a desacoplarse cuando se realizan esfuerzos demasiado grandes.

- De **transmisión mecánica**. En este caso, el émbolo y el carro están unidos físicamente. La ranura abierta en la camisa para permitir el desplazamiento del conjunto está cubierta por una cinta metálica que consigue el cierre hermético del cilindro.

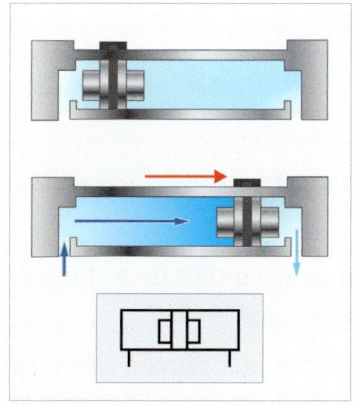

Fig. 8.8.
Cilindro sin vástago.

8.3.2. Actuadores de giro limitado

Funcionan de manera similar a los cilindros, pero en lugar de un movimiento lineal, provocan un movimiento giratorio. El **cilindro rotativo y el cilindro de accionamiento oscilante** son actuadores de este tipo.

- **Cilindro rotativo**. El vástago del émbolo, gracias a su perfil de cremallera, es capaz de transmitir su movimiento a una rueda dentada, de modo que el movimiento lineal se convierte en movimientos rotatorios de 360° en los dos sentidos.

- **Cilindro de accionamiento oscilante**. Se trata de un cilindro provisto de una aleta que gira alrededor de un eje, de manera que cuando es impulsada por el aire comprimido produce el movimiento rotatorio oscilatorio del eje de hasta 270° hacia la izquierda o la derecha de forma alternativa, según se produzca la entrada o la salida del aire por una u otra de sus dos conexiones.

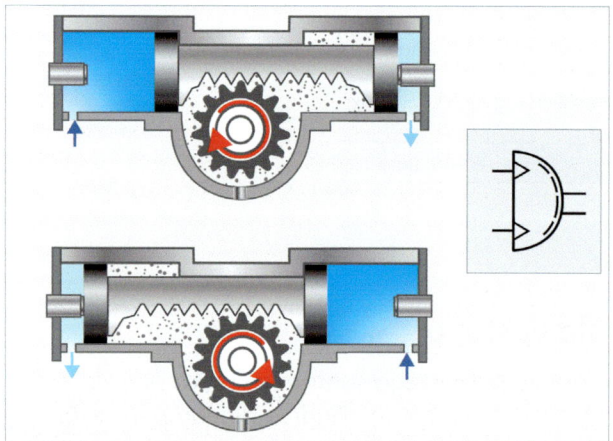

Fig. 8.9. Actuador de giro rotativo.

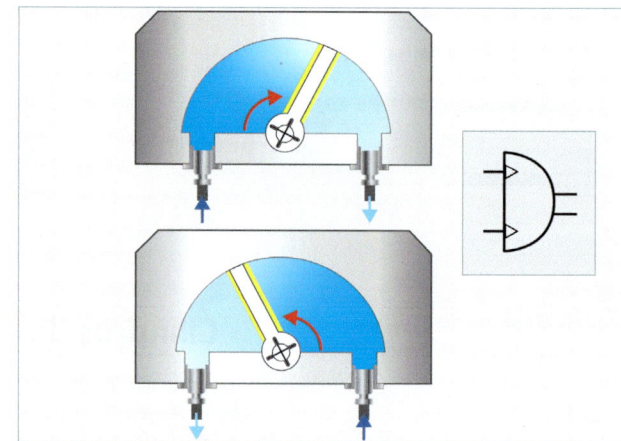

Fig. 8.10. Actuador de giro de accionamiento oscilante.

8.3.3. Motores neumáticos

Los motores neumáticos transforman la energía del aire comprimido en movimiento de rotación y sin limitación en el ángulo de giro, por lo que son elementos de trabajo muy utilizados en los sistemas neumáticos.

Son motores ligeros y compactos que permiten:

- Un arranque y un paro muy rápidos.

- Giro en los dos sentidos.

- Par y velocidades variables sin necesidad de sistemas de control complicados.

Los más utilizados en los sistemas neumáticos son el *motor de aletas* y el de *pistones radiales*.

- Los **motores de aletas** están constituidos por una cámara cilíndrica que alberga en su interior un rotor excéntrico provisto de aletas. El movimiento de las aletas por acción del aire comprimido provoca una fuerza centrífuga que hace girar el rotor. Suelen ser motores ligeros.

- Los **motores de pistones radiales**. Son motores de 4 a 6 cilindros y logran grandes potencias gracias a la contribución de los cilindros que intervienen.

  Trabajan a revoluciones inferiores que los motores de aletas y se caracterizan por tener un par de arranque elevado y un buen control de la velocidad. Se utilizan para trabajos que se llevan a cabo a baja velocidad y que soportan grandes cargas.

8.3.4. Otros actuadores

En procesos industriales, hay unas operaciones específicas de recogida y transporte de objetos que realizan actuadores como *pinzas neumáticas* o *ventosas*.

- La **pinza neumática** es un tipo de cilindro de doble efecto con un diseño especializado en forma de pinza que permite agarrar y sujetar objetos y liberarlos en la realización de una operación específica.

- La **ventosa** es un dispositivo de actuación neumática que permite sujetar y transportar piezas mediante el vacío, lo que produce un efecto de succión entre la estructura de material blando de la ventosa y la superficie lisa del objeto.

  La obtención del vacío se puede lograr mediante bombas de vacío (en instalaciones de grandes dimensiones con muchos puntos de succión) o con aparatos sencillos a partir de la presión del aire por el efecto Venturi. Estos aparatos reciben el nombre de eyectores de vacío.

Fig. 8.11.
Pinza neumática.

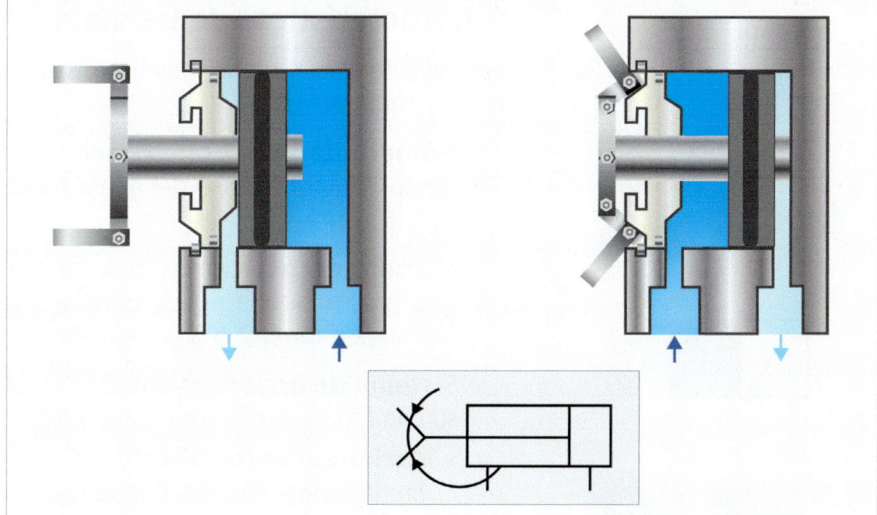

Actividades

9. Describe las diferencias entre un cilindro de simple efecto y un cilindro de doble efecto.

10. Explica las diferencias entre un cilindro sin vástago de transmisión magnética y uno de transmisión mecánica.

11. ¿Cuál es la diferencia fundamental entre un cilindro y un actuador de giro?

12. Describe las diferencias entre un actuador de giro rotativo y uno de accionamiento oscilante.

13. Señala las diferencias entre un motor de aletas y un motor de pistones radiales.

8.4. Elementos de maniobra, procesamiento y de entrada

En un automatismo neumático, las *válvulas* son los elementos de maniobra, procesamiento y de entrada.

> Las **válvulas** son los elementos del circuito neumático que controlan y regulan el paso del aire, la dirección y el sentido, así como la presión y el caudal.

Según la función que realizan en el circuito neumático, se clasifican en:

- Válvulas distribuidoras (de vías).
- Válvulas de bloqueo.
- Válvulas reguladoras de caudal.
- Válvulas de presión.

8.4.1. Válvulas distribuidoras

> Las **válvulas distribuidoras** controlan o establecen la vía por la que debe pasar el flujo de aire.

Se utilizan para la puesta en marcha, el paro y el cambio de sentido de paso por los diferentes elementos del circuito.

Características de las válvulas distribuidoras

Las características de las válvulas distribuidoras vienen determinadas por cuatro parámetros:

- **Número de vías**. Corresponde con el número de orificios que pueden posibilitar el paso del aire a través de la válvula. Pueden ser de 2, 3, 4, 5 e incluso 6 vías.
- **Número de posiciones**. Son las posiciones de trabajo (conmutaciones) que la válvula puede adoptar para dirigir el flujo por una u otra vía. Suelen tener 2 o 3 posiciones.
- **Sistema de accionamiento**. Es la manera de accionar la válvula para su cambio de posición. Existen diferentes tipos de accionamientos:
  - **Accionamientos directos**. El mando accionador se encuentra sobre la misma válvula. Pueden ser:
    - **Manuales**, como los pulsadores, las palancas, los pedales, etc.
    - **Mecánicos**, como las levas, los discos de levas, etc.
  - **Accionamientos a distancia**. Pueden realizarse por:
    - **Mando neumático**. Se establece por impulsos de presión positiva o bien de presión negativa (reducción de la presión).
    - **Mando eléctrico**. Las válvulas se accionan mediante electroimanes, y en este caso se habla de *electroválvulas*.
- **Estado de reposo**. Es la posición de las piezas móviles de la válvula cuando no está accionada. Atendiendo a esta característica, las válvulas pueden ser de dos tipos:
  - **Monoestables**. Solo tienen un estado de reposo.
  - **Biestables**. Tienen dos posiciones de reposo.

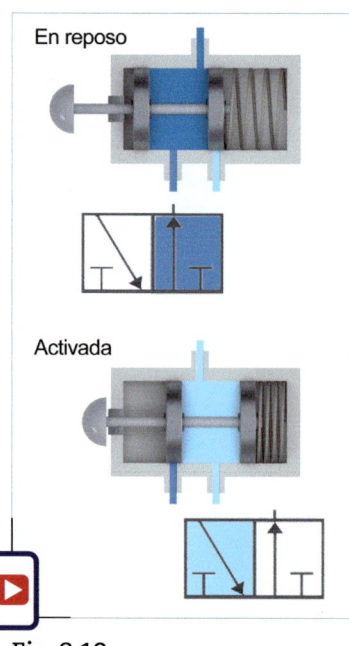

En reposo

Activada

Fig. 8.12.
Estructura y funcionamiento de una válvula (válvula de 3 vías, 2 posiciones, por accionamiento mediante pulsador manual y monoestable).

Diferentes tipos de válvulas de distribución

Las válvulas más habituales en automatismos neumáticos son las siguientes: *válvula 2/2, válvula 3/2, válvula 4/2, válvula 4/3, válvula 5/2* y *válvula 5/3*.

Válvulas 2/2

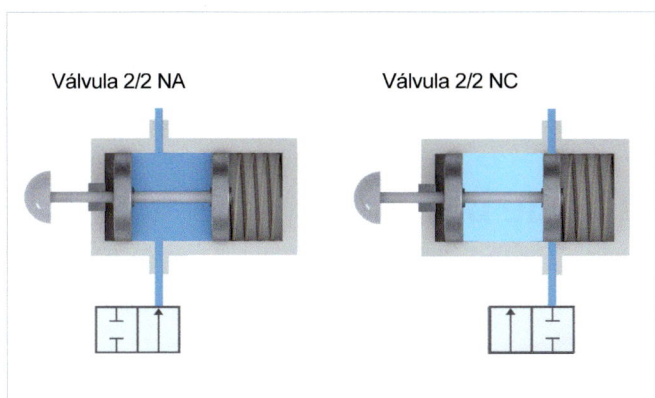

Fig. 8.13.
Válvulas 2/2.

Suelen ser válvulas de accionamiento manual y retorno por muelle. Las válvulas 2/2 abren o cortan el paso de aire entre dos puntos. Pueden ser de dos tipos:

- **Normalmente abiertas**. Son las válvulas que dejan pasar el aire en estado de reposo. Cuando son accionadas cortan el paso del aire.

- **Normalmente cerradas**. No dejan pasar el aire, pero al ser accionadas abren la conexión y permiten el paso del aire entre las dos vías.

Válvulas 3/2

Pueden ser de accionamiento directo o indirecto. Habitualmente se utilizan para accionar cilindros de efecto simple.

Fig. 8.14.
Válvulas 3/2.

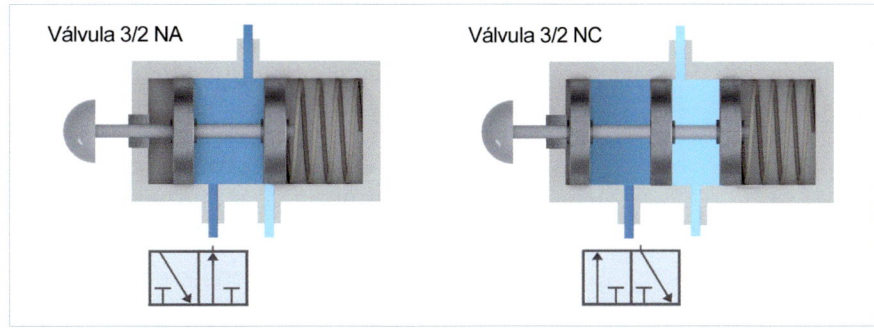

Válvulas 4/2

Son utilizadas para activar cilindros de doble efecto. Permiten que el flujo de aire circule en dos direcciones por posición, lo que permite controlar las dos cámaras de un cilindro de doble efecto.

Válvulas 4/3

Igual que las 4/2, se emplean para activar cilindros de doble efecto, utilizándose habitualmente la tercera posición para el bloqueo total del cilindro (impiden tanto la alimentación como el escape).

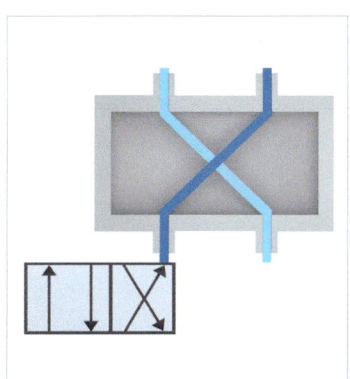

Fig. 8.15.
Simbología de una válvula de 4 vías y dos posiciones.

¡*Tenlo* en cuenta!

Te habrás fijado en que una válvula se nombra indicando:

- Primero el número de vías.
- Después el número de posiciones.

Así, una válvula 3/2 es la que dispone de tres vías y dos posiciones.

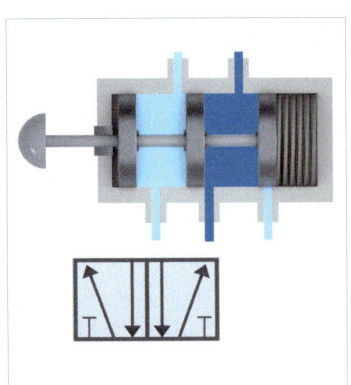

Fig. 8.16.
Válvula 5/2.

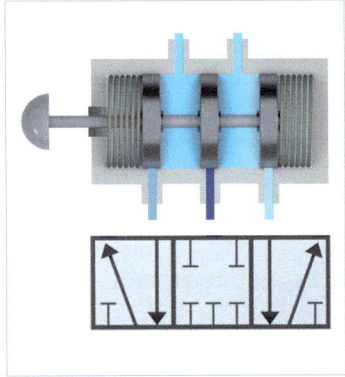

Fig. 8.17.
Válvula 5/3.

:Válvulas 5/2

Ofrecen las mismas posibilidades que las válvulas 4/2. La quinta vía se usa para realizar los escapes de las cámaras del cilindro de forma independiente.

:Válvulas 5/3

Tienen las mismas funciones de las válvulas 5/2, empleándose la tercera posición para el bloqueo del cilindro o bien para permitir la salida de aire de las cámaras de modo que se pueda mover el cilindro sin presión.

8.4.2. Válvulas de bloqueo

> Las **válvulas de bloqueo** cortan el paso del aire comprimido en un sentido.

Se utilizan para llevar a cabo distintas funciones dentro de un circuito neumático, tales como determinar la presión, el caudal, la velocidad y también una salida en función de unas condiciones de entrada.

Las más habituales en un automatismo neumático son las siguientes:

- Las **válvulas antirretorno**. Dejan pasar el aire en un sentido y bloquean su paso en el sentido contrario.

  Además, existen también las denominadas **válvulas antirretorno pilotadas**, que disponen de un sistema de pilotaje que libera el obturador y permite el paso del aire en el sentido contrario.

- Las **válvulas selectoras de circuito** o **válvulas O** (*OR* en inglés). Tienen dos entradas y una salida. Las señales de presión en las entradas producen una señal en la salida:

  - Si no hay señal en las entradas, no habrá señal en las salidas.

  - Si hay señales de presión en ambas entradas, la señal con presión más alta es la que llega a la salida.

- Las **válvulas de simultaneidad** o **válvulas Y** (*AND* en inglés). Tienen también tres conexiones, dos de entradas de presión de aire y una de salida. En este caso, para que se dé señal de salida tienen que producirse señales de entrada simultáneamente en las entradas.

Fig. 8.18.
Válvulas de bloqueo:
(a) antirretorno, (b) selectora,
(c) de simultaneidad.

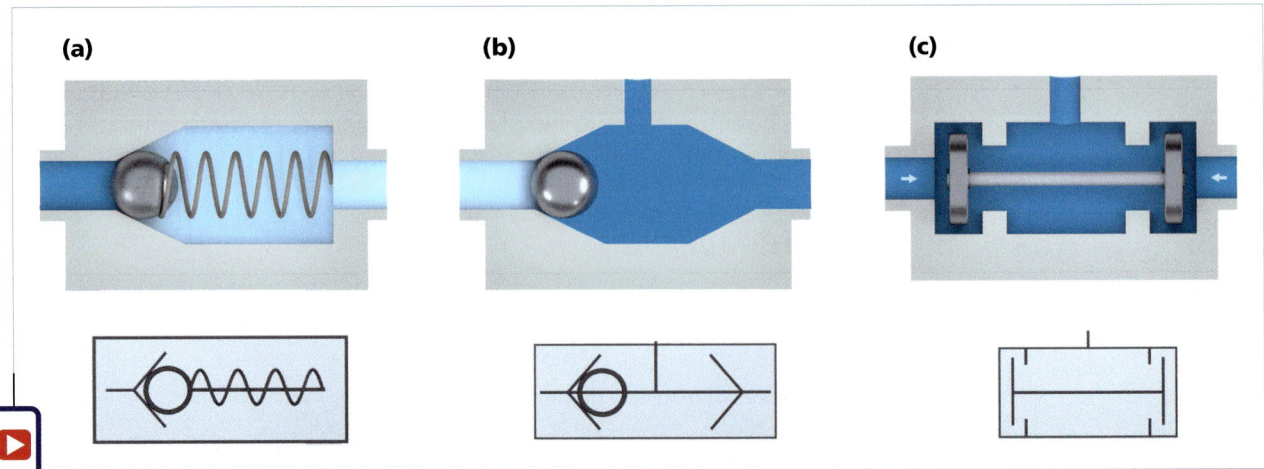

8.4.3. Válvulas reguladoras de caudal

Las **válvulas reguladoras de caudal** se utilizan para regular la velocidad de actuación en los cilindros, mediante el control de la cantidad de aire comprimido que pasa a través de las tuberías.

Esto se consigue simplemente con el estrangulamiento del paso del aire. Normalmente la estrangulación de estas válvulas es regulable mediante un tornillo que ajusta el caudal de aire.

Hay válvulas reguladoras de caudal que llevan incorporado un sistema antirretorno para el control de paso del fluido en un solo sentido. Estas válvulas:

○ Bloquean el paso de aire en el sentido en el cual actúa el antirretorno.

○ Dejan pasar el aire en el sentido opuesto al antirretorno.

Fig. 8.19.
Válvula reguladora de caudal (a), válvula reguladora de caudal unidireccional (b).

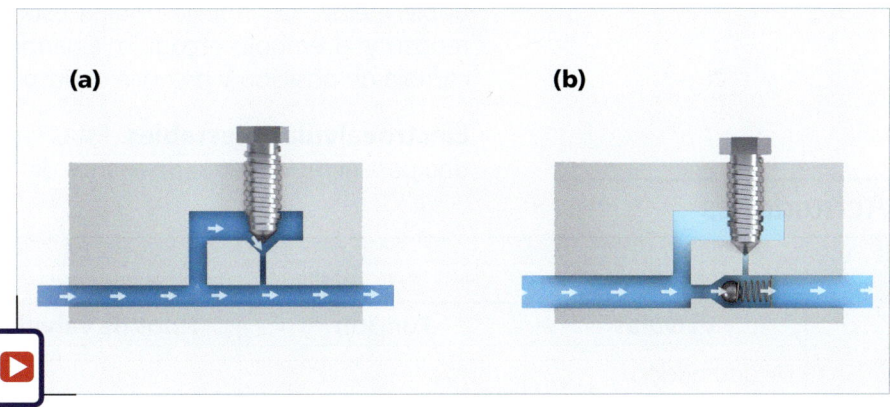

8.4.4. Válvulas de presión

Las **válvulas de presión** permiten controlar la presión de trabajo de los circuitos neumáticos.

Actúan en función de una determinada presión y se utilizan como válvulas de seguridad para mantener la presión previamente establecida. Por eso son imprescindibles para garantizar la seguridad y la eficiencia de las operaciones que se realizan.

Existen diferentes tipos de válvulas de presión, tales como:

○ La **válvula limitadora**. Cuando la presión en la entrada de la válvula alcanza el valor máximo admisible, se abre la salida y escapa el aire al exterior del circuito. Un tornillo de ajuste regula la fuerza que realiza el muelle para abrir o cerrar el paso del aire según la presión que deba ser soportada.

○ La **válvula reguladora de presión** o **manorreductor**. Son las válvulas que se encuentran en todas las unidades de mantenimiento.

Como ya se ha visto, se encarga de mantener constante la presión de funcionamiento; cuando se supera esta presión, la válvula cierra automáticamente reduciendo el flujo hacia el circuito. También amortigua las puntas de presión que puedan producirse, descargándolas al exterior.

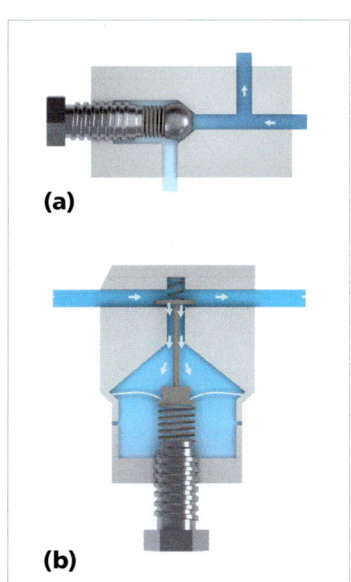

Fig. 8.20.
Válvulas de presión:
(a) limitadora, (b) reguladora.

8.4.5. Electroválvulas

> Las **electroválvulas** son los elementos de control final sobre los elementos de potencia, es decir, sobre los actuadores neumáticos.

Una electroválvula está constituida por dos partes: la bobina eléctrica y la válvula. Cuando la bobina eléctrica recibe corriente eléctrica, crea un campo magnético (electroimán), que desplaza el vástago de la válvula abriendo o cerrando el paso de aire.

Existen diferentes tipos de electroválvulas, pero las más habituales son:

- **Electroválvula 3/2 monoestable**. Cuando se excita la bobina, la válvula cambia de posición y se produce la entrada de aire en el cilindro. Cuando deja de llegar corriente, la válvula se desplaza a su posición de reposo.

- **Electroválvula 5/2 monoestable**. Se utiliza para mover cilindros de doble efecto. Cuando la bobina está desactivada, la válvula está en reposo y el émbolo recogido. Cuando la bobina se activa, la válvula cambia de posición y provoca el desplazamiento del cilindro.

- **Electroválvulas biestables**. Estas válvulas disponen de dos bobinas: una para el movimiento de avance del cilindro y otra para su retroceso.

¡*Tenlo* en cuenta!

Cuando la bobina no actúa directamente sobre el émbolo que provoca la abertura de la válvula, sino que controla una válvula piloto secundaria, se dice que la válvula tiene servopilotaje.

Actividades

14. Copia en tu cuaderno y completa la tabla siguiente:

Válvulas	Función	Tipos de válvulas	Esquema o símbolo
De distribución			
De bloqueo			
Reguladoras de caudal			
De presión			

15. Explica las características que definen las válvulas distribuidoras.

16. Describe el funcionamiento de una válvula 3/2.

17. ¿Qué diferencias hay entre una válvula 4/2 y una válvula 4/3? ¿Y entre esta y una válvula 5/3? Dibújalas y explica el funcionamiento de cada una.

18. Señala las diferencias entre una válvula antirretorno y una válvula antirretorno pilotada.

19. Indica en qué situaciones se utilizará una válvula O y cuándo se empleará una válvula Y. Explica el funcionamiento de cada una.

20. Describe el funcionamiento de una válvula reguladora de caudal y de una válvula reguladora de caudal unidireccional.

21. ¿Cuándo se usa una válvula limitadora de presión?

22. Dibuja el símbolo de una válvula 4/2 pilotada en ambos sentidos (biestable).

23. ¿Qué es una electroválvula? Cita algunos modelos de electroválvulas.

24. Busca en Internet tres fabricantes de componentes neumáticos y electroneumáticos y consulta sus catálogos.

Representación normalizada ● ● ● ●

1. Simbología neumática

A lo largo de la unidad hemos ido viendo la simbología de los diferentes elementos de un sistema neumático, porque en muchos casos está muy relacionada con el esquema de funcionamiento de cada uno. A modo de ejemplo sintetizamos, a continuación, los elementos más habituales.

Tabla 8.4. Simbología neumática. Producción y tratamiento del aire				
Compresor		Secador		Regulador de presión
Acumulador		Filtro con purgador manual		Lubricador

Nota: La última columna de la tabla 8.4 contiene los símbolos de Regulador de presión y Lubricador.

Tabla 8.5. Simbología neumática. Producción y tratamiento del aire		
	Representación completa	**Representación simplificada**
Sistema de producción de aire (fuente de aire comprimido)		
Unidad de acondicionamiento		
Conjunto de producción y tratamiento del aire		

Tabla 8.6. Simbología neumática. Actuadores					
De simple efecto (reposo)		Sin vástago (transmisión magnética)		Cilindro de accionamiento oscilante	
De simple efecto (avance)		Sin vástago (transmisión mecánica)		Motor de aletas	
De doble efecto		Cilindro rotativo		Motor de pistones radiales	

Representación normalizada ● ● ● ●

2. Representación y simbología de las válvulas

Para interpretar el funcionamiento de las válvulas distribuidoras se utiliza una representación esquemática mediante simbología normalizada (ISO 1219-1, UNE 101-149-86).

La nomenclatura básica de las válvulas, como se ha explicado, indica primero el *número de vías* y después el *número de posiciones* (formato V/P). Sin embargo, hay otros elementos que concretan el tipo de válvula y su funcionamiento y que aparecen representados en la simbología, tales como: el *accionamiento* y el *circuito del flujo del aire*.

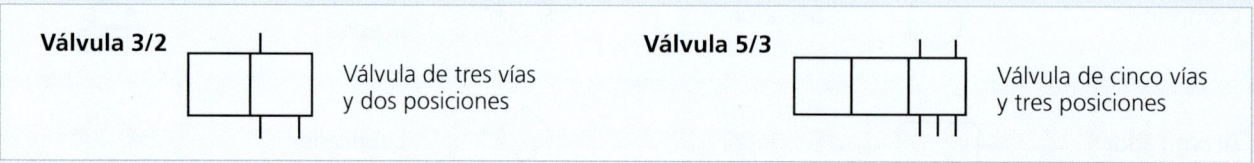

La posición

Cada posición de la válvula se representa por un cuadrado, y la cantidad de cuadrados indica la cantidad de posiciones posibles de la válvula distribuidora.

Generalmente, las válvulas cuentan con dos posiciones, una de reposo y una de trabajo. Algunas aplicaciones precisan válvulas de tres posiciones, en cuyo caso la posición central es la posición de reposo.

Las posiciones de trabajo se obtienen desplazando transversalmente hasta que las conexiones coincidan con las vías en la nueva posición.

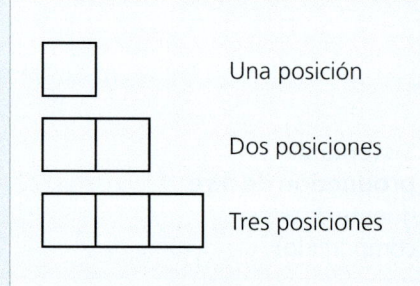

Las vías

Las vías representan el número de conductos de aire que contiene una válvula, sumando tanto las entradas (o alimentación) como las salidas. Se representan en el exterior del cuadrado y deben estar perfectamente identificadas.

En su representación van siempre acompañadas de varios números (tantos como vías tienen) o letras. El significado de estos números es el siguiente:

Tabla 8.7. Identificación de las vías de las válvulas		
Vías	**Numérica**	**Alfabética**
Alimentación de aire comprimido	1	P
Tuberías y conductos de trabajo	2, 4, 6…	A, B, C…
Conductos de escape	3, 5, 7…	R, S, T…

- El 1 (o la P) se destina a la alimentación o entrada de aire comprimido.

- Los números pares, 2 y 4 (o las letras A y B), se refieren a las salidas hacia los actuadores y suelen situarse en la parte superior de la válvula.

- Los números impares, 3 y 5 (o las letras R y S), corresponden a los escapes.

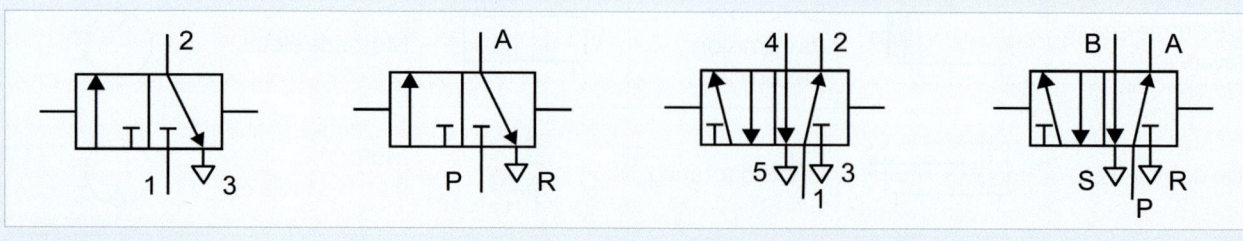

Representación normalizada • ● • ● •

Conexiones y flujos

En el interior de los recuadros se representan unas líneas y unas flechas que nos informan sobre:

- Las conexiones entre los conductos (mediante líneas).
- El sentido de flujo (mediante flechas).
- La situación de las posiciones.

	Circulación de aire de 1 a 2		Circulación de aire de 2 a 3
	El paso de aire está cerrado		Las canalizaciones están unidas (punto relleno)
	Escape de aire sobre la válvula (triángulo)		Escape de aire con orificio roscado (puede acoplarse un silenciador)

El accionamiento

Se refiere al tipo de mecanismo que provoca el cambio en la posición de la válvula. Hemos indicado que puede ser manual, mecánico, neumático o electromagnético.

Accionamiento manual		Accionamiento mecánico	
En general		Por vástago	
Pulsador		Por rodillo	
Palanca		Por rodillo unidireccional	
Palanca enclavable		Por resorte	
Pedal			

Accionamiento por aire comprimido		Accionamiento electromagnético	
Directo (por presión)		Por electroimán	
Indirecto (servopilotado)		Por dos electroimanes	

¡*Tenlo* en cuenta!

Fíjate en que la simbología de accionamiento es similar a la de los automatismos eléctricos.

Representación normalizada ● ● ● ●

¡Tenlo en cuenta!

En la representación del accionamiento debe figurar tanto la acción de avance como la de retroceso.

Válvula 2/2 con activación manual por mando con bloqueo mecánico y retorno por muelle		Válvula 3/2 de accionamiento por seta y retorno por pulsador	
Válvula 3/2 con activación por presión y retorno mecánico por muelle		Válvula 3/2 de accionamiento por pulsador y retorno por muelle	

Tabla 8.8. Simbología neumática. Válvulas

Válvula 2/2 NA		Válvula 5/2		Válvula de simultaneidad	
Válvula 2/2 NC		Válvula 5/3		Válvula de escape rápido	
Válvula 3/2		Válvula antirretorno		Válvula estranguladora	
Válvula 4/2		Válvula antirretorno pilotada		Válvula estranguladora unidireccional	
Válvula 4/3		Válvula selectora de circuito		Válvula limitadora	

ACTIVIDADES

1. Observa la representación de las siguientes válvulas. Describe en tu cuaderno de qué tipo son, así como todas sus características en detalle y cuál es su funcionamiento.

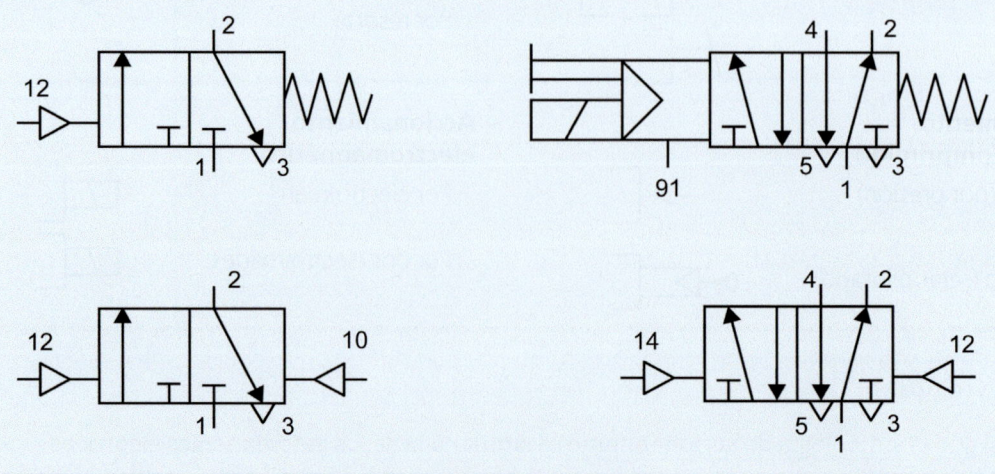

Representación normalizada • ● • ● •

⠿ 3. Estructura de un sistema neumático básico

Cuando se representa un circuito neumático, según el tipo de elemento y la función que cumple en el circuito, cada elemento ocupará una posición establecida en una estructura de cinco niveles que, desde la base hasta la cima, es el siguiente:

- **Elementos de alimentación**. Ocupan la parte inferior del esquema y se refieren a los elementos que proporcionan la alimentación de energía al sistema (el aire comprimido). Son el compresor, el acumulador de aire, la válvula reguladora y la unidad de mantenimiento.

- **Elementos de entrada**. En este nivel se sitúan los elementos que proporcionan las señales que permiten poner en marcha el sistema. Son las válvulas de vías con pulsadores, interruptores de proximidad, finales de carrera, presostatos, sensores, etc. En el caso de los sistemas electroneumáticos, las señales que proporcionarán estos elementos serán eléctricas.

- **Elementos de procesamiento**. Corresponden a los elementos que procesan las señales que reciben y condicionan el funcionamiento que se desea en el sistema neumático. Son las válvulas de vías, las válvulas selectoras, las válvulas de presión, etc. En los sistemas electroneumáticos incluirán relés, contactores, PLC, etc.

- **Elementos de maniobra**. Se trata de los elementos que gestionan las señales para el control de los actuadores neumáticos. Son las válvulas distribuidoras para los sistemas neumáticos y las válvulas distribuidoras con bobina para los sistemas electroneumáticos.

Ejecución de las órdenes	**Elementos de trabajo** Cilindros Actuadores Motores… **Elementos de maniobra** Válvulas distribuidoras
Procesamiento de señales	**Elementos de procesamiento** Válvulas de vías Válvulas selectoras Válvulas de presión…
Entrada de señales	**Elementos de entrada** Válvulas con pulsador Válvulas con accionamiento Interruptores…
Alimentación de energía	**Elementos de alimentación** Compresor y unidad de mantenimiento Válvulas reguladoras de presión

- **Elementos de trabajo**. Se ubican en el nivel jerárquico superior, en el que se realiza el trabajo. Son los actuadores neumáticos, como los cilindros, los actuadores de giro limitado, los motores y los elementos de regulación.

Además, tendremos que asignar a cada elemento una nomenclatura que facilite su identificación y nos aporte información adicional sobre el circuito. Las pautas que seguiremos se detallan a continuación:

- Cada componente se identifica con una letra determinada:
  - A: actuadores o elementos de potencia.
  - P: compresores.
  - S: elementos de accionamiento mecánico (pulsadores, interruptores, finales de carrera, etc.).
  - V: válvulas.
  - Z: otros elementos (acumuladores, manómetros, etc.).

- Los actuadores se designan mediante el número de circuito al que pertenecen seguido de la letra que los identifica (A).

- Los componentes de un mismo tipo que se repiten en el circuito se identifican añadiendo un tercer dígito. Por ejemplo, 1S1 y 1S2 son dos pulsadores diferentes del circuito 1.

- A los elementos comunes a todos los circuitos, como el compresor, la válvula general, la unidad de mantenimiento, etc., se les asigna el número 0.

Representación normalizada ● ● ● ●

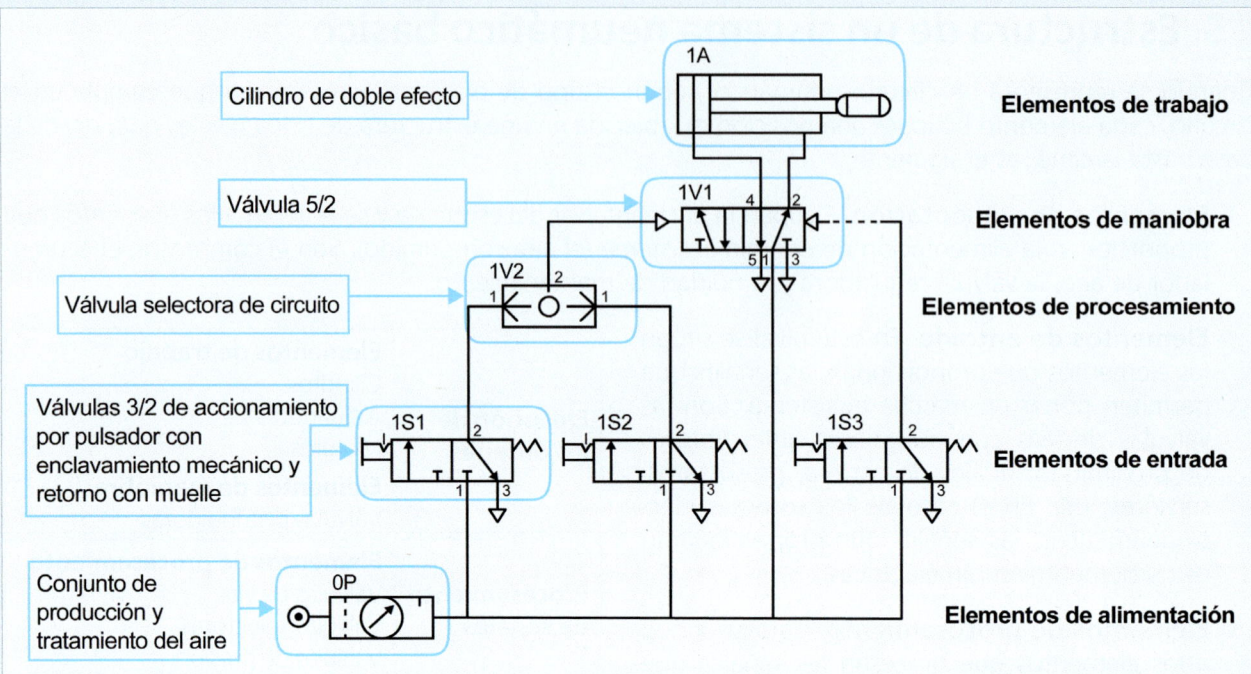

¡*Tenlo* en cuenta!

No todos los circuitos precisan de todos los niveles. Además, una misma válvula puede pertenecer a más de un nivel.

ACTIVIDADES

2. Respecto al circuito neumático siguiente:

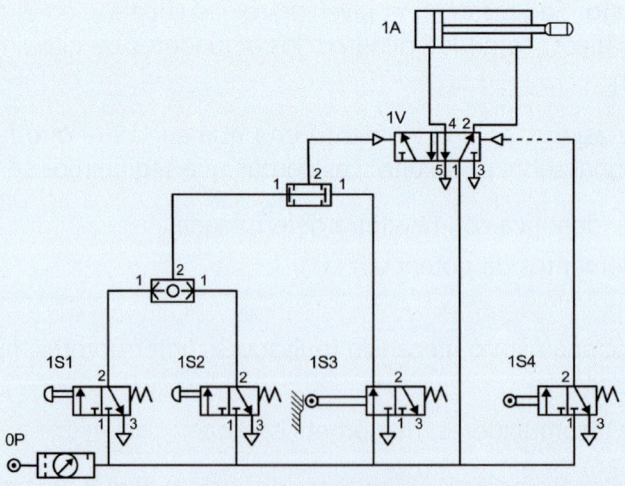

a) Identifica los diferentes componentes que lo componen.

b) Indica el nivel que ocupa cada componente en la estructura del sistema, según la disposición del esquema.

c) Describe con detalle la información de la que disponemos de cada componente (tanto en lo que se refiere a la nomenclatura de identificación como a sus características técnicas).

Representación normalizada • ● ● ●

4. Simulación de circuitos neumáticos por ordenador

Actualmente, cualquier automatismo industrial mínimamente complejo se elabora mediante *software* de diseño asistido por ordenador (CAD), y los automatismos neumáticos no son una excepción.

La simulación de circuitos neumáticos forma parte de un proceso de diseño más amplio cuya finalidad principal es verificar los montajes antes de implementarlos físicamente. La razón de su importancia es que un error básico en un montaje real puede ser fatal. La simulación evita estos problemas, pues permite detectarlos sin causar averías o disfunciones no deseadas. Una vez detectado el error, se pueden efectuar los reajustes necesarios, con el consecuente ahorro de dinero, tiempo y material.

Existen paquetes de *software* creados por los propios fabricantes de material neumático, aunque hay otros dedicados a más tecnologías, aparte de la neumática, que incorporan especificaciones de diferentes fabricantes:

- Del primer tipo podemos citar **FluidSIM de FESTO**. Es un entorno gráfico que permite implementar automatismos neumáticos, contiene todos los componentes necesarios y la simbología es acorde con los estándares de normalización.

  La principal característica es que provee la posibilidad de ejecutar la simulación del automatismo neumático en pantalla, paso a paso o completamente. En las versiones más modernas del programa, se incluye el PLC como elemento de simulación, para así poder desarrollar automatismos más completos y flexibles.

  Debido a estas características, es probablemente el más utilizado en el entorno educativo.

- Del segundo tipo cabe destacar el **Automation Studio** de la empresa Famic Technologies Inc. Se trata de un paquete de software multipropósito, es decir, se emplea tanto para automatismos neumáticos como hidráulicos y eléctricos o combinaciones de ellos. Permite diseñar sistemas mucho más complejos y está más orientado a sistemas mecatrónicos.

FluidSim y Automation Studio tienen una importancia didáctica, pero sobre todo relevancia en el mundo de la industria. Poder acceder al mundo laboral con unas competencias mínimas en alguno de estos programas es una gran ventaja, puesto que son los más extendidos en la fabricación automatizada.

Existen también aplicaciones de programario abierto, como **Pneumatic Sim** o el entorno online **www. logiclab.hu**. Ambos ofrecen posibilidades didácticas muy importantes, aunque como herramientas profesionales presentan mayores limitaciones.

Para todos los programas citados, hay disponibles en Internet numerosos tutoriales, su instalación es casi inmediata o no es necesaria, y el manejo del sistema no exige una preparación previa más allá de conocer los fundamentos de los automatismos neumáticos.

ACTIVIDADES

3. Consulta en Internet tutoriales sobre el manejo básico del programa de simulación neumático con el que trabajáis en la escuela o instituto.

¡Ahora practica! ● ● ● ● ●

El montaje de circuitos neumáticos se llevará a cabo en el aula taller, utilizando el panel o la mesa de pruebas preparada a tal efecto. Deberán seguirse estos pasos:

1. Elaboración o interpretación del esquema.

2. Selección de todos los elementos necesarios para el montaje.

3. Distribución de los elementos en el panel de pruebas.

4. Montaje del circuito, conectando los diferentes elementos.

5. Activación del automatismo.

Práctica 8.1. Control directo de un cilindro de simple efecto

Uno de los circuitos neumáticos más elementales es el que se diseña para el control directo de un cilindro de simple efecto con retorno por muelle, comandado manualmente por una válvula 3/2.

Esquema

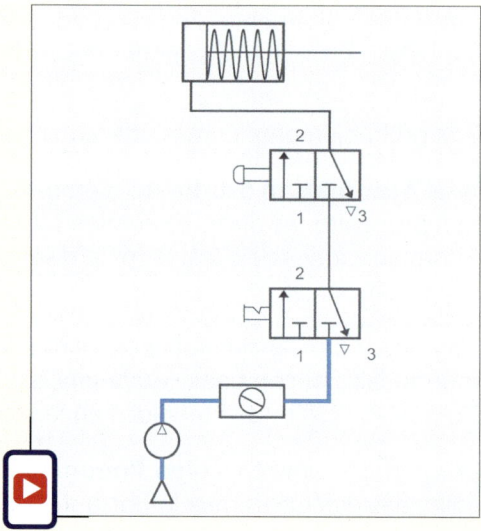

Componentes

- Compresor y unidad de mantenimiento.
- 1 Válvula 3/2 accionada por pulsación manual, con enclavamiento mecánico y retorno con muelle.
- 1 Cilindro de efecto simple, normalmente fuera y retorno por muelle.
- Tubos de conexión y elementos de racordaje.

ACTIVIDADES

1. Explica el funcionamiento del automatismo.

2. Realiza las modificaciones siguientes en el montaje:
- Sustituye el cilindro de efecto simple por uno de doble efecto.
- Para comandarlo, utiliza una válvula distribuidora 4/2 accionada manualmente.

3. Dibuja el esquema de este circuito y simula su funcionamiento.

¡Ahora practica! ● ● ● ● ●

Práctica 8.2. Control indirecto de un cilindro de doble efecto

Podremos controlar los circuitos anteriores, de manera indirecta, incorporando un nivel más de complejidad, con la inclusión de una válvula 5/2.

Esquema

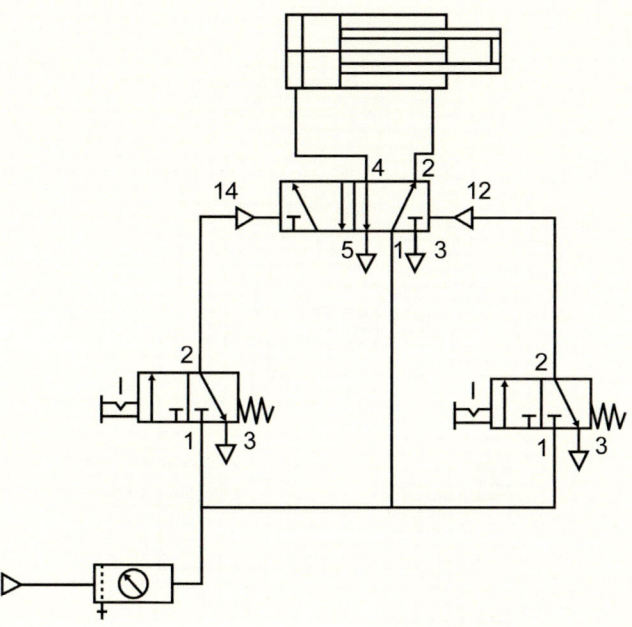

Componentes

- Compresor y unidad de mantenimiento.
- 2 Válvulas 3/2 accionadas por pulsación manual, con enclavamiento mecánico y retorno con muelle.
- 1 Válvula 5/2 biestable pilotada neumáticamente.
- 1 Cilindro doble, con vástagos en paralelo, de doble efecto. Para el caso, también sirve un cilindro de doble efecto de un solo vástago.
- Tubos de conexión y elementos de racordaje.

Montaje

ACTIVIDADES

1. Explica el funcionamiento del automatismo. Diferencia el funcionamiento de este automatismo del automatismo de la práctica anterior.

2. ¿Se podría sustituir la válvula 5/2 por una válvula 4/2? ¿Qué sucedería?

3. Si en lugar de accionar un cilindro de doble efecto, tuvieses que accionar uno de simple efecto:
   a) ¿Qué modificaciones tendrías que introducir en el esquema?
   b) Dibuja el esquema de este circuito y simula su funcionamiento.

¡Ahora practica!  • ● ● ●

Práctica 8.3. Regulación de la velocidad de un cilindro de doble efecto

En ocasiones, en instalaciones industriales es necesario regular la velocidad de los cilindros. Esto se consigue empleando una válvula reguladora unidireccional, normalmente a la salida o avance del cilindro.

Esquema

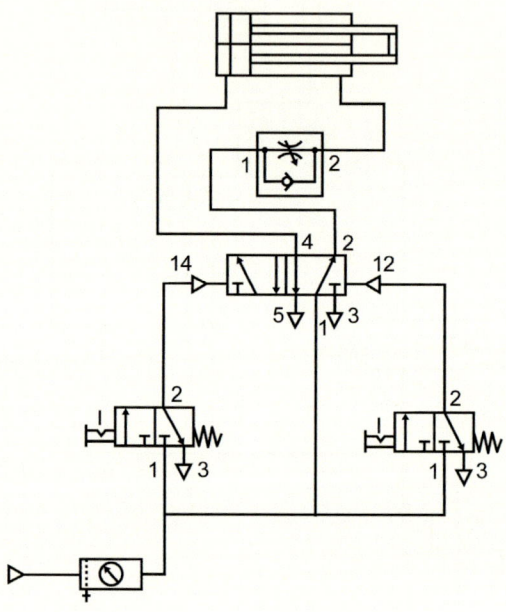

Componentes

- Compresor y unidad de mantenimiento.
- 2 Válvulas 3/2 accionadas por pulsación manual, con enclavamiento mecánico y retorno con muelle.
- 1 Válvula 5/2 biestable pilotada neumáticamente.
- 1 Válvula de regulación de caudal unidireccional, inicialmente a un 10 % de la apertura.
- 1 Cilindro doble, con vástagos en paralelo, de doble efecto. Para el caso, también sirve un cilindro de doble efecto de un solo vástago.
- Tubos de conexión y elementos de racordaje.

Montaje

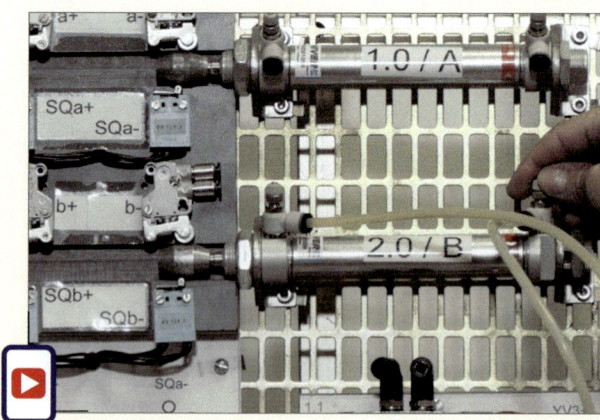

ACTIVIDADES

1. Explica el funcionamiento de este automatismo.

2. En el montaje, regula la velocidad a diferentes niveles.

3. Modifica el montaje de este circuito, de manera que la regulación de la velocidad sea al retroceso. Dibuja el esquema y simula su funcionamiento.

¡Ahora practica! ● ● ● ●

Práctica 8.4. Control de un cilindro de simple efecto desde diferentes puntos

Ya hemos visto en otro tipo de circuitos la necesidad, en ocasiones, de gobernar un mismo accionador desde dos o más puntos diferentes. En un automatismo neumático, se puede resolver esta situación mediante el uso de válvulas selectoras.

Esquema

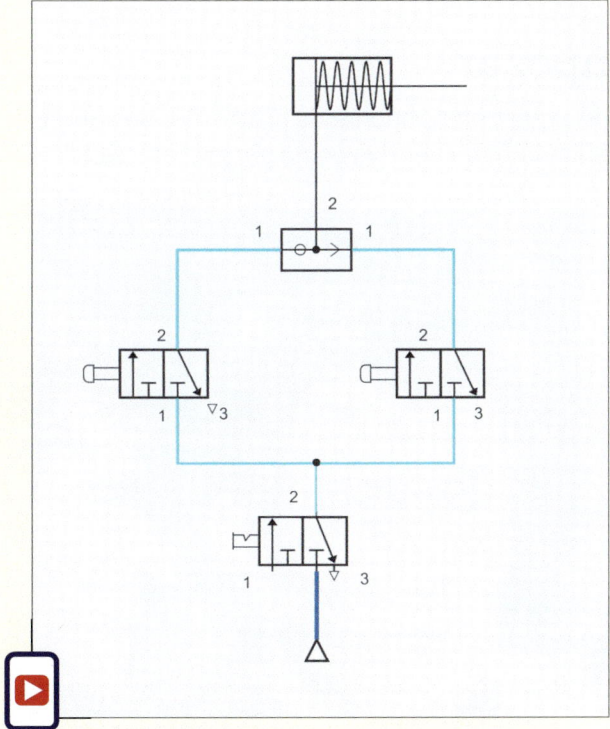

Componentes

- Compresor y unidad de mantenimiento.
- 1 Válvula 3/2 de accionamiento manual con enclavamiento mecánico.
- 2 Válvulas 3/2 de accionamiento por seta y retorno por pulsador.
- 1 Válvula antirretorno manual.
- 1 Cilindro de simple efecto (retorno por muelle)
- Tubos de conexión y elementos de racordaje.

ACTIVIDADES

1. Explica el funcionamiento de este automatismo.

2. Si en lugar de dos puntos, se requiriesen tres o cuatro puntos:
   a) ¿Cómo se modificaría el esquema?
   b) Dibuja el esquema y simula su funcionamiento.
   c) Monta el circuito en el panel de prácticas.

Detección, diagnóstico y reparación de averías

Antes de empezar…

- Explica la importancia que tiene disponer de protocolos de actuación documentados tanto para el mantenimiento preventivo como para la intervención correctiva.

9.1. Las averías

Una **avería** en un automatismo es cualquier daño o deterioro que impide su correcto funcionamiento.

Una avería, además de comportar un funcionamiento anormal de la instalación, puede tener consecuencias importantes, porque puede aparecer en el momento más inesperado o porque puede interrumpir todo el sistema productivo.

Para garantizar el óptimo funcionamiento en una instalación, deberán articularse dos estrategias complementarias en relación a las averías:

- El **mantenimiento preventivo**, para evitar su aparición.
- El **mantenimiento correctivo**, para actuar cuando estas han aparecido.

9.1.1. La intervención preventiva. El plan de mantenimiento

El **mantenimiento preventivo** incluye toda una serie de actuaciones planificadas, destinadas a prevenir o anticipar la aparición de averías antes de que se produzcan.

Todas estas actuaciones y medidas están recogidas en el *plan de mantenimiento*.

El **plan de mantenimiento** es el documento en el que se recogen todas las actuaciones de mantenimiento preventivo previstas en una organización.

En él se identifican todos los equipos de las instalaciones y se establecen las tareas de mantenimiento que requiere cada uno, así como la periodicidad de estas revisiones y la persona responsable de llevarlas a cabo.

Un plan de mantenimiento bien diseñado y ejecutado contribuye a evitar o minimizar la aparición de averías. Cada empresa elaborará su propio plan de mantenimiento en función de su estructura y necesidades, y establecerá la documentación sobre los equipos y las máquinas, y también sobre la planificación de actuaciones y los registros para recogerlas.

Fig. 9.1.
Evitar averías es un principio básico que debe regir en cualquier instalación.

Documentación sobre los equipos y las máquinas

La instalación debe disponer de un inventario ordenado de todos los equipos y máquinas con los que cuenta, con su nombre y código.

Cada máquina o equipo tiene una ficha técnica, en la que se especifican con detalle informaciones como las siguientes:

- La descripción del dispositivo y sus características técnicas.
- El manual de instrucciones de instalación y funcionamiento.
- Los requisitos de mantenimiento.

La ficha de mantenimiento

La **ficha de mantenimiento** es una plantilla con un listado de todos los componentes de un automatismo con las tareas previstas de mantenimiento.

En esta lista se indica el código de cada máquina, su descripción, también el tipo de mantenimiento que va a tener (revisión, engrasado, ajuste, etc.), la periodicidad de la revisión y la persona responsable.

La persona encargada de efectuar estas revisiones las registrará en la ficha en el momento en que las realice, junto con las incidencias detectadas, y firmará el procedimiento.

FICHA DE MANTENIMIENTO						
Máquina/Equipo/Automatismo:			Código:			
Elemento	Situación	Tareas de mantenimiento	Fecha		Revisado por	
			Prevista	Real	Nombre	Firma

El historial de revisiones y reparaciones

El **historial de revisiones y reparaciones** es el documento en el que el personal responsable del equipo o la máquina registra todas las actuaciones de reparación y mantenimiento efectuadas.

En este documento se consignarán las reparaciones realizadas, indicado con detalle las operaciones efectuadas, si ha intervenido personal técnico externo, si se ha realizado la sustitución de alguna pieza, las fechas u horas del inicio y la finalización de todo el proceso, el importe, etc.

Un historial de revisiones y reparaciones llevado al día facilitará acciones posteriores en cuanto a prever próximas averías, agilizar las actuaciones y minimizar los tiempos de parada.

HISTORIAL DE REVISIONES Y REPARACIONES		
Máquina/Equipo:	**Código:**	
Tareas de reparación (Causas, diagnóstico, reparación, recambios, importe, etc.)	**Fecha/Hora**	
	Inicio	**Final**
Realizado por:		

:: El plano de situación

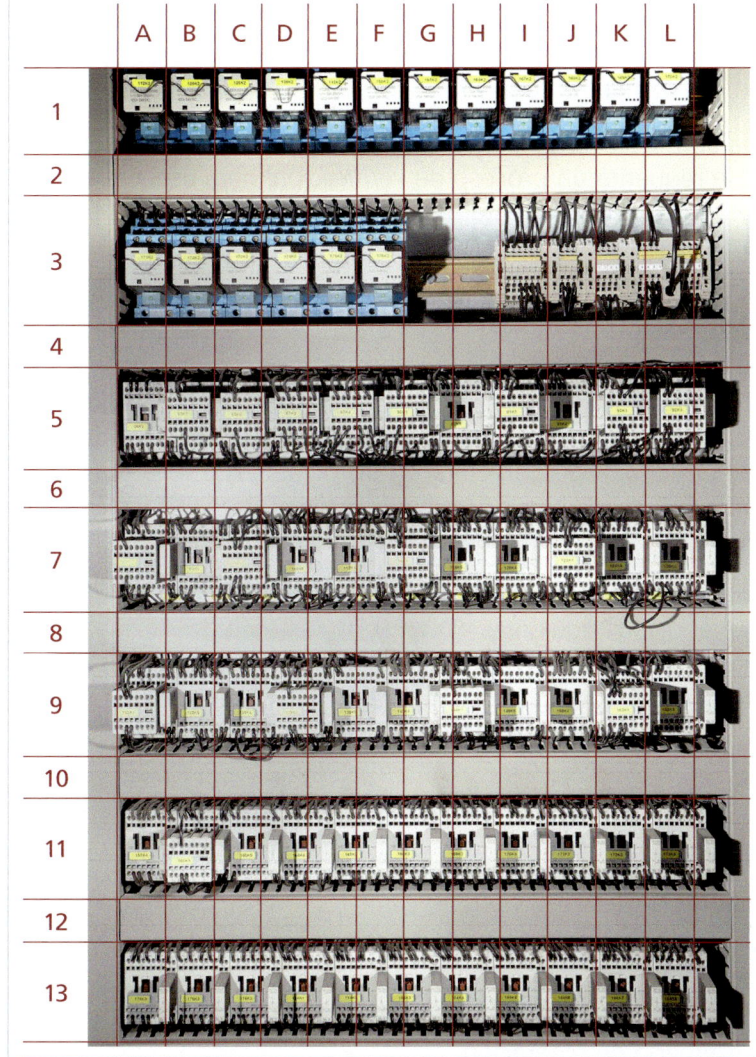

Un documento que suele formar parte del plan de mantenimiento de los automatismos industriales es el plano de situación.

> En el **plano de situación** se nos indica en qué zona, dentro del armario, está ubicado cada elemento que forma parte del automatismo.

La situación de los elementos se indica mediante coordenadas del tipo letra-número, lo cual facilita la localización de los componentes.

Evidentemente, cada modificación de componentes que se dé dentro del armario debe reflejarse en una nueva hoja o anotación que, de forma clara y sin ambigüedad alguna, identifique la situación de cada nuevo elemento.

Fig. 9.2.
Plano de situación de diferentes elementos de un armario de control.

9.1.2. La intervención correctiva

Las tareas de **mantenimiento correctivo** incluyen todas las actuaciones de reparación que se llevan a cabo ante la aparición de una avería o problema.

Para mejorar la eficacia de estas actuaciones, deberemos saber cuál es el proceso que se sigue desde la detección de un problema hasta que este está plenamente solucionado. Disponer de un protocolo de intervención facilitará estas actuaciones.

Proceso de detección y reparación

Las averías o deficiencias en el funcionamiento suele detectarlas el personal que trabaja directamente con la máquina, equipo o proceso, al percibir un funcionamiento defectuoso o ser alertado por indicaciones en los paneles visualizadores.

La persona que detecta la avería se la comunica a su cargo superior o supervisor, que procede para que el personal técnico se haga cargo de la situación y:

- Analice el problema para *localizar el origen del defecto* (la causa).

- Estime la gravedad mediante un *diagnóstico.*

- Establezca las medidas para su *reparación* en el mínimo tiempo posible y con la máxima eficacia.

Una vez reparadas las averías y antes de la puesta en funcionamiento de la máquina, se requerirá un proceso de *verificación*, para asegurar que la reparación se ha realizado correctamente. A lo largo de la unidad profundizaremos en estas fases.

Protocolos de intervención

Siempre se actuará con mayor agilidad y eficacia si se ha previsto la aparición del problema y se dispone de un plan de intervención previamente diseñado. Por esta razón es conveniente establecer un protocolo de intervención. Este protocolo se concretará en un documento y recogerá una ficha con todos los *inputs* necesarios para llevar a cabo la reparación, así como la manera de actuar y el orden que se seguirá.

Los elementos que deben formar el protocolo y que hay que incluir en la ficha son, al menos, los siguientes: (Doc. 9.1)

- Elemento que hay que sustituir o reparar.
- Disponibilidad en almacén.
- Número de personas implicadas.
- Indumentaria.
- Pruebas antes de la sustitución.
- Pruebas después de la sustitución.
- Tiempo estimado de preparación.
- Tiempo estimado de reparación.

- Material de repuesto.
- Proveedor.
- Herramientas.
- Instrumentos.
- Protecciones.
- Inspección previa.
- Accesorios.

Fig. 9.3.
Relé contactor desmontado.

Es necesario destacar que diferentes elementos de una instalación pueden tener la misma ficha o una ficha parecida. Por ejemplo, si se trata de sustituir el bloque de contactos de maniobra de un contactor de elevada corriente, siempre nos referimos a una operación similar para cualquier contactor y se diferencia, básicamente, en la ubicación y la especificidad de cada entorno.

Por supuesto, disponer de esta información estructurada facilitará calcular los tiempos de reparación, la tarificación (factura de la reparación) y la cuantificación del coste asociado (tiempo de parada de la máquina, pérdida de producción, etc.).

Documento 9.1

Modelo de protocolo de intervención

Ficha de protocolo de intervención	
Equipo: *Lavadora – 3* **Elemento:** *Contacto de maniobra del contactor K73 tipo DILM500 de Klockner-Moeller*	
Material de repuesto	Contactos de tipo HKDILM para 300 A
Stock/Proveedor	Sí / Repuestos Industriales, S.A.
Número de personas	2 personas
Accesorios	2 escaleras de madera de 2 tramos 2 arneses
Indumentaria	Ropa de trabajo Calzado antideslizante
Instrumentos	Polímetro Pinza amperimétrica
Herramientas	Llave de armario marca Himel tipo OLN Llaves fijas 6-7, 8-9, 14-15 Llave de estrella 8-9 Destornillador Philips de 4 mm Destornillador plano de 2 mm
Protecciones	Asegurarse de que la toma de tierra esté conectada antes de tocar nada. Verificar con el polímetro que entre la toma de tierra y el neutro no haya tensión.
Pruebas después del cambio	Dar tensión al equipo. Verificar que llegan 230 V a los bornes de bobina. Comprobar que en la entrada hay 400 V entre fases. Conectar a mano empujando manualmente el bloque de contactos con la punta del destornillador y verificar que en la salida hay 400 V entre fases. Verificar que, por fase, hay unos 35 A. Inspeccionar visualmente que no se observen chispas importantes en la desconexión de los contactos del contactor.
Tiempo estimado de preparación	30 minutos
Tiempo estimado de reparación	20 minutos
Observaciones	

Actividades

1. Diferencia entre mantenimiento preventivo y mantenimiento correctivo.

2. Explica la utilidad de disponer de un plan de mantenimiento y de un protocolo de intervención. Pon ejemplos de problemas que puede generar no contar con ellos.

3. ¿Cuál es la finalidad del plano de situación en la reparación de averías?

4. En grupos de tres, elaborad la documentación asociada que consideréis que debería tener el plan de mantenimiento de las instalaciones del taller de prácticas.
   a) Indicad qué documentos serían necesarios.
   b) Diseñad todos estos documentos.

9.2. Detección de las causas

La primera actuación del plan de intervención, ante fallos en el funcionamiento de una máquina o sistema, será el análisis del problema para localizar la causa o las causas que lo originan.

En ocasiones, la causa es evidente y fácilmente localizable, lo cual permitirá un diagnóstico rápido y la adopción de actuaciones que, en muchos casos, suelen estar previstas: recambio de una pieza, reparación de un mecanismo, etc.

Pero no siempre es tan fácil, pues no siempre es tan obvia la localización del origen del problema. En este caso, el personal técnico considerará una lista de posibles causas y, estableciendo un orden de prioridad, irá probando y descartando sucesivamente hasta localizar la causa o las causas del problema.

9.2.1. Fases en la localización de las causas

Como las causas podrán ser muy variadas, será necesario diseñar una metodología que facilite un análisis sistemático de la instalación.

En esta línea, una metodología eficaz es la que organiza la secuencia en torno a la comprobación de los diferentes bloques funcionales, considerando cuatro grupos de verificaciones en este orden:

1. Comprobación de las tensiones de servicio.

2. Comprobación de los sensores y elementos de entrada.

3. Comprobación de los actuadores o elementos de salida.

4. Comprobación de los elementos de control.

¡*Tenlo* en cuenta!

En la investigación de las causas que provocan los síntomas, es muy útil disponer de listados que relacionen los efectos observados y sus posibles causas.

Fig. 9.4.
Comprobación de tensiones.

Comprobación de las tensiones de servicio

Las primeras causas posibles que deben considerarse son las que tienen relación con las tensiones a las que trabajan los circuitos, pues si no están dentro de los márgenes admisibles pueden operar de forma incorrecta.

Por ejemplo, elementos como relés y contactores puede que no lleguen a activarse por falta de corriente de excitación en las bobinas. Algunas de las comprobaciones más habituales en esta fase las realizaremos con el polímetro y consisten, básicamente, en asegurarnos de que:

- Si hay un PLC, verificar que recibe tensión.
- Si es un automatismo cableado, asegurarse de que hay tensión en las líneas de fase y la de neutro.
- La tensión de entrada y de salida de las fuentes de alimentación es la correcta.
- Las tensiones de primario y secundario en los transformadores son las correctas.
- La tensión en los contactores que están accionados es la misma en la entrada que en la salida.
- En ausencia de tensión, existe continuidad de los contactores. Posteriormente se verifica que no hay diferencia de tensión entre los bornes de un mismo contacto.
- Los contactores y relés que reciben tensión en su bobina realmente están enclavados.
- Los indicadores luminosos (lámparas de neón, incandescentes, paneles, etc.) funcionan correctamente.

¡*Tenlo* en cuenta!

Cada instalación o sistema tiene su propio listado de averías típicas y los protocolos de comprobación se deben ajustar a ellas.

Comprobación de los sensores y elementos de entrada

Cuando el sistema no responde a las señales enviadas por los elementos de entrada (pulsadores, microrruptores, finales de carrera y sensores en general), se tendrá que identificar cuál es el elemento que no provoca el efecto deseado y planificar su reparación o sustitución.

Los sensores que existen en el mercado son muchos y muy diferentes y cada uno tiene su método particular para comprobar su correcto funcionamiento. No obstante, hay algunas verificaciones generales para cada tipo de dispositivo.

¡*Tenlo* en cuenta!

Puede ocurrir que los sensores respondan correctamente, pero que el elemento de control no sea sensible a dichas actuaciones. En estos casos, se tendrá que verificar que la señal del sensor llegue correctamente al control.

¡*Tenlo* en cuenta!

En la verificación de este tipo de elementos es conveniente mover lateralmente las palancas o ruedas de accionamiento (además de hacerlo en el sentido y forma convencional), a fin de asegurarse de que la operación sea correcta y que no dependa del sentido de la fuerza que se ejerza sobre ellas.

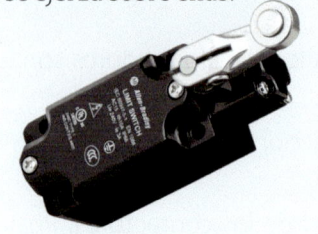

¡*Tenlo* en cuenta!

Los entornos industriales pueden llegar a ser muy agresivos: altas temperaturas, agentes químicos potentes, fuertes vibraciones, etc. Todo ello contribuye a deteriorar los elementos electrónicos, así como los materiales de recubrimiento de los sensores. En estas situaciones, lo habitual es sustituir primero el elemento y luego proceder a su reparación o reposición.

⋮ Finales de carrera, microrruptores y detectores de posición mecánicos

Estos dispositivos disponen de una o más secciones de contactos conmutados, que se activan mediante una palanca, rueda u otro accionamiento, enlazado con el sistema mecánico. En ellos se indica la posición de alguna de sus partes.

Las pruebas pueden realizarse con tensión o sin tensión.

- **Con tensión**. Debe utilizarse un polímetro con función de voltímetro y verificar que el dispositivo opere como interruptor, abriendo o cerrando el circuito del que forme parte, al activar mecánicamente el elemento de accionamiento.

- **Sin tensión**. Deben desconectarse los conductores de los bornes del dispositivo que se verifica. Después, utilizando un medidor de continuidad, se comprueba que accionando el dispositivo se tiene continuidad o deja de tenerse, según se trate de un contacto normalmente abierto o normalmente cerrado.

⋮ Detectores de proximidad

Los detectores inductivos y capacitivos son sensores que suelen llevar tres conductores, dos para la alimentación y el tercero para indicar la actuación del dispositivo. La alimentación normalmente es continua a 24 V y, aunque soporta una importante tolerancia, debe verificarse mediante un polímetro que recibe tensión dentro del margen de trabajo.

Estos dispositivos tienen un consumo que puede superar los 100 mA. Puede ser interesante comprobar si consumen lo que el fabricante del sensor especifica.

Si estos sensores funcionan correctamente, al aproximar un objeto cerca de su zona frontal, deben conmutar la salida. Además, suelen incorporar un pequeño indicador LED para señalar cuándo actúan y cuándo no. El objeto dependerá del tipo de sensor:

- Si son sensores **inductivos**, solamente deben responder frente a la presencia de objetos metálicos, teniendo en cuenta que la respuesta variará según el tipo de metal que se aproxime a su zona útil de detección.

- Si son sensores **capacitivos**, deben responder frente a cualquier tipo de objeto.

También se puede cotejar si la distancia a la que detectan es la que inicialmente estaba prevista para el correcto funcionamiento de la máquina. Para realizar estas comprobaciones es aconsejable despejar la zona de detección, mantener limpio el sensor y sus cercanías, y tener en cuenta las especificaciones de los fabricantes en cuanto a distancias de detección y direccionalidad.

⋮ Detectores ópticos

Los hay de diferentes tipos, formas y tamaños, pero según su funcionamiento diferenciamos dos modelos principales:

- Los detectores que operan **por interrupción de un haz infrarrojo** entre un emisor y un receptor independientes y separados entre sí.

Un problema habitual es que simplemente estén desalineados y que no se *vean* mutuamente. Normalmente, el emisor tiene encendido un LED cuando emite y el receptor otro cuando recibe luz infrarroja. Esta es una primera ayuda para la detección del estado de funcionamiento del conjunto.

- Los detectores que operan **por reflexión sobre un objeto del haz**, que rebota y regresa a la cápsula que contiene el emisor y el receptor.

La resolución del problema en estos detectores se trata como se ha descrito para los sensores inductivos y capacitivos, ya que suelen presentar tres conductores (dos para tensión de polarización y uno para la salida). Estos detectores suelen incorporar uno o dos diodos LED, uno de cada color, que señalan si el detector actúa o no. Esta puede ser la primera verificación que puede hacerse.

En general, será importante comprobar el estado de limpieza, no solo de la óptica del conjunto emisor-receptor de estos dispositivos, sino también del ambiente o de las piezas que requieren detectar. La iluminación indirecta que llega al sensor también puede ser origen de mal funcionamiento, siendo importante que sólo reciba aquel haz que el detector emite.

⠿ Comprobación de los actuadores o elementos de salida

Una vez se ha verificado el correcto funcionamiento de las tensiones y los dispositivos de entrada, cabe pensar que el problema está en los dispositivos de salida, como relés, contactores, lámparas, válvulas, etc. Esta comprobación persigue la detección de defectos relacionados con acciones que no se realizan. También puede ser que el controlador no opere correctamente y no entregue al dispositivo de salida la tensión o corriente útil.

⠿ Relés

Una de las averías más frecuentes cuando se sospecha del mal funcionamiento de un relé a la salida del PLC es que se haya aflojado de su zócalo. Una simple presión lo devolverá a su posición correcta y restablecerá, así, el contacto perdido.

También es frecuente la rotura de bridas de sujeción, sobre todo en equipos sometidos a vibraciones y a movimientos en general. Este problema es menos habitual en equipos fijos.

Otra situación mecánica que puede darse (aunque no es muy frecuente) en relés con accionamiento manual es que el relé se haya quedado enclavado.

Si no se aprecia ninguno de los problemas anteriores, se deberá extraer el relé de su peana, y con un polímetro o un ohmímetro habrá que medir la resistencia de la bobina, que debe ser muy baja, aunque nunca nula (estaría en cortocircuito). Si fuese demasiado elevada podría estar rota.

Si las pruebas sin tensión son positivas, debe probarse el relé aplicándole la tensión correspondiente según el fabricante. Entonces, si un relé en vacío (sin carga en sus contactos) se acciona con tensión en la bobina pero no vuelve a su posición inicial cuando se retira la tensión, se puede sospechar que su muelle de retorno está deteriorado. Si el relé no se acciona, puede que haya un bloqueo mecánico. En ambos casos, deberá sustituirse el relé completo.

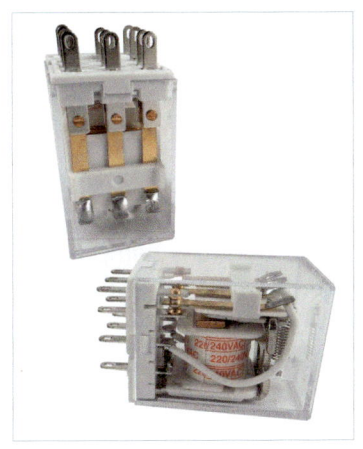

Fig. 9.5.
Relé electromecánico.

Contactores

Cuando se sospeche que un contactor no funciona correctamente, lo primero que deberá comprobarse es la continuidad de la bobina o bien su resistencia. Al igual que los relés a salida de PLC, el valor óhmico de la bobina debe ser bajo, pero no nulo. En caso de hallar un valor excesivamente bajo o demasiado elevado, se debería cambiar la bobina.

Aparte de las pruebas en ausencia de tensión, para comprobar el estado físico de la bobina se inspecciona visualmente. Para ello, hay que desmontar el contactor y extraer la bobina, prestando especial atención a cualquier señal de carbonilla o de desgaste físico del aislante que recubre los hilos de la bobina.

Si la bobina está en buen estado, con el relé desmontado se examinará el grado de limpieza de los contactos, tanto de los auxiliares como de los de potencia, así como su desgaste. En los modelos de mayor potencia, es frecuente sustituir solamente los bloques de contactos, pero no la carcasa ni la bobina.

Si el contactor hace ruido al accionarse, es posible que no llegue suficiente tensión a la bobina o que esté deteriorada, o bien que tenga la espira de sombra deteriorada. También puede suceder que el circuito magnético no se cierre completamente y que en el entrehierro aparezca el ruido.

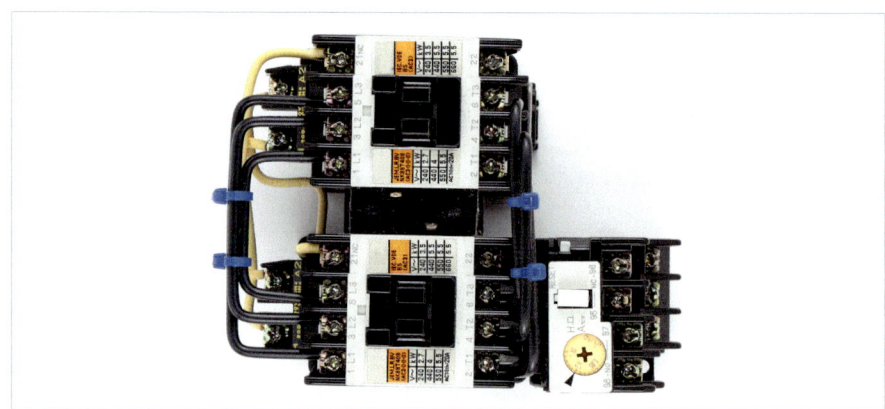

Fig. 9.6.
Vista de los contactos principales y auxiliares de un conjunto de contactores.

Comprobación de los elementos de control

Las causas relacionadas con el controlador son las que más tiempo ocupan, porque requieren hacer avanzar la secuencia de control hasta determinar el punto en el que fallan. En estos casos, hay que investigar, entre los elementos relacionados con este punto, cuál es el responsable del fallo.

Fig. 9.7.
Elementos de control.

Ejemplo 9.1

Imagínate la situación siguiente. Una máquina no funciona. El operario ha observado que se encendía la luz de alarma que indica que un elevador de carga no ha funcionado cuando debía y que se ha producido un paro general de la máquina. Se le ha pedido al técnico de mantenimiento que vuelva a poner en servicio la máquina.

Indica los pasos que debe seguir para identificar las causas del problema.

Solución

El técnico, cuando recibe el aviso, se desplaza hasta la máquina. Ve la lámpara señalizadora de error y comprueba que corresponde, efectivamente, al motor del elevador de carga.

Pregunta al operario si ha observado alguna otra anomalía o si se ha encontrado con esta situación alguna otra vez con anterioridad. El operario le responde que es la primera vez que sucede y que hoy están trabajando con más carga de la normal.

El técnico sospecha que puede que el motor del elevador esté trabajando a un régimen de marcha por encima del previsto y que haya actuado alguna protección.

Consulta en sus documentos la parte correspondiente a la sección del esquema en la que se trata de dicho motor y accede al armario que contiene el cuadro eléctrico. En el esquema, los elementos que están entre la red y el motor son los fusibles, el magnetotérmico, el contactor y el térmico.

Los fusibles están antes que tres circuitos, en uno de los cuales se encuentra el magnetotérmico, al que está conectado el circuito del motor en cuestión y otros dos circuitos con sus respectivos motores. La potencia de cada uno de los tres motores es la misma.

- Verificación de la posible causa 1. Mira el contactor del motor y observa que no está accionado. Lee en sus características que es de 30 A.
- Verificación de la posible causa 2. Se fija en el relé térmico y observa que no ha disparado, que está ajustado al valor máximo y que este máximo corresponde a 45 A.
- Verificación de la posible causa 3. Comprueba que no han actuado ni el magnetotérmico general ni los fusibles. Ambos elementos son de 45 A.
- Verificación de la posible causa 4. El técnico, con un voltímetro, mide si hay tensión entre fases a la entrada del contactor y comprueba que es la de red, 400 V y que está dentro de los márgenes correctos.
- Verificación de la posible causa 5. Mide a la salida del contactor y no hay tensión, tampoco la encuentra a la salida del térmico.

A continuación, eléctricamente, ya se encuentra el motor. Lo siguiente que el técnico hace es ir a la parte de la máquina donde se encuentra físicamente el motor. Solicita la colaboración de un mecánico para que aparte las protecciones y las chapas que impiden acceder al motor y, cuando puede acceder a él, nota un fuerte olor a quemado.

Con el polímetro, mide si hay alguna tensión entre la carcasa del motor y la parte metálica de la máquina, para ver si puede tocarlo con las manos sin riesgo de electrocución. Señala cero voltios y, por lo tanto, puede tocar el motor. El motor está muy caliente y sospecha que se haya podido quemar.

Abre la tapa de bornes y desconecta el motor. Mide los devanados con un medidor y comprueba que están abiertos; por lo tanto, el motor se ha quemado. Para descartar otras posibles causas, aparte de una sobrecarga eléctrica por un exceso de trabajo, el técnico mecánico debe realizar una inspección a fondo del sistema al que el motor va engranado. De esta manera, se puede determinar si un desalineamiento del eje, una mala lubricación de las partes móviles del sistema u otra causa mecánica hayan podido influir. En la ficha de mantenimiento del equipo, se considerará redimensionar el régimen de trabajo del elevador y, con ello, las protecciones eléctricas, ya que no han actuado debidamente y por ello, en lugar de una detención temporal, se ha destruido el motor.

9.2.2. Identificación de los elementos averiados

Ya hemos comentado que, en ocasiones, una avería que provoca el mal funcionamiento de muchas partes de la máquina tiene una sola causa localizada en un único elemento, que está estropeado.

Pero también pueden presentarse cadenas de averías, que suceden por la disfunción de un elemento que provoca la destrucción o deterioro de un segundo elemento y así sucesivamente hasta llegar a un elemento final.

Para minimizar las situaciones de este tipo o actuar con mayor celeridad cuando suceden, la clave es la identificación más pronta posible de los elementos averiados. Algunas estrategias para facilitar esta identificación son la *incorporación de la detección de averías en el diseño del automatismo*, el *uso de sinópticos* o el *uso de códigos de avería*.

Incorporar la detección de averías en el diseño del automatismo

El automatismo puede participar en la determinación de la avería si se diseña o prepara convenientemente para ello.

Estas ayudas a la identificación de averías en el propio automatismo son añadidos a las funciones de control básicas y, por lo tanto, siempre conllevan un sobrecoste adicional que normalmente se justifica por el ahorro de tiempo (y, por lo tanto, de dinero) en la detección de las averías.

Ejemplo 9.2

Se dispone de un sistema motorizado de vaivén formado por una lanzadera mecánica accionada por un motor de corriente continua y dos finales de carrera, FC1 y FC2. Este dispositivo se utiliza para recoger material procedente de procesos continuos. Se pide hacer un sistema de detección de averías.

Solución

Una posible solución consiste en colocar dos lámparas de la misma tensión que el motor o algo superior para asegurar que no se fundan, en paralelo con el motor (ver figura adjunta).

Para saber en qué sentido está girando el motor se utilizan lámparas de distintos colores, una para cada sentido. Al tratarse de corriente continua, para asegurar que no se encenderán las dos a la vez, se incorpora un diodo en serie con cada una de ellas, que soporte sobradamente la corriente que va a circular por la lámpara y la tensión en inversa.

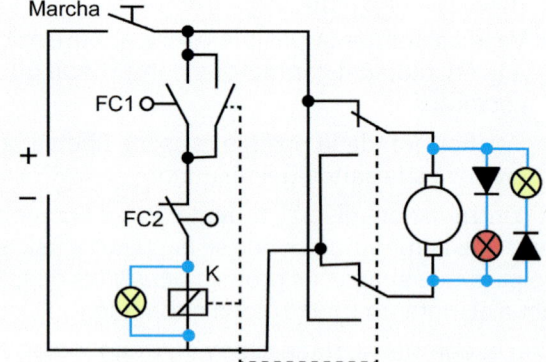

Esta conexión asegura que se pueda conocer la tensión aplicada en el motor y, por lo tanto, cuál es la situación del relé K, si está abierto o cerrado:

- Si la bobina no tiene tensión, únicamente puede estar encendida la lámpara roja, puesto que el circuito sitúa esta polaridad en el motor.
- Si la bobina tiene tensión, van a estar encendidas las dos lámparas verdes.
- Si solamente está encendida la lámpara verde correspondiente a la bobina, los contactos del relé están en mal estado.
- Si se enciende únicamente la lámpara verde correspondiente al motor, se han soldado los contactos.
- Si se encienden la lámpara verde de la bobina y la roja del motor, hay un cruce.

Fig. 9.8.
Indicadores luminosos.

Por ejemplo, se pueden diseñar señalizaciones que se activen ante la detección de situaciones imposibles, como pueden ser que una pieza se encuentre en dos sitios distintos a la vez, que un motor gire en ambos sentidos al mismo tiempo, que un cilindro avance y retroceda a la vez, etc.

También se pueden incorporar señalizadores que indiquen los puntos de la secuencia de un automatismo para determinar los elementos que están relacionados directamente con esta parte de la secuencia. Por ejemplo, incorporando un indicador luminoso en paralelo con cada bobina de relé y de contactor.

Así puede seguirse el desarrollo de una secuencia y determinar en qué punto se da el mal funcionamiento. Esto ayuda a acotar el problema, puesto que solamente se tratará de comprobar el funcionamiento de los sensores y actuadores relacionados con el punto de la secuencia que falla.

En definitiva, esta estrategia está dirigida a identificar las causas de un mal funcionamiento (ya sea mediante la incorporación de dispositivos o programación) y delatarlas (por ejemplo, a través de indicadores luminosos).

¡*Tenlo* en cuenta!

En todos los casos, las ayudas al diagnóstico de averías son soluciones a medida que, al igual que los controladores, son específicas para cada máquina o proceso (no se pueden exportar de unas máquinas a otras).

Ejemplo 9.3

Tenemos dos detectores inductivos sobre un cilindro neumático, DA y DR, que señalan la situación de vástago avanzado o de vástago retrocedido. Este cilindro lleva el número 1 y forma parte de una instalación con más cilindros iguales.

De las cuatro combinaciones binarias que se pueden presentar a las entradas del autómata procedentes de estos dos detectores, tres son posibles y una es un error (si ambos están accionados a la vez, puesto que no es posible que el vástago esté en los dos extremos de su carrera a la vez). Se pide establecer un sistema de ayuda para la detección de esta situación anómala.

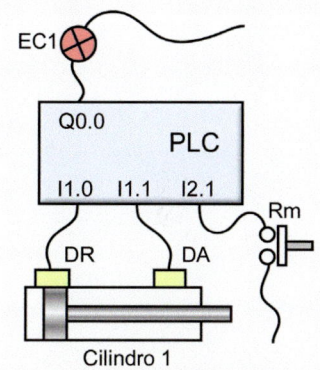

Solución

En la figura adjunta se puede observar la situación descrita por el enunciado y una posible conexión a un autómata.

Evidentemente, tal como señala la línea de programación de la figura, si se accionan a la vez ambos detectores, se activará la salida Q0.0, en la que habrá una lámpara de señalización que pasará a iluminarse indicando una situación de error en el cilindro 1 (EC1).

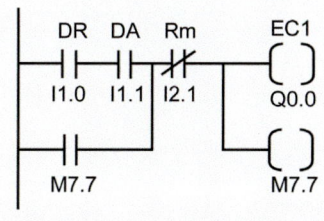

Sin embargo, se toma la decisión de detener la máquina en cuestión, de forma que se activa una marca (la M7.7, por ejemplo), que se dispondrá en forma de contacto negado en serie con todas las líneas del programa que accionen una salida física. Lógicamente, las salidas en cuestión serán operativas mientras M7.7 no esté activada, pero en caso de estarlo (error en el cilindro), las salidas no se accionarán, y las que estén accionadas, quedarán desactivadas.

Así mismo, M7.7 se utiliza para enclavar el error y, de forma independiente a lo que suceda ya con ambos detectores, el error permanecerá hasta que se accione un pulsador de rearme (Rm), que se ha instalado para poder apagar la lámpara de alarma y desactivar la marca M7.7, de modo que el sistema prosiga en el punto en el que estaba antes de detectarse el error.

:: Utilización de sinópticos

Otra estrategia para facilitar la detección del elemento averiado es el uso de sinópticos. Un sinóptico consiste en una representación gráfica simplificada e idealizada de una máquina o de un proceso.

Esta representación señala las partes principales de la máquina o proceso y, mediante indicadores luminosos, ubicados en los lugares del gráfico correspondientes, el estado de los elementos que se encuentren físicamente allí, ya sean sensores, actuadores o medidas.

Es posible señalar cuándo actúa un sensor y cuándo lo hace un actuador, o presentar en un *display* la medida de una tensión, una corriente o una cantidad cualquiera que nos interese. En los sinópticos se pueden disponer, también, pulsadores y accesorios que permitan operaciones como si se estuviera frente al pupitre de control.

La observación de estas señales sobre el sinóptico, procedentes del proceso o máquina, puede dar al técnico información precisa sobre el tipo de avería que se está produciendo o, al menos, acotar la zona defectuosa.

En los sistemas más sofisticados, se puede disponer de registros históricos de señales (para ver cómo evolucionan en el tiempo). Mediante programas de ordenador, se pueden analizar estos registros para determinar el origen de una avería.

Fig. 9.9. Sinóptico.

:: Utilización de códigos de avería

Para aplicar códigos de avería puede emplearse una caja con varios indicadores luminosos que se conecte a un automatismo. Una misma caja sirve para una gran cantidad de automatismos y solamente se conecta a la máquina en caso de avería.

En los automatismos con terminales de operador, es posible utilizar dichos terminales para presentar códigos o, directamente, los mensajes asociados a cada código, de forma que el técnico pueda conocer la situación del automatismo en todo momento.

Por otra parte, en los automatismos programables más sencillos, si se dispone de algunas salidas libres del autómata, se pueden realizar algunas modificaciones en el programa para que, con estas salidas, se pueda representar una avería.

Si se trata de automatismos cableados complejos, es posible construir un armario específico para la detección de averías que utilice un pequeño autómata que codifique sobre unas pocas salidas las averías que se consideren.

Fig. 9.10.
Código de tres indicadores que señala hasta ocho situaciones distintas de un automatismo.

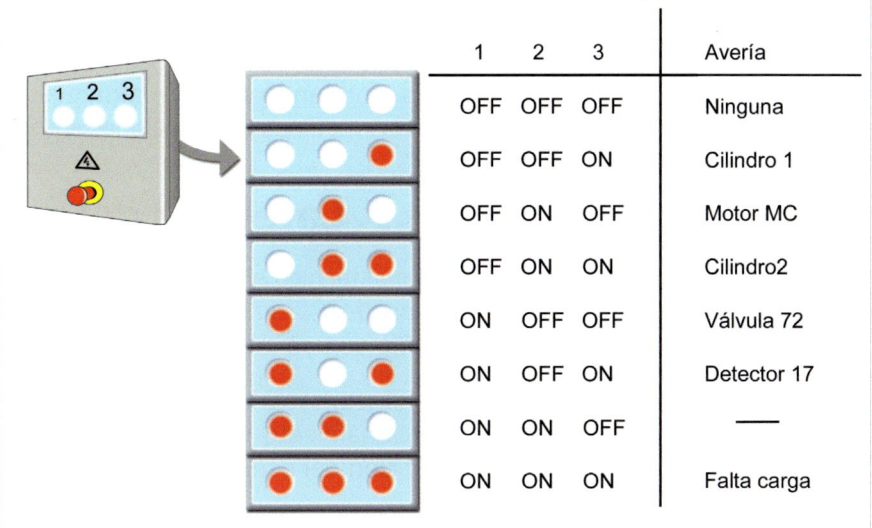

1	2	3	Avería
OFF	OFF	OFF	Ninguna
OFF	OFF	ON	Cilindro 1
OFF	ON	OFF	Motor MC
OFF	ON	ON	Cilindro2
ON	OFF	OFF	Válvula 72
ON	OFF	ON	Detector 17
ON	ON	OFF	——
ON	ON	ON	Falta carga

Actividades

5. Copia en tu cuaderno y completa la tabla siguiente indicando las principales comprobaciones que deben realizarse, en cada elemento, en la investigación de las causas de averías.

Elementos	Objetivo	Comprobaciones
Tensión de servicio		
Detectores mecánicos		
Detectores de proximidad		
Detectores ópticos		
Relés		
Contactores		
Elementos de control		

6. De una selección de relés, pulsadores, finales de carrera y contactores, realiza la comprobación de continuidad para cada uno de los contactos y comprueba también, cuando sea necesario, el estado de las bobinas.

7. Explica en qué consisten y cómo ayudan a la identificación de los elementos averiados las estrategias siguientes:

a) Diseño del automatismo con incorporación de la detección de averías.

b) Uso de sinópticos.

c) Uso de códigos de avería.

8. Partiendo del Ejemplo 9.3, codifica en una hoja las averías que se podrían dar en el caso de que se tuvieran dos cilindros y determina cuántas lámparas señalizadoras debería tener la caja de códigos de avería.

9.3. Formulación del diagnóstico

Una vez identificada la causa o causas de los síntomas, es cuando debe emitirse un diagnóstico, que precisa si se trata de una avería o no y establece su nivel de gravedad.

El diagnóstico también determina la situación en la que se encuentra la máquina, indicando si puede continuar en funcionamiento o no, y de él se derivan las medidas o actuaciones a emprender.

9.3.1. Categoría del problema

El personal técnico al que se ha comunicado la existencia de un problema en un proceso o máquina deberá, en primer lugar, establecer si se trata realmente de una avería o, simplemente, de un *síntoma* o una *disfunción*.

> ### ¡*Tenlo* en cuenta!
>
> En la mayoría de las ocasiones, un síntoma no atendido o una disfunción no resuelta, a largo plazo, suelen provocar averías, por lo que es muy importante intervenir cuanto antes mejor.

- Un **síntoma** es un comportamiento detectado como anormal en el funcionamiento habitual de una máquina o equipo y que llama la atención del personal que opera con ella.

- Una **disfunción** es una deficiencia en el funcionamiento que se debe a alguna causa ajena a la máquina o al equipo (por ejemplo, suciedad, cuerpos extraños, falta de lubricación, bloqueos, etc.).

- Una **avería** es, como hemos dicho, un daño o deterioro en una máquina o mecanismo.

Si la causa del problema es un síntoma o una disfunción, no existirá ningún elemento del sistema automatizado dañado. En cambio, si hay daño, estamos ante una avería.

Si se trata de una disfunción, por lo general es muy sencillo enlazar la fase de diagnóstico con la de adopción de medidas, pues estas suelen ser fáciles de aplicar. Por ejemplo, pueden estar relacionadas con operaciones de limpieza o mantenimiento.

En cambio, si se trata de una avería, deberá considerarse toda su casuística, así como su gravedad, para poder determinar las medidas a aplicar, que pueden consistir en una reparación, reconfiguración o sustitución.

9.3.2. Gravedad de la avería

Atendiendo a su incidencia en el funcionamiento de la máquina o del sistema automatizado, las averías se clasifican en: *leves*, *moderadas* y *graves*.

- Las **averías leves**. Son aquellas que no afectan significativamente al proceso automatizado, es decir, se puede seguir operando aunque se mantenga la deficiencia.

  Por ejemplo, un señalizador que se estropea no afecta directamente a la productividad, aunque cumple con una función. Es importante concienciarse de que estas averías también deben repararse con presteza.

- Las **averías moderadas**. Son las que inciden en el desarrollo del sistema automatizado. Con una intervención de urgencia no muy complicada, el sistema puede seguir funcionando con normalidad, aunque pueden verse afectadas sus prestaciones (disminución de la productividad).

Un ejemplo de este tipo de avería son las operaciones que el sistema realiza de manera automática y que, ante una avería, el trabajador o trabajadora puede efectuar de forma manual, lo que permite la continuación de la producción, aunque a veces no al mismo ritmo.

- Las **averías graves**. Son aquellas que afectan a la producción del sistema automatizado y que pueden dar lugar a la interrupción del sistema productivo. Estas averías suelen conllevar costes elevados para las empresas, tanto fijos como ocultos. Un ejemplo de este tipo de avería sería un motor principal que se haya quemado y deje sin funcionamiento una parte importante de la producción.

El diagnóstico se basará en el tipo de avería y su gravedad y determinará las actuaciones que se emprenderán.

¡*Tenlo* en cuenta!

La reparación depende del diagnóstico, que debe ser suficientemente ajustado para tener la máquina o el equipo detenido el mínimo tiempo posible, para no penalizar la operación del mismo y lograr que el coste de la reparación y del proceso de manufactura detenido sea el menor posible.

Ejemplo 9.4

Siguiendo con el Ejemplo 9.1, una vez el operario ha medido los devanados del motor y ha comprobado que el motor se ha quemado, se dispone a formular el diagnóstico.

Solución. Formulación del diagnóstico

Consulta la placa de características del motor y lee que la corriente nominal es de 10 A. En la documentación encuentra que se trata de un motor asíncrono de jaula de ardilla.

Concluye que el motor se ha quemado, posiblemente porque el ajuste del térmico estaba al máximo de corriente, que es muy superior a la corriente nominal del motor. El técnico sabe que el ajuste del térmico debe estar, en cualquier caso, entre el 5 y el 20 % por encima de la corriente nominal del motor (esto es general para todos los motores de ese tipo) y que, por lo tanto, el térmico está mal dimensionado y no supone una protección real para el motor.

Tampoco es una protección el magnetotérmico, ya que está protegiendo tres motores a la vez. Los fusibles son de un calibre excesivo para ser una protección eficaz.

En definitiva, aparentemente el térmico no está correctamente dimensionado y el resto de las protecciones no ha sido suficientes para proteger el motor frente a un régimen de carga excesivo, por lo que ha acabado quemándose.

¡*Tenlo* en cuenta!

Cuando se produce un paro de emergencia como consecuencia de un accidente, suele conllevar la detención completa del sistema de producción. Esta situación, aunque no sea una avería, deberá tratarse siguiendo los mismos pasos que cuando se repara una avería grave.

En el rearme del sistema automatizado o en líneas robotizadas, se deberá guardar especial atención cuando estén interrumpidos programas en ejecución, ya que el rearme por *software* requiere una precisión que va asociada a una intervención profesional cualificada.

Actividades

9. Dibuja un diagrama de flujo de la secuencia que deberás realizar para identificar las causas que ocasionan síntomas de una avería en una máquina.

10. Diferencia entre síntoma, disfunción y avería, e indica qué atención se requiere en cada caso.

11. Indica las diferencias entre averías leves, moderadas y graves.

9.4. La reparación de la avería

Una vez se ha determinado la causa de una avería y se ha formulado un diagnóstico, se procederá a su *reparación*.

> Una **reparación** tiene por objetivo volver a poner en buen estado un elemento dañado.

La reparación puede consistir en una manipulación del elemento dañado para volver a ponerlo en servicio o en la sustitución de dicho elemento por otro idéntico o que tenga la misma funcionalidad. En el caso de automatismos con PLC, cuando la disfunción es debida al programa, por ejemplo a un código mal escrito, se deberá rehacer el programa, simularlo y volverlo a cargar en el sistema.

La reparación de averías, especialmente si son graves y de resolución compleja, deberá estar debidamente planificada, para asegurar su buena marcha y optimizar el tiempo y el coste asociados.

9.4.1. La planificación de la reparación

> La **planificación de una reparación** es el plan metódicamente organizado para solucionar la avería y restablecer el funcionamiento normal de la instalación.

En una planificación correcta se deberán considerar todas estas actuaciones:

- **Determinar los elementos que hay que sustituir y/o reparar**. Para saber si resulta más conveniente reparar o sustituir, deberemos valorar el tiempo que el sistema estará fuera de servicio en cada caso y, también, el coste y la dificultad de la reparación frente al coste de adquisición del elemento nuevo.

- **Verificar otros elementos posiblemente afectados**. Además de determinar cuáles son los elementos que hay que sustituir y/o reparar, debe aprovecharse el tiempo de máquina parada para comprobar otros elementos de los que se sospeche que puedan haber quedado afectados, verificando si operan correctamente (lámparas que puedan estar fundidas, pulsadores agarrotados, manetas de accionamientos, conmutadores rotos, etc.).

- **Preparar las herramientas e instrumentos**. Será imprescindible seleccionar las herramientas e instrumentos que se requieran para cada operación. No tenerlos a mano cuando se necesitan entorpecerá la eficacia de la actuación.

- **Determinar el tiempo previsto de reparación**. Esto es importante porque tiene consecuencias directas sobre la productividad de la empresa. El tiempo que dura una reparación depende básicamente de:
  - Las existencias del material de sustitución.
  - La disponibilidad de las herramientas y los equipos necesarios para llevarla a cabo.
  - El tiempo de mano de obra necesario para cambiar los elementos averiados por los nuevos.

¡*Tenlo* en cuenta!

Todo técnico de mantenimiento debe conocer perfectamente la simbología normalizada que le afecta. Tiene que saber interpretar correctamente los diferentes tipos de esquemas eléctricos que explican las instalaciones y los automatismos de las máquinas y los procesos.

Fig. 9.11.
¿Reparar o sustituir? Es el primer dilema que hay que resolver ante una avería.

Además, a este tiempo debe añadírsele el de reposición de las partes móviles de la máquina o del equipo, la reposición de la materia prima y, en general, las acciones necesarias para que la instalación reanude su funcionamiento con normalidad.

- **Dimensionar el número de personas que se requieren en la reparación**. Es posible que alguna operación de mantenimiento o reparación deba hacerla más de una persona, por ejemplo cuando los tiempos de reparación sean muy largos o se requieran apoyos para realizar las operaciones. Esta variable está muy relacionada con el tiempo previsto de reparación.

9.4.2. Ejecución de la reparación

En la fase de **ejecución de la reparación** se procede a realizar las tareas de reparación y sustitución de elementos planificada.

Antes de iniciar la reparación, es recomendable llevar a cabo sobre el terreno una inspección previa del estado de los elementos sobre los que deberemos trabajar para asegurarnos de que todo sucederá según se haya planificado.

Es especialmente aconsejable cuando se trate de operaciones que no se hayan realizado con anterioridad, que estén mal documentadas o, incluso, que no lo estén. También es recomendable si el o la profesional nunca ha efectuado esta tarea anteriormente o si ha habido modificaciones en la instalación.

También se debe aprovechar que las máquinas están paradas y desmontadas para realizar una limpieza básica y una inspección superficial de todos los elementos que forman el sistema. Incluso para actualizar tareas de mantenimiento preventivo, anticipando su realización a la fecha fijada.

Todas estas intervenciones deben registrarse en la documentación correspondiente (hoja de revisiones, libro de mantenimiento, etc.) del plan de mantenimiento y reparación.

Ejemplo 9.5

Siguiendo con los EJEMPLOS 9.1 y 9.4, una vez establecido el diagnóstico se planifica la ejecución y se lleva a cabo.

Solución. Planificación de la actuación

El técnico resuelve que deben efectuarse las siguientes acciones:

- Elementos que hay que sustituir:
  - El motor, porque es más económico sustituirlo que rebobinarlo. Además, la reparación se llevará a cabo con mucho menos tiempo.
  - El térmico, porque aunque no esté estropeado, está mal dimensionado.
- Elementos que deben repararse: ninguno.
- Elementos que hay que verificar: en el plazo de espera del motor de recambio, se debe hacer lo siguiente:
  - Comprobar el magnetotérmico para verificar que actuará en el caso de superar su corriente nominal.
  - Comprobar que los térmicos de los otros motores están dimensionados y ajustados al valor que se indica en la documentación. Es razonable sospechar que si un térmico ha sido modificado, pueda haber otros elementos que hayan corrido la misma suerte.

Solución. Ejecución de la actuación

- Desenroscar el motor de la bancada y aprovechar para limpiarla juntamente con los elementos adyacentes.
- Limpiar los sensores y los elementos eléctricos que estén en las inmediaciones.
- Mirar en la programación de las tareas de mantenimiento preventivo si en esta máquina algunas de ellas pueden hacerse aprovechando su tiempo de paro forzoso (mientras el proveedor trae el motor).
- Indicar la situación de paro de la máquina y el motivo del paro a los mecánicos de mantenimiento para que, opcionalmente, puedan hacer trabajos en este plazo de tiempo, aprovechando la situación.
- Investigar qué ha pasado para que el térmico causante del defecto no sea el que está indicado en la documentación y esté mal dimensionado, y tomar las decisiones pertinentes.
- Cuando se disponga de los nuevos componentes, proceder a su instalación.
- Con los componentes sustituidos, actuar según el plan de gestión de residuos.

Ejemplo 9.6

Imagínate la situación siguiente:

Un operario de mantenimiento inicia su turno de trabajo con una orden de reparación por parte del técnico del turno anterior. Este le proporciona el diagnóstico de la avería y la reparación que debe efectuarse. La reparación consiste en sustituir la bobina de un contactor de un determinado equipo.

El técnico, a partir de esta información, lleva a cabo la planificación de la reparación: mira si hay recambios, calcula el momento idóneo y el tiempo que necesita para realizar la reparación, repasa las herramientas, los instrumentos y la indumentaria para la reparación, establece o consulta el procedimiento de reparación, etc. ¿Será conveniente que el técnico realice una inspección previa antes de la reparación?

Solución

Al ser una avería cuyo diagnóstico no ha hecho este técnico, más que conveniente es imprescindible que realice una inspección que le permita revisar y comprobar toda la información que le haya proporcionado el técnico del turno anterior. Además, inspeccionará sobre el terreno todo lo que deba desmontar o cambiar en la reparación con la intención de comprobar si será posible llevarla a la práctica tal como la tenía planificada.

A continuación, te presentamos una situación hipotética que podría suceder en la realidad.

Ejemplo 9.6 (cont.)

El técnico de mantenimiento, al realizar la inspección, descubre lo siguiente:

- En alguna operación de mantenimiento o actualización de la máquina, algún técnico, de forma poco profesional, ha añadido conductores en el interior del armario y, como consecuencia, el contactor queda escondido detrás. Esta situación no ha quedado bien documentada y, por lo tanto, no la podría prever sin la inspección previa a la reparación.

- Al apartar un poco los cables para ver mejor el contactor, el técnico, con la luz de su linterna, observa que por estos cables se ha deslizado algún líquido, ha mojado los tornillos que sirven para poder abrir el contactor y acceder a su bobina y los ha oxidado.

Como consecuencia de esta inspección previa a la reparación, el técnico ampliará el tiempo de reparación previsto y añadirá a su lista de accesorios un espray desoxidante para asegurarse de que el destornillador actuará eficazmente para abrir el contactor. También incluirá en la lista de repuestos dos tornillos nuevos para sustituir los oxidados.

Finalmente, el técnico redactará un informe indicando el estado interior del armario y estudiará cómo puede corregirse el inconveniente que supone tener estos conductores que alguien añadió sobre la instalación original. No solo dificultan el acceso a diferentes automatismos previamente existentes, sino que también facilitan la entrada de sustancias corrosivas en el interior del armario.

⁙ 9.4.3. La sustitución o recambio

> Un **repuesto** o **recambio** es una pieza, elemento o parte intercambiable de un equipo o instalación que sustituirá la pieza original cuando su estado de uso lo aconseje, para lograr el buen funcionamiento del equipo o la instalación.

La operación de recambio puede llevarse a cabo tanto en tareas de mantenimiento preventivo rutinario como ante la aparición de síntomas y, por supuesto, en la reparación de averías. Los elementos que se sustituirán pueden ser muy variados (relés, contactores, bobinas, contactos, escobillas, juntas, sondas, etc.). No es posible hacer una lista completa de estos elementos, porque dependen de cada aplicación y tienen una naturaleza muy distinta.

Atendiendo a su especificidad diferenciamos entre dos tipos de repuestos:

- **Recambios estándares**. Están fabricados para su aplicación generalista, es decir, no para un fabricante o marca en concreto, sino para múltiples equipos de distinta naturaleza. No suele ser difícil encontrarlos en el mercado y su coste es relativamente bajo, por lo que no es necesario acopiar grandes *stocks*.

- **Recambios singulares**. Han sido concebidos para formar parte de un equipo concreto y difícilmente servirán para otro tipo de equipos. Esta especificidad hace que cumplan con precisión y eficacia la función requerida. Como inconvenientes, hay que destacar que su coste suele ser más elevado y su obtención es un proceso largo, por lo que es conveniente tenerlos en *stock*.

Teniendo en cuenta estas consideraciones, las empresas deben disponer de repuestos que se consideran estratégicos, sin los cuales la actividad podría quedar paralizada con las consecuentes pérdidas económicas y materiales. También es necesario considerar que cuando se procede al recambio de un componente es posible que se requieran tareas adicionales que suponen un consumo de material. Es lo que sucede, por ejemplo, al

*¡**Tenlo** en cuenta!*

Normalmente la vida útil del repuesto es menor que la del equipo al que pertenece.

cambiar una sonda de nivel dentro de un depósito: esta operación comporta el vaciado y posterior llenado (una vez cambiada) de líquidos de diferente naturaleza. En definitiva, dentro de la política de mantenimiento y reparación, en cuanto a recambios y materiales deben tenerse en cuenta los aspectos siguientes:

○ Que los recambios o materiales necesarios estén disponibles en cantidad suficiente.

○ Que sean aptos para la sustitución del componente y la reposición de la actividad.

○ Que se actualicen en el inventario y se proceda a su restitución en el almacén.

○ Que se sigan las pautas establecidas sobre qué debe hacerse con el material retirado.

Documento 9.2

Incidencias más habituales en los elementos de entrada

En este documento, consideramos algunos de los efectos, causas y actuaciones más habituales de las averías o disfunciones de los sensores y detectores.

Efecto observado	Posibles causas	Actuación
Un final de carrera o microrruptor no opera correctamente.	No se acciona mecánicamente.	Inspeccionar el elemento mecánico que debe accionarlo.
	No recibe tensión en sus bornes.	Inspeccionar la conexión.
	Está estropeado internamente.	Reemplazarlo.
	No recupera la posición porque tiene el muelle roto.	Reemplazarlo.
Un detector óptico no opera correctamente.	No recibe alimentación.	Seguir el cableado de la alimentación hasta dar con el defecto.
	Está sucio y no puede operar bien.	Limpiarlo convenientemente.
	Está estropeado.	Sustituirlo.
	Está desalineado.	Alinearlo y atornillarlo con fuerza.
	No detecta objetos.	Alinear los objetos o el detector.
	No da señal de salida.	Acercarle más los objetos a detectar.
Un detector inductivo o capacitivo no opera correctamente.	No recibe alimentación.	Seguir el cableado de la alimentación hasta dar con el defecto.
	Está sucio y no puede operar bien.	Limpiarlo convenientemente.
	Está estropeado.	Sustituirlo.
	Está desalineado.	Alinearlo y atornillarlo con fuerza.
	Está más allá de su distancia de detección.	Se debe de haber movido; hay que analizar las causas de este movimiento y sujetarlo mejor.
Un pulsador no opera correctamente.	No recibe alimentación.	Seguir el cableado de la alimentación hasta dar con el defecto.
	Está sucio y no puede operar bien.	Limpiarlo convenientemente.
	Se calienta mucho.	Circula demasiada corriente por sus contactos o puede que la lámpara indicadora, si la lleva, esté en mal estado.
	Está estropeado.	Sustituirlo.

Fig. 9.12.
La suciedad puede ser causa de disfunción en elementos de entrada como los pulsadores.

Documento 9.3

Incidencias más habituales en los elementos de salida

En este documento, consideramos algunos de los efectos, causas y actuaciones más habituales de las averías o disfunciones de los actuadores o elementos de salida.

Efecto observado	Posibles causas	Actuación
Una lámpara señalizadora no se ilumina cuando debería hacerlo.	Está fundida.	Comprobarla conectándola directamente a tensión.
	Lleva demasiadas maniobras de encendido-apagado.	Calcularlas en función del régimen de la máquina.
	Ha superado el límite de horas de servicio indicadas por el fabricante.	Consultarlo en el catálogo del fabricante.
	Ha recibido una sobretensión.	Si se sospecha, se puede dejar un registrador en paralelo con la lámpara durante días o semanas.
	Los elementos que la deben accionar no operan correctamente.	Debe seguirse completamente el circuito de la lámpara y verificar el correcto funcionamiento de todos sus elementos.
Un relé no se activa.	Tiene la bobina rota o quemada.	Sacarlo del zócalo o desconectarlo completamente y darle su tensión nominal.
	No hace buen contacto con el zócalo.	Ver si la brida de sujeción está rota o si hay vibraciones. Sujetarlo mejor.
	No recibe suficiente tensión.	Analizar por qué no la recibe siguiendo el circuito al que está conectado.
	No recibe tensión.	Comprobar todos los elementos que participan en dársela.
Un contactor no se activa.	Tiene la bobina rota o quemada.	Desmontar la bobina y comprobarla con un ohmímetro.
	Hace ruido de rateo.	Ver si la espira de sombra está rota.
	No recibe suficiente tensión.	Analizar por qué no la recibe siguiendo el circuito al que está conectado.
	No recibe tensión.	Comprobar todos los elementos que participan en dársela.
Un contactor se calienta en exceso.	Demasiadas maniobras.	Preventivamente sustituirlo según una planificación relacionada con el número de maniobras máximo.
	Corriente nominal excesiva.	Reducirla o cambiar los contactos por otros más robustos.
	El entrehierro no cierra bien.	Limpiarlo y mirar si hay objetos o partes internas que se hayan roto.
	Contactos deteriorados.	Sustituirlos.
El relé térmico ha actuado.	El motor ha tenido problemas y ha consumido más corriente de la normal durante demasiado tiempo.	Inspeccionar si existe algún problema con la carga del motor o con el propio motor.
Los fusibles u otras protecciones han actuado.	Ha habido un cortocircuito o una sobrecarga notable en la instalación.	Inspeccionar los posibles elementos que lo hayan ocasionado y si el cableado está en buen estado.
Una electroválvula no cierra/abre.	No recibe tensión.	Comprobar todos los elementos que participan en dársela.
	Está bloqueada mecánicamente.	Estudiar sus partes móviles y mirar si puede moverse.
	Tiene la bobina rota o quemada.	Desmontar, si es posible, la bobina y comprobarla con un ohmímetro.
Un motor no gira.	Está bloqueado mecánicamente.	Mirar si se trata de un bloqueo de la carga o del propio eje (cojinetes, juntas, entrehierro, etc.).
	Tiene los devanados quemados.	Rebobinar o sustituir según disponibilidad y coste.
	Ha actuado el térmico.	Rearmar el térmico no sin antes valorar el porqué de su actuación.
	No ha actuado el contactor.	Posible avería en el contactor.
	No ha recibido tensión del variador de frecuencia.	Estudiar por qué el variador no ha actuado.
El motor se calienta en exceso.	No ha recibido tensión del arrancador.	Estudiar por qué el arrancador no ha actuado.
	Gira en un sentido, pero no en el otro.	Analizar el contactor que da el sentido de giro que no se tiene.
	Faltan una o dos fases.	Analizar fusibles y protecciones.
	Está mal conectado.	Estudiar si la conexión es en estrella o triángulo.
	Le llega más tensión de la que le corresponde.	Analizar la causa midiendo las tensiones a lo largo de la línea.
	Demasiada frecuencia.	Si está conectado a un variador de frecuencia, estudiar disminuirla.
	Demasiada carga mecánica.	Estudiar si el dimensionado es correcto o han aumentado los rozamientos, fricciones o carga.
	Defectos en los bobinados.	Comprobar que no haya espiras en cortocircuito.

Actividades

12. Indica qué aspectos hay que tener en cuenta en la planificación de la reparación.

13. Señala algunas operaciones adicionales que se pueden realizar aprovechando la reparación de una máquina.

14. Intenta hacer una descripción ordenada de las operaciones que, a tu criterio, deberían realizarse para sustituir un fusible de 65 A. Busca en Internet cómo es un fusible de este tipo y deduce qué herramientas necesitarás para efectuar este cambio.

15. ¿Cuál es el ensayo previo qué harías con un motor de inducción de repuesto que debes sustituir? ¿Qué parámetros mirarías? ¿Qué instrumentos utilizarías?

16. Explica las ventajas y los inconvenientes de un recambio estándar y de un recambio singular.

9.5. Verificación del funcionamiento del automatismo

Una vez la avería ha sido reparada, habrá que verificar si el resultado de la reparación ha sido exitoso y si el funcionamiento de la máquina es el óptimo, antes de ponerla de nuevo en marcha.

Las pruebas de verificación que se aplicarán serán de dos tipos:

- **Pruebas paramétricas**. Hacen referencia a las medidas que se deben tomar en el automatismo para verificar que se ajusta a los valores especificados. Deben realizarse con unos instrumentos adecuados, precisos y fiables, que son los que deben estar a disposición del técnico de mantenimiento.

- **Pruebas funcionales**. Hacen referencia a las verificaciones que se llevan a cabo para determinar si el automatismo cumple con su función, es decir, si las funciones que realiza se corresponden con las especificaciones que se habían dado sobre el equipo que hay que controlar.

Sin embargo, antes de proceder a cualquier prueba de verificación, es conveniente comprobar que todas las conexiones del sistema están perfectamente dispuestas, que las protecciones (fusibles, magnetotérmicos y diferenciales) son las adecuadas y que los distintos dispositivos (relés, contactores, etc.) están correctamente regulados.

Además, se deberá revisar que la sujeción del dispositivo sea adecuada y que los terminales de los conductores estén fuertemente sujetos a los bornes.

Cada automatismo o elemento sustituido tiene su propio protocolo de verificación, establecido por el fabricante, que deberá aplicarse. El objetivo es que el elemento sustituido opere correctamente, simulando que entra en servicio (si ello es posible) y que cuando este elemento deba actuar, dentro de la secuencia de operaciones, lo haga correctamente.

Las pruebas realizadas, los resultados obtenidos y las observaciones dignas de mención se deberán registrar en una hoja de informe, en la que se indicará la fecha, el nombre y la firma del profesional que haya efectuado las operaciones. (DOC. 9.4)

Documento 9.4

Modelo de hoja de informe de mantenimiento o reparación

Como ejemplo de hoja de informe, se consideran algunas operaciones típicas de inspección y mantenimiento de una instalación eléctrica industrial:

Acción	Frecuencia
Contrastado y ajuste de los aparatos de medida e indicadores	Diaria (D)
Verificación de las protecciones, fusibles y pilotos	Semanal (S)
Verificación de la puesta a tierra de las instalaciones, aparatos y máquinas	Mensual (M)
Medida de la puesta a tierra	M
Medida del aislamiento	M
Reapretado de conexiones y bornes principales	S
Consumo de fases de los cuadros principales y secundarios	S
Limpieza general	Anual (A)
Alumbrado de emergencia	M
Revisión de luminarias	D
Nivel de ruido de extractores	D
Anclaje, alineación y cojinetes en motores	S
Estanqueidad de los cuadros eléctricos	S
Comprobación de potencias, *by-pass* e interruptores de sistemas de alimentación ininterrumpida (SAI)	S
Control de sobrecalentamiento de SAI	D

Fig. 9.13.
La inspección de la estanqueidad de los cuadros eléctricos acostumbra a realizarse semanalmente.

Actividades

17. ¿Por qué es necesario verificar el funcionamiento de un automatismo antes de ponerlo de nuevo en funcionamiento?

18. ¿Qué diferencia hay entre pruebas paramétricas y pruebas funcionales?

9.6. Medidas de seguridad y protección

En cualquier actuación de detección y reparación de averías, es imprescindible respetar todas las normas de seguridad exigidas. En este sentido, es imperativo el cumplimiento estricto de la normativa de prevención de riesgos laborales (PRL). Como en otras operaciones de electricista, el trabajo de instalación, reparación y reposición de componentes en automatismos industriales está sometido a una serie de riesgos. Estos riesgos, según su naturaleza, pueden ser:

- **Riesgos generales**. Son comunes a los diferentes sectores o ramos productivos; por ejemplo, atrapamientos, cortes, caídas de altura, etc.

- **Riesgos específicos** en trabajos de electricista. Están relacionados con los contactos eléctricos o riesgo de electrocución.

Estos riesgos pueden provocar daños, que hay que evitar usando las medidas de prevención adecuadas. (DOC. 9.5)

9.6.1. Seguridad de las personas

La seguridad propia y la de las demás personas es el primer objetivo de la prevención de riesgos laborales, y requiere de medidas de:

- **De conocimiento**. Disponer de un buen conocimiento de los riesgos que entraña cada operación, de los daños que estos pueden ocasionar y de las medidas preventivas que se deben adoptar para prevenirlos.

Documento 9.5

Ejemplos de riesgos y medidas de prevención

Riesgos	Provocados	Medidas de prevención
Atrapamientos	Por partes de una máquina en movimiento	Usar máquinas con marcado CE. Comprobar si está conectada a la tensión de alimentación antes de comenzar el trabajo. Utilizar equipos de protección individual, EPI (cascos auriculares, tapones, orejeras, etc.).
Cortes y amputaciones	Por el uso de maquinaria (taladradora, mola, herramientas de mano, etc.)	Utilizar dispositivos de protección tipo separadores. Disponer de maquinaria con marcado CE.
Ruido	Por alguna máquina (compresor, extractor, ventilador, etc.)	Utilizar medios de protección colectiva, como revestimiento de paredes o pantallas. Usar el EPI adecuado (cascos auriculares, tapones, orejeras, etc.).
Por contactos directos	Contacto de una parte del cuerpo de la persona con elementos activos de la instalación	Aislar las partes activas. Interponer barreras o envolventes. Proteger por medio de obstáculos. Separar por distancia. Etc.
Por contactos indirectos	Contacto de una parte del cuerpo con una masa conductora que accidentalmente se encuentra en tensión por un fallo de aislamiento	Proteger por corte automático de la alimentación. Proteger por empleo de equipos aislantes. Proteger en emplazamientos no conductores. Proteger por separación eléctrica. Etc.

○ **De actuación**. En consonancia con las medidas preventivas, es imprescindible un buen conocimiento de la técnica segura para realizar un trabajo y su ejecución siguiendo estos principios. Esto supone la selección de herramientas en buen estado y su utilización adecuada, siguiendo los procedimientos de trabajo establecidos.

○ **De protección personal**. Se requiere el uso de la indumentaria o el equipo de protección individual prescritos para las operaciones que van a desarrollarse (ropa, calzado, guantes, casco, gafas de protección, etc.). En este punto, es básica la diferenciación entre trabajos con riesgo de contacto eléctrico o sin él.

○ **De protección colectiva**. Dotando al entorno de trabajo de sistemas de protección que protejan al conjunto de personas operarias expuestas a un determinado riesgo. Por ejemplo, mediante el uso de botones de emergencia, sistemas de enclavamiento, elementos de protección de máquinas, señalización adecuada, etc.

Con la combinación de todas las medidas, el o la profesional podrá acceder a cualquier punto de la máquina, incluidas las zonas peligrosas, para realizar su trabajo con plenas garantías de seguridad.

9.6.2. Seguridad de las instalaciones y dispositivos

Además de la seguridad de las personas, también debe velarse por la seguridad de las instalaciones y de los dispositivos utilizados.

Uso de componentes homologados

El aspecto clave en este apartado es el empleo de componentes y recambios homologados por alguna agencia certificadora a fin de asegurarse de que se cumplen unas normas determinadas.

La homologación es preceptiva con vistas a la seguridad de la máquina y de su funcionamiento. Una máquina o un equipo se consideran seguros cuando llevan el marcado CE, en cuyo caso incorporan seguridades intrínsecas, de diseño, que evitan que los operarios sufran accidentes. Por ejemplo, una cizalla o una prensa no actuarán hasta que el operario esté a una distancia prudencial, que es donde estarán los mandos que accionan la máquina, y la parte móvil y peligrosa estará protegida por rejas, cerramientos, etc.

Utilización correcta de las herramientas

Las herramientas que hay que seleccionar deben ser las que se requieran para cada operación. Un mal uso de las herramientas contribuye al deterioro prematuro de estas, pero sobre todo conlleva una incorrecta ejecución de la instalación. Por ejemplo, una operación de apriete, que tendría que realizarse con una llave fija, no debe llevarse a cabo con unos alicates, ya que erosionará el tornillo o tuerca por efecto de la falta de agarre.

En este punto, es necesario reiterar la importancia de disponer de todas las herramientas necesarias para llevar a cabo una determinada tarea.

Según el tipo de tarea que deba ejecutarse, se necesitarán accesorios como una escalera, un arnés para sujetarse a una fijación, un andamio, una manta para poner debajo del equipo que hay que reparar, etc.

*¡**Tenlo** en cuenta!*

Es importante que las herramientas seleccionadas estén en buen estado. Cuando una herramienta se desgaste por el uso, debe ser sustituida inmediatamente.

*¡**Tenlo** en cuenta!*

Los accesorios que se utilicen para la realización de determinadas tareas también deben cumplir todos los requisitos de seguridad y deberán montarse y emplearse adecuadamente.

:: **Instrumentos de medida**

Deberá comprobarse que los instrumentos que haya que emplear en tareas de reparación o de mantenimiento estén en condiciones óptimas de empleo: las baterías, en buen estado; los cables de prueba, con el aislamiento íntegro, la longitud adecuada y las puntas correctamente afiladas.

Deberemos tener especial cuidado para seleccionar los más apropiados según las magnitudes que se tengan que medir y tendremos que usarlos correctamente.

:: 9.6.3. **Seguridad ambiental**

Tanto en las operaciones de montaje como en la reparación y reposición de componentes, deben aplicarse buenas prácticas en materia de protección ambiental. La empresa podrá contar, incluso, con un sistema o plan de gestión ambiental.

Si es así, todas las actuaciones, especialmente las relacionadas con los residuos generados, deberán llevarse a cabo siguiendo las indicaciones previstas en dicho plan.

En cualquier caso, la aplicación de buenas prácticas supone el cumplimiento de las estrategias de las "3 erres" (3R) en este orden:

- **Recuperar** un componente sustituido para que pueda volver a ser utilizado. Por ejemplo, un motor estropeado que se ha sustituido puede ser reparado y quedar en situación operativa para poder volverlo a utilizar cuando haga falta.

- **Reutilizar** un componente para nuevos usos. Por ejemplo, una máquina estropeada se puede desmontar y aprovechar las piezas en buen estado como repuestos.

- **Reciclar**. Hay elementos que no permiten ningún tipo de reparación; por ejemplo, el rodete de una bomba que ha quedado sin álabes, fusibles fundidos, bloques de contactos soldados, entre otros. Deben recogerse separadamente y destinarse a contenedores o puntos de reciclaje específicos para este tipo de materiales.

  Otros residuos (embalajes, escombros, etc.) deberán depositarse en los contenedores o puntos habilitados para cada tipo de recurso.

Los elementos sustituidos y en general todos los residuos generados se deberán gestionar de acuerdo con estas estrategias.

*¡**Tenlo** en cuenta!*

El cuidado del medio ambiente es un tema con el que cualquier técnico debe ser sensible y, además, forma parte de las buenas prácticas asociadas a su trabajo.

Actividades

19. Haz una relación de cinco riesgos que pueden darse en tareas de reparación de averías en instalaciones eléctricas. Indica el tipo de riesgo, los daños que puede causar y las medidas preventivas para evitarlos.

20. Recupera de otros módulos algunas de las medidas previstas para evitar accidentes provocados por contactos eléctricos.

21. Propón algunas medidas de protección colectiva destinadas a la prevención de accidentes en el entorno industrial.

22. En tu municipio, infórmate de los puntos y procesos para la recogida de residuos de materiales eléctricos e industriales.

Representación normalizada • ● • ● •

∷ 1. Señalización de seguridad y salud en el trabajo

> La **señalización de seguridad y salud en el trabajo** tiene la misión de informar sobre una situación de riesgo en el entorno laboral.

La señalización en la industria está regulada por la legislación española en el *Real Decreto 485/97*, Disposiciones mínimas en materia de señalización de seguridad y salud en el trabajo, que desarrolla la ley de prevención de riesgos.

De acuerdo con esta normativa, la señalización de seguridad y salud deberá utilizarse siempre que el análisis de los riesgos existentes, de las situaciones de emergencia previsibles y de las medidas preventivas adoptadas, ponga de manifiesto la necesidad de:

- ◉ Llamar la atención sobre la existencia de riesgos.

- ◉ Alertar de las situaciones de emergencia.

- ◉ Facilitar la localización de las instalaciones de protección.

- ◉ Orientar a los trabajadores en maniobras peligrosas.

Las señales pueden ser visuales (a través de paneles, luminosas, específica de sustancias peligrosas), acústicas, gestuales y verbales. En este apartado nos limitaremos a la señalización visual a través de paneles, que es la que tendremos que tener más en cuenta en los trabajos de montaje, mantenimiento y reparación de automatismos.

La señalización visual debe garantizar una buena visualización (dimensiones, ubicación, iluminación, etc.) y comprensión por parte de las personas (código de formas y colores) y no deberá ser excesiva. La colocación también es importante: las señales deberán situarse cerca del riesgo y a una altura adecuada.

Atendiendo al tipo de información que aportan las señales visuales tipificadas, pueden ser de:

- ◉ Prohibición.
- ◉ Obligación.
- ◉ Relativas a los equipos contra incendios.
- ◉ Advertencia.
- ◉ Salvamento o socorro.

Señales de prohibición			
Descripción	Prohíbe un comportamiento susceptible de provocar un peligro		
Forma	Redonda	**Orla**	Roja
Color de fondo	Blanco	**Figura**	Negra

Señales de advertencia			
Descripción	Advierte de un riesgo o peligro		
Forma	Triangular	**Orla**	Negra
Color de fondo	Amarillo	**Figura**	Negra

Representación normalizada ● ● ● ●

Señales de obligación			
Descripción	Obliga a un comportamiento determinado		
Forma	Redonda	**Orla**	Blanca
Color de fondo	Azul	**Figura**	Blanca

Señales de salvamento o socorro			
Descripción	Proporciona indicaciones relativas a las salidas o elementos de socorro		
Forma	Cuadrada o rectangular	**Orla**	Blanca
Color de fondo	Verde	**Figura**	Blanca

Señales relativas a los equipos contra incendios			
Descripción	Proporciona indicaciones relativas a la ubicación de medios de lucha contra incendios		
Forma	Cuadrada o rectangular	**Orla**	Blanca
Color de fondo	Rojo	**Figura**	Blanca

Documento 9.6

Los colores de seguridad

Los colores de seguridad podrán formar parte de una señalización de seguridad o constituirla por sí mismos. En el siguiente cuadro se muestran los colores de seguridad, su significado y otras indicaciones sobre su uso.

Color	Significado	Indicaciones y precisiones
Rojo	Prohibición.	Comportamientos peligrosos.
	Peligro-alarma.	Alto, parada, desconexión de emergencia, evacuación.
	Material y equipos de lucha contra incendios.	Identificación y localización.
Amarillo	Advertencia.	Atención, precaución. Verificación.
Azul	Obligación.	Comportamiento o acción específica. Obligación de utilizar un equipo de protección individual.
Verde	Salvamento o auxilio.	Puertas, salidas, pasajes, material de salvamento o socorro, etc.
	Situación de seguridad.	Vuelta a la normalidad.

¡Ahora practica! ● ● ● ●

Práctica 9.1. **Elaboración de una ficha de mantenimiento**

La máquina envasadora y etiquetadora adjunta llena y etiqueta una caja con cuatro productos. Los elementos utilizados por esta máquina son los siguientes:

- 1 pulsador T.
- 1 motor M1.
- 1 motor M2.
- 1 motor M3.
- 1 electroimán EI.

- 1 detector óptico DO.
- 1 final de carrera FCP.
- 1 final de carrera FCI.
- 1 final de carrera FCS.
- 1 final de carrera FCA.

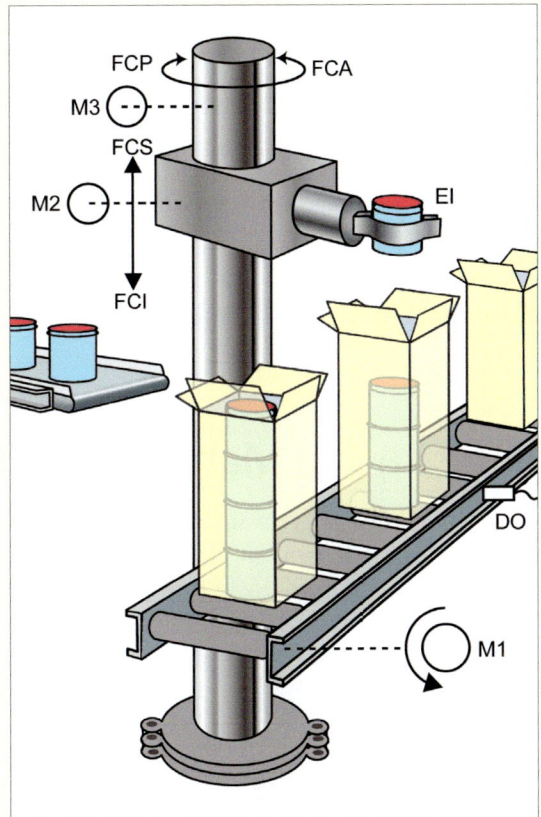

La máquina se acciona con un pulsador T. La caja llega vacía, mediante una cinta transportadora accionada por un motor M1, y se detiene delante de la envasadora cuando se acciona un detector óptico DO.

El brazo de la insertadora va hacia atrás mediante el motor M3 hasta que un final de carrera FCP señala haber alcanzado la parte posterior donde, en otra cinta, se encuentran los productos a la espera de ser envasados.

Cuando el brazo está sobre el nuevo producto, abre la pinza de sujeción (cerrada por muelle) accionando el electroimán EI y, a la vez, desciende mediante el motor M2 hasta que FCI lo indica. Entonces, libera el electroimán, cerrando la pinza, y hace subir la insertadora hasta su extremo superior indicado por el final de carrera FCS. Una vez allí, mediante M3, gira hasta la parte anterior indicada por un final de carrera FCA.

Lo siguiente que hace es bajar de nuevo mediante M2 hasta que FCI lo indique y allí acciona el electroimán EI durante 0,5 segundos, a la vez que sube hasta FCS y hace que un contador cuente que ya se ha envasado un producto y compruebe si ya hay cuatro. Puesto que no hay cuatro productos, la insertadora empieza a repetir toda la secuencia de ir a buscar un producto y dejarlo en el interior del envase, y cada vez incrementa en una unidad el contador y verifica si ya se tienen envasados cuatro productos.

ACTIVIDADES

1. Sobre este automatismo, responde las siguientes cuestiones:
   a) Indica si la información proporcionada es suficiente para el técnico de mantenimiento. En el caso de que no lo sea, señala qué otro tipo de información necesitaría.
   b) Elabora una tabla para el mantenimiento del automatismo en la que figuren, para cada tipo de elemento, la periodicidad de las revisiones, su estado, las fechas de revisión y la persona responsable.

¡Ahora practica! • ● ● ● •

Práctica 9.2. Recambio de un componente

Tienes que cambiar la bobina de un contactor, porque se ha quemado. Deberás realizar la sustitución con el automatismo alimentado. Sigue este procedimiento:

a) Planifica la reparación:

- Explica qué vas a hacer, indicando el orden de las acciones.
- Enumera las herramientas, repuestos y materiales que necesitarás.
- Indica las tareas de mantenimiento que puedes efectuar.

b) Señala las medidas de seguridad que adoptarás.

c) Ejecuta la intervención.

d) Verifica el funcionamiento del dispositivo.

e) Gestiona los residuos.

Práctica 9.3. Mantenimiento del PLC

A causa del impacto de un rayo, se ha producido una elevadísima sobretensión en un sistema automatizado gobernado por un PLC. Como consecuencia, las protecciones electrónicas de la CPU no han sido suficientes y el autómata se ha visto afectado en su conjunto. El aparato, sus entradas y salidas, así como la instalación tienen un coste elevado y el director técnico decide que se tiene que recuperar el máximo posible del sistema.

a) Planifica la reparación indicando el orden de las comprobaciones.

b) Si el autómata cuenta con varios módulos para entradas y salidas, indica cómo diagnosticarías dichos módulos si la CPU no funciona.

c) Razona si es aconsejable reparar o sustituir los elementos del autómata.

d) Explica razonadamente si es aconsejable reparar o sustituir los detectores ópticos y los inductivos. Señala las acciones a realizar, de acuerdo con lo estudiado en esta unidad.

e) En el caso de sustituir el autómata y sus módulos al completo, explica razonadamente cómo debería ponerse en marcha de nuevo el sistema automatizado.